智慧製造

網路化分散式系統預測控制

李少遠，鄭毅，薛斌強　著

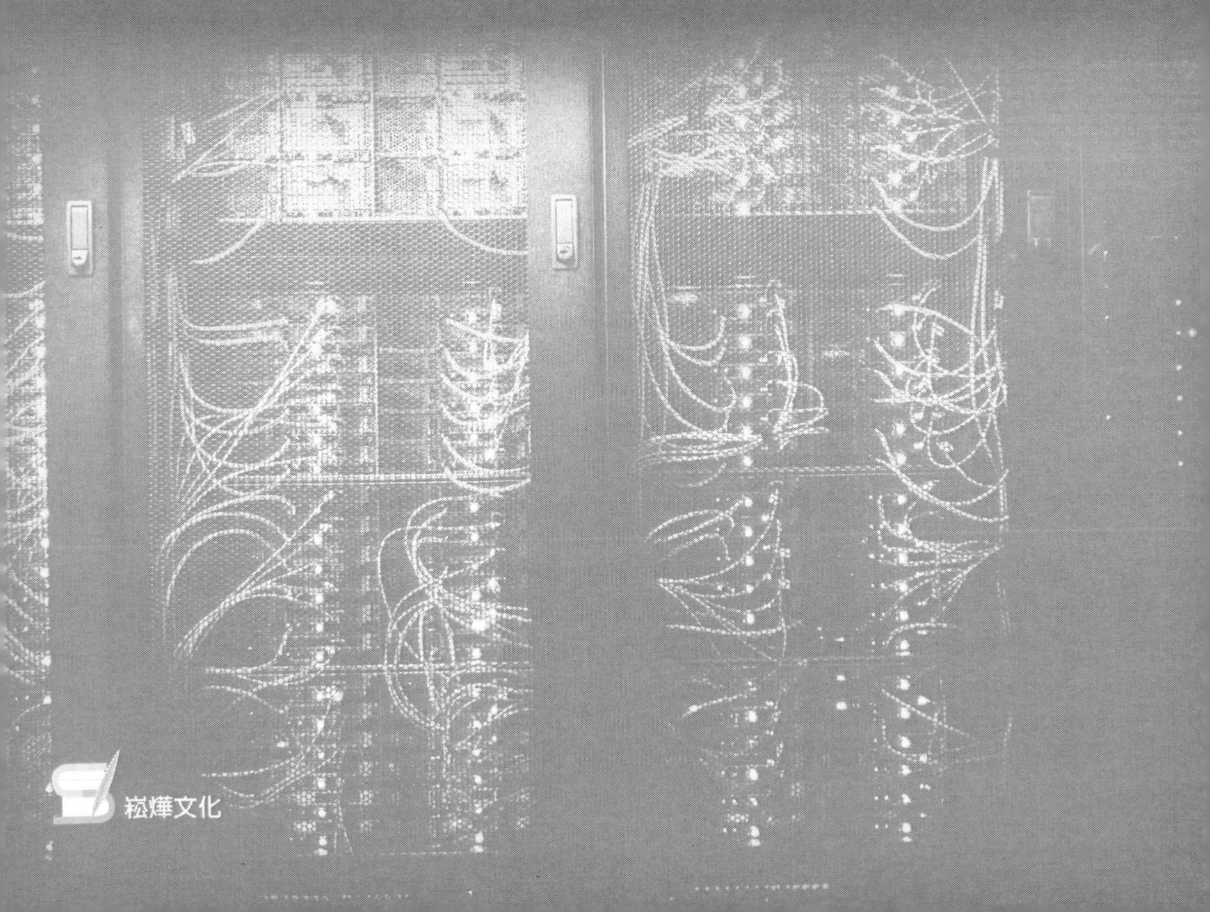

崧燁文化

前言

隨着通訊、網路技術的快速發展，工程領域内廣泛存在的一類由空間上分散且相互關聯耦合的子系統組成的分散式系統（如大型石化、冶金過程，城市給排水、電力系統等）的控制方式正在由集中式向網路化的分散式控制方式轉變。分散式預測控制兼具分散式控制結構容錯性高、結構靈活性強和預測控制優化性能好、抑制干擾、顯示處理約束的優點，已成爲網路化分散式系統的主流優化控制方法。因此，從促進科學實踐、培養人才方面出發，有必要撰寫一部關於分散式系統預測控制的專著。

本書主要内容來源於作者多年來關於網路化分散式系統預測控制狀態估計、協調策略、系統綜合等分散式系統預測控制關鍵環節和重要問題的系統性研究成果的歸納與總結。國際上分散式預測控制基礎理論和應用方面的論文自 2002 年開始出現並逐漸豐富，2012 年後呈現爆發式成長。很多文章發表在 IEEE TAC、IFAC 會刊等主流控制期刊上。分散式預測控制的優點使其在應用方面擴展到了流程工業、電力系統、冶金行業等多個領域、正處於方興未艾的階段，系統地介紹網路化分散式系統預測控制的書籍將對促進控制理論研究和工業應用都具有重要意義。

分散式系統預測控制是在 2001 年由本書第一作者李少遠和席裕庚教授與卡内基梅隆大學 Krough 教授同一時間在 ACC 會議上明確提出的。自此本書作者一直從事分散式預測控制的研究工作，曾出版英文專著《Distributed Model Predictive Control for Plant-Wide Systems》（John Wiley & Son 出版社），該書主要針對工業過程的全流程優化展開，而本書主要針對網路化分散式系統如何設計預測控制的估計器、控制器、協調策略等方面展開。本書將是第一本系統介紹分散式系統預測控制方面的書籍。

本書第 1 章介紹了網路化分散式系統的研究現狀；第 2～4 章針對網路化分散式系統隨機丢包、延時等問題，介紹了網路化滾動時域狀態估計，網路化預測控制的設計與分析以及以保證狀態估計性能的滾動時域排程策略；第 5～7 章主要以如何提高系統全局性能的協調策略爲主線，介紹了作者提出的典型的基於 Nash 優化、局部性能指標、全局性能指標、作用域優化的分散式預測控制設計方法和系統綜合；第 8 章介紹了網路化分散式系統預測控制在冶金過程中的典型應用實例。

本書主要面向對預測控制、網路控制、資訊物理系統等方向感興趣的學者和從事該方面工作的研究人員、大學以上學生，以及從事流程工業、電力、冶金等行業的控制工程師，可以使讀者系統瞭解分散式系統預測控制的基本原理、算法、理論和應用技術，爲科研和工程技術人員從事深入的理論研究、開展高水準的工業應用和推廣提供有益的參考。

本書得到了國家自然科學基金委重大項目（61590924）、杰出青年科學基金（60825302）及重點和面上基金（61233004、61833012、61673273）等項目的資助。本書出版之時，作者要特別感謝國家自然科學基金委員會長期以來的資助，同時也要感謝國內外學術界和工業界的同行們，正是與他們的有益交流，使作者對分散式系統預測控制的理解不斷深入，並獲得啓發。

由於作者水準有限，書中疏漏之處在所難免，懇請廣大讀者批評指正。

著　者

目錄

第1章

網絡化分布式系統的研究現狀

1.1 背景

工業領域内廣泛存在一類系統，如大型石油、化工過程、城市給排水系統、分散式發電系統等，這些系統本質上都是由一些子系統按照生產工藝連接起來的，子系統間透過能量、物料傳遞等相互耦合。過去，雖然這些系統在結構上是分散式的，但在控制模式上因受到資訊傳輸模式的限制而採用集中控制模式，如採用儀表和中央控制室，把所有資訊集中起來，進行全局系統設計與計算後，再把每個子系統的控制量透過電纜點對點地發送到現場執行。

隨着現代技術的不斷發展，系統複雜程度和通訊技術的不斷提高，這類系統的控制方式正在由集中式控制方式向分散式控制方式轉變。這是因爲集中式控制對故障的容錯能力低，當系統某一傳感器或執行機構出現故障時，會影響整個系統的運行；系統維數的增加導致集中式控制計算量加大，在線即時應用困難（模型預測控制等基於非線性約束優化的控制方法尤爲突出）；當系統局部發生變化，或新增或刪除子系統時，集中式控制需要重新修改控制算法，結構不夠靈活，維護困難。另一方面，隨着電子技術、電腦技術和通訊技術的發展，具有通訊和計算功能的智能儀表、傳感器、執行機構的造價也越來越低，並易於安裝，現場總線技術已普遍應用，使得控制器與控制器之間、傳感器之間、不同傳感器與控制器之間形成網路並可以有效地進行通訊，使得透過有效協調達到提高系統整體性能的分散式控制方法[1～3]得以發展，實現了系統的分層遞階到分散式系統的轉變[2,4]。

分散式控制在控制系統的資訊結構與控制算法上與集中式模式下的 MIMO 系統相比有很大差別，出現了一些新的具有挑戰性的問題有待探討。分散式控制系統的示意如圖 1-1 所示，由多個相互連接單位組成的被控系統在邏輯上被劃分爲多個相互關聯的子系統，每個子系統由一個獨立的局部控制器控制，控制器之間透過網路相互連接，可根據實際情況相互交換數據。分散式控制應具有以下特點：①各局部控制器對等，可單獨設計並自主控制，可透過有效的協調提高系統整體性能；②系統容錯性強，當某一控制器失效時，系統仍能正常工作。

由此可見，分散式控制在資訊結構和控制器的設計方面與集中式控制有很大不同，出現了一些新的具有挑戰性問題有待探討。

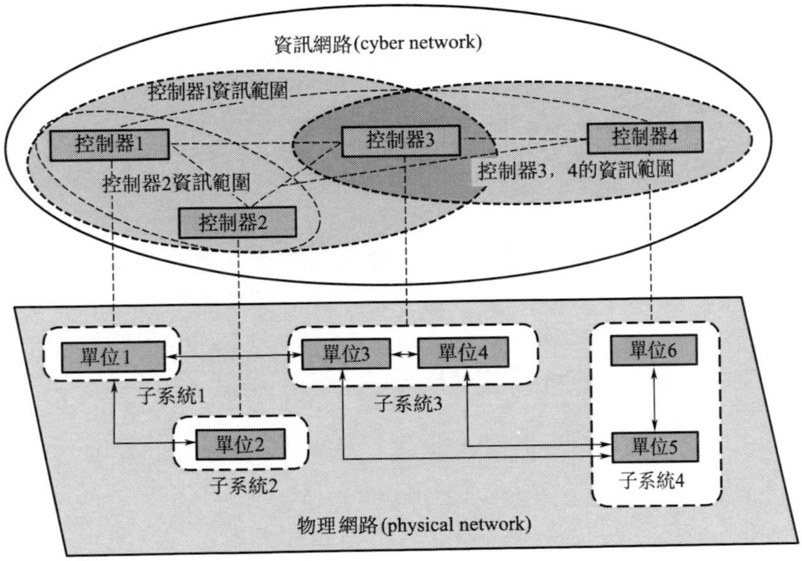

圖 1-1 分散式控制系統示意圖

另外，由於模型預測控制可以預測系統的狀態演化，可以在即時計算當前子系統執行機構的控制作用時考慮其它系統的執行機構的動作，具有良好的動態性能[5~11]，因此，模型預測控制很自然地被用於設計分散式系統的協調控制並引起學術界的廣泛關注[2,4,12]，取得了不斷的發展。國際著名的學術期刊如 IEEE Trans. Automatic Control、Automatica 等主流期刊均有很多關於分散式預測控制理論和應用方面的文章[13~19]。由此可見，在預測控制框架下，研究分散式系統的協調控制問題無論是在理論研究還是在工業應用中都具有重要意義。

① 預測控制目前研究結果多數假設狀態已知，事實上狀態觀測器是預測控制不可或缺的重要組成部分，傳統的 DMC 算法中的反饋矯正部分本質上也是狀態觀測器[11,20~22]。在網路環境中，由於延時、丟包等現象的存在，以及系統的物理約束因素，給系統的狀態觀測的精度保證和算法收斂性帶來了新的困難，需要爲網路環境下的帶約束的狀態觀測器提供新的設計方法。

② 由於分散式預測控制與集中式預測控制相比，其性能還無法達到集中式預測控制的優化性能，因此，如何設計協調策略，並透過該策略有效協調各子系統，達到提高系統全局優化性能，同時兼顧網路連通度和計算複雜度的目的是分散式預測控制的一個關鍵問題。而目前協調策

略在各個方面所表現出的優點各不相同，因此，需要針對不同的設計需求，提供有效的協調預測控制設計方法。它包括約束的處理、優化問題的可行性和閉環系統漸近穩定性的保證等[23]。

1.2 網路化分散式系統預測控制研究現狀

近年國內外許多學者對網路化狀態觀測器和分散式預測控制進行了研究[18,24～29] 並得到許多有益的結果，具體如下。

1.2.1 網路化滾動時域估計的研究現狀

隨着預測控制的不斷發展，同樣基於滾動時域優化策略的滾動時域估計（Moving Horizon Estimation，MHE）引起學者的極大關注，並在化工過程、故障檢測、系統辨識等領域得到了廣泛的應用。這種估計方法將系統約束直接嵌入優化問題，透過在線滾動優化使之動態滿足，從而利用那些以約束形式出現的關於系統狀態和雜訊的已知資訊來提高估計的合理性和準確性。因其滾動優化機制及處理複雜約束的巨大潛力，滾動時域估計的理論研究取得了突飛猛進的發展[30～45]。

在早期的理論研究中，學者們考慮線性系統 MHE 的穩定性問題，以及探索 MHE 設計參數與系統性能之間的定量關係。Alessandri 等人研究了滾動時域估計器的收斂性和無偏性[30]，並討論了目標函數中權係數和優化時域對估計誤差的影響。文獻［31］給出了一種同時估計系統狀態與未知雜訊的 MHE 方法。約束系統到達代價函數的計算比較困難，可能不存在解析表達式，於是不少文獻[32～34] 利用無約束系統的到達代價函數近似約束系統的到達代價函數。

近年來，學術界改變了 MHE 理論的研究思路，從已有算法的定量研究轉變爲新算法的綜合設計，帶有奇異性、不確定性、非線性和網路化的 MHE 穩定性分析與設計取得了不少成果。Boulkroune 等人推導出無約束線性奇異系統 MHE 的解析表達式[35]，並得出在一些假設條件下滾動時域估計等同於卡爾曼濾波的結論。Zhao 等人針對參數不確定的線性系統，研究了部分測量輸出失效的狀態估計問題[36]。基於文獻［30］，文獻［37～39］進一步研究了非線性系統的滾動時域估計問題。文獻［40，41］研究了數據包丟失過程滿足 Bernoulli 隨機分散時，網路化系統的狀態估計問題。其中，基於所建網路化系統隨機模型，該文設計出含有網路特徵參數的滾動時域估計器，並給出保證估計性能收斂性的充分條件。考慮到系統含有不等式約束形式的雜訊和數據包丟失問題，Liu 等人基於 LOQO 內點算法，設計了約束滾動時域估計器以及給出了保證估計誤差範數有界的充分條件[42]。隨後，Liu 等人擴展到具有量化和隨機丟包的網路化系統[43]，建立了量化密度和丟包機率與估計性能之間的關係。此外，Zeng 等人研究了分散式滾動時域估計方法[44]，Vercammen 等人將 MHE 用於代謝反應網路[45]。

縱觀滾動時域估計的發展歷程，盡管其取得了豐碩的研究成果，但是絕大多數文獻研究傳統控制系統的 MHE，其定性理論也主要集中於保證和提高算法的穩定性方面，而充分考慮滾動時域估計的約束處理和不確定性解決能力並將滾動時域估計結果擴展到網路化約束系統，給出 MHE「爲什麼好？好在哪裏？好多少？」的結果幾乎沒有。總體來說，國內外學術界對網路化約束系統滾動時域估計問題的研究尚處於起步階段。

1.2.2 分散式預測控制的研究現狀及分類

分散式預測控制的研究早已成爲國際上的熱點問題，最早是在 2001 年[46,47] 在 ACC 上發表論文明確提出了分散式預測控制概念。隨後，到 2006 年開始對分散式預測控制的協調策略的研究、分散式預測控制穩定性理論、針對不同系統的分散式預測控制以及在各領域中的應用等方面逐漸得到豐富。例如，文獻 [48] 提出了 Nash 優化的分散式預測控制；文獻 [49] 提出了作用域優化的分散式預測控制；文獻 [50] 提出了基於 agent negotiation 的分散式預測控制；文獻 [51，52] 提出了基於全局性能指標的分散式預測控制；文獻 [19] 給出了分散式預測控制的綜合方法；文獻 [53，54] 給出了作用域優化的分散式預測控制的綜合方法；文獻 [55，56] 給出了迭代的全局性能指標 DMPC 的保證穩定性設計方法。另外，文獻 [57，58] 等從大規模優化算法分解的角度研究分散式預測控制的求解問題；文獻 [18] 等針對網路系統研究了保證穩定性的 DMPC 算法。在 DMPC 應用方面涵蓋了化工系統[59]、冶金工業[60]、水網系統[61] 等，尤其近年來在電力系統應用方面的文章呈爆發式成長[62～64]。

已有的分散式預測控制算法，總體來說可按以下不同的方式進行分類。按每個控制週期內控制器之間交換資訊的次數分類，可分爲迭代算法和非迭代算法；按網路連通度分類，可分爲全連通算法和非全連通算法；按系統的性能指標進行分類可分爲基於全局性能指標、基於局部性能指標和基於鄰域（作用域）性能指標的分散式預測控制方法。一般情況下採用迭代算法，全系統的優化性能要好於非迭代算法，而非迭代方法通訊次數和優化問題求解次數少，計算效率相對較高。非全連通方法獲取的資訊範圍小，不利於協調策略提高系統整體優化性能，但該方法相對全連通算法容錯性、靈活性高，更符合分散式控制的特點。

由於本文重點討論分散式預測控制的協調策略，因此，這裏按各子系統 MPC 的性能指標的分類方式進行介紹。

（1）基於局部性能指標的 DMPC[46～48]（Local Cost Optimization based DMPC：LCO-DMPC）

$$J_{i,k}=\| \boldsymbol{x}_{i,k+N} \|_{\boldsymbol{P}_i}^2+\sum_{l=0}^{N-1}(\| \boldsymbol{x}_{i,k+l} \|_{\boldsymbol{Q}_i}^2+\| \boldsymbol{u}_{i,k+l} \|_{\boldsymbol{R}_i}^2) \tag{1-1}$$

每個子控制器利用上遊子系統提供的未來狀態序列和子系統模型，預測當前子系統的狀態演化，透過優化求得控制器最優解，使得自身的局部性能指標最小[24]。文獻［48］採用 Nash 優化求取子系統控制率。這種方法實施方便簡單，對資訊要求低，但其性能與集中式預測控制相比存在一定偏差，由於各子系統控制器採用局部性能指標作爲優化目標，也稱爲非協調分散式預測控制。

文獻［19］給出了非迭代求解方式下的非線性系統穩定化控制器的設計方法；文獻［1］給出了帶有輸入約束的線性系統的保證穩定性的基於局部性能指標的設計方法。文獻［65］進一步給出了帶有輸入和狀態約束時，保穩定性控制器的設計方法，該方法透過固定參考軌跡和滾動窗口代替算法更新時的狀態估計軌跡。且文獻［19］指出，分散式預測控制器的穩定性設計相對於集中式預測控制的方法來講，其難點在於設計可行性約束和穩定性約束，使得相鄰系統的輸入的變化在一個界内。

（2）基於全局性能指標的協調 DMPC（Cooperative DMPC：CDMPC）

子系統控制器 C_i 與所有子系統控制器進行資訊交換，獲得其它子系統前一次計算得到的輸入序列，利用全系統動態模型預測未來狀態序列，優化全局性能指標[51～53,66]：

$$\widetilde{J}_{i,k}=\sum_{j\in P}J_{j,k}, \tag{1-2}$$

這種協調策略，每個子系統需要得到全系統的資訊，子系統之間必須相互連通。相對基於局部性能指標的 DMPC，該類方法對網路的可靠性要求高，靈活性和容錯性降低。優點是能夠得到較好的全局最優性。當採用迭代方法求解時，如果滿足收斂性條件，所得到的解爲帕累托最優。

然而，這種協調策略提高系統性能的前提是每個子系統需要獲得全局資訊，網路可靠性要求高，犧牲了分散式控制方法容錯性、靈活性好的優點。考慮到一方面分散式控制系統容錯性好，當個別子系統發生故障時，對整體系統的影響不大，是分散式控制結構的一個非常突出的優點，另一方面，許多實際系統中，受一定局限每個局部控制器不能獲得全局資訊，越來越多的學者專注於研究不依賴於全局資訊的協調方法。

對於該協調策略下穩定化控制器的設計方法，文獻［1，52］利用基於全局性能指標的迭代分散式預測控制的收斂性，分析了採用全局性能指標的迭代分散式預測控制的穩定性，同時給出了保證穩定性的控制器設計方法。文獻［1］給出了基於全局性能指標的含輸入約束的非迭代分散式預測控制的保證穩定性的設計方法。該方法透過加入一致性約束和穩定性約束結合終端不變集和雙模預測控制使得閉環系統漸近穩定。

（3）基於作用域性能指標的 DMPC（Impacted-region Cost Optimization based DMPC：ICO-DMPC）

考慮到子系統的控制量不僅對其本身的性能產生影響，而且對其下游子系統的優化性能產生影響。因此，文獻［53，54，60］給出了一種協調策略，其中每個子系統控制器的性能指標中不僅包含其相應子系統的性能，而且包含其直接影響的子系統的性能，稱爲鄰域優化或作用域優化。優化目標函數爲

$$\overline{J}_{i,k}=\sum_{j\in P_i}J_{j,k} \tag{1-3}$$

其中，$P_i=\{j:j\in P_{-i}$ 或 $j=i\}$是子系統 S_i 的下游子系統，即受 S_i 影響的子系統，下標集合。這種控制算法也稱爲基於作用域優化的 DMPC。它可以實現比第一種算法更好的性能，同時通訊負載又比第二種算法小得多。

文獻［49］給出在每個局部子系統的優化指標中加入其它子系統的狀態來協調分散式預測控制時，不同協排程（性能指標中所涉及的子系統的範數）的統一形式，並指出不同的協排程可以導致不同的系統性能[67]。顯然，第三種協調策略[3,49,53,54,68]是實現通訊負載和全局性能權衡的一個有效手段。然而，目前的協調方法主要是透過在局部控制器的性能指標上加入相關聯系統的狀態來改善系統的全局優化性能[67]。但同時也增加了局部控制器在網路中獲得的資訊量，給系統的容錯性帶來負面影響。爲解決這個問題，文獻［3］在作用域優化的基礎上，提出了結合敏感度函數和前一時刻鄰域系統的預估狀態來計算鄰域的狀態序列的預測值，能提高 DMPC 協同度同時又不增加網路連通性的方法。

對於非全局資訊模式下，基於優化多個子系統性能指標的協調分散式預測控制，由於其結構相比非協調分散式預測控制複雜，給設計可行性約束和穩定性約束帶來更多的困難。文獻［3，49，54］設計了該協調策略下保證穩定性的分散式預測控制的一致性約束條件和穩定性條件。

由以上分析可知，在如何提高系統的全局性能方法上，目前的研究成果十分豐富，已經相對成熟，初步形成了系統化的理論成果[69]。

1.3 本書的主要內容

本書作者及其課題組對於網路環境下分散式系統的預測控制理論方法及其應用的研究，從 2001 年開始，對目前主流的協調方法——透過在局部控制器的性能指標上加入相關聯系統的性能指標來改善系統的全局優化性能這類分散式預測控制，以及系統性能分析及綜合方法方面積累了豐富的系統性結果。因此，在分散式系統預測控制這一國際熱點問題方興未艾，正大步發展之際，覺得有必要總結以往研究成果，系統地介紹分散式預測控制相關理論和方法。本書的主要內容如下。

第 2 章針對前向通道與反饋通道存在數據包隨機丟失的通訊情況，介紹了能夠充分利用滾動窗口內系統輸入輸出資訊的滾動時域狀態估計，並給出了保證估計性能收斂的充分條件。第 3 章針對控制量經由共享網路從控制器傳輸至執行器時發生數據包有界丟失或數據量化的通訊情況，介紹了基於滾動時域優化策略的網路預測控制，以及給出了保證系統漸近穩定且具有一定控制性能的充分條件。第 4 章針對每一採樣時刻只有部分測量數據透過共享網路傳輸到遠程估計器的通訊情況，介紹了基於二次型排程指標的滾動時域排程，以保證估計器仍具有良好的估計性能。第 5 章主要介紹基於局部性能指標的分散式預測控制，包括能夠得到 Nash 均衡的分散式預測控制，以及非迭代分散式預測控制的保證穩定性的設計方法。第 6 章主要介紹了基於全局性能指標的協調分散式預測控制，包括無約束協調分散式預測控制的解析解、閉環穩定性條件；含輸入約束的協調分散式預測控制的保證穩定性的設計方法。第 7 章主要介紹了基於作用域性能指標的協調分散式預測控制，包括無約束基於作用域優化的分散式預測控制的解析解、閉環穩定性條件，以及含輸入約束的基於作用域優化的分散式預測控制的保證穩定性的設計方法。第 8 章以上海某鋼廠中厚板加速冷卻過程爲例，介紹了分散式預測控制在冶金過程中的應用的典型實例。

參考文獻

[1] Li Shaoyuan, Zheng Yi. Distributed Model Predictive Control for Plant-Wide Systems. Singapore: John Wiley & Sons, Singapore Pte. Ltd., 2015.

[2] Scattolini R. Architectures for Distributed and Hierarchical Model Predictive Control-A Review. Journal of Process Control, 2009, 19 (5): 723-731.

[3] 鄭毅，李少遠．網路資訊模式下分散式系統協調預測控制．自動化學報，2013，39 (11): 1778-1786.

[4] Christofides P D, et al. Distributed Model Predictive Control: A Tutorial Review and Future Research Directions. Computers & Chemical Engineering, 2013, 51: 21-41.

[5] Richalet J, et al. Algorithmic Control of Industrial Processes. in Proceedings of the 4th IFAC Symposium on Identification and System Parameter Estimation. Tbilisi: URSS September, 1976.

[6] Richalet J, et al. Model Predictive Heuristic Control: Applications to Industrial Processes. Automatica, 1978, 14 (5): 413-428.

[7] Cutler C R, Ramaker B L. Dynamic Matrix Control-A Computer Control Algorithm. in Proceedings of the Joint Automatic Control Conference. Piscataway, NJ: American Automatic Control Council 1980.

[8] Cutler C, Morshedi A, Haydel J. An In Dustrial Perspective on Advanced Control. AIChE Annual Meeting. 1983.

[9] Maciejowski J M, Predictive Control with Constraints. 2000.

[10] Joe Qin S. Control Performance Monitoring—A Review and Assessment. Computers and Chemical Engineering, 1998, 23 (2): 173-186.

[11] 席裕庚．預測控制．北京：國防工業出版社，1993.

[12] Giselsson P, Rantzer A. On Feasibility, Stability and Performance in Distributed Model Predictive Control. arXiv preprint arXiv: 1302.1974, 2013.

[13] Camponogara E, de Lima M L. Distributed Optimization for MPC of Linear Networks with Uncertain Dynamics. Automatic Control, IEEE Transactions on, 2012, 57 (3): 804-809.

[14] Hours J H, Jones C N. A Parametric Nonconvex Decomposition Algorithm for Real-Time and Distributed NMPC. Automatic Control, IEEE Transactions on, 2016, 61 (2): 287-302.

[15] Kyoung-Dae K, Kumar P R. An MPC-Based Approach to Provable System-Wide Safety and Liveness of Autonomous Ground Traffic. Automatic Control, IEEE Transactions on, 2014, 59 (12): 3341-3356.

[16] de Lima M L, et al. Distributed Satisficing MPC with Guarantee of Stability. Automatic Control, IEEE Transactions on, 2016, 61 (2): 532-537.

[17] Dai L, et al. Cooperative Distributed Stochastic MPC for Systems with State Esti-

mation and Coupled Probabilistic Constraints. Automatica, 2015. 61: p. 89-96.

[18] Liu J, Muñoz de la Peña D, Christofides P D, Distributed Model Predictive Control of Nonlinear Systems Subject to Asynchronous and Delayed Measurements. Automatica, 2010, 46 (1): 52-61.

[19] Dunbar W B. Distributed Receding Horizon Control of Dynamically Coupled Nonlinear Systems. IEEE Transactions on Automatic Control, 2007, 52 (7): 1249-1263.

[20] 丁寶蒼．預測控制的理論與方法．北京: 機械工業出版社, 2008.

[21] 李少遠．全局工况系統預測控制及其應用. 北京: 科學出版社, 2008.

[22] 錢積新, 趙均, 徐祖華．預測控制．北京: 化學工業出版社, 2007.

[23] Pontus G. On Feasibility, Stability and Performance in Distributed Model Predictive Control. IEEE Transactions on Automatic Control, 2012.

[24] Camponogara E, et al. Distributed Model Predictive Control. IEEE Control Systems, 2002, 22 (1): 44-52.

[25] Vadigepalli R, Doyle Ⅲ F J. A Distributed State Estimation and Control Algorithm for Plantwide Processes. IEEE Transactions on Control Systems Technology, 2003, 11 (1): 119-127.

[26] Wang Chen, C-J Ong. Distributed Model Predictive Control of Dynamically Decoupled Systems with Coupled Cost. Automatica, 2010, 46 (12): 2053-2058.

[27] Al-Gherwi W, Budman H, Elkamel A. A Robust Distributed Model Predictive Control Algorithm. Journal of Process Control, 2011, 21 (8): 1127-1137.

[28] Alvarado I, et al. A Comparative Analysis of Distributed MPC Techniques Applied to the HD-MPC Four-Tank Benchmark. Journal of Process Control, 2011, 21 (5): 800-815.

[29] Camponogara E, de Lima M L. Distributed Optimization for MPC of Linear Networks with Uncertain Dynamics. IEEE Transactions on Automatic Control, 2012, 57 (3): 804-809.

[30] Alessandri A, Baglietto M, Battistelli G. Receding-Horizon State Estimation for Discrete-Time Linear Systems. IEEE Transactions on Automatic Control, 2003, 48 (3): 473-478.

[31] Rao C V, Rawlings J B, Lee J H. Constrained Linear State Estimation-a Moving Horizon Approach. Automatica, 2001, 37 (10): 1619-1628.

[32] Muske K R, Rawlings J B, Lee J H. Receding Horiozn Recursive State Estimation. American Control Conference. 1999.

[33] Rao C V. Moving Horizon Strategies for the Constrained Monitoring and Control of Nonlinear Discrete-Time Systems. PhD thesis, University of Wisconsin-Madison, 2000.

[34] Rao C V, Rawlings J B, Lee J H. Stability of Constrained Linear Moving Horizon Estimation. American Control Conference. 1999.

[35] Boulkroune B, Darouach M, Zasadzinski M. Moving Horizon State Estimation for Linear Discrete-Time Singular Systems. IET Control Theory and Applications, 2010, 4 (3): 339-350.

[36] Zhao Haiyan, Chen Hong, Ma Yan. Robust Moving Horzion Estimation for System with Uncertain Measurement Output, in Proceedings of the 48th IEEE Conference on Decision and Control and 28th Chinese Control Con-

ference. Shanghai: IEEE, 2009.

[37] Alessandri A, Baglietto M, Battistelli G. Moving-Horizon State Estimation for Nonlinear Discrete-Timesystems: New Stability Results and Approximation Schemes. Automatica, 2008, 44 (7): 1753-1765.

[38] Guo Yafeng, Huang Biao. Moving Horizon Estimation for Switching Nonlinear Systems. Automatica, 2013, 49 (11): 3270-3281.

[39] Fagiano L, Novara C. A Combined Moving Horizon and Direct Virtual Sensor Approach for Constrained Nonlinear Estimation. Automatica, 2013, 49 (1): 193-199.

[40] Xue Binqiang, Li Shaoyuan, Zhu Quanmin. Moving Horizon State Estimation for Networked Control Systems with Multiple Packet Dropouts. IEEE Transaction on Automatic Control, 2012, 57 (9): 2360-2366.

[41] Xue Binqiang, et al. Moving Horizon Scheduling for Networked Control Systems with Communication Constraints. IEEE Transaction on Industrial Electronics, 2013, 60 (8): 3318-3327.

[42] Liu Andong, Yu Li, Zhang Wen-an. Moving Horizon Estimation for Networked Systems with Multiple Packet Dropouts. Journal of Process Control, 2012, 22 (9): 1593-1608.

[43] Liu Andong, Yu Li, Zhang Wen-an. Moving Horizon Estimation for Networked Systems with Quantized Measurements and Packet Dropouts. IEEE Transactions on Circuits and Systems I: Regular paper, 2013, 60 (7): 1823-1834.

[44] Zeng Jing, Liu Jinfeng, Distributed Moving Horizon State Estimation: Simultaneously Handling Communicaiton Delays and Data Losses. Systems & Control Letters, 2015, 75 (1): 56-68.

[45] Vercammen D, Logist F, Van Impe J. Online Moving Horizon Estimation of Fluxes in Metabolic Reaction Networks. Journal of Process Control, 2016, 37 (1): 1-20.

[46] Du Xiaoning, Xi Yugeng, Li Shaoyuan. Distributed Model Predictive Control for Large-Scale Systems. in American Control Conference, 2001. Proceedings of the 2001. IEEE, 2001.

[47] Jia D. Krogh B H. Distributed Model Predictive Control. in American Control Conference, 2001. Proceedings of the 2001. IEEE, 2001.

[48] Li Shaoyuan,Zhang Yan, Zhu Quanmin, Nash-Optimization Enhanced Distributed Model Predictive Control Applied to the Shell Benchmark Problem. Information Sciences, 2005, 170 (2-4): 329-349.

[49] Li Shaoyuan, Zheng Yi, Ling Zongli. Impacted-Region Optimization for Distributed Model Predictive Control Systems with Constraints. Automation Science and Engineering, IEEE Transactions on, 2015, 12 (4): 1447-1460.

[50] Maestre J M, et al. Distributed Model Predictive Control Based on Agent Negotiation. Journal of Process Control, 2011, 21 (5): 685-697.

[51] Zheng Yi. Li Shaoyuan, Qiu Hai. Networked Coordination-Based Distributed Model Predictive Control for Large-Scale System. Control Systems Technology, IEEE Transactions on, 2013, 21 (3): 991-998.

[52] Venkat A N, et al. Distributed MPC Strategies with Application to Power System Automatic Generation Control. IEEE

Transactions on Control Systems Technology, 2008, 16 (6): 1192-1206.

[53] Zheng Yi, Li Shaoyuan, Li Ning. Distributed Model Predictive Control Over Network Information Exchange for Large-Scale Systems. Control Engineering Practice, 2011, 19 (7): 757-769.

[54] Zheng Yi, Li Shaoyuan, et al. Stabilized Neighborhood Optimization based Distributed Model Predictive Control for Distributed System. in Control Conference (CCC), 2012 31st Chinese. IEEE, 2012.

[55] Stewart B T, et al. Cooperative Distributed Model Predictive Control. Systems & Control Letters, 2010, 59 (8): 460-469.

[56] Giselsson P, et al. Accelerated Gradient Methods and Dual Decomposition in Distributed Model Predictive Control. Automatica, 2013, 49 (3): 829-833.

[57] Doan M D, Keviczky T, De Schutter B. An Iterative Scheme for Distributed Model Predictive Control Using Fenchel's Duality. Journal of Process Control, 2011, 21 (5): 746-755.

[58] Al-Gherwi W, Budman H, Elkamel A. A Robust Distributed Model Predictive Control Based on a Dual-Mode Approach. Computers & Chemical Engineering, 2013, 50 (9): 130-138.

[59] Xu Shichao, Bao Jie. Distributed Control of Plantwide Chemical Processes. Journal of Process Control, 2009, 19 (10): 1671-1687.

[60] Zheng Yi, Li Shaoyuan, Wang Xiaobo. Distributed Model Predictive Control for Plant-Wide Hot-Rolled Strip Laminar Cooling Process. Journal of Process Control, 2009, 19 (9): 1427-1437.

[61] Negenborn R R, et al. Distributed Model Predictive Control of Irrigation Canals. NHM, 2009, 4 (2): 359-380.

[62] Moradzadeh M, Boel R, Vandevelde L. Voltage Coordination in Multi-Area Power Systems via Distributed Model Predictive Control. Power Systems, IEEE Transactions on, 2013, 28 (1): 513-521.

[63] del Real A J, Arce A, Bordons C. An Integrated Framework for Distributed Model Predictive Control of Large-Scale Power Networks. Industrial Informatics, IEEE Transactions on, 2014, 10 (1): 197-209.

[64] del Real A J, Arce A, Bordons C. Combined Environmental and Economic Dispatch of Smart Grids Using Distributed Model Predictive Control. International Journal of Electrical Power & Energy Systems, 2014, 54: 65-76.

[65] Farina M, Scattolini R. Distributed Predictive Control: a Non-Cooperative Algorithm with Neighbor-to-Neighbor Communication for Linear Systems. Automatica, 2012, 48 (6): 1088-1096.

[66] 陳慶，李少遠，席裕庚. 基於全局最優的生產全過程分散式預測控制. 上海交通大學學報，2005，39 (3)：349-352.

[67] Al-Gherwi W, Budman H, Elkamel A. Selection of Control Structure for Distributed Model Predictive Control in the Presence of Model Errors. Journal of Process Control, 2010, 20 (3): 270-284.

[68] Zheng Yi, Li Ning, Li Shaoyuan. Hot-Rolled Strip Laminar Cooling Process Plant-Wide Temperature Monitoring and Control. Control Engineering Practice, 2013, 21 (1): 23-30.

[69] Li Shaoyuan. Towards to Dynamic Optimal Control for Large-Scale Distributed Systems [J]. Control Theory & Technology, 2017, 15 (2): 158-160.

第2章

具有隨機丟包的網絡化系統的滾動時域狀態估計

2.1 概述

網路化控制系統（Networked Control Systems，NCSs）是透過共享網路在傳感器與控制器之間、控制器與被控對象之間傳輸數據，實現空間分散設備的連接，完成控制目標。與傳統的點對點控制模式相比，網路化控制系統具有資源共享、遠程控制、低成本以及易於安裝、診斷、維護和擴展等優點，增加了系統的靈活性和可靠性。然而，由於共享網路的承載能力和通訊頻寬有限，數據在傳輸過程中不可避免地會產生誘導時滯、時序錯亂、數據包丟失以及量化失真等問題。這些問題將導致系統性能下降，甚至引起系統不穩定，從而使得網路化控制系統的分析與設計變得複雜多樣。這就給系統的分析和研究提出了新的挑戰，需要建立與網路化控制系統相適應的控制理論與控制方法。

由於實際控制系統的狀態往往不可測，網路化控制系統亦如此。同時，共享網路的特點決定了網路化控制系統的估計問題比一般控制系統更爲複雜。近年來，具有數據包丟失的狀態估計問題已成爲研究熱點之一，並已取得了顯著的研究成果[1~12]。Sinopoli 等人假定測量數據包丟失過程滿足獨立同一分散，證明了存在一個測量數據到達機率的臨界值，使得時變 Kalman 濾波估計誤差協方差有界的情況[1]。隨後作者將單通道數據包丟失的狀態估計問題推廣到雙通道數據包丟失的閉環控制問題[2]。文獻［3］基於多數據包丟失的線性隨機模型，給出了最優線性估計器的設計方法（包括濾波器、預估器和平滑器）。文獻［4］假定數據包丟失過程滿足兩狀態 Marovian 鏈，提出了誤差協方差峰值的概念，並給出了與跳變率相關的系統穩定性條件。遵循文獻［1］的思想，文獻［5］針對反饋通道和前向通道同時存在數據包丟失的情況，設計了最優 H_2 濾波器。文獻［6］以誤差協方差矩陣小於等於某個設定矩陣的機率爲估計性能指標，給出了一種 Kalman 濾波器的設計方法。文獻［7］基於正交原理，設計了一種線性最小方差濾波器，但沒有考慮數據包到達的實際狀態。

綜上所述，研究成果不斷涌現，但是研究工作仍具有一定的局限性和擴展空間。例如，多數研究工作都是基於一個理想的假設條件，即系統雜訊和過程雜訊均是滿足高斯機率分散的白雜訊，得出類似 Kalman 濾波形式的最優線性估計器。然而，這個假設條件很難成立，因爲在實際的工業過程中，雜訊並不是簡單地滿足高斯分散特性的白雜訊，而是一些能量有限的信源。再者，在實際的系統中，各種約束普遍存在，如化學組分濃度和液體的泄漏量總是大於零以及干擾在某個給定範圍内波動等，而 H-infinity 濾波、Kalman 濾波等方法卻無法處理這些約束。若忽略掉實際系統中這些現實存在的有用資訊，必然降低估計精度及估計性能。同時，當系統發生數據包丢失時，現有的估計方法常採用保持原有輸入策略[7～9] 或者輸入直接置零策略[10～12]，這樣也會降低估計精度。

爲此，在本章中將介紹一種基於滾動時域優化策略的網路化狀態估計方法，充分利用滾動窗口内系統資訊以及以不等式約束形式出現的關於雜訊、狀態和輸入輸出的額外資訊來克服數據包丢失對估計性能的影響。本章内容安排如下：第二節描述反饋通道具有隨機丢包的網路化控制系統的滾動時域狀態估計方法；第三節描述反饋通道和前向通道同時具有隨機丢包的網路化控制系統的滾動時域狀態估計方法，並透過分析滾動時域估計器的估計性能，給出保證估計性能收斂的充分條件；第四節對本章内容作一個小結。

2.2 具有反饋通道丢包的網路化系統的滾動時域狀態估計

2.2.1 問題描述

本小節針對反饋通道存在數據包丢失的情況，研究遠程被控對象狀態無法測得時的狀態估計問題。由於傳感器到控制器之間的數據包是經過一個不可靠的共享網路進行傳輸，所以不可避免地存在數據包丢失現象。爲了這一研究目標，建立一個典型網路化控制系統，如圖 2-1 所示。其中，這個網路化控制系統是由傳感器、不可靠共享網路、估計器、控制器和被控對象構成。首先，考慮如下離散時間線性時不變系統：

$$\begin{aligned} &\boldsymbol{x}(k+1)=\boldsymbol{A}\boldsymbol{x}(k)+\boldsymbol{B}\boldsymbol{u}(k)+\boldsymbol{w}(k)\\ &\tilde{\boldsymbol{y}}(k)=\boldsymbol{C}\boldsymbol{x}(k)+\boldsymbol{v}(k)\\ &\boldsymbol{x}(k)\in\boldsymbol{X},\boldsymbol{u}(k)\in\boldsymbol{U},\boldsymbol{w}(k)\in\boldsymbol{W},\boldsymbol{v}(k)\in\boldsymbol{V}\end{aligned} \tag{2-1}$$

其中，$\boldsymbol{x}(k)\in\boldsymbol{R}^n$、$\boldsymbol{u}(k)\in\boldsymbol{R}^m$ 和 $\tilde{\boldsymbol{y}}(k)\in\boldsymbol{R}^p$ 分別爲系統狀態、控制輸入和系統輸出，以及 $\boldsymbol{w}(k)\in\boldsymbol{W}\subset\boldsymbol{R}^n$ 和 $\boldsymbol{v}(k)\in\boldsymbol{V}\subset\boldsymbol{R}^p$ 分別是系統雜訊和測量雜訊；$\boldsymbol{A}$、$\boldsymbol{B}$ 和 $\boldsymbol{C}$ 爲系統的係數矩陣。集合 $\boldsymbol{X}$、$\boldsymbol{U}$、$\boldsymbol{W}$、$\boldsymbol{V}$ 都是凸多面體集並且滿足 $\boldsymbol{X}=\{\boldsymbol{x}:\boldsymbol{D}\boldsymbol{x}\leqslant\boldsymbol{d}\}$，$\boldsymbol{U}=\{\boldsymbol{u}:\|\boldsymbol{u}\|\leqslant u_{\max}\}$，$\boldsymbol{W}=\{\boldsymbol{w}:\|\boldsymbol{w}\|\leqslant\eta_w\}$ 與 $\boldsymbol{V}=\{\boldsymbol{v}:\|\boldsymbol{v}\|\leqslant\eta_v\}$。此外，這裏假定系統雜訊和測

量雜訊不是高斯雜訊，而是把雜訊看作未知有界的確定性變量，以及假設矩陣對（$\boldsymbol{A},\boldsymbol{B}$）是可控的和（$\boldsymbol{A},\boldsymbol{C}$）是可測的。

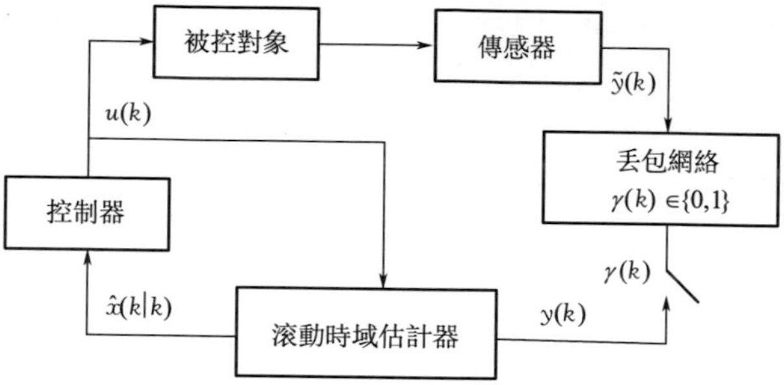

圖 2-1 具有丟包的網路化控制系統

如圖 2-1 所示，傳感器在每一採樣時刻測量系統輸出並透過不可靠共享網路將其傳送至遠程估計器。然而，在數據包傳輸過程中，不可避免地存在數據包丟失現象，這裏僅考慮傳感器與估計器之間的數據包丟失而沒有考慮控制器與被控對象之間的數據包丟失。不失一般性，不可靠共享網路可以看作一個在隨機模式下閉合和斷開的開關[7]，其中開關閉合表示通道沒有丟包，以及開關斷開表示通道存在丟包。這樣，在任意 k 時刻，當系統輸出 $\tilde{\boldsymbol{y}}(k)$ 成功傳輸到遠程估計器時，則有 $\boldsymbol{y}(k)=\tilde{\boldsymbol{y}}(k)$。反之，當數據包丟失時，估計器採用零階保持器（Zero Order Holder，ZOH），保持前一時刻的數據，即 $\boldsymbol{y}(k)=\boldsymbol{y}(k-1)$。由上所述，得到下列具有隨機丟包的網路化控制系統模型：

$$\begin{aligned}\boldsymbol{x}(k+1)&=\boldsymbol{A}\boldsymbol{x}(k)+\boldsymbol{B}\boldsymbol{u}(k)+\boldsymbol{w}(k)\\ \boldsymbol{y}(k)&=\gamma(k)\tilde{\boldsymbol{y}}(k)+[1-\gamma(k)]\boldsymbol{y}(k-1)\end{aligned}\tag{2-2}$$

其中，隨機變量 $\gamma(k)$ 表徵由不可靠共享網路傳輸數據時數據包的到達狀態，並且滿足在 0 與 1 間取值的 Bernoulli 分散，從而有

$$\begin{aligned}P\{\gamma(k)=1\}&=E\{\gamma(k)=1\}=\gamma\\ P\{\gamma(k)=0\}&=E\{\gamma(k)=0\}=1-\gamma\end{aligned}\tag{2-3}$$

其中，γ 表示數據包的到達機率，$\gamma(k)=1$ 表示 k 時刻無丟包，而 $\gamma(k)=0$ 表示 k 時刻有丟包；$E\{\cdot\}$表示期望算子。此外，假設隨機變量 $\gamma(k)$與雜訊、系統狀態以及系統輸入輸出之間相互獨立。顯然，在 k 時刻估計器已知傳感器的數據包是否發生丟失，也就是説，估計器已知 k 時刻數據包的到達狀態 $\gamma(k)$ ［透過比較 $\boldsymbol{y}(k)$與 $\boldsymbol{y}(k-1)$ 的值可知到達狀態 $\gamma(k)$ ］。

備註 2.1 在文獻［1，6］中，Kalman 濾波器的更新模型依賴於是否得到當前 k 時刻的數據包，而沒有考慮數據包發生丟失時測量數據的補償問題，且給出了一個相對簡單的丟包模型。然而，這裏所描述的丟包模型（2-2）考慮了數據包丟失的補償策略，即當 k 時刻的數據包發生丟失時採用 $k-1$ 時刻的觀測數據 $\boldsymbol{y}(k-1)$ 作爲當前觀測數據 $\boldsymbol{y}(k)$ 以補償丟包帶來的影響，這樣顯得更加合理。這種策略可以由零階保持器實現。此外，如果該模型（2-2）用於文獻［1，6］，那麼將不能得到相關的結論。

綜合公式(2-1) 與公式(2-2)，得到了具有隨機丟包的網路化控制系統模型，下面將基於此模型研究具有隨機丟包的 NCSs 的狀態估計問題。由於本小節沒有考慮控制器的設計，因此爲了分析估計誤差的穩定性，假定對於任意雜訊$\{\boldsymbol{w}(k)\}$與$\{\boldsymbol{v}(k)\}$存在一個初始狀態 $\boldsymbol{x}(0)$ 和控制序列$\{\boldsymbol{u}(k)\}$，使得狀態軌跡$\{\boldsymbol{x}(k)\}$保持在一個緊凸集 $\boldsymbol{X}$ 裏。

備註 2.2 對於滿足 Bernoulli 分散的隨機變量 $\gamma(k)$，其具有以下一些性質：$\mathrm{var}[\gamma(k)]=\gamma(1-\gamma)$，$E[\gamma^2(k)]=\gamma$，$E\{[1-\gamma(k)]^2\}=1-\gamma$，$E\{\gamma(k)[1-\gamma(t)]\}=\gamma(1-\gamma)$，$k\neq t$ 等。

2.2.2 網路化滾動時域狀態估計器設計

爲了克服數據包丟失帶給網路化控制系統的不確定性影響，本節介紹了一種新穎的狀態估計方法，即基於滾動時域優化策略的網路化滾動時域狀態估計（MHE）[13]。不同於其它估計方法，滾動時域狀態估計是基於滾動窗口内一段最新輸入輸出數據的優化問題，而非僅利用當前時刻輸入輸出數據，如圖 2-2 所示。

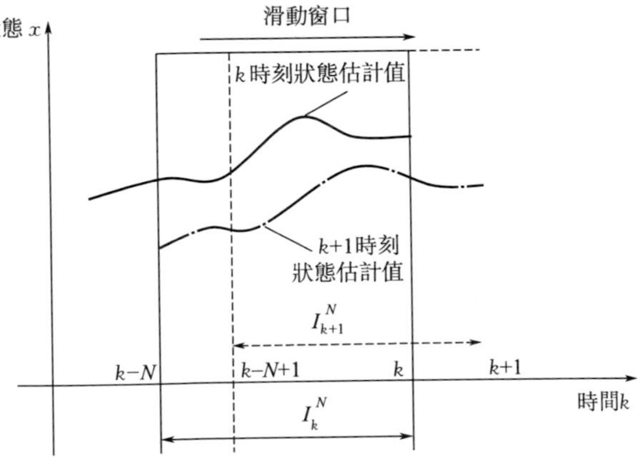

圖 2-2 滾動時域狀態估計策略

由於數據包丢失的存在，對於估計器實際有用的輸入輸出數據爲 $I_k^N \triangleq \{\boldsymbol{y}(k),\cdots,\boldsymbol{y}(k-N),\boldsymbol{u}(k-1),\cdots,\boldsymbol{u}(k-N)\}$，$k=N,N+1,\cdots$ 其中，$N+1$ 表示窗口内從 $k-N$ 時刻到 k 時刻的數據長度，即所用輸入輸出數據的數目。此外，滚動時域 N 的選取需要在估計精度與計算時間之間權衡。簡單地説，MHE 優化問題是基於滚動窗口内的最新數據 $\boldsymbol{I}_k^N$ 和狀態 $\boldsymbol{x}(k-N)$ 的預估值 $\overline{\boldsymbol{x}}(k-N)$，估計窗口内的狀態序列 $\boldsymbol{x}(k-N)$, $\boldsymbol{x}(k-N+1),\cdots,\boldsymbol{x}(k)$。其中，$\hat{\boldsymbol{x}}(k-N|k),\cdots,\hat{\boldsymbol{x}}(k|k)$分别表示在 k 時刻對狀態 $\boldsymbol{x}(k-N),\cdots,\boldsymbol{x}(k)$ 的估計；預估狀態 $\overline{\boldsymbol{x}}(k-N)$[即 $\hat{\boldsymbol{x}}(k-N|k-1)$]可由公式 $\overline{\boldsymbol{x}}(k-N)=\boldsymbol{A}\hat{\boldsymbol{x}}(k-N-1|k-1)+\boldsymbol{Bu}(k-N-1)$, $k=N+1,N+2,\cdots$ 求出。由於 $\hat{\boldsymbol{x}}(k-N-1|k-1)$ 是在 $k-1$ 時刻求解 MHE 優化問題得到，所以在 k 時刻其是已知量。總之，具有數據包丢失的網路化控制系統的滚動時域狀態估計問題，可描述爲如下的優化問題。

問題 2.1 在 k 時刻，根據已知資訊[$I_k^N,\overline{x}(k-N)$]，極小化代價函數（即性能指標）

$$J(k)=\left\|\hat{\boldsymbol{x}}(k-N|k)-\overline{\boldsymbol{x}}(k-N)\right\|_{\boldsymbol{M}}^2+\sum_{i=k-N}^{k}\left\|\boldsymbol{y}(i)-\hat{\boldsymbol{y}}(i|k)\right\|_{\boldsymbol{R}}^2 \tag{2-4}$$

以及滿足如下約束條件：

$$\begin{aligned}&\hat{\boldsymbol{x}}(i+1|k)=\boldsymbol{A}\hat{\boldsymbol{x}}(i|k)+\boldsymbol{Bu}(i)\\&\hat{\boldsymbol{y}}(i|k)=\gamma(i)\boldsymbol{C}\hat{\boldsymbol{x}}(i|k)+[1-\gamma(i)]\boldsymbol{y}(i-1)\\&\hat{\boldsymbol{x}}(i|k)\in\boldsymbol{X}=\{\boldsymbol{x}:\boldsymbol{Dx}\leqslant\boldsymbol{d}\},i=k-N,\cdots,k\end{aligned} \tag{2-5}$$

的情況下，得到最優狀態估計值 $\hat{\boldsymbol{x}}^*(k-N|k),\cdots,\hat{\boldsymbol{x}}^*(k|k)$。其中，$\|\cdot\|$表示歐氏範數，正定矩陣 $\boldsymbol{M}$ 和 $\boldsymbol{R}$ 表示需要設計的參數矩陣。此外，代價函數（2-4）中的第一項概述了 $k-N$ 時刻以前的輸入輸出資訊對代價函數即性能指標的影響，而參數 $\boldsymbol{M}$ 反映了對滚動窗口内初始狀態估計的置信程度。同時，該代價函數的第二項表徵了窗口内系統輸出與估計輸出之間的偏差累積量，而參數 $\boldsymbol{R}$ 用於懲罰系統輸出與估計輸出之間的偏差。至於參數 $\boldsymbol{M}$ 和 $\boldsymbol{R}$ 的選取問題，參考文獻［14］作了較爲詳細的論述。

幸運的是，該優化問題 2.1 可以轉化爲如下一個標準的二次規劃問題，從而使用較簡單的計算工具進行求解：

$$\begin{aligned}&\hat{\boldsymbol{x}}^*(k-N|k)\triangleq\arg\min_{\hat{\boldsymbol{x}}(k-N|k)} J(k)\\&\text{s. t. }\boldsymbol{D_N}[\widetilde{\boldsymbol{F}}_N\hat{\boldsymbol{x}}(k-N|k)+\widetilde{\boldsymbol{G}}_N\boldsymbol{U}_N]\leqslant\boldsymbol{d}_N\end{aligned} \tag{2-6}$$

其中

$$J(k)=\hat{\boldsymbol{x}}^{\mathrm{T}}(k-N|k)[\boldsymbol{M}+\boldsymbol{F}_N^{\mathrm{T}}\boldsymbol{S}(k)\boldsymbol{R}_N\boldsymbol{S}(k)\boldsymbol{F}_N]\hat{\boldsymbol{x}}(k-N|k)+$$
$$2[\boldsymbol{U}^{\mathrm{T}}(k)\boldsymbol{G}_N^{\mathrm{T}}\boldsymbol{S}(k)\boldsymbol{R}_N\boldsymbol{S}(k)\boldsymbol{F}_N-\overline{\boldsymbol{x}}^{\mathrm{T}}(k-N)\boldsymbol{M}-$$
$$\boldsymbol{Y}^{\mathrm{T}}(k)\boldsymbol{R}_N\boldsymbol{S}(k)\boldsymbol{F}_N]\hat{\boldsymbol{x}}(k-N|k)+\overline{\boldsymbol{x}}^{\mathrm{T}}(k-N)\boldsymbol{M}\overline{\boldsymbol{x}}(k-N)+$$
$$\boldsymbol{U}^{\mathrm{T}}(k)\boldsymbol{G}_N^{\mathrm{T}}\boldsymbol{S}(k)\boldsymbol{R}_N\boldsymbol{S}(k)\boldsymbol{G}_N\boldsymbol{U}(k)-2\boldsymbol{U}^{\mathrm{T}}(k)\boldsymbol{G}_N^{\mathrm{T}}\boldsymbol{S}(k)\boldsymbol{R}_N\boldsymbol{Y}(k)+$$
$$\boldsymbol{Y}^{\mathrm{T}}(k)\boldsymbol{R}_N\boldsymbol{Y}(k)$$

$$\boldsymbol{Y}(k)=\begin{bmatrix}\boldsymbol{y}(k-N)\\ \boldsymbol{y}(k-N+1)\\ \vdots\\ \boldsymbol{y}(k)\end{bmatrix},\boldsymbol{U}(k)=\begin{bmatrix}\boldsymbol{u}(k-N)\\ \boldsymbol{u}(k-N+1)\\ \vdots\\ \boldsymbol{u}(k-1)\end{bmatrix},$$

$$\boldsymbol{F}_N=\begin{bmatrix}\boldsymbol{C}\\ \boldsymbol{CA}\\ \vdots\\ \boldsymbol{CA}^N\end{bmatrix},\widetilde{F}_N=\begin{bmatrix}\boldsymbol{I}\\ \boldsymbol{A}\\ \vdots\\ \boldsymbol{A}^N\end{bmatrix},\boldsymbol{d}_N=\begin{bmatrix}\boldsymbol{d}\\ \boldsymbol{d}\\ \vdots\\ \boldsymbol{d}\end{bmatrix}_{(N+1)n\times 1}$$

$$\boldsymbol{D}_N=\underbrace{\begin{bmatrix}D & & & \\ & D & & \\ & & \ddots & \\ & & & D\end{bmatrix}}_{N+1},S(k)=\underbrace{\begin{bmatrix}\gamma(k-N)I & & & \\ & \gamma(k-N+1)I & & \\ & & \ddots & \\ & & & \gamma(k)I\end{bmatrix}}_{N+1},$$

$$\boldsymbol{R}_N=\underbrace{\begin{bmatrix}\boldsymbol{R} & & & \\ & \boldsymbol{R} & & \\ & & \ddots & \\ & & & \boldsymbol{R}\end{bmatrix}}_{N+1},\widetilde{\boldsymbol{G}}_N=\begin{bmatrix}\boldsymbol{0} & \boldsymbol{0} & \cdots & \boldsymbol{0} & \boldsymbol{0}\\ \boldsymbol{B} & \boldsymbol{0} & \cdots & \boldsymbol{0} & \boldsymbol{0}\\ \boldsymbol{AB} & \boldsymbol{B} & \cdots & \boldsymbol{0} & \boldsymbol{0}\\ \vdots & \vdots & \cdots & \vdots & \vdots\\ \boldsymbol{A}^{N-1}\boldsymbol{B} & \boldsymbol{A}^{N-2}\boldsymbol{B} & \cdots & \boldsymbol{AB} & \boldsymbol{B}\end{bmatrix},$$

$$\boldsymbol{G}_N=\begin{bmatrix}\boldsymbol{0} & \boldsymbol{0} & \cdots & \boldsymbol{0} & \boldsymbol{0}\\ \boldsymbol{CB} & \boldsymbol{0} & \cdots & \boldsymbol{0} & \boldsymbol{0}\\ \boldsymbol{CAB} & \boldsymbol{CB} & \cdots & \boldsymbol{0} & \boldsymbol{0}\\ \vdots & \vdots & \cdots & \vdots & \vdots\\ \boldsymbol{CA}^{N-1}\boldsymbol{B} & \boldsymbol{CA}^{N-2}\boldsymbol{B} & \cdots & \boldsymbol{CAB} & \boldsymbol{CB}\end{bmatrix}$$

在 k 時刻，透過求解優化問題 2.1，可以得到最優狀態估計值 $\hat{\boldsymbol{x}}^*(k-N|k)$，而窗口內其它最優狀態估計值 $\hat{\boldsymbol{x}}^*(k-N+j|k)$ 可由公式(2-7)得出：

$$\hat{\boldsymbol{x}}^*(k-N+j\mid k)=\boldsymbol{A}^j\hat{\boldsymbol{x}}^*(k-N\mid k)+\sum_{i=0}^{j-1}\boldsymbol{A}^{j-i-1}\boldsymbol{Bu}(k-N+i),j=1,2,\cdots,N \tag{2-7}$$

顯然，當 $k+1$ 時刻的系統輸出經由不可靠網路傳輸時，已知資訊從基於 k 時刻所對應的數據窗口滾動到基於 $k+1$ 時刻所對應的數據窗口，即由 $[\boldsymbol{I}_k^N,\overline{\boldsymbol{x}}(k-N)]$過渡到$[\boldsymbol{I}_{k+1}^N,\overline{\boldsymbol{x}}(k+1-N)]$，其中 $k+1$ 時刻的預估狀態 $\overline{\boldsymbol{x}}(k+1-N)$可由 k 時刻求出的最優狀態估計值$\hat{\boldsymbol{x}}^*(k-N\mid k)$與預估公式 $\overline{\boldsymbol{x}}(k+1-N)=\boldsymbol{A}\hat{\boldsymbol{x}}^*(k-N\mid k)+\boldsymbol{Bu}(k-N)$計算得到，那麼透過重新求解優化問題 2.1 可以求出 $k+1$ 時刻的最優狀態估計值$\hat{\boldsymbol{x}}^*(k+1-N\mid k+1)$以及窗口内的其它狀態估計值。

備註 2.3 在性能指標（2-4）中，權矩陣 $\boldsymbol{M}$ 和 $\boldsymbol{R}$ 可以看作文獻［14］中標量 μ 的擴展。另外，權矩陣 $\boldsymbol{M}$ 和 $\boldsymbol{R}$ 的引入給估計器設計帶來了更多的自由度，能夠更好地補償數據包丟失而產生的不確定性影響。與其它估計方法相比，其獨特之處在於：當數據包發生丟失時，它能夠利用滾動窗口内一段最新輸入輸出數據而非前一個時刻的數據[17]或直接置爲零[1,6]，參與估計器的設計。

備註 2.4 爲了便於分析，本小節只考慮了數據包的到達機率 γ 爲常數的情況，即 γ 不隨時間的變化而變化。由公式(2-6）可以看出：數據包丟失影響了優化問題 2.1 的優化變量，即最優狀態估計值，並使得估計性能變差；不過，透過合理調節權矩陣 $\boldsymbol{M}$ 和 $\boldsymbol{R}$，該滾動時域估計方法能夠克服系統雜訊和測量雜訊以及補償數據包丟失帶來的不確定性。

下面將具體分析數據包的到達機率 γ 對估計性能的影響，以及透過求解一個線性矩陣不等式得出合適的懲罰權矩陣 $\boldsymbol{M}$ 和 $\boldsymbol{R}$，以保證估計器具有良好的估計性能。

2.2.3 估計器的性能分析

本小節主要討論數據包丟失情況下的網路化控制系統的估計性能。首先定義 $k-N$ 時刻的估計誤差：

$$\boldsymbol{e}(k-N)\triangleq\boldsymbol{x}(k-N)-\hat{\boldsymbol{x}}^*(k-N\mid k) \tag{2-8}$$

正如公式(2-6）所述，估計誤差的動態是一個關於隨機變量 $\gamma(k)$ 的隨機過程，因此定理 2.1 將給出一個估計誤差歐氏範數平方期望的結論。

定理 2.1 考慮上述系統（2-2）以及由公式(2-8）所表示的估計誤差，如果代價函數（2-4）中的懲罰權矩陣 $\boldsymbol{M}$ 和 $\boldsymbol{R}$ 使得不等式(2-9）成立：

$$a=8f^{-1}\rho<1 \tag{2-9}$$

那麼估計誤差歐氏範數平方期望的極限 $\lim\limits_{k\to\infty}E\{\|\boldsymbol{e}(k-N)\|^2\}\leqslant b/(1-a)$，其中

$$E\{\|\boldsymbol{e}(k-N)\|^2\}\leqslant\tilde{\boldsymbol{e}}(k-N),k=N,N+1,\cdots \tag{2-10}$$

上界函數具有如下形式：

$$\tilde{\boldsymbol{e}}(k)=a\tilde{\boldsymbol{e}}(k-1)+b,\tilde{\boldsymbol{e}}(0)=b_0 \tag{2-11}$$

以及

$$\rho\triangleq\lambda_{\max}(\boldsymbol{A}^{\mathrm{T}}\boldsymbol{M}\boldsymbol{A}),m\triangleq\lambda_{\max}(\boldsymbol{M}),r_N\triangleq\|\boldsymbol{R}_N\|,$$

$$\eta_w\triangleq\max\|\boldsymbol{w}(k)\|,\eta_v\triangleq\max\|\boldsymbol{v}(k)\|,h_N\triangleq\|\boldsymbol{H}_N\|$$

$$f\triangleq\lambda_{\min}(\boldsymbol{M}+\gamma\boldsymbol{F}_N^{\mathrm{T}}\boldsymbol{R}_N\boldsymbol{F}_N),a\triangleq 8f^{-1}\rho,b\triangleq 4f^{-1}[2m\eta_w^2+r_N(\sqrt{N+1}\,\eta_w h_N+\sqrt{N}\eta_v)^2]$$

$$b_0\triangleq 4f^{-1}[md_0^2+r_N(\sqrt{N+1}\,\eta_w h_N+\sqrt{N}\eta_v)^2],d_0\triangleq\max_{\boldsymbol{x}(0),\bar{\boldsymbol{x}}(0)\in\boldsymbol{X}}\|\boldsymbol{x}(0)-\bar{\boldsymbol{x}}(0)\|$$

$$\boldsymbol{H}_N=\begin{bmatrix}\boldsymbol{0}&\boldsymbol{0}&\cdots&\boldsymbol{0}&\boldsymbol{0}\\\boldsymbol{C}&\boldsymbol{0}&\cdots&\boldsymbol{0}&\boldsymbol{0}\\\boldsymbol{CA}&\boldsymbol{C}&\cdots&\boldsymbol{0}&\boldsymbol{0}\\\vdots&\vdots&\cdots&\vdots&\vdots\\\boldsymbol{CA}^{N-1}&\boldsymbol{CA}^{N-2}&\cdots&\boldsymbol{CA}&\boldsymbol{C}\end{bmatrix},\boldsymbol{W}(k)=\begin{bmatrix}\boldsymbol{w}(k-N)\\\boldsymbol{w}(k-N+1)\\\vdots\\\boldsymbol{w}(k-1)\end{bmatrix},$$

$$\boldsymbol{V}(k)=\begin{bmatrix}\boldsymbol{v}(k-N)\\\boldsymbol{v}(k-N+1)\\\vdots\\\boldsymbol{v}(k)\end{bmatrix}$$

證明 證明該定理的關鍵在於尋求性能指標最小值 $J^*(k)$ 的上界與下界。

首先，考慮性能指標最小值 $J^*(k)$ 的上界問題。顯然，根據 $\hat{\boldsymbol{x}}^*(k-N|k)$的最優性原理，可以得出

$$J^*(k)\leqslant\left\{\left\|\hat{\boldsymbol{x}}^*(k-N|k)-\bar{\boldsymbol{x}}(k-N)\right\|_{\boldsymbol{M}}^2+\sum_{i=k-N}^{k}\left\|\boldsymbol{y}(i)-\hat{\boldsymbol{y}}(i|k)\right\|_{\boldsymbol{R}}^2\right\}_{\hat{\boldsymbol{x}}^*(k-N|k)=\boldsymbol{x}(k-N)} \tag{2-12}$$

公式(2-12) 右側的第二項可以簡化爲

$$\left\{\sum_{i=k-N}^{k}\left\|\boldsymbol{y}(i)-\hat{\boldsymbol{y}}(i|k)\right\|_{\boldsymbol{R}}^2\right\}_{\hat{\boldsymbol{x}}^*(k-N|k)=\boldsymbol{x}(k-N)}=$$

$$\left\|\tilde{\boldsymbol{Y}}(k)-[\boldsymbol{F}_N\boldsymbol{x}(k-N)+\boldsymbol{G}_N\boldsymbol{U}(k)]\right\|_{\boldsymbol{S}(k)\boldsymbol{R}_N\boldsymbol{S}(k)}^2 \tag{2-13}$$

其中，$\tilde{\boldsymbol{Y}}(k)=[\tilde{\boldsymbol{y}}^{\mathrm{T}}(k-N),\cdots,\tilde{\boldsymbol{y}}^{\mathrm{T}}(k)]^{\mathrm{T}}$ 以及 $\tilde{\boldsymbol{Y}}(k)=\boldsymbol{F}_N\boldsymbol{x}(k-N)+\boldsymbol{G}_N\boldsymbol{U}(k)+\boldsymbol{H}_N\boldsymbol{W}(k)+\boldsymbol{V}(k)$，則公式(2-13) 簡化成

$$\left\{\sum_{i=k-N}^{k}\left\|\boldsymbol{y}(i)-\hat{\boldsymbol{y}}(i\mid k)\right\|_{\boldsymbol{R}}^{2}\right\}_{\hat{\boldsymbol{x}}^{*}(k-N\mid k)=\boldsymbol{x}(k-N)}=\left\|\boldsymbol{H}_{N}\boldsymbol{W}(k)+\boldsymbol{V}(k)\right\|_{\boldsymbol{S}(k)\boldsymbol{R}_{N}\boldsymbol{S}(k)}^{2} \tag{2-14}$$

因此，性能指標最小值 $J^{*}(k)$ 的一個上界爲

$$J^{*}(k)\leqslant\left\|\boldsymbol{x}(k-N)-\overline{\boldsymbol{x}}(k-N)\right\|_{\boldsymbol{M}}^{2}+\left\|\boldsymbol{H}_{N}\boldsymbol{W}(k)+\boldsymbol{V}(k)\right\|_{\boldsymbol{S}(k)\boldsymbol{R}_{N}\boldsymbol{S}(k)}^{2} \tag{2-15}$$

其次，考慮性能指標最小值 $J^{*}(k)$ 的下界問題。注意到公式(2-4)右側的第二項可以轉化爲如下一種形式：

$$\sum_{i=k-N}^{k}\left\|\boldsymbol{y}(i)-\hat{\boldsymbol{y}}(i\mid k)\right\|_{\boldsymbol{R}}^{2}=\left\|\widetilde{\boldsymbol{Y}}(k)-[\boldsymbol{F}_{N}\hat{\boldsymbol{x}}^{*}(k-N\mid k)+\boldsymbol{G}_{N}\boldsymbol{U}(k)]\right\|_{\boldsymbol{S}(k)\boldsymbol{R}_{N}\boldsymbol{S}(k)}^{2} \tag{2-16}$$

由於公式(2-16) 滿足如下形式：

$$\begin{aligned}&\left\|\boldsymbol{F}_{N}\boldsymbol{x}(k-N)-\boldsymbol{F}_{N}\hat{\boldsymbol{x}}^{*}(k-N\mid k)\right\|_{\boldsymbol{S}(k)\boldsymbol{R}_{N}\boldsymbol{S}(k)}^{2}\\&=\left\|\{\widetilde{\boldsymbol{Y}}(k)-[\boldsymbol{F}_{N}\hat{\boldsymbol{x}}^{*}(k-N\mid k)+\boldsymbol{G}_{N}\boldsymbol{U}(k)]\}-\right.\\&\left.\quad\{\widetilde{\boldsymbol{Y}}(k)-[\boldsymbol{F}_{N}\boldsymbol{x}(k-N)+\boldsymbol{G}_{N}\boldsymbol{U}(k)]\}\right\|_{\boldsymbol{S}(k)\boldsymbol{R}_{N}\boldsymbol{S}(k)}^{2}\end{aligned} \tag{2-17}$$

那麼可以推得

$$\begin{aligned}&\left\|\boldsymbol{F}_{N}\boldsymbol{x}(k-N)-\boldsymbol{F}_{N}\hat{\boldsymbol{x}}^{*}(k-N\mid k)\right\|_{\boldsymbol{S}(k)\boldsymbol{R}_{N}\boldsymbol{S}(k)}^{2}\leqslant\\&2\left\|\widetilde{\boldsymbol{Y}}(k)-[\boldsymbol{F}_{N}\hat{\boldsymbol{x}}^{*}(k-N\mid k)+\boldsymbol{G}_{N}\boldsymbol{U}(k)]\right\|_{\boldsymbol{S}(k)\boldsymbol{R}_{N}\boldsymbol{S}(k)}^{2}+\\&2\left\|\widetilde{\boldsymbol{Y}}(k)-[\boldsymbol{F}_{N}\boldsymbol{x}(k-N)+\boldsymbol{G}_{N}\boldsymbol{U}(k)]\right\|_{\boldsymbol{S}(k)\boldsymbol{R}_{N}\boldsymbol{S}(k)}^{2}\end{aligned} \tag{2-18}$$

其中，公式(2-18) 可以進一步轉化爲

$$\begin{aligned}&\left\|\widetilde{\boldsymbol{Y}}(k)-[\boldsymbol{F}_{N}\hat{\boldsymbol{x}}^{*}(k-N\mid k)+\boldsymbol{G}_{N}\boldsymbol{U}(k)]\right\|_{\boldsymbol{S}(k)\boldsymbol{R}_{N}\boldsymbol{S}(k)}^{2}\geqslant\\&0.5\left\|\boldsymbol{F}_{N}\boldsymbol{x}(k-N)-\boldsymbol{F}_{N}\hat{\boldsymbol{x}}^{*}(k-N\mid k)\right\|_{\boldsymbol{S}(k)\boldsymbol{R}_{N}\boldsymbol{S}(k)}^{2}-\\&\left\|\widetilde{\boldsymbol{Y}}(k)-[\boldsymbol{F}_{N}\boldsymbol{x}(k-N)+\boldsymbol{G}_{N}\boldsymbol{U}(k)]\right\|_{\boldsymbol{S}(k)\boldsymbol{R}_{N}\boldsymbol{S}(k)}^{2}\end{aligned} \tag{2-19}$$

綜合公式(2-13)、公式(2-16) 與公式(2-19)，可得

$$\sum_{i=k-N}^{k}\left\|\boldsymbol{y}(i)-\hat{\boldsymbol{y}}(i\mid k)\right\|_R^2 \geqslant \frac{1}{2}\left\|\boldsymbol{F}_N\boldsymbol{x}(k-N)-\boldsymbol{F}_N\hat{\boldsymbol{x}}^*(k-N\mid k)\right\|_{\boldsymbol{S}(k)\boldsymbol{R}_N\boldsymbol{S}(k)}^2-\left\|\boldsymbol{H}_N\boldsymbol{W}(k)+\boldsymbol{V}(k)\right\|_{\boldsymbol{S}(k)\boldsymbol{R}_N\boldsymbol{S}(k)}^2 \tag{2-20}$$

由於公式(2-4) 右側的第一項可以轉化爲

$$\left\|\boldsymbol{x}(k-N)-\hat{\boldsymbol{x}}^*(k-N\mid k)\right\|_{\boldsymbol{M}}^2=\left\|[\boldsymbol{x}(k-N)-\overline{\boldsymbol{x}}(k-N)]+[\overline{\boldsymbol{x}}(k-N)-\hat{\boldsymbol{x}}^*(k-N\mid k)\right\|_{\boldsymbol{M}}^2\leqslant 2\|\boldsymbol{x}(k-N)-\overline{\boldsymbol{x}}(k-N)\|_{\boldsymbol{M}}^2+2\left\|\overline{\boldsymbol{x}}(k-N)-\hat{\boldsymbol{x}}^*(k-N\mid k)\right\|_{\boldsymbol{M}}^2 \tag{2-21}$$

並進一步給出

$$\left\|\hat{\boldsymbol{x}}^*(k-N\mid k)-\overline{\boldsymbol{x}}(k-N)\right\|_{\boldsymbol{M}}^2\geqslant 0.5\left\|\boldsymbol{x}(k-N)-\hat{\boldsymbol{x}}^*(k-N\mid k)\right\|_{\boldsymbol{M}}^2-\|\boldsymbol{x}(k-N)-\overline{\boldsymbol{x}}(k-N)\|_{\boldsymbol{M}}^2 \tag{2-22}$$

結合公式(2-8)、公式(2-20) 與公式(2-22)，整理可得

$$J^*(k)\geqslant 0.5\left\|\boldsymbol{e}(k-N)\right\|_{\boldsymbol{M}}^2-\left\|\boldsymbol{x}(k-N)-\overline{\boldsymbol{x}}(k-N)\right\|_{\boldsymbol{M}}^2+0.5\left\|\boldsymbol{F}_N\boldsymbol{e}(k-N)\right\|_{\boldsymbol{S}(k)\boldsymbol{R}_N\boldsymbol{S}(k)}^2-\left\|\boldsymbol{H}_N\boldsymbol{W}(k)+\boldsymbol{V}(k)\right\|_{\boldsymbol{S}(k)\boldsymbol{R}_N\boldsymbol{S}(k)}^2 \tag{2-23}$$

最後，綜合性能指標最小值 $J^*(k)$ 的上界與下界並給出估計誤差範數意義下的期望特性。具體地説，聯合公式(2-15) 與公式(2-23)，可得

$$\|\boldsymbol{e}(k-N)\|_{\boldsymbol{M}}^2+\left\|\boldsymbol{F}_N\boldsymbol{e}(k-N)\right\|_{\boldsymbol{S}(k)\boldsymbol{R}_N\boldsymbol{S}(k)}^2\leqslant 4\left\|\boldsymbol{x}(k-N)-\overline{\boldsymbol{x}}(k-N)\right\|_{\boldsymbol{M}}^2+4\left\|\boldsymbol{H}_N\boldsymbol{W}(k)+\boldsymbol{V}(k)\right\|_{\boldsymbol{S}(k)\boldsymbol{R}_N\boldsymbol{S}(k)}^2 \tag{2-24}$$

考慮到公式(2-24) 右側的第二項，則有

$$\left\|\boldsymbol{H}_N\boldsymbol{W}(k)+\boldsymbol{V}(k)\right\|_{\boldsymbol{S}(k)\boldsymbol{R}_N\boldsymbol{S}(k)}^2\leqslant\|\boldsymbol{R}_N\|(\|\boldsymbol{H}_N\|\|\boldsymbol{W}(k)\|+\|\boldsymbol{V}(k)\|)^2\leqslant r_N(\sqrt{N+1}\,\eta_w h_N+\sqrt{N}\,\eta_v)^2 \tag{2-25}$$

於是，公式(2-24) 可轉化爲如下形式：

$$\left\|\boldsymbol{e}(k-N)\right\|_{\boldsymbol{M}}^2+\left\|\boldsymbol{F}_N\boldsymbol{e}(k-N)\right\|_{\boldsymbol{S}(k)\boldsymbol{R}_N\boldsymbol{S}(k)}^2\leqslant 4\left\|\boldsymbol{x}(k-N)-\overline{\boldsymbol{x}}(k-N)\right\|_{\boldsymbol{M}}^2+4r_N(\sqrt{N+1}\,\eta_w h_N+\sqrt{N}\,\eta_v)^2 \tag{2-26}$$

對於公式(2-26) 右側的第一項，可以得出：

$$\left\|\boldsymbol{x}(k-N)-\overline{\boldsymbol{x}}(k-N)\right\|_{\boldsymbol{M}}^{2}=\left\|\boldsymbol{A}\boldsymbol{e}(k-N-1)+\boldsymbol{w}(k-N-1)\right\|_{\boldsymbol{M}}^{2}$$
$$\leqslant 2\left\|\boldsymbol{A}\boldsymbol{e}(k-N-1)\right\|_{\boldsymbol{M}}^{2}+2\left\|\boldsymbol{w}(k-N-1)\right\|_{\boldsymbol{M}}^{2} \tag{2-27}$$

基於公式(2-26) 與公式(2-27)，整理可得

$$\left\|\boldsymbol{e}(k-N)\right\|_{\boldsymbol{M}}^{2}+\left\|\boldsymbol{F}_{N}\boldsymbol{e}(k-N)\right\|_{\boldsymbol{S}(k)\boldsymbol{R}_{N}\boldsymbol{S}(k)}^{2}\leqslant 8\left\|\boldsymbol{A}\boldsymbol{e}(k-N-1)\right\|_{\boldsymbol{M}}^{2}+$$
$$8\left\|\boldsymbol{w}(k-N-1)\right\|_{\boldsymbol{M}}^{2}+4r_{N}(\sqrt{N+1}\,\eta_{w}h_{N}+\sqrt{N}\,\eta_{v})^{2} \tag{2-28}$$

同時，公式(2-28) 等價於

$$\boldsymbol{e}^{\mathrm{T}}(k-N)[\boldsymbol{M}+\boldsymbol{F}_{N}^{\mathrm{T}}\boldsymbol{S}(k)\boldsymbol{R}_{N}\boldsymbol{S}(k)\boldsymbol{F}_{N}]\boldsymbol{e}(k-N)$$
$$\leqslant 8\boldsymbol{e}^{\mathrm{T}}(k-N-1)\boldsymbol{A}^{\mathrm{T}}\boldsymbol{M}\boldsymbol{A}\boldsymbol{e}(k-N-1)+8m\eta_{w}^{2}+4r_{N}(\sqrt{N+1}\,\eta_{w}h_{N}+\sqrt{N}\,\eta_{v})^{2} \tag{2-29}$$

由於公式(2-29) 含有隨機變量 $\alpha(k)$，則對其兩側求期望，可得

$$E\{\boldsymbol{e}^{\mathrm{T}}(k-N)[\boldsymbol{M}+\boldsymbol{F}_{N}^{\mathrm{T}}\boldsymbol{S}(k)\boldsymbol{R}_{N}\boldsymbol{S}(k)\boldsymbol{F}_{N}]\boldsymbol{e}(k-N)\}$$
$$\leqslant E\{8\boldsymbol{e}^{\mathrm{T}}(k-N-1)\boldsymbol{A}^{\mathrm{T}}\boldsymbol{M}\boldsymbol{A}\boldsymbol{e}(k-N-1)+8m\eta_{w}^{2}+4r_{N}(\sqrt{N+1}\,\eta_{w}h_{N}+\sqrt{N}\,\eta_{v})^{2}\} \tag{2-30}$$

進一步得出

$$E\{[\lambda_{\min}(\boldsymbol{M}+\boldsymbol{F}_{N}^{\mathrm{T}}\boldsymbol{S}(k)\boldsymbol{R}_{N}\boldsymbol{S}(k)\boldsymbol{F}_{N})]\boldsymbol{e}^{\mathrm{T}}(k-N)\boldsymbol{e}(k-N)\}$$
$$\leqslant 8\lambda_{\max}(\boldsymbol{A}^{\mathrm{T}}\boldsymbol{M}\boldsymbol{A})E\{\|\boldsymbol{e}(k-N-1)\|^{2}\}+8m\eta_{w}^{2}+4r_{N}(\sqrt{N+1}\,\eta_{w}h_{N}+\sqrt{N}\,\eta_{v})^{2} \tag{2-31}$$

因爲 $\lambda_{\min}(\boldsymbol{M}+\boldsymbol{F}_{N}^{\mathrm{T}}\boldsymbol{S}(k)\boldsymbol{R}_{N}\boldsymbol{S}(k)\boldsymbol{F}_{N})$ 與估計誤差 $\boldsymbol{e}(k-N)$ 相互獨立，以及根據定理 2.1 所給出的參數定義，則有

$$f\cdot E\{\|\boldsymbol{e}(k-N)\|^{2}\}\leqslant 8\rho\cdot E\{\|\boldsymbol{e}(k-N-1)\|^{2}\}+8m\eta_{w}^{2}+$$
$$4r_{N}(\sqrt{N+1}\,\eta_{w}h_{N}+\sqrt{N}\,\eta_{v})^{2} \tag{2-32}$$

再者，由公式(2-26)，可得

$$E\{\|\boldsymbol{e}(0)\|^{2}\}\leqslant 4f^{-1}[md_{0}^{2}+r_{N}(\sqrt{N+1}\,\eta_{w}h_{N}+\sqrt{N}\,\eta_{v})^{2}]=b_{0} \tag{2-33}$$

根據上界函數 $\widetilde{\boldsymbol{e}}(k-N)$ 的定義 (2-11)，則有

$$E\{\|\boldsymbol{e}(k-N)\|^{2}\}\leqslant\widetilde{\boldsymbol{e}}(k-N),k=N,N+1,\cdots \tag{2-34}$$

最後，若不等式條件 (2-9) 成立，則很容易得到估計誤差範數平方期望

的上界 $b/(1-a)$，因爲 $\widetilde{\boldsymbol{e}}(k)=a^k\widetilde{\boldsymbol{e}}(0)+b\sum_{i=0}^{k-1}a^i$ 。這樣，證明完畢。

由定理 2.1 可以看出：估計誤差範數平方的期望特性是多個因素共同作用的結果，例如，系統的係數矩陣、懲罰權矩陣 $\boldsymbol{M}$ 和 $\boldsymbol{R}$、滾動時域 N 以及數據包的到達機率 γ。由於數據包到達機率 γ 的存在，需要調節權矩陣 $\boldsymbol{M}$ 和 $\boldsymbol{R}$ 以補償丟包的影響，從而保證估計誤差性能漸近收斂。這裏考慮滾動時域 N 給定的情況，這樣可以透過求解如下的線性矩陣不等式得到合適的懲罰權矩陣 $\boldsymbol{M}$ 和 $\boldsymbol{R}$，從而滿足性能的要求。

$$\begin{cases} 0<\boldsymbol{M} \\ 0<\boldsymbol{R} \\ 0<f\boldsymbol{I}\leqslant\boldsymbol{M}+\gamma\boldsymbol{F}_N^{\mathrm{T}}\boldsymbol{R}_N\boldsymbol{F}_N \\ 0\leqslant\boldsymbol{A}^{\mathrm{T}}\boldsymbol{M}\boldsymbol{A}\leqslant\rho\boldsymbol{I} \\ 0\leqslant 8\rho<f \end{cases} \tag{2-35}$$

此外，值得注意的是，滿足線性不等式(2-35) 的權矩陣 $\boldsymbol{M}$ 和 $\boldsymbol{R}$ 並不是唯一的，這裏給出 $\boldsymbol{M}$ 和 $\boldsymbol{R}$ 的可行域。當然，爲了使得估計性能的收斂極值 $b/(1-a)$ 最小，可以極小化使得條件 $a<1$ 成立的收斂常值 $b/(1-a)$，這樣得到權矩陣 $\boldsymbol{M}$ 和 $\boldsymbol{R}$ 的優化解，而不是其可行域。收斂極值 $b/(1-a)$ 説明：定理 2.1 給出了估計誤差歐氏範數平方期望的上確界函數，而非任意上界函數。這時，估計性能達到最好。

備註 2.5 數據包的到達狀態 $\gamma(k)$ 是滿足 Bernoulli 分散且均值爲 γ 的隨機變量，以致公式(2-10) 具有這樣一個性質：如果不等式條件 (2-9) 成立，那麼估計誤差的範數平方 $\|\boldsymbol{e}(k-N)\|^2$ 在絕大多數時間内是有界的，即其在一個有界區域内；但是仍在極少數時間内，$\|\boldsymbol{e}(k-N)\|^2$ 要超出這個有界區域，因此這裏僅要求估計誤差範數平方的期望 $E\{\|\boldsymbol{e}(k-N)\|^2\}$屬於一個有界區域，而非要求其真實值都在這個有界區域内。另一方面，不同於其它估計方法如 Kalman 濾波、H_∞ 濾波以及 H_2 濾波，MHE 方法不僅保證誤差協方差矩陣期望的跡有界性，而且能夠確保滾動窗口内估計誤差和估計輸出的一個二次型性能指標的最小化。盡管定理 2.1 是遵循文獻［15］的研究思路，但是定理 2.1 不僅給出了一個更爲具體的結論，並且將文獻［15］的方法擴展到具有數據包丟失的網路化控制系統的狀態估計問題。

備註 2.6 值得一提的是，定理 2.1 中的上界函數$\{\widetilde{\boldsymbol{e}}(k)\}$可以離線計算得到，以致獲得估計性能的一個先驗上界。對於滾動時域 N 的選取，可以這樣簡單地理解：N 的值越大，表示窗口内的數據量越多，用於估計器設計的資訊量越大；但是，N 的值越大，由於估計模型 (2-5)

將導致更大的傳播誤差和更多的計算量，而且 N 的值越大並不意味着能夠使得估計器的估計性能越好。本小節没有考慮滾動時域 N 對估計性能的影響，並預先給定一個滾動時域 N 的值。此外，由於數據包到達機率 γ 的存在，將使得滿足不等式條件（2-9）的權矩陣 $\boldsymbol{M}$ 和 $\boldsymbol{R}$ 的可行域有所影響，即 γ 越大，其可行域越大；γ 越小，其可行域越小甚至於導致不等式(2-35）没有可行解。

若不考慮系統雜訊和測量雜訊，即 $\eta_w=0$ 和 $\eta_v=0$，則根據定理 2.1，給出如下的一個推論：

推論 2.1 考慮上述系統（2-2）以及由公式(2-8）所表示的估計誤差，假定不存在系統雜訊和測量雜訊，即 $\eta_w=0$ 和 $\eta_v=0$，如果代價函數（2-4）中的懲罰權矩陣 $\boldsymbol{M}$ 和 $\boldsymbol{R}$ 使得不等式(2-36）成立：

$$a=8f^{-1}\rho<1 \tag{2-36}$$

那麼估計誤差歐氏範數平方期望的極限 $\lim\limits_{k\to\infty}E\{\|\boldsymbol{e}(k-N)\|^2\}=0$，其中

$$E\{\|\boldsymbol{e}(k-N)\|^2\}\leqslant a^{k-N}b_0, k=N,N+1,\cdots \tag{2-37}$$

由推論 2.1 可以看出：如果被控對象模型（2-1）不存在雜訊，則所得到的最優估計器可以看作一個指數觀測器，並且條件（2-36）成立時估計誤差範數平方的期望指數收斂於 0。

2.2.4 數值仿真

本小節給出一個數值仿真例子，以驗證所提估計方法的有效性。考慮文獻［16］中的一個離散線性系統，其狀態空間模型可描述成如下形式：

$$\boldsymbol{x}(k+1)=\begin{bmatrix}0 & -2\\ 1 & -1\end{bmatrix}\boldsymbol{x}(k)+\begin{bmatrix}2\\ 1\end{bmatrix}\boldsymbol{u}(k)+\begin{bmatrix}2\\ 1\end{bmatrix}\boldsymbol{w}(k), \boldsymbol{y}(k)=\begin{bmatrix}1 & 0\\ 0 & 1\end{bmatrix}\boldsymbol{x}(k)+\boldsymbol{v}(k)$$

其中，狀態約束條件爲 $-5\leqslant \boldsymbol{C}\hat{\boldsymbol{x}}(i|k)\leqslant 5$。

爲了便於仿真結果的比較，則考慮如下的性能指標——均方根誤差(RMSE)：

$$\mathrm{RMSE}(k)=\sqrt{\frac{1}{N+1}\sum_{i=k-N}^{k}\|\boldsymbol{x}(i)-\hat{\boldsymbol{x}}(i|k)\|^2}$$

同時，給定系統的初始狀態 $\boldsymbol{x}(0)=[-5\quad 2]^{\mathrm{T}}$，初始預估狀態 $\bar{\boldsymbol{x}}(0)=[-5\quad 3]^{\mathrm{T}}$ 以及滾動時域 $N=4$。根據定理 2.1，當數據包到達機率爲 $\gamma=0.8$ 時，透過求解線性矩陣不等式(2-35）得出滿足條件（2-9）的 $\boldsymbol{R}=10\boldsymbol{I}_2$、$\boldsymbol{M}=0.15\boldsymbol{I}_2$、$f=90.4844$、$\rho=0.7854$ 以及 $a=0.0694<1$ 和 $b=0.2483$。假定系統雜訊和測量雜訊均是在［-0.05，0.05］之間變化且

滿足均勻分散過程的隨機信源。爲了仿真需要，基於文獻［16］，透過求解一個標準的 LQ 控制問題，得到了一個最優的 LQ 控制律，即$\boldsymbol{K}$=［0.1204　−0.9808］。其中具體的求解過程可以參考文獻［16］。

如圖 2-3 與圖 2-4 所示，盡管數據包到達機率是固定不變的，即每一採樣時刻數據包到達機率相同，但是在整個仿真時間段內，每次實驗成功到達的數據包序列有所不同，以致依靠每次實驗數據求解得到的狀態估計結果都略有不同。不過，所幸不同實驗得到的估計結果均能夠很好地表徵實際的狀態值。因此，圖 2-5～圖 2-10 所給出的仿真結果都是在平均意義下的結果。與文獻［17］中的滾動時域方法相比，其相應的比較結果顯示在圖 2-5～圖 2-8 中。其中，由圖 2-5 和圖 2-6 可知，本章節所提出的估計方法要明顯優於 Rao 等人提出的估計方法[17]，並且所求出的狀態估計值更逼近實際狀態值。

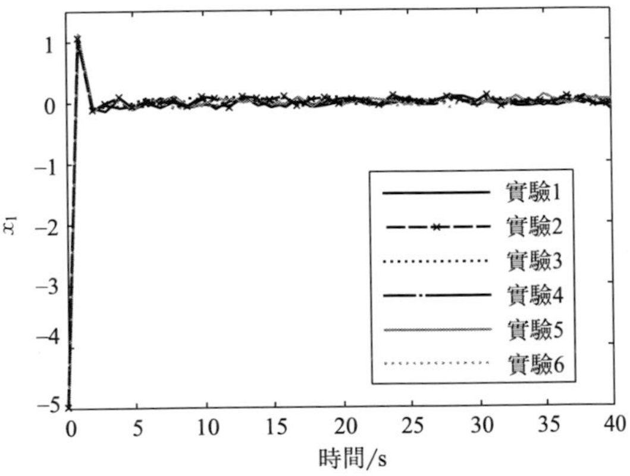

圖 2-3　多次實驗的狀態估計 x_1

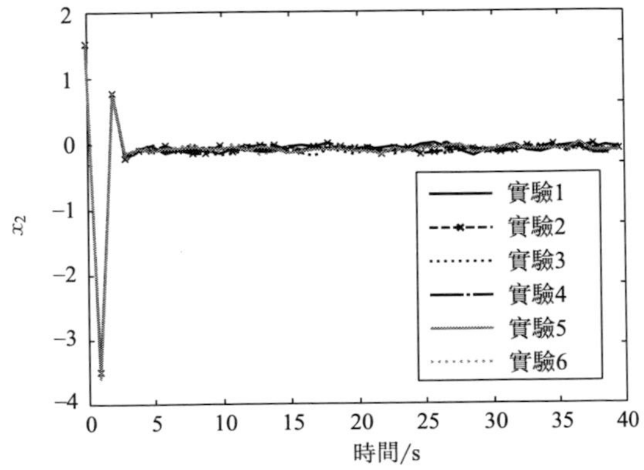

圖 2-4　多次實驗的狀態估計 x_2

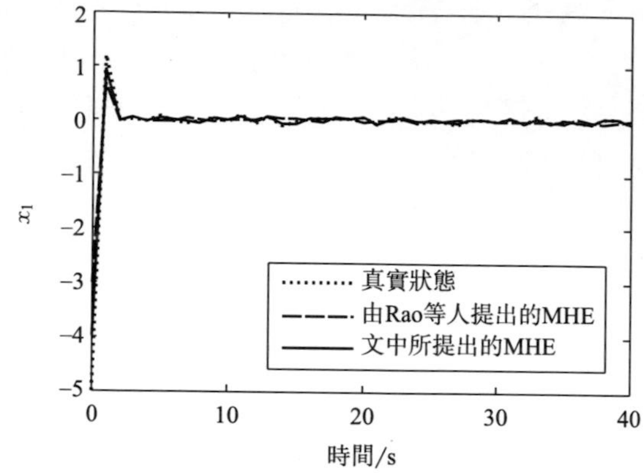

圖 2-5　數據包到達機率爲 0.8 的狀態估計 x_1

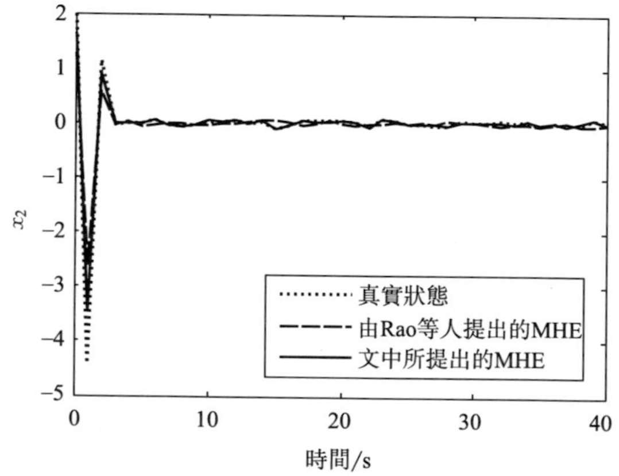

圖 2-6　數據包到達機率爲 0.8 的狀態估計 x_2

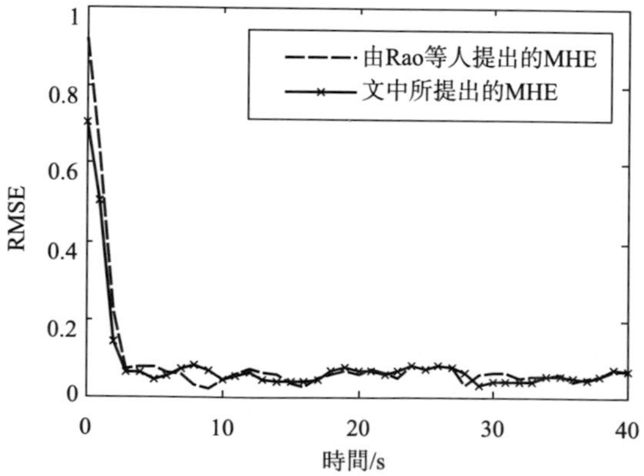

圖 2-7　兩種估計方法的均方根誤差比較

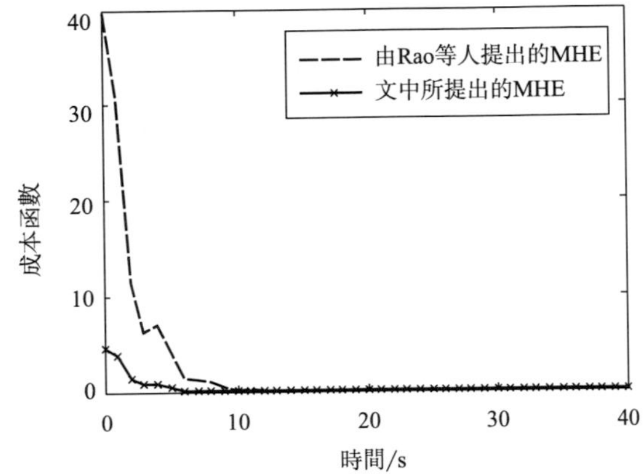

圖 2-8 二次型性能指標比較

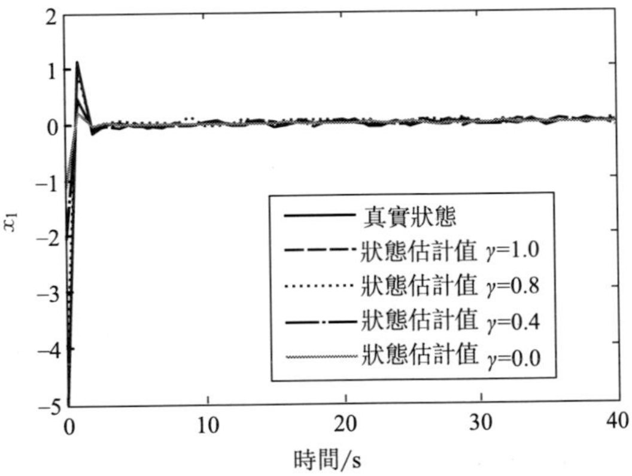

圖 2-9 不同數據包到達機率的狀態估計 x_1

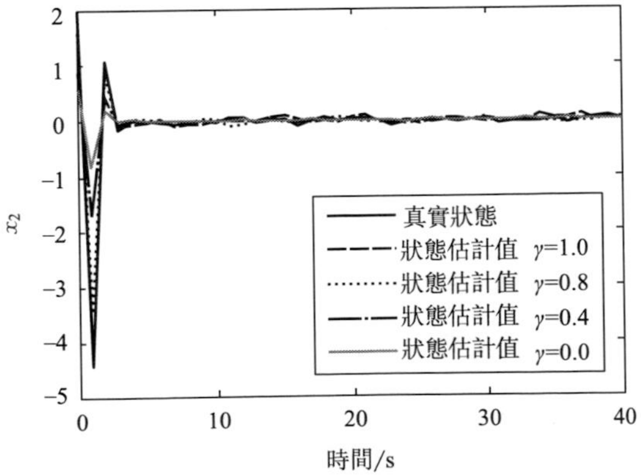

圖 2-10 不同數據包到達機率的狀態估計 x_2

其次，由圖 2-7 與圖 2-8 所示的性能指標，可以進一步看出：無論在均方根誤差（RMSE）性能還是在二次型性能指標，由本節所提出的滾動時域估計方法明顯地要好於文獻［17］中的估計方法。圖 2-9 和圖 2-10 給出了基於所提滾動時域方法，在不同的數據包到達機率情況下的狀態估計結果。很顯然，隨着數據包到達機率的減小，估計性能明顯地變差。具體地説，當 $\gamma=1$ 時，此時估計器的估計性能最好，而當 $\gamma=0$ 時，其估計性能最差。雖然本節提出採用滾動時域估計方法克服數據包丢失而帶來的影響，但是僅在一定程度上減弱了其影響，並不能完全消除其不確定性，因爲畢竟數據包丢失導致缺少了有用的數據資訊，從而使得估計性能肯定比沒有資訊缺少情況下的估計性能要差。簡言之，有用資訊丢得越多，所設計的估計器性能越差。

2.3 具有兩通道丢包的網路化系統的滾動時域狀態估計

上一節分析了反饋通道即傳感器至控制器之間存在數據包丢失的狀態估計問題，並設計了滾動時域的狀態估計器以及給出了其估計性能的收斂條件。但是，上一節僅考慮了傳感器至控制器之間存在數據包丢失的情況，並沒有考慮前向通道（即控制器至被控對象之間）的數據包丢失。因此，本小節針對兩通道同時存在數據包丢失的情況，深入研究網路化控制系統的狀態估計問題。

2.3.1 問題描述

本小節將討論前向通道與反饋通道同時存在數據包丢失的遠程被控對象的狀態估計問題。爲了這一研究目標，建立一個典型網路化控制系統，如圖 2-11 所示。由圖可知，NCSs 由傳感器、不可靠共享網路、估計器、控制器和被控對象組成。考慮如下離散時間線性時不變系統：

$$
\begin{aligned}
&\boldsymbol{x}(k+1)=\boldsymbol{A}\boldsymbol{x}(k)+\boldsymbol{B}\widetilde{\boldsymbol{u}}(k)+\boldsymbol{w}(k)\\
&\widetilde{\boldsymbol{y}}(k)=\boldsymbol{C}\boldsymbol{x}(k)+\boldsymbol{v}(k),\boldsymbol{w}(k)\in\boldsymbol{W},\boldsymbol{v}(k)\in\boldsymbol{V}
\end{aligned}
\tag{2-38}
$$

其中，$\boldsymbol{x}(k)\in\boldsymbol{R}^n$、$\widetilde{\boldsymbol{u}}(k)\in\boldsymbol{R}^m$ 和 $\widetilde{\boldsymbol{y}}(k)\in\boldsymbol{R}^p$ 分别爲系統狀態、控制輸入和系統輸出；$\boldsymbol{A}$、$\boldsymbol{B}$ 和 $\boldsymbol{C}$ 爲系統的係數矩陣。$\boldsymbol{w}(k)\in\boldsymbol{W}\subset\boldsymbol{R}^n$ 和

$\boldsymbol{v}(k)\in\boldsymbol{V}\subset\boldsymbol{R}^p$ 分別是系統雜訊和測量雜訊，以及集合 $\boldsymbol{W}$ 和集合 $\boldsymbol{V}$ 都是包含原點在內的凸多面體集。同時，假定系統雜訊和測量雜訊是未知的確定性變量，以及假設($\boldsymbol{A}$,$\boldsymbol{B}$)是可控的和($\boldsymbol{A}$,$\boldsymbol{C}$)是可測的。

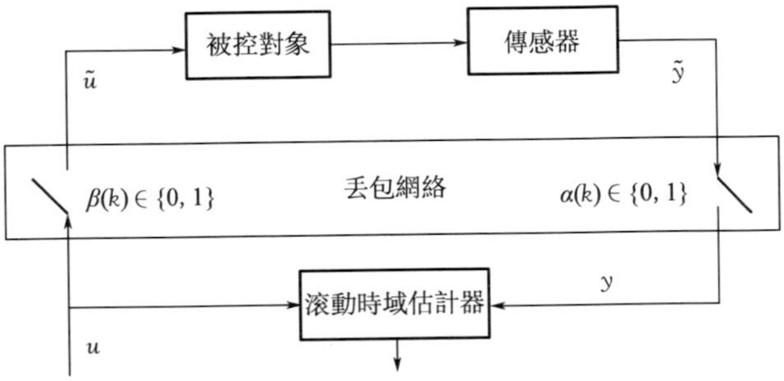

圖 2-11　具有多丟包的網路化控制系統

如圖 2-11 所示，傳感器在每一採樣時刻測量系統輸出並經由不可靠共享網路將其傳送至數據處理中心（即遠程估計器）；與此同時，控制器也經由不可靠共享網路將控制信號傳送至被控對象。在數據包傳輸過程中，不可避免地要發生數據包的丟失、時滯、量化等現象，這裏僅考慮數據包丟失問題。不失一般性，不可靠共享網路可以看作一個在隨機模式下閉合和斷開的開關[7]，其中開關閉合表示通道沒有丟包，開關斷開表示通道存在丟包。這樣，在任意 k 時刻，估計器或者成功接收到當前 k 時刻的系統輸出，即 $\boldsymbol{y}(k)=\tilde{\boldsymbol{y}}(k)$，或者當丟包時估計器採用零階保持器（Zero Order Holder，ZOH），保持前一時刻的數據，即 $\boldsymbol{y}(k)=\boldsymbol{y}(k-1)$。同理，前向通道的丟包情況可作類似分析，當反饋通道沒有數據包丟失時，則有 $\tilde{\boldsymbol{u}}(k)=\boldsymbol{u}(k)$；當反饋通道存在數據包丟失時，則有 $\tilde{\boldsymbol{u}}(k)=\tilde{\boldsymbol{u}}(k-1)$。基於上述分析，可以得到如下關係式：

$$\begin{aligned}\boldsymbol{y}(k)&=\alpha(k)\tilde{\boldsymbol{y}}(k)+[1-\alpha(k)]\boldsymbol{y}(k-1)\\ \tilde{\boldsymbol{u}}(k)&=\beta(k)\boldsymbol{u}(k)+[1-\beta(k)]\tilde{\boldsymbol{u}}(k-1)\end{aligned}\tag{2-39}$$

其中，隨機變量 $\alpha(k)$ 和 $\beta(k)$ 分別表徵經由不可靠共享網路傳輸時數據包的到達狀態，並且滿足在 0 與 1 間取值的 Bernoulli 分散序列，進而有

$$\begin{aligned}&P[\alpha(k)=1]=\bar{\alpha},P[\alpha(k)=0]=1-\bar{\alpha}\\ &P[\beta(k)=1]=\bar{\beta},P[\beta(k)=0]=1-\bar{\beta}\end{aligned}\tag{2-40}$$

其中，$\bar{\alpha}$ 和 $\bar{\beta}$ 分別表示數據包的到達機率；$\alpha(k)=1$[或 $\beta(k)=1$]表示 k 時刻無丟包，而 $\alpha(k)=0$ [或 $\beta(k)=0$] 表示 k 時刻有丟包。另外，

值得注意的是，隨機變量 $\alpha(k)$ 和 $\beta(k)$ 相互獨立，而且與雜訊、系統狀態和控制量之間也相互獨立。最後，綜合公式(2-38) 和公式(2-39)，則具有多數據包丟失的網路化控制系統模型可由如下描述：

$$\begin{aligned}&\boldsymbol{\xi}(k+1)=\boldsymbol{\Phi}(k)\boldsymbol{\xi}(k)+\boldsymbol{\Gamma}(k)\boldsymbol{u}(k)+\boldsymbol{\gamma}\boldsymbol{w}(k)\\&\boldsymbol{y}(k)=\boldsymbol{T}(k)\boldsymbol{\xi}(k)+\alpha(k)\boldsymbol{v}(k)+[1-\alpha(k)]\boldsymbol{y}(k-1)\end{aligned}\tag{2-41}$$

其中

$$\boldsymbol{\xi}(k)=\begin{bmatrix}\boldsymbol{x}(k)\\\widetilde{\boldsymbol{u}}(k-1)\end{bmatrix},\boldsymbol{\Phi}(k)=\begin{bmatrix}\boldsymbol{A} & [1-\beta(k)]\boldsymbol{B}\\\boldsymbol{0} & [1-\beta(k)]\boldsymbol{I}\end{bmatrix},$$

$$\boldsymbol{\Gamma}(k)=\begin{bmatrix}\beta(k)\boldsymbol{B}\\\beta(k)\boldsymbol{I}\end{bmatrix},\boldsymbol{\gamma}=\begin{bmatrix}\boldsymbol{I}\\\boldsymbol{0}\end{bmatrix},\boldsymbol{T}(k)=[\alpha(k)\boldsymbol{C}\quad\boldsymbol{0}]$$

值得注意的是，本小節針對 TCP 協議的不可靠共享網[2]，即發送節點成功收到接收節點回復的確認數據包，研究具有多數據包丟失的網路化控制系統的狀態估計問題。在公式(2-41) 所述的 NCSs 模型中，被控對象的控制輸入 $\widetilde{\boldsymbol{u}}(k)$ 可看作一個新的狀態量。一方面，在 k 時刻，透過比較 $\boldsymbol{y}(k)$ 與 $\boldsymbol{y}(k-1)$ 的值，估計器能夠確定來自傳感器的數據包到達狀態 $\alpha(k)$，即 $\alpha(k)=0$ 還是 $\alpha(k)=1$。另一方面，在 $k+1$ 時刻，透過一種高優先級傳輸數據的策略，估計器能夠已知經由不可靠共享網路從控制器傳輸到被控對象的 k 時刻數據資訊，也就是估計器已知控制數據包的到達狀態 $\beta(k)$，即 $\beta(k)=0$ 還是 $\beta(k)=1$。

2.3.2 網路化滾動時域狀態估計器設計

綜上所述，當網路化控制系統的狀態無法測得時，從系統設計的需求出發，要求對其狀態進行估計。考慮到多數據包丟失對估計性能的影響，本小節介紹一種網路化滾動時域狀態估計方法[13]。由圖 2-2 可知，該方法是利用一個滾動窗口内的一段最新輸入輸出數據用於估計器的設計而非僅當前時刻的數據，以補償數據包丟失產生的影響，從而提高估計的準確性和魯棒性。具體來説，由於多數據包丟失，估計器實際可利用的窗口數據爲 $\boldsymbol{I}_k^N\triangleq\{\boldsymbol{y}(k),\cdots,\boldsymbol{y}(k-N-1),\boldsymbol{u}(k-1),\cdots,\boldsymbol{u}(k-N)\},k=N,N+1,\cdots$ 其中 $N+1$ 表示窗口内從 $k-N$ 時刻到 k 時刻的數據長度，即表示所用輸入輸出數據的數目。此外，滾動時域 N 的選取需要在估計精度與計算量之間權衡。總之，MHE 優化問題是基於滾動窗口内最新數據 $\boldsymbol{I}_k^N$ 和狀態 $\boldsymbol{\xi}(k-N)$ 的預估值 $\bar{\boldsymbol{\xi}}(k-N)$，估計滾動窗口内的狀態序列 $\boldsymbol{\xi}(k-N),\boldsymbol{\xi}(k-N+1),\cdots,\boldsymbol{\xi}(k)$。其中，$\hat{\boldsymbol{\xi}}(k-N|k),\hat{\boldsymbol{\xi}}(k-N+1|k),\cdots,\hat{\boldsymbol{\xi}}(k|k)$ 分别表示在 k 時刻對狀態 $\boldsymbol{\xi}(k-N),\boldsymbol{\xi}(k-N+1),\cdots,\boldsymbol{\xi}(k)$ 的估計；預估狀態 $\bar{\boldsymbol{\xi}}(k-N)$

[即$\hat{\boldsymbol{\xi}}(k-N|k-1)$]可由網路化控制系統模型的狀態方程 $\bar{\boldsymbol{\xi}}(k-N)=\boldsymbol{\Phi}(k-N-1)\hat{\boldsymbol{\xi}}(k-N-1|k-1)+\boldsymbol{\Gamma}(k-N-1)\boldsymbol{u}(k-N-1),k=N+1,N+2,\cdots$求出。由於$\hat{\boldsymbol{\xi}}(k-N-1|k-1)$是在 $k-1$ 時刻求解 MHE 優化問題得到，所以在 k 時刻其是已知量。基於上述分析，則具有多數據包丟失的網路化控制系統的滾動時域估計問題，可描述爲如下的優化問題。

問題 2.2 在 k 時刻，根據已知資訊[$\boldsymbol{I}_k^N,\bar{\boldsymbol{\xi}}(k-N)$]，最小化代價函數

$$J(k)=\mu\|\hat{\boldsymbol{\xi}}(k-N|k)-\bar{\boldsymbol{\xi}}(k-N)\|^2+\sum_{i=k-N}^{k}\eta\|\boldsymbol{y}(i)-\hat{\boldsymbol{y}}(i|k)\|^2 \tag{2-42}$$

以及滿足如下約束條件：

$$\begin{aligned}&\hat{\boldsymbol{\xi}}(i+1|k)=\boldsymbol{\Phi}(i)\hat{\boldsymbol{\xi}}(i|k)+\boldsymbol{\Gamma}(i)u(i)\\&\hat{\boldsymbol{y}}(i|k)=\boldsymbol{T}(i)\hat{\boldsymbol{\xi}}(i|k)+[1-\alpha(i)]\boldsymbol{y}(i-1),i=k-N,\cdots,k\end{aligned} \tag{2-43}$$

的情況下，得到最優狀態估計值$\hat{\boldsymbol{\xi}}(k-N|k)$，…，$\hat{\boldsymbol{\xi}}(k|k)$。其中，$\|\cdot\|$表示歐氏範數，正數 μ 和 η 表示所需設計的權參數。此外，代價函數 (2-42) 中的第一項概述了 $k-N$ 時刻以前的輸入輸出資訊對代價函數的影響，而參數 μ 的選取反映了對滾動窗口內初始狀態估計的置信程度。代價函數的第二項表徵了窗口內測量輸出與估計測量輸出之間的偏差累積量，而參數 η 用於懲罰真實測量輸出與估計測量輸出之間的偏差。文獻 [14] 較爲詳細地論述了參數 μ 和 η 的選取問題。

在最小化代價函數求解優化問題 2.2 時，首先需要定義如下矩陣：

$$\boldsymbol{Y}(k)=\begin{bmatrix}\boldsymbol{y}(k-N)\\\boldsymbol{y}(k-N+1)\\\vdots\\\boldsymbol{y}(k)\end{bmatrix},\boldsymbol{Y}(k-1)=\begin{bmatrix}\boldsymbol{y}(k-N-1)\\\boldsymbol{y}(k-N)\\\vdots\\\boldsymbol{y}(k-1)\end{bmatrix},$$

$$\boldsymbol{U}(k)=\begin{bmatrix}\boldsymbol{u}(k-N)\\\boldsymbol{u}(k-N+1)\\\vdots\\\boldsymbol{u}(k-1)\end{bmatrix},W(k)=\begin{bmatrix}\boldsymbol{w}(k-N)\\\boldsymbol{w}(k-N+1)\\\vdots\\\boldsymbol{w}(k-1)\end{bmatrix}$$

$$\boldsymbol{F}(k)=\begin{bmatrix}\boldsymbol{T}(k-N)\\\boldsymbol{T}(k-N+1)\boldsymbol{\Phi}(k-N)\\\vdots\\\boldsymbol{T}(k)\boldsymbol{\Phi}(k-1)\cdots\boldsymbol{\Phi}(k-N)\end{bmatrix},\boldsymbol{V}(k)=\begin{bmatrix}\boldsymbol{v}(k-N)\\\boldsymbol{v}(k-N+1)\\\vdots\\\boldsymbol{v}(k)\end{bmatrix},$$

$$\boldsymbol{L}(k)=\begin{bmatrix}\alpha(k-N)\boldsymbol{I} & \boldsymbol{0} & \boldsymbol{0}\\ \boldsymbol{0} & \ddots & \boldsymbol{0}\\ \boldsymbol{0} & \boldsymbol{0} & \alpha(k)\boldsymbol{I}\end{bmatrix}$$

$$H(k)=\begin{bmatrix}\boldsymbol{0} & \boldsymbol{0} & \cdots & \boldsymbol{0} & \boldsymbol{0}\\ \boldsymbol{T}(k-N+1)\gamma & \boldsymbol{0} & \cdots & \boldsymbol{0} & \boldsymbol{0}\\ T(k-N+2)\boldsymbol{\Phi}(k-N+1)\boldsymbol{\gamma} & \boldsymbol{T}(k-N+2)\boldsymbol{\gamma} & \cdots & \boldsymbol{0} & \boldsymbol{0}\\ \vdots & \vdots & \cdots & \vdots & \vdots\\ \boldsymbol{T}(k)\boldsymbol{\Phi}(k-1)\cdots\boldsymbol{\Phi}(k-N+1)\boldsymbol{\gamma} & \boldsymbol{P}_1 & \cdots & \boldsymbol{T}(k)\boldsymbol{\Phi}(k-1)\boldsymbol{\gamma} & \boldsymbol{T}(k)\boldsymbol{\gamma}\end{bmatrix}$$

$$\boldsymbol{G}(k)=\begin{bmatrix}\boldsymbol{0} & \boldsymbol{0} & \cdots & \boldsymbol{0} & \boldsymbol{0}\\ \boldsymbol{T}(k-N+1)\boldsymbol{\Gamma}(k-N) & \boldsymbol{0} & \cdots & \boldsymbol{0} & \boldsymbol{0}\\ \boldsymbol{T}(k-N+2)\boldsymbol{\Phi}(k-N+1)\boldsymbol{\Gamma}(k-N) & \boldsymbol{P}_2 & \cdots & \boldsymbol{0} & \boldsymbol{0}\\ \vdots & \vdots & \cdots & \vdots & \vdots\\ \boldsymbol{T}(k)\boldsymbol{\Phi}(k-1)\cdots\boldsymbol{\Phi}(k-N+1)\boldsymbol{\Gamma}(k-N) & \boldsymbol{P}_3 & \cdots & \boldsymbol{P}_4 & \boldsymbol{T}(k)\boldsymbol{\Gamma}(k-1)\end{bmatrix}$$

$\boldsymbol{P}_1=\boldsymbol{T}(k)\boldsymbol{\Phi}(k-1)\cdots\boldsymbol{\Phi}(k-N+2)\boldsymbol{\gamma}$, $\boldsymbol{P}_2=\boldsymbol{T}(k-N+2)\boldsymbol{\Gamma}(k-N+1)$,
$\boldsymbol{P}_3=\boldsymbol{T}(k)\boldsymbol{\Phi}(k-1)\cdots\boldsymbol{\Phi}(k-N+2)\boldsymbol{\Gamma}(k-N+1)$, $\boldsymbol{P}_4=\boldsymbol{T}(k)\boldsymbol{\Phi}(k-1)\boldsymbol{\Gamma}(k-2)$
基於這些矩陣，可以得到如下的結論。

命題 2.1 如果權參數 μ 和 η 預先給定，並且不考慮系統（2-38）的約束時，則由公式(2-42) 所描述的優化問題 2.2 存在唯一的最優解析解，即

$$\hat{\boldsymbol{\xi}}^*(k-N|k)=[\mu\boldsymbol{I}+\eta\boldsymbol{F}^{\mathrm{T}}(k)\boldsymbol{F}(k)]^{-1}\{\overline{\mu\boldsymbol{\xi}}(k-N)+\eta\boldsymbol{F}^{\mathrm{T}}(k)[\boldsymbol{Y}(k)-(\boldsymbol{I}-\boldsymbol{L}(k))\boldsymbol{Y}(k-1)]-\eta\boldsymbol{F}^{\mathrm{T}}(k)\boldsymbol{G}(k)\boldsymbol{U}(k)\} \tag{2-44}$$

此外，透過定義 $k-N$ 時刻的估計誤差 $\boldsymbol{e}(k-N)\triangleq\boldsymbol{\xi}(k-N)-\hat{\boldsymbol{\xi}}^*(k-N|k)$，則有

$$\boldsymbol{e}(k-N)=[\mu\boldsymbol{I}+\eta\boldsymbol{F}^{\mathrm{T}}(k)\boldsymbol{F}(k)]^{-1}[\mu\boldsymbol{\Phi}(k-N-1)\boldsymbol{e}(k-N-1)+\mu\boldsymbol{w}(k-N-1)-\eta\boldsymbol{F}^{\mathrm{T}}(k)\boldsymbol{H}(k)\boldsymbol{W}(k)-\eta\boldsymbol{F}^{\mathrm{T}}(k)\boldsymbol{L}(k)\boldsymbol{V}(k)] \tag{2-45}$$

證明 代價函數（2-42）存在最小值的必要條件是

$$\nabla_{\hat{\boldsymbol{\xi}}^*(k-N|k)}J(k)=2\mu[\hat{\boldsymbol{\xi}}^*(k-N|k)-\bar{\boldsymbol{\xi}}(k-N)]-2\eta\boldsymbol{F}^{\mathrm{T}}(k)\{\boldsymbol{Y}(k)-[\boldsymbol{I}-\boldsymbol{L}(k)]\boldsymbol{Y}(k-1)-\boldsymbol{F}(k)\hat{\boldsymbol{\xi}}^*(k-N|k)-\boldsymbol{G}(k)\boldsymbol{U}(k)\}=0 \tag{2-46}$$

由公式(2-46)，可得

$$[\mu \boldsymbol{I}+\eta \boldsymbol{F}^{\mathrm{T}}(k)\boldsymbol{F}(k)]\hat{\boldsymbol{\xi}}^{*}(k-N|k)$$
$$=\mu\bar{\boldsymbol{\xi}}(k-N)+\eta \boldsymbol{F}^{\mathrm{T}}(k)\{\boldsymbol{Y}(k)-[\boldsymbol{I}-\boldsymbol{L}(k)]\boldsymbol{Y}(k-1)-\boldsymbol{G}(k)\boldsymbol{U}(k)\} \tag{2-47}$$

由於參數 μ、η 是正數且 $\boldsymbol{F}^{\mathrm{T}}(k)\boldsymbol{F}(k)$是半正定矩陣，這就充分確保了正定矩陣 $\mu\boldsymbol{I}+\eta\boldsymbol{F}^{\mathrm{T}}(k)\boldsymbol{F}(k)$的逆矩陣的存在性，從而得到唯一最優解 $\hat{\boldsymbol{\xi}}^{*}(k-N|k)$。根據公式(2-41)，很容易地得到

$$\boldsymbol{Y}(k)-[\boldsymbol{I}-\boldsymbol{L}(k)]\boldsymbol{Y}(k-1)$$
$$=\boldsymbol{F}(k)\boldsymbol{\xi}(k-N)+\boldsymbol{G}(k)\boldsymbol{U}(k)+\boldsymbol{H}(k)\boldsymbol{W}(k)+\boldsymbol{L}(k)\boldsymbol{V}(k) \tag{2-48}$$

此外，基於公式(2-47) 與公式(2-48)，有

$$[\mu\boldsymbol{I}+\eta\boldsymbol{F}^{\mathrm{T}}(k)\boldsymbol{F}(k)][\boldsymbol{\xi}(k-N)-\hat{\boldsymbol{\xi}}^{*}(k-N|k)]$$
$$=\mu[\boldsymbol{\xi}(k-N)-\bar{\boldsymbol{\xi}}(k-N)]-\eta\boldsymbol{F}^{\mathrm{T}}(k)[\boldsymbol{H}(k)\boldsymbol{W}(k)+\boldsymbol{L}(k)\boldsymbol{V}(k)] \tag{2-49}$$

將系統狀態估計公式 $\bar{\boldsymbol{\xi}}(k-N)=\boldsymbol{\Phi}(k-N-1)\hat{\boldsymbol{\xi}}(k-N-1|k-1)+\boldsymbol{\Gamma}(k-N-1)\boldsymbol{u}(k-N-1)$與狀態等式 $\boldsymbol{\xi}(k-N)=\boldsymbol{\Phi}(k-N-1)\boldsymbol{\xi}(k-N-1)+\boldsymbol{\Gamma}(k-N-1)\boldsymbol{u}(k-N-1)+\boldsymbol{\gamma w}(k-N-1)$代入公式(2-49)，則可以推出公式(2-45) 成立。這樣，證明完畢。

在 k 時刻，透過求解優化問題 2.2，可以得到最優狀態估計值 $\hat{\boldsymbol{\xi}}^{*}(k-N|k)$，而窗口內的其它狀態估計量 $\hat{\boldsymbol{\xi}}^{*}(k-N+j|k)$可由如下公式(2-50) 推得：

$$\hat{\boldsymbol{\xi}}^{*}(k-N+j|k)=\prod_{l=0}^{j-1}\boldsymbol{\Phi}(k-N+l)\hat{\boldsymbol{\xi}}^{*}(k-N|k)+$$
$$\sum_{i=0}^{j-1}\prod_{l=0}^{j-i-1}\boldsymbol{\Phi}(k-N+l)\boldsymbol{\Gamma}(k-N+i)\boldsymbol{u}(k-N+i),j=1,2,\cdots,N \tag{2-50}$$

明顯地，當 $k+1$ 時刻的系統輸出經由不可靠網路傳輸時，已知資訊從基於 k 時刻所對應的窗口滾動到基於 $k+1$ 時刻所對應的窗口，即由$[\boldsymbol{I}_k^N, \bar{\boldsymbol{\xi}}(k-N)]$過渡到$[\boldsymbol{I}_{k+1}^N, \bar{\boldsymbol{\xi}}(k-N+1)]$，其中 $k+1$ 時刻的預估狀態 $\bar{\boldsymbol{\xi}}(k-N+1)$可由 k 時刻所得的狀態估計值$\hat{\boldsymbol{\xi}}^{*}(k-N|k)$與預估公式 $\bar{\boldsymbol{\xi}}(k-N+1)=\boldsymbol{\Phi}(k-N)\hat{\boldsymbol{\xi}}^{*}(k-N|k)+\boldsymbol{\Gamma}(k-N)\boldsymbol{u}(k-N)$求出，那麼重新求解優化問題 2.2 可以得到 $k+1$ 時刻的最優狀態估計值$\hat{\boldsymbol{\xi}}^{*}(k-N+$

$1|k+1)$。

爲了便於分析，本小節僅考慮數據包的到達機率 $\bar{\alpha}$、$\bar{\beta}$ 是常數，即不隨時間的變化而改變。由公式(2-44) 可以看出：多數據包丢失影響了最優狀態估計值，並使得估計性能變差；透過合理調節權參數 μ、η，滚動時域估計方法能够在一定程度上克服系統雜訊和測量雜訊以及補償多數據包丢失帶來的不確定性。

不過，由於參數 $\alpha(k)$ 和 $\beta(k)$ 的隨機性，使得公式(2-45) 所描述的估計誤差的動態在事實上是一個存在隨機參數的動態過程，因此有必要分析估計誤差期望的特性。

2.3.3 估計器的性能分析

爲了便於分析估計器的收斂性，首先需要定義 $k-N$（其中，$N=1$）時刻包含隨機變量 $\alpha(i)$ 與 $\beta(j)$ 在内的估計誤差的期望 $E\{\boldsymbol{e}(k-N)\}$，並定義相關矩陣 $\boldsymbol{\Phi}(k)\triangleq\boldsymbol{\Phi}_1-\beta(k)\boldsymbol{\Phi}_2,\tilde{\boldsymbol{\Phi}}=\boldsymbol{\Phi}_1-\boldsymbol{\Phi}_2,\boldsymbol{\Gamma}(k)\triangleq\beta(k)\tilde{\boldsymbol{\Gamma}}$，$\boldsymbol{T}(k)\triangleq\alpha(k)\tilde{\boldsymbol{T}}$，以及 $\boldsymbol{\Phi}_1=\begin{bmatrix}\boldsymbol{A} & \boldsymbol{B}\\ \boldsymbol{0} & \boldsymbol{I}\end{bmatrix},\boldsymbol{\Phi}_2=\begin{bmatrix}\boldsymbol{0} & \boldsymbol{B}\\ \boldsymbol{0} & \boldsymbol{I}\end{bmatrix},\tilde{\boldsymbol{\Gamma}}=\begin{bmatrix}\boldsymbol{B}\\ \boldsymbol{I}\end{bmatrix},\tilde{\boldsymbol{T}}=[\boldsymbol{C}\quad \boldsymbol{0}]$。

基於公式(2-45) 和參考文獻 [7]，可以推導得出如下公式：

$$\begin{aligned}E\{\boldsymbol{e}(k-N)\}=&E\{[\mu\boldsymbol{I}+\eta\boldsymbol{F}^{\mathrm{T}}(k)\boldsymbol{F}(k)]^{-1}[\mu\boldsymbol{\Phi}(k-N-1)\boldsymbol{e}(k-N-1)+\\&\mu\boldsymbol{w}(k-N-1)-\eta\boldsymbol{F}^{\mathrm{T}}(k)H(k)\boldsymbol{W}(k)-\eta\boldsymbol{F}^{\mathrm{T}}(k)\boldsymbol{L}(k)\boldsymbol{V}(k)]\}\\=&\mu[(1-\bar{\beta})\boldsymbol{S}_1+\bar{\beta}\boldsymbol{S}_2](\boldsymbol{\Phi}_1-\bar{\beta}\boldsymbol{\Phi}_2)E\{\boldsymbol{e}(k-N-1)\}+\\&\mu[(1-\bar{\beta})\boldsymbol{S}_1+\bar{\beta}\boldsymbol{S}_2]\boldsymbol{w}(k-N-1)-\eta[(1-\bar{\beta})\boldsymbol{S}_3+\bar{\beta}\boldsymbol{S}_4]\\&(HW_{k-N}^{k-1}+V_{k-N}^{k})\end{aligned}\tag{2-51}$$

其中

$$\begin{aligned}\boldsymbol{S}_1=&\bar{\alpha}^2(\mu\boldsymbol{I}+\eta\boldsymbol{F}_{11}^{\mathrm{T}}\boldsymbol{F}_{11})^{-1}+\bar{\alpha}(1-\bar{\alpha})(\mu\boldsymbol{I}+\eta\boldsymbol{F}_{12}^{\mathrm{T}}\boldsymbol{F}_{12})^{-1}+\\&\bar{\alpha}(1-\bar{\alpha})(\mu\boldsymbol{I}+\eta\boldsymbol{F}_{13}^{\mathrm{T}}\boldsymbol{F}_{13})^{-1}+(1-\bar{\alpha})^2\mu^{-1}\boldsymbol{I}\\ \boldsymbol{S}_2=&\bar{\alpha}^2(\mu\boldsymbol{I}+\eta\boldsymbol{F}_{21}^{\mathrm{T}}\boldsymbol{F}_{21})^{-1}+\bar{\alpha}(1-\bar{\alpha})(\mu\boldsymbol{I}+\eta\boldsymbol{F}_{22}^{\mathrm{T}}\boldsymbol{F}_{22})^{-1}+\\&\bar{\alpha}(1-\bar{\alpha})(\mu\boldsymbol{I}+\eta\boldsymbol{F}_{23}^{\mathrm{T}}\boldsymbol{F}_{23})^{-1}+(1-\bar{\alpha})^2\mu^{-1}\boldsymbol{I}\\ \boldsymbol{S}_3=&\bar{\alpha}^2(\mu\boldsymbol{I}+\eta\boldsymbol{F}_{11}^{\mathrm{T}}\boldsymbol{F}_{11})^{-1}\boldsymbol{F}_{11}^{\mathrm{T}}+\bar{\alpha}(1-\bar{\alpha})(\mu\boldsymbol{I}+\eta\boldsymbol{F}_{12}^{\mathrm{T}}\boldsymbol{F}_{12})^{-1}\boldsymbol{F}_{12}^{\mathrm{T}}+\\&\bar{\alpha}(1-\bar{\alpha})(\mu\boldsymbol{I}+\eta\boldsymbol{F}_{13}^{\mathrm{T}}\boldsymbol{F}_{13})^{-1}\boldsymbol{F}_{13}^{\mathrm{T}}\\ \boldsymbol{S}_4=&\bar{\alpha}^2(\mu\boldsymbol{I}+\eta\boldsymbol{F}_{21}^{\mathrm{T}}\boldsymbol{F}_{21})^{-1}\boldsymbol{F}_{21}^{\mathrm{T}}+\bar{\alpha}(1-\bar{\alpha})(\mu\boldsymbol{I}+\eta\boldsymbol{F}_{22}^{\mathrm{T}}\boldsymbol{F}_{22})^{-1}\boldsymbol{F}_{22}^{\mathrm{T}}+\\&\bar{\alpha}(1-\bar{\alpha})(\mu\boldsymbol{I}+\eta\boldsymbol{F}_{23}^{\mathrm{T}}\boldsymbol{F}_{23})^{-1}\boldsymbol{F}_{23}^{\mathrm{T}}\end{aligned}$$

$$\boldsymbol{H}=\begin{bmatrix}\boldsymbol{0}\\ \tilde{\boldsymbol{T}}\boldsymbol{\gamma}\end{bmatrix},\boldsymbol{F}_{11}=\begin{bmatrix}\tilde{\boldsymbol{T}}\\ \tilde{\boldsymbol{T}}\boldsymbol{\Phi}_1\end{bmatrix},\boldsymbol{F}_{12}=\begin{bmatrix}\boldsymbol{0}\\ \tilde{\boldsymbol{T}}\boldsymbol{\Phi}_1\end{bmatrix},\boldsymbol{F}_{13}=\begin{bmatrix}\tilde{\boldsymbol{T}}\\ \boldsymbol{0}\end{bmatrix},$$

$$\boldsymbol{F}_{21}=\begin{bmatrix}\widetilde{\boldsymbol{T}}\\ \widetilde{\boldsymbol{T}}(\boldsymbol{\Phi}_1-\boldsymbol{\Phi}_2)\end{bmatrix},\boldsymbol{F}_{22}=\begin{bmatrix}\mathbf{0}\\ \widetilde{\boldsymbol{T}}(\boldsymbol{\Phi}_1-\boldsymbol{\Phi}_2)\end{bmatrix},\boldsymbol{F}_{23}=\boldsymbol{F}_{13}$$

衆所周知，估計器的估計性能直接影響到控制系統的品質，因此這裏將對上節所設計的估計器的性能進行分析。值得注意的是，公式(2-51) 中的矩陣 $\boldsymbol{F}(k)$ 含有 $2N+1$ 個隨機變量［包含 $\alpha(i)$ 與 $\beta(j)$ 在內］且每個變量取 0 或 1，這樣使得矩陣 $\boldsymbol{F}(k)$ 具有 2^{2N+1} 種情況。此外，由公式(2-51) 還可以看出：$E\{\boldsymbol{e}(k-N)\}$的表達式只能利用全機率公式推導得到。這樣，當滾動時域 $N>1$ 時，估計誤差的期望公式(2-51) 將變得很複雜且很難寫出其表達式，不利於分析估計器的性能。因此，這裏選取滾動時域 $N=1$。另外，由於公式(2-51) 所描述的估計誤差期望的動態依賴於諸多因素如系統的係數矩陣、系統雜訊、測量雜訊、滾動時域 N 以及權參數 μ 與 η，很難定性分析數據包到達機率 $\bar{\alpha}$、$\bar{\beta}$ 對估計性能的影響。於是，下面將定量討論數據包到達機率 $\bar{\alpha}$、$\bar{\beta}$ 對估計性能的影響，並由此給出範數意義下估計誤差期望的穩定性條件。

定理 2.2 考慮上述系統 (2-41) 以及由公式(2-51) 所表示的估計誤差期望，如果代價函數 (2-42) 中的懲罰權參數 μ 和 η 使得不等式(2-52) 成立：

$$a=(\phi_1+\bar{\beta}\phi_2)(\mu+\eta f)^{-1}[\mu+(1-\bar{\alpha})^2\eta f]<1 \tag{2-52}$$

那麼估計誤差期望的歐氏範數的極限 $\lim\limits_{k\to\infty}\|E\{\boldsymbol{e}(k-N)\}\|\leqslant b/(1-a)$，其中

$$\|E\{\boldsymbol{e}(k-N)\}\|\leqslant\widetilde{\boldsymbol{e}}(k-N),k=N,N+1,\cdots \tag{2-53}$$

上界函數具有如下形式：

$$\widetilde{\boldsymbol{e}}(k-N)=a\widetilde{\boldsymbol{e}}(k-N-1)+b,\widetilde{\boldsymbol{e}}(0)=\|E\{\boldsymbol{e}(0)\}\| \tag{2-54}$$

以及

$$\phi_1\triangleq\|\boldsymbol{\Phi}_1\|,\phi_2\triangleq\|\boldsymbol{\Phi}_2\|,r_w\triangleq\max\|\boldsymbol{w}(k)\|,r_v\triangleq\max\|\boldsymbol{v}(k)\|,h\triangleq\|\boldsymbol{H}\|,$$

$$\bar{f}_{11}\triangleq\|\boldsymbol{F}_{11}\|,\bar{f}_{12}\triangleq\|\boldsymbol{F}_{12}\|,\bar{f}_{13}\triangleq\|\boldsymbol{F}_{13}\|,\bar{f}_{21}\triangleq\|\boldsymbol{F}_{21}\|,\bar{f}_{22}\triangleq\|\boldsymbol{F}_{22}\|,$$

$$\bar{f}_{23}\triangleq\|\boldsymbol{F}_{23}\|,f_{11}\triangleq\|\boldsymbol{F}_{11}^{\mathrm{T}}\boldsymbol{F}_{11}\|,f_{12}\triangleq\|\boldsymbol{F}_{12}^{\mathrm{T}}\boldsymbol{F}_{12}\|,f_{13}\triangleq\|\boldsymbol{F}_{13}^{\mathrm{T}}\boldsymbol{F}_{13}\|,$$

$$f_{21}\triangleq\|\boldsymbol{F}_{21}^{\mathrm{T}}\boldsymbol{F}_{21}\|,f_{22}\triangleq\|\boldsymbol{F}_{22}^{\mathrm{T}}\boldsymbol{F}_{22}\|,f_{23}\triangleq\|\boldsymbol{F}_{23}^{\mathrm{T}}\boldsymbol{F}_{23}\|,$$

$$f\triangleq\min\{f_{11},f_{12},f_{13},f_{21},f_{22},f_{23}\}$$

$$s_1\triangleq\bar{\alpha}^2(\mu+\eta f_{11})^{-1}+\bar{\alpha}(1-\bar{\alpha})(\mu+\eta f_{12})^{-1}+\bar{\alpha}(1-\bar{\alpha})(\mu+\eta f_{13})^{-1}+(1-\bar{\alpha})^2\mu^{-1}$$

$$s_2\triangleq\bar{\alpha}^2(\mu+\eta f_{21})^{-1}+\bar{\alpha}(1-\bar{\alpha})(\mu+\eta f_{22})^{-1}+\bar{\alpha}(1-\bar{\alpha})(\mu+\eta f_{23})^{-1}+(1-\bar{\alpha})^2\mu^{-1}$$

$$s_3\triangleq(\mu+\eta f)^{-1}[\bar{\alpha}^2\bar{f}_{11}+\bar{\alpha}(1-\bar{\alpha})\bar{f}_{12}+\bar{\alpha}(1-\bar{\alpha})\bar{f}_{13}]$$

$$s_4\triangleq(\mu+\eta f)^{-1}[\bar{\alpha}^2\bar{f}_{21}+\bar{\alpha}(1-\bar{\alpha})\bar{f}_{22}+\bar{\alpha}(1-\bar{\alpha})\bar{f}_{23}]$$

$$a \triangleq (\phi_1 + \bar{\beta}\phi_2)(\mu + \eta f)^{-1}[\mu + (1-\bar{\alpha})^2 \eta f]$$

$$b \triangleq (\mu + \eta f)^{-1}[\mu + (1-\bar{\alpha})^2 \eta f] r_w + \eta[(1-\bar{\beta})s_3 + \bar{\beta}s_4](h\sqrt{N} r_w + \sqrt{N+1} r_v)$$

證明 由於 $\boldsymbol{F}_{ij}^{\mathrm{T}}\boldsymbol{F}_{ij}$（其中，$i=1,2$ 和 $j=1,2,3$）都是半正定矩陣，則由對角化變換可得

$$\|\mu \boldsymbol{I} + \eta \boldsymbol{F}_{ij}^{\mathrm{T}}\boldsymbol{F}_{ij}\| = \mu + \eta f_{ij} \tag{2-55}$$

根據誤差公式(2-45) 和公式(2-51)，可進一步整理得到其範數形式：

$$\|E\{\boldsymbol{e}(k-N)\}\| \leqslant \mu(\phi_1 + \bar{\beta}\phi_2)[(1-\bar{\beta})s_1 + \bar{\beta}s_2]\|E\{\boldsymbol{e}(k-N-1)\}\| + \mu[(1-\bar{\beta})s_1 + \bar{\beta}s_2] r_w + \eta\|(1-\bar{\beta})S_3 + \bar{\beta}S_4\|(h\sqrt{N} r_w + \sqrt{N+1} r_v) \tag{2-56}$$

考慮到 $f=\min\{f_{11}, f_{12}, f_{13}, f_{21}, f_{22}, f_{23}\}$，則上式簡化爲

$$\|E\{\boldsymbol{e}(k-N)\}\| \leqslant (\phi_1 + \bar{\beta}\phi_2)(\mu + \eta f)^{-1}[\mu + (1-\bar{\alpha})^2 \eta f]\|E\{\boldsymbol{e}(k-N-1)\}\| + \eta[(1-\bar{\beta})s_3 + \bar{\beta}s_4](h\sqrt{N} r_w + \sqrt{N+1} r_v) + (\mu + \eta f)^{-1}[\mu + (1-\bar{\alpha})^2 \eta f] r_w \tag{2-57}$$

由公式(2-54) 所述的函數序列$\tilde{\boldsymbol{e}}(k-N)$，可以很容易地推出公式(2-53)。此外，如果條件 $a<1$ 成立，則由公式 $\tilde{\boldsymbol{e}}(k)=a^k\tilde{\boldsymbol{e}}(0)+b\sum_{i=0}^{k-1}a^i$ 進一步得到$\tilde{\boldsymbol{e}}(k)$的上界即 $b/(1-a)$。這樣，證明完畢。

由公式(2-52) 可看出：數據包的到達機率 $\bar{\alpha}$、$\bar{\beta}$ 影響了權參數 μ 和 η 的取值範圍。具體來説，如果想使得$\|E\{\boldsymbol{e}(k-N)\}\| < \|E\{\boldsymbol{e}(k-N-1)\}\|$成立，只要滿足條件 $a<1$ 即可。也就是説，在給定數據包到達機率 $\bar{\alpha}$、$\bar{\beta}$ 的情況下，如果存在權參數 μ 和 η 使得公式(2-52) 成立，那麼有 $\lim_{k\to\infty} E\{\boldsymbol{e}(k-N)\} = b/(1-a)$。因此，代價函數中權參數 μ 和 η 的選取是設計滾動時域估計器的一個關鍵點。這樣，首先需要討論使得公式(2-52) 成立的條件。其中，公式(2-52) 可進一步轉化爲如下形式：

$$\mu\eta^{-1}(\phi_1 + \bar{\beta}\phi_2 - 1) < f[1-(1-\bar{\alpha})^2(\phi_1 + \bar{\beta}\phi_2)] \tag{2-58}$$

一方面，如果給定的數據包到達機率 $\bar{\beta}$ 滿足：

$$\phi_1 + \bar{\beta}\phi_2 - 1 \leqslant 0，即\ 0 \leqslant \bar{\beta} \leqslant \phi_2^{-1}(1-\phi_1) \tag{2-59}$$

並且存在權參數 μ 和 η 使得公式(2-52) 或者公式(2-58) 成立，那麼無論 $\bar{\alpha}$ 取何值，估計誤差期望的範數 (2-51) 都將收斂於一個常值 $b/(1-a)$。另一方面，如果給定的數據包到達機率 $\bar{\beta}$ 滿足：

$$\phi_1 + \bar{\beta}\phi_2 - 1 > 0，即\ \phi_2^{-1}(1-\phi_1) < \bar{\beta} \leqslant 1 \tag{2-60}$$

那麼要使得條件 (2-58) 成立，權參數 μ 和 η 需滿足如下條件：

$$0 < \mu\eta^{-1} < (\phi_1 + \bar{\beta}\phi_2 - 1)^{-1} f[1-(1-\bar{\alpha})^2(\phi_1 + \bar{\beta}\phi_2)] \tag{2-61}$$

其中公式(2-61) 意味着

$$1-(1-\bar{\alpha})^2(\phi_1+\bar{\beta}\phi_2)>0,\text{即 }1-\sqrt{(\phi_1+\bar{\beta}\phi_2)^{-1}}<\bar{\alpha}\leqslant 1 \quad (2\text{-}62)$$

也就是説，如果給定的數據包到達機率 $\bar{\alpha}$ 滿足：

$$0\leqslant\bar{\alpha}\leqslant 1-\sqrt{(\phi_1+\bar{\beta}\phi_2)^{-1}} \quad (2\text{-}63)$$

以及 $\bar{\beta}$ 滿足公式(2-60) 時，那麼不存在任意權參數 μ 和 η 使得公式(2-58) 成立，從而使得估計誤差期望的範數趨於無窮。簡言之，如果公式(2-59) 成立，或者公式(2-60) 與公式(2-62) 同時成立，那麼總存在權參數 μ 和 η 使得估計誤差期望的範數收斂於一個常數 $b/(1-a)$。另外，如果給定的數據包到達機率 $\bar{\alpha}$、$\bar{\beta}$ 滿足公式(2-59) 與公式(2-63)，以及存在權參數 μ 和 η 使得不等式 $\mu\eta^{-1}>(\phi_1+\bar{\beta}\phi_2-1)^{-1}f[1-(1-\bar{\alpha})^2(\phi_1+\bar{\beta}\phi_2)]$，那麼估計誤差期望的範數收斂於常數 $b/(1-a)$。

此外，由定理 2.2 可看出：如果不存在系統雜訊和測量雜訊，以及不等式條件 (2-52) 成立，那麼估計誤差期望的範數指數收斂於零。而且，當給定 $\bar{\alpha}$、$\bar{\beta}$ 使得公式(2-52) 成立時，則估計誤差期望的上界函數 $\tilde{\boldsymbol{e}}(k-N)$的收斂速度將隨着 $\mu\eta^{-1}$ 的減小而增快。換句話説，$\mu\eta^{-1}$ 越小，估計性能越好。此外，對於滾動時域 N 的選取問題，可以這樣認爲：滾動時域 N 越大表示窗口内可利用的數據量越多，但是反而帶來更大的傳播誤差和計算量。因此，滾動時域 N 的選取要在估計性能與計算量之間權衡，這裏選取 $N=1$。如果選取滾動時域 $N>1$，那麼估計誤差的期望公式(2-51) 將發生很大的變化，從而難以得到一個很好的收斂性結論［公式(2-52)～公式(2-54)］。

備註 2.7 值得注意的是，滿足線性不等式(2-52) 的權矩陣 μ 和 η 並不是唯一的，這裏給出 μ 和 η 的可行域。當然，爲了使得估計性能的收斂常值 $b/(1-a)$最小，可以極小化使得條件 $a<1$ 成立的收斂常值 $b/(1-a)$，這樣得到權矩陣 μ、η 的優化解，而不是其可行域。收斂常值 $b/(1-a)$的最小説明：定理 2.2 給出了估計誤差歐氏範數平方期望的上確界函數，而非任意上界函數。這時，估計性能達到最好。

備註 2.8 在隨機丟包過程中，如果在一段很長的時間内（即從時刻 $t=k+1$ 到時刻 $t=k+n_1$），數據包一直丟下去，這時數據包的連續丟包數爲 n_1，那麼這種丟包事件發生的機率爲

$$\begin{aligned}
&P[\alpha(k+1)=0,\beta(k+1)=0,\cdots,\alpha(k+n_1)=0,\beta(k+n_1)=0\,|\,t=k+1,\cdots,t=k+n_1]\\
&=\prod_{i=1}^{n_1}P[\alpha(k+i)=0\,|\,t=k+i]\cdot P[\beta(k+i)=0\,|\,t=k+i]\\
&=(1-\bar{\alpha})^{n_1}(1-\bar{\beta})^{n_1},0<\bar{\alpha}<1,0<\bar{\beta}<1 \quad (2\text{-}64)
\end{aligned}$$

由公式(2-64)可以看出：隨着 n_1 越大，此事件發生的機率就越小，屬於小機率事件。再者，估計器的設計沒有考慮連續丟包數 n_1 與滾動時域 N 之間的關聯。如誤差公式(2-45)所示，當連續丟包數 n_1 大於滾動時域 N 時，這時估計誤差的收斂性問題只與系統矩陣有關，即此時估計誤差公式簡化爲

$$\boldsymbol{e}(k-N)=\boldsymbol{\Phi}(k-N-1)\boldsymbol{e}(k-N-1)+\mu\boldsymbol{w}(k-N-1) \quad (2\text{-}65)$$

由此可知，這時估計誤差可能會逐漸發散若 $\boldsymbol{\Phi}(k-N-1)$ 的特徵值在單位圓外。然而，在估計器的性能分析中，如公式(2-51)～公式(2-54)所示，本章節考慮了估計誤差期望的統計特性，即估計誤差期望範數的收斂性問題，並不是針對某種具體丟包事件的估計誤差收斂性問題，如連續丟包數很大的收斂性問題。此外，連續丟包數很大的丟包情況屬於小機率事件，對估計誤差期望範數的收斂性影響不大。只要存在權參數和使得不等式(2-52)成立，那麼估計誤差期望的歐氏範數就收斂於常值。

2.3.4 數值仿真

爲了驗證本節所提出的滾動時域估計方法的有效性，給出了在真實網路環境下具有多數據包丟失的網路化控制系統，並在此基礎上搭建了一個即時仿真實驗平臺。其中，實驗平臺由電腦、被控對象和兩個如圖 2-12 所示的 ARM 9 嵌入式模塊組成。這兩個模塊分別用於控制器端與被控對象端，並且透過一個 IP 網路與它們連接，其中通訊協議採用 UDP 協議。有關 ARM 9 嵌入式模塊的具體描述可以參考文獻［18］。首先，考慮如下由狀態空間描述的被控對象，其中採樣時刻爲 0.1s，以及

$$x(k+1)=\begin{bmatrix}1.7240 & -0.7788\\ 1 & 0\end{bmatrix}x(k)+\begin{bmatrix}1\\ 1\end{bmatrix}u(k)+w(k),$$

$$y(k)=\begin{bmatrix}0.0286 & 0.0264\end{bmatrix}x(k)+v(k)。$$

如圖 2-13 所示，這個即時仿真實驗是在電腦 Matlab/Simulink 環境下實現。其結構框架可分爲控制器部分與被控對象部分。其中，模塊 Netsend 和模塊 Netrecv 分別表示基於 UDP 協議的發送器和接收器，用於發送和接收數據包。系統輸出信號與控制器輸出信號分別經由兩個 IP 地址爲 192.168.0.201 和 192.168.0.202 的校園内網進行數據的傳輸。總之，整個即時仿真實驗的步驟可由如下描述：第一，安裝與 ARM 9 嵌入式模塊相對應的軟體以及連接相關的硬體設備；第二，基於仿真實驗結構圖 2-13，在 Matlab/Simulink 環境下搭建相應的 Simulink 模塊圖（如圖 2-14 所示），並加以調試及運行；最後，在一個人機交互界面上監測即時數據，並收集和處理所需要的數據（如圖 2-15 所示）。

圖 2-12　ARM 9 嵌入式模塊

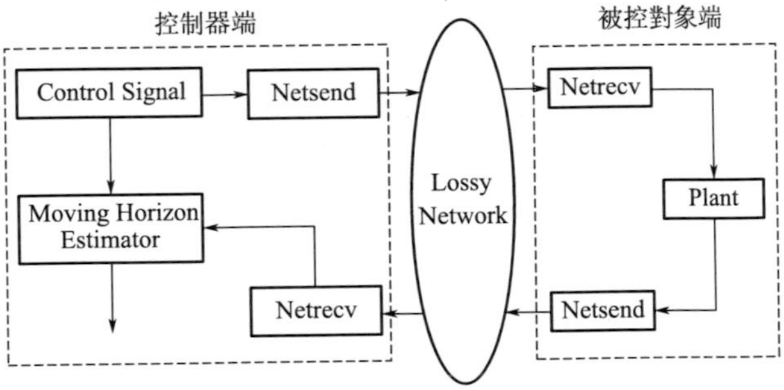

圖 2-13　仿真實驗的結構圖

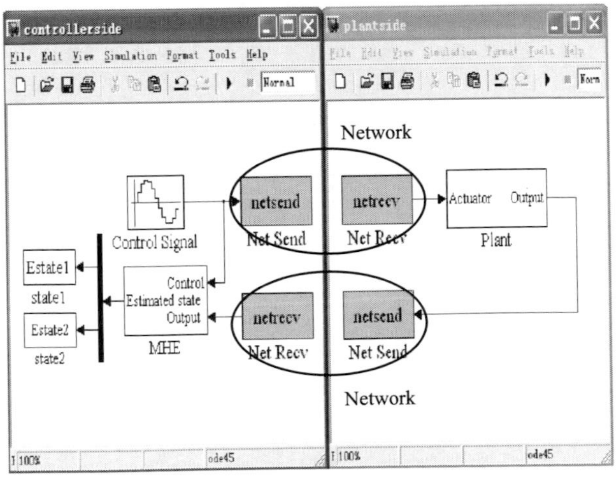

圖 2-14　仿真實驗的 Simulink 模塊

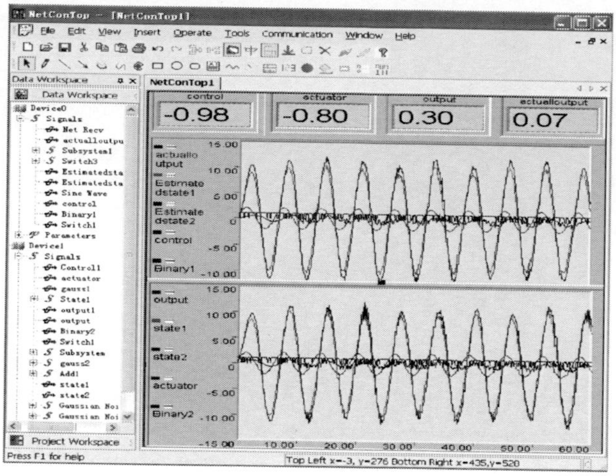

圖 2-15 可視化監控界面

由於仿真實驗是在一個無線 IP 網路環境下運行，數據的傳輸不可避免地引入數據包丢失現象。經過反復的測試實驗，在 15 個時間步長內（150 個採樣點）透過 IP 網路發送與接收數據包時，得到一個平均的數據包到達情況，如圖 2-16 和圖 2-17 所示，以及得到數據包到達機率的近似值 $\bar{\alpha}=\bar{\beta}=0.85$。同時，給定控制器輸出 $\boldsymbol{u}(k)=2\sin k$，滾動時域 $N=1$，根據公式(2-52)～公式(2-54) 求出 $\phi_1=2.5771$，$\phi_2=1.7321$，並選取合適的權參數 $\mu\eta^{-1}=3\times10^{-4}$，得出 $f=0.0015$，$a=0.6750<1$，$b=6.2186$。此外，假定系統雜訊和測量雜訊分別是在 [−0.1，0.1] 之間變化並滿足均勻分散

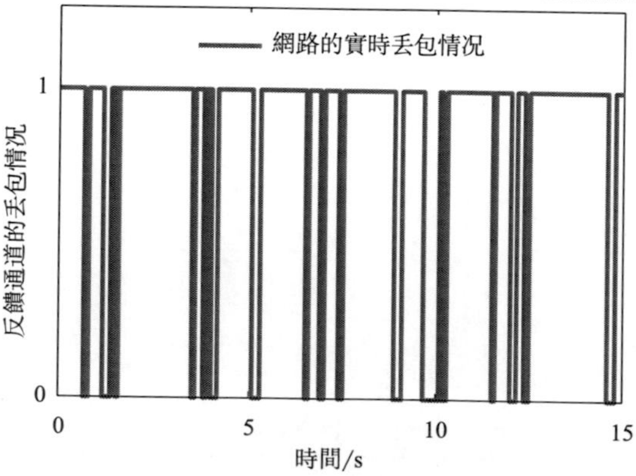

圖 2-16 反饋通道的丢包狀況

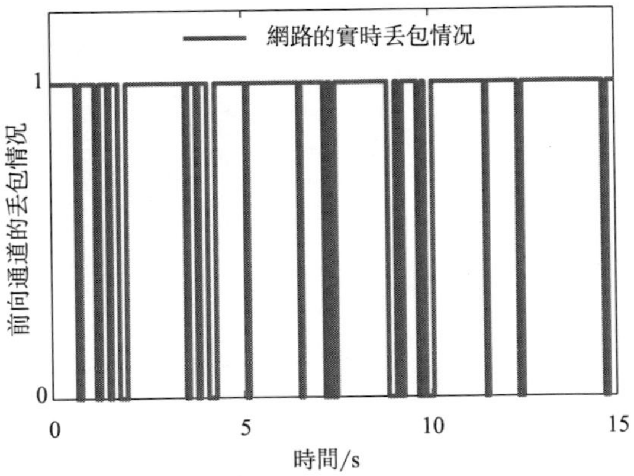

圖 2-17 前向通道的丟包狀況

過程的信源。爲了便於分析，建立如下的性能指標——漸近均方根誤差：

$$ARMSE(k)=\frac{1}{N+1}\sum_{l=1}^{L}\sum_{i=k-N}^{k}\sqrt{L^{-1}\|\boldsymbol{\xi}(l,i)-\hat{\boldsymbol{\xi}}(l,i\mid k)\|^{2}}$$

其中，$\hat{\boldsymbol{\xi}}(l,i\mid k)$表示在第 l 次仿真中，k 時刻對狀態$\boldsymbol{\xi}(l,i)$的估計，L 表示仿真實驗的次數。

在仿真實驗中，相關的實驗結果如下所述。其中，傳感器測量輸出 $\tilde{\boldsymbol{y}}(k)$、估計器所用的有效數據 $\boldsymbol{y}(k)$以及控制器輸出 $\boldsymbol{u}(k)$ 和系統的控制輸入 $\tilde{\boldsymbol{u}}(k)$ 分別顯示在圖 2-18 和圖 2-19 上。透過與文獻［1］所提出的 Kalman 濾波器方法相比，圖 2-20 與圖 2-21 給出了兩種網路化最優狀態估計算法的比較結果。如圖所示，在存在多數據包丟失的情況下，基於本章節提出的滾動時域方法所得到的估計結果要明顯地優於採用 Kalman 濾波器得到的結果，其主要原因在於滾動時域估計方法有多個自由度（即權參數 μ 和 η）可以調節，使得估計器具有良好的魯棒性，從而可以得到較好的估計性能，而 Kalman 濾波器方法不具備這樣的條件。同時，一個增廣的狀態量即系統控制輸入的估計結果顯示在圖 2-22 中。與實際控制輸入信號相比，採用滾動時域估計方法能夠準確地估計出該狀態量，表明該估計算法是有效的。此外，由圖 2-23 可以看出：透過比較上述漸近均方根誤差的性能指標，則採用滾動時域估計所得到的估計偏差明顯小於採用 Kalman 濾波器方法所得到的結果。盡管數據包存在丟失，但是估計器仍具有一定的估計性能。

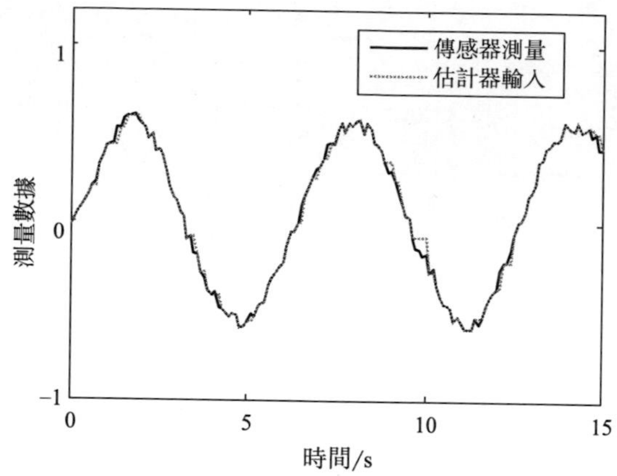

圖 2-18 丟包對測量數據的影響

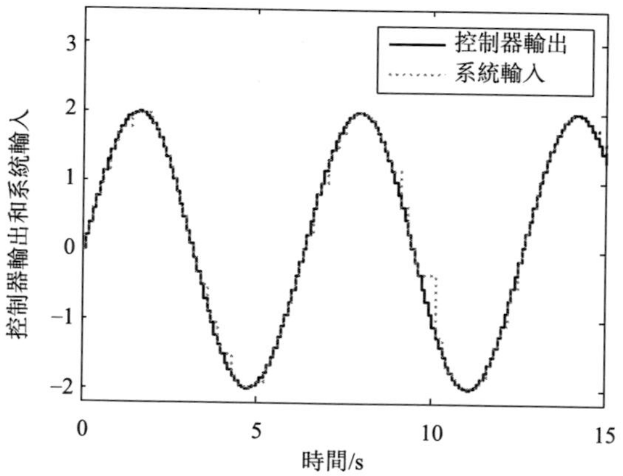

圖 2-19 丟包對控制訊號的影響

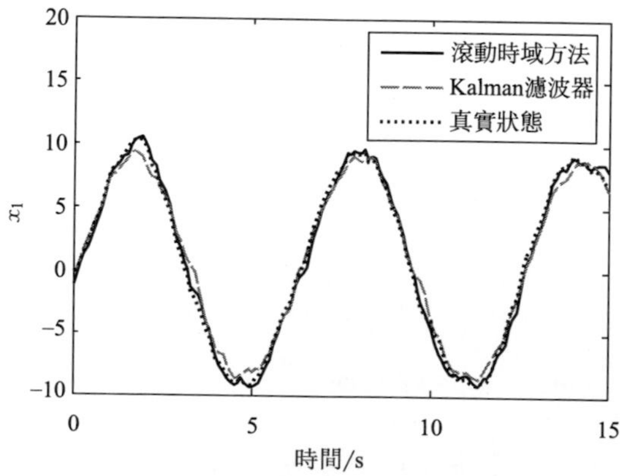

圖 2-20 關於狀態 x_1 的方法比較

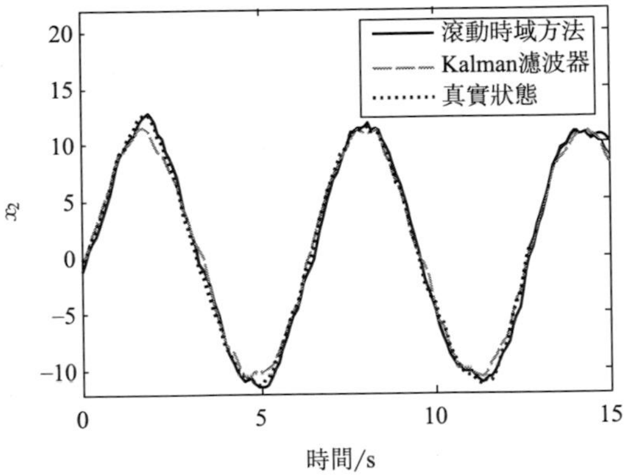

圖 2-21 關於狀態 x_2 的方法比較

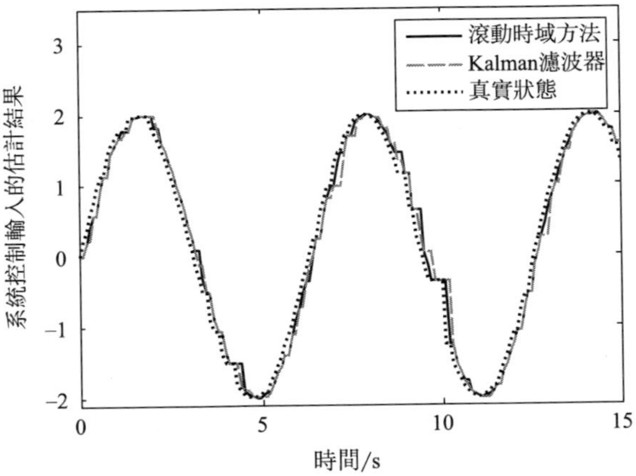

圖 2-22 關於控制輸入的方法比較

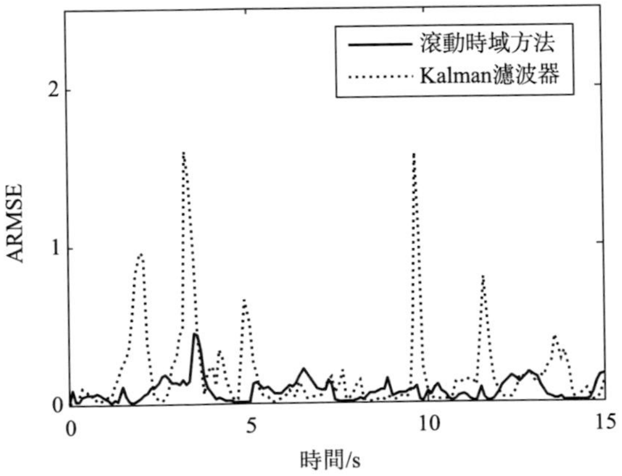

圖 2-23 關於 ARMSE 的方法比較

最後，圖 2-24 給出了狀態估計誤差期望的歐氏範數與其上界函數（2-53）的比較結果，其中，實線表示估計誤差期望的歐氏範數軌跡，點畫線表示含有系統雜訊時估計誤差期望的歐氏範數的上界函數，而虛線表示不含系統雜訊時估計誤差期望的歐氏範數的上界函數。同時，由圖可以看出：含有系統雜訊時估計誤差期望的歐氏範數的上界函數隨着時間的推移收斂至穩定值，即表徵了估計性能的有界性，而不含系統雜訊時其上界函數收斂至零，即説明了估計性能的無偏性。另外，從圖還可以看到：估計誤差期望的歐氏範數一直在其上界函數的範圍內變化。這樣，該仿真結果不僅表明了所設計的滾動時域估計器具有良好的估計性能，還驗證了上述關於估計性能分析所得結論的正確性。

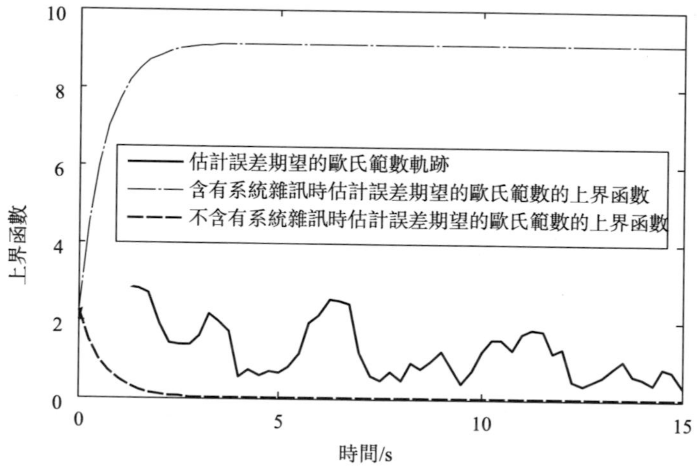

圖 2-24　估計誤差期望的歐氏範數與其上界函數

2.4 本章小結

本章針對透過不可靠共享網路在傳感器與控制器之間傳輸數據而發生數據包丟失，以及同時在傳感器與控制器、控制器與執行器之間傳輸數據而發生多數據包丟失的兩種情況，提出了一種基於滾動時域優化策略的滾動時域估計方法，以解決具有數據包丟失的網路化控制系統的狀態估計問題，並透過求解一個線性矩陣不等式所得到的權矩陣克服了數據包丟失對估計性能的影響。這種估計方法充分利用那些以不等式約束形式出現的關於雜訊、狀態和輸入輸出的額外資訊，提高了估計的準確性和合理性。同時，不同於其它估計方法，這種估計方法的一個顯著特點在於：如果當前數據包發生丟失，那麼滾動窗口内的一段最新數據而非僅前一個時刻數據或直接置爲零，用於估計器設計。最後，透過分析該估計器的性能，給出了保證估計性能收斂的充分條件。

參考文獻

[1] Sinopoli B, et al. Kalman Filtering with Intermittent Observations. IEEE Transactions on Automatic Control, 2004, 49 (9): 1453-1464.

[2] Schenato L, et al. Foundations of Control and Estimation over Lossy Networks. Proceedings of the IEEE, 2007, 95(1): 163-187.

[3] Liu Xiangheng, Goldsmith A. Kalman Filtering with Partial Observation Losses. Proceedings of the 43rd IEEE Conference on Decision and Control, Nassau, Bahamas, 2004.

[4] Huang Minyi, Dey S. Stability of Kalman Filtering with Markovian Packet Losses. Automatica, 2007, 43(4): 598-607.

[5] Mo Y, Sinopoli B. Kalman Filtering with Intermittent Observations: Tail Distribution and Critical Value. IEEE Transactions on Automatic Control, 2012, 57 (3): 677-689.

[6] Shi L, Epstein M, Murray R M. Kalman Filtering over a Packet-Dropping Networked: A Probabilistic Perspective. IEEE Transactions on Automatic Control, 2010, 55(3): 594-604.

[7] Liang Yan, Chen Tongwen, Pan Quan. Optimal Linear State Estimator with Multiple Packet Dropouts. IEEE Transactions on Automatic Control, 2010, 55 (6): 1428-1433.

[8] Sahebsara M, Chen T, Shah S L. Optimal H-2 Filtering in Networked Control Systems with Multiple Packet Dropout. IEEE Transactions on Automatic Control, 2007, 52(8): 1508-1513.

[9] Sahebsara M, Chen T, Shah S L. Optimal H-inf Filtering in Networked Control Systems with Multiple Packet Dropouts. Systems & Control Letters, 2008, 57 (9): 696-702.

[10] Epstein M, et al. Probabilistic Performance of State Estimation across a Lossy Network. Automatica, 2008, 44 (12): 3046-3053.

[11] Wang Zidong, Yang Fuwen, Ho D WC. Robust H-inf Filtering for Stochastic Time-Delay Systems with Missing Measurements. IEEE Transactions on Signal Processing, 2006, 54 (7): 2579-2587.

[12] Yang Ruini, Shi Peng, Liu Guoping, Filtering for Discrete-Time Networked Nonlinear Systems with Mixed Random

Delays and Packet Dropouts. IEEE Transactions on Automatic Control, 2011, 56 (11): 2655-2660.

[13] Xue Binqiang, Li Shaoyuan, Zhu Quanmin. Moving Horizon State Estimation for Networked Control Systems with Multiple Packet Dropouts. IEEE Transaction on Automatic Control, 2012, 57 (9): 2360-2366.

[14] Alessandri A, Baglietto M, Battistelli G. Receding-Horizon State Estimation for Discrete-Time Linear Systems. IEEE Transactions on Automatic Control, 2003, 48 (3): 473-478.

[15] Alessandri A, Baglietto M, Battistelli G. Moving-Horizon State Estimation for Nonlinear Discrete-Time Systems: New Stability Results and Approximation Schemes. Automatica, 2008, 44 (7): 1753-1765.

[16] Gupta V, Hassibi B, Murray R M. Optimal LQG Control across Packet-Dropping Links. Systems & Control Letters, 2007, 56 (6): 439-446.

[17] Rao C V, Rawlings J B, Lee J H. Constrained Linear State Estimation-a Moving Horizon Approach. Automatica, 2001, 37 (10): 1619-1628.

[18] Hu Wenshan, Liu Guoping, Rees David. Event-Driven Networked Predictive Control. IEEE Transactions on Industrial Electronics, 2007, 54 (3): 1603-1613.

第3章

網絡化系統的預測控制器設計

3.1 概述

上一章針對具有數據包隨機丢失的網路化控制系統的狀態估計問題，介紹了網路化滾動時域狀態估計方法，並給出了數據包到達機率與 NCSs 估計性能之間的關係。衆所周知，數據包丢失和數據量化會降低網路化控制系統的穩定性和系統性能，甚至導致系統不穩定。

針對網路化控制系統的數據包丢失問題，國內外學者做了大量關於控制器設計方面的研究。當網路發生數據包丢失時，首先面臨的問題就是此時控制器或執行器該如何動作才能減弱或消除丢包影響。通常所採用的補償策略有如下兩種。

① 零輸入策略[1,2]：數據包丢失時，當前時刻控制器或執行器將輸入量看作零。

② 保持輸入策略[3,4]：數據包丢失時，當前時刻控制器或執行器將上一時刻的輸入量作爲當前時刻的輸入量。

文獻［1］採用零輸入補償策略，研究了傳感器-控制器之間和控制器-執行器之間同時存在數據包丢失的 NCSs 狀態估計與控制問題。文獻［2］針對具有隨機數據包丢失的網路化控制系統，在零輸入補償策略的基礎上研究了 NCSs 的魯棒 H_∞ 控制問題。文獻［3］將數據包丢失過程定義爲兩次數據包成功傳輸之間的時間間隔序列，並透過構造與數據包丢失相關的 Lapunov 方法，確定了具有任意丢包過程和 Markov 丢包過程的網路化控制系統的穩定性條件，但並沒有給出其 H_∞ 控制器的設計方法。而文獻［4］針對一類短時滯和數據包丢失的網路化控制系統，利用歷史狀態資訊和控制資訊估計丢失的控制信號，並進一步給出了閉環控制系統的最優控制律。

然而，這兩種補償策略簡單直觀，計算量小，會產生比較保守的補償效果。此外，上述補償策略忽視網路傳輸所具有的一個重要特性，即網路通訊是以一個個數據包形式進行數據傳輸。數據包不僅可以包含當前時刻的數據資訊，還能夠囊括過去和未來的數據資訊，這是傳統控制系統所不能做到的。根據網路傳輸的這一特性，Liu 等[5] 針對反饋通道存在網路時延的情況，設計出新穎的網路化預測控制器以補償網路時延和數據包丢失帶來的影響，並分別給出了具有定常時延和隨機有界時延的閉環 NCSs 穩定的充分條件。與文獻［5］中無窮時域二次型性能指標相比，文獻［6］基於含有終端代價函數的有限時域二次型性能指標，研究了前向通道具有數據包丟失的網路化預測控制補償方法。

另外，在網路通訊中，由於通訊信道的傳輸能力受限，使得數據在傳輸之前首先要進行量化，降低數據包的大小，然後進行傳輸。事實上，量化過程可以看作一個編碼的過程，是透過量化器來實現的。其中，量化器可以看作一種裝置，能夠把一個連續的信號映射到一個在有限集合內取值的分段常數信號。雖然量化器的種類很多，但是，通常採用的量化器有以下兩類。

① 無記憶的靜態量化器　如對數量化器[7~9]和均勻量化器[10]。這類量化器的優點在於解碼和編碼過程簡單，其缺點是需要無窮的量化級數來保證系統的漸近穩定性[7~9]。文獻［7］研究了一類離散單輸入單輸出線性時不變系統的量化反饋控制問題，並證明：對於一個二次可鎮定的系統，對數量化器是最優的靜態量化器。文獻［8］基於扇形有界方法，將文獻［7］的結論擴展到多輸入多輸出系統。

② 有記憶的動態時變量化器　透過調節量化參數使得吸引域增大而穩態極限環變小，然而，這樣做使得控制器的設計變得更加複雜，從而不利於系統的分析與綜合[11]。文獻［12］針對網路誘導時延、數據包丟失和量化誤差同時存在的情況，設計了具有一定 H_∞ 性能的量化狀態反饋控制器。文獻［13］研究頻寬受限網路化控制系統的廣義 H_2 濾波問題。

因此，本章將首先介紹具有有界丟包的網路化預測控制方法，並給出保證 NCSs 漸近穩定且具有一定性能水準的網路化預測控制器存在的充分條件，以及建立最大連續丟包數與 NCSs 控制性能之間的關係。其次，針對具有控制輸入量化的網路化控制系統，還基於扇形有界方法介紹一種網路化魯棒預測控制算法，並在保證系統穩定性和控制性能的前提下，給出一種求解最粗糙量化密度的錐補線性化方法。

3.2 具有有界丟包的網路化控制系統的預測控制

針對具有有界丟包的網路化控制系統的控制，將建立新穎的 NCSs 模型並基於此模型介紹一種能夠提前預測系統未來控制動作的網路化預測控制策略[14]。網路化預測控制器設計的基本思想是：數據包發生丟失時，控制器採用保持輸入策略，而執行器將從緩存器儲存的最新數據包中選擇合適的預測控制量，並作用於被控對象。此外，本節還將給出保證網絡化控制系統漸近穩定且具有一定性能水準的網絡化預測控制器存在的充分條件，以及建立最大連續丟包數與 NCSs 性能之間的關係。

3.2.1 網路化控制系統的建模

首先，考慮如圖 3-1 所示的具有有界丟包的網路化控制系統結構。有界丟包是指最大連續丟包數有界且丟包過程不滿足某種隨機分散，而連續丟包數指在兩次數據包成功傳輸之間發生的持續丟包數目。網路化控制系統由傳感器、不可靠通訊網路、預測控制器、緩存器以及被控對象（包括執行器在內）構成。被控對象可由下列離散時間狀態空間模型描述：

$$\boldsymbol{x}(k+1)=\boldsymbol{A}\boldsymbol{x}(k)+\boldsymbol{B}\boldsymbol{u}(k) \tag{3-1}$$

其中，$\boldsymbol{x}(k)\in\boldsymbol{R}^n$ 和 $\boldsymbol{u}(k)\in\boldsymbol{R}^m$ 分別是系統狀態和控制輸入，$\boldsymbol{A}$ 和 $\boldsymbol{B}$ 是具有適當維數的常數矩陣，假設系統的狀態完全可測且（$\boldsymbol{A}$，$\boldsymbol{B}$）是可鎮定的。不失一般性，假設系統的輸入約束爲

$$\|\boldsymbol{u}(k)\|\leqslant u_{\max} \tag{3-2}$$

如圖 3-1 所示，傳感器、控制器和執行器均採用時間驅動模式，而且傳感器和控制器在每個採樣時刻以數據包形式進行數據傳輸。兩個開關分別描述傳感器-控制器通道和控制器-執行器通道的丟包情況。緩存器用於接收和保存來自控制器的數據，並發送數據至執行器。此外，控制器採用保持輸入策略，緩存器儲存由預測控制策略求出的最新預測控制序列，而執行器從緩存器中選取合適的預測控制量並作用到被控對象。

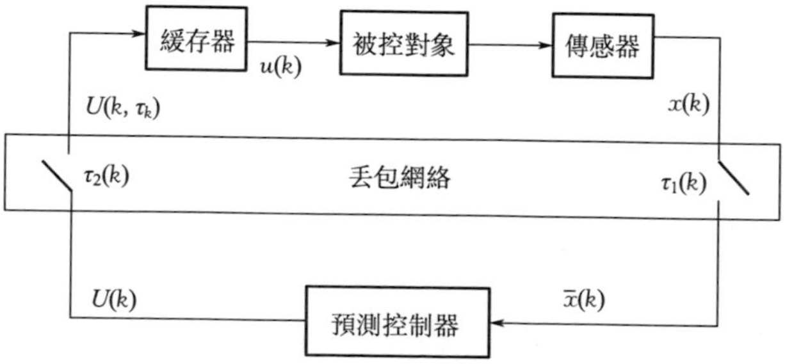

圖 3-1 具有有界丟包的網路化控制系統

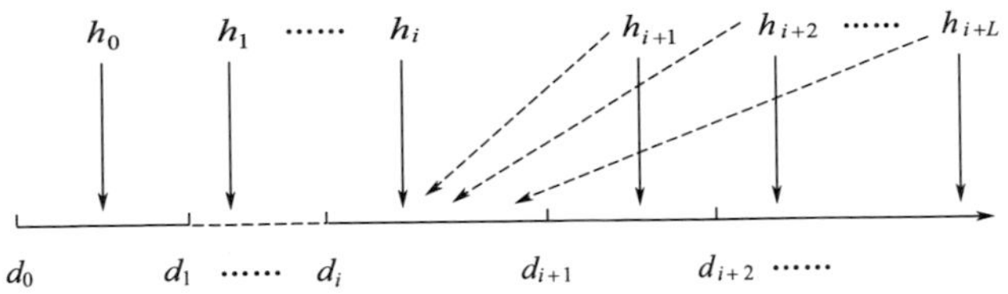

圖 3-2　數據包成功傳輸時刻

如圖 3-2 所示，數據包由傳感器-控制通道進行傳輸時，假設只有 $d_0, d_1, \cdots, d_i, d_{i+1}, d_{i+2}, \cdots (d_i < d_{i+1})$ 時刻的數據包能夠從傳感器成功傳送至控制器，則在時間 $[d_i, d_{i+1}]$ 內的連續丟包數爲 $\tau_1(d_i, d_{i+1}) = d_{i+1} - d_i - 1$ 且滿足 $0 \leqslant \tau_1(d_i, d_{i+1}) \leqslant N_d$；數據包由控制器-執行器通道進行傳輸時，只有 $h_0, h_1, \cdots, h_i, h_{i+1}, h_{i+2}, \cdots (h_i < h_{i+1})$ 時刻的數據包能夠從控制器成功傳送至緩存器，則在時間 $[h_i, h_{i+1}]$ 內的連續丟包數爲 $\tau_2(h_i, h_{i+1}) = h_{i+1} - h_i - 1$ 且滿足 $0 \leqslant \tau_2(h_i, h_{i+1}) \leqslant N_h$。顯然，初始成功傳輸時刻滿足約束條件 $d_0 \leqslant h_0$（因爲控制器只有先得到傳感器的數據包，才有可能在未來某時刻發生丟包）。如圖所示，下面以時間 $[d_i, h_{i+1})$ 且成功傳輸時刻滿足 $d_i \leqslant h_i$ 爲例具體分析數據包丟失過程，那麼 h_i 時刻從控制器成功傳送到緩存器的最優預測控制序列爲 $\boldsymbol{U}^*(d_i) = [\boldsymbol{u}^*(d_i \mid d_i), \boldsymbol{u}^*(d_i + 1 \mid d_i), \cdots, \boldsymbol{u}^*(h_i \mid d_i), \cdots, \boldsymbol{u}^*(h_{i+1} - 1 \mid d_i), \boldsymbol{u}^*(h_{i+1} \mid d_i), \cdots, \boldsymbol{u}^*(d_i + N - 1 \mid d_i)]$。其中，$\boldsymbol{u}^*(d_i + l \mid d_i), l = 0, 1, \cdots, N - 1$ 表示基於 d_i 時刻系統狀態 $\boldsymbol{x}(d_i)$ 對 $d_i + l$ 時刻控制輸入的最優預測值，N 表示預測時域並滿足約束 $N_d + N_h < N$。如果只有成功傳輸時刻 h_i 落在時間 $[d_i, d_{i+1})$ 內而其它成功傳輸時刻 h_{i+j} 不在此區間內，那麼緩存器中的預測控制序列 $\boldsymbol{U}^*(d_i)$ 將在未來時間 $[h_i, h_{i+1} - 1]$ 內一直作用於被控對象，即預測控制量 $\boldsymbol{u}^*(h_i + j \mid d_i), j = 0, 1, \cdots, h_{i+L} - h_i - 1$ 施加在對象上，並且其作用時間滿足 $h_{i+1} - h_i \leqslant N_h$。然而，如果多個成功傳輸時刻 $h_i, h_{i+1}, \cdots, h_{i+L} (d_i \leqslant h_i < h_{i+1} < \cdots < h_{i+L} \leqslant d_{i+1})$ 均落在時間 $[d_i, d_{i+1})$ 內，則表明分別在 $h_i, h_{i+1}, \cdots, h_{i+L}$ 時刻到達緩存器的預測控制序列是同一個序列 $\boldsymbol{U}^*(d_i)$，因爲在時間 $[d_i, d_{i+1})$ 內只有一個系統狀態 $\boldsymbol{x}(d_i)$ 成功到達控制器並在此基礎上計算得到預測控制序列，因此成功傳輸時刻 $h_{i+1}, \cdots, h_{i+L}$ 可認爲是丟包時刻，即在時間 $[h_{i+1}, h_{i+L}]$ 內，從控制器發送到緩存器的數據包是否丟失對緩存器沒有任何影響，其儲存的數據依然是 $\boldsymbol{U}^*(d_i)$，進而成功傳輸時刻 h_{i+L+1} 改爲 h_{i+1}

時刻，以此類推。所以，緩存器中的預測控制序列$\boldsymbol{U}^*(d_i)$將在時間$[h_i, h_{i+1}-1]$内一直作用於被控對象，並且其作用時間滿足$h_{i+1}-h_i \leqslant N_h$。同理，若有多個成功傳輸時刻$d_{i+1}$，$d_{i+2}$，…，$d_{i+j}$落在時間$[h_i, h_{i+1})$内，從控制角度出發，傾向於利用最新的採樣數據，而把舊的數據包丟掉，這種丟包方式被稱爲主動丟包，那麼僅保留d_{i+j}時刻的數據包，主動丟掉d_{i+1}，d_{i+2}，…，d_{i+j-1}時刻的數據包，並將d_{i+j}時刻改爲d_{i+1}時刻。總之，無論在時間$[d_i, d_{i+1})$内還是在時間$[h_i, h_{i+1})$内，均僅有一個成功傳輸時刻h_i或d_{i+1}在時間$[d_i, d_{i+1})$或$[h_i, h_{i+1})$内。

基於上述分析，本節所介紹的網路化預測控制器的具體實施策略是：在時間$[d_i, h_{i+1})$内，如果基於d_i時刻系統狀態$\boldsymbol{x}(d_i)$所求出的最優預測控制序列$\boldsymbol{U}^*(d_i)$沒有到達緩存器，則執行器從緩存器中依次選取d_{i-1}時刻所計算得到的最優預測控制序列$\boldsymbol{U}^*(d_{i-1})$中的預測控制量$\boldsymbol{u}^*(h_i+j|d_{i-1}), j=d_i-h_i, d_i-h_i+1, \cdots, -1$，並將其施加於被控對象，即$\boldsymbol{u}(h_i+j)=\boldsymbol{u}^*(h_i+j|d_{i-1})$；如果最優預測控制序列$\boldsymbol{U}^*(d_i)$到達緩存器，則執行器從緩存器中依次選取預測控制量$\boldsymbol{u}^*(h_i+j|d_i), j=0, 1, \cdots, h_{i+1}-h_i-1$，並將其施加於被控對象，即$\boldsymbol{u}(h_i+j)=\boldsymbol{u}^*(h_i+j|d_i)$。

因此，當數據包的成功傳輸時刻滿足$d_i \leqslant h_i$時，則可以建立在時間$[d_i, h_{i+1})$内的網路化控制系統模型

$$\boldsymbol{x}(k+1)=\boldsymbol{A}\boldsymbol{x}(k)+\boldsymbol{B}\boldsymbol{u}(k), k\in[d_i, h_{i+1}-1] \tag{3-3}$$

其中

$$\boldsymbol{u}(k)=\begin{cases}\boldsymbol{u}(k|d_{i-1}), k\in[d_i, h_i-1]\\ \boldsymbol{u}(k|d_i), k\in[h_i, h_{i+1}-1]\end{cases}$$

d_i表示第$i(i=1,2,\cdots)$個數據包成功到達控制器的時刻，h_i表示第$i(i=1,2,\cdots)$個數據包成功到達執行器的時刻，並且滿足$h_{i+1}-d_i-1 \leqslant N_h+N_d<N$（$N_h$、$N_d$、$N$均爲正整數）。此外，在時間$[d_i, h_{i+1}-1]$内傳感器-控制通道的總丟包數爲$\tau_1(d_i, h_{i+1}-1)=h_{i+1}-d_i-1$並滿足$0\leqslant\tau_1(d_i, h_{i+1}-1)\leqslant N_d+N_h<N$，以及在此時間内控制器-執行器通道的總丟包數爲$\tau_2(d_i, h_{i+1}-1)=h_{i+1}-d_i-1$並滿足$0\leqslant\tau_2(d_i, h_{i+1}-1)\leqslant N_d+N_h<N$。因此，在時間$[d_i, h_{i+1}-1]$内，傳感器-控制通道和控制器-執行器通道發生數據包丟失的總數爲$\tau(d_i, h_{i+1}-1)=\tau_1(d_i, h_{i+1}-1)+\tau_2(d_i, h_{i+1}-1)$並滿足$0\leqslant\tau(d_i)<2N$。假設初始時刻$d_0$滿足約束條件$d_0<h_0$時，在初始時間$[d_0, h_0-$

1]內，由於尚無數據包（即預測控制序列）成功傳輸到緩存器，那麼在此時間$[d_0, h_0-1]$內施加在被控對象上的控制量爲$\boldsymbol{u}(d_0+l)=\boldsymbol{u}(0), l=0,1,\cdots,h_0-d_0-1$。

備註 3.1 不同於已有文獻的丟包描述，即 Bernoulli 過程或 Markov 過程描述數據包丟失過程，本節僅考慮有界丟包，並不要求丟包過程滿足某種特定的機率分散，因而更具有數據丟包過程的一般性。此外，由於每個數據包均帶有時間戳[5]，所以對於控制器來説，傳感器-控制器通道的連續丟包數是已知的，而控制器-執行器通道的連續丟包數是未知的；對於執行器來説，不論傳感器-控制器通道的連續丟包數還是控制器-執行器通道的連續丟包數，都是已知量。

3.2.2 基於終端凸集約束的網路化預測控制器設計

基於上述數據包丟失過程描述和 NCSs 建模分析，本小節將給出網路化控制系統（3-3）的網路化預測控制器設計方法，使得閉環 NCSs 漸近穩定且具有一定的控制性能。在此之前，首先給出如下引理。

引理 3.1 如果矩陣 $\boldsymbol{A}_1$ 的譜半徑小於等於 1，則對於任意正定矩陣 $\boldsymbol{S}$，都有下面不等式成立：

$$\boldsymbol{A}_1^{\mathrm{T}}\boldsymbol{S}\boldsymbol{A}_1 \leqslant \boldsymbol{S} \tag{3-4}$$

證明 假設λ爲矩陣$\boldsymbol{A}_1$的任一特徵值，而$\boldsymbol{z}$是與特徵值λ相對應的任一非零特徵向量，即$\boldsymbol{A}_1\boldsymbol{z}=\lambda\boldsymbol{z}$，則有

$$\boldsymbol{z}^{\mathrm{T}}\boldsymbol{A}_1\boldsymbol{S}\boldsymbol{A}_1 z=\lambda^2\boldsymbol{z}^{\mathrm{T}}\boldsymbol{S}\boldsymbol{z} \tag{3-5}$$

由$\lambda^2\leqslant 1$，可得

$$\boldsymbol{z}^{\mathrm{T}}\boldsymbol{A}_1\boldsymbol{S}\boldsymbol{A}_1\boldsymbol{z}=\boldsymbol{\lambda}^2\boldsymbol{z}^{\mathrm{T}}\boldsymbol{S}z\leqslant\boldsymbol{z}^{\mathrm{T}}\boldsymbol{S}z \tag{3-6}$$

上式等價於

$$\boldsymbol{z}^{\mathrm{T}}(\boldsymbol{A}_1\boldsymbol{S}\boldsymbol{A}_1-\boldsymbol{S})\boldsymbol{z}\leqslant 0 \tag{3-7}$$

因爲不等式(3-7)恒成立，則可以推出式(3-4)恒成立。證明完畢。

針對具有有界丟包的 NCSs（3-3），本節介紹一種帶終端狀態約束集和終端代價函數的約束預測控制器設計方法。由於這種方法僅將終端狀態驅動到一個不變集裏即可，不同於文獻［5］中的 MPC 方法（將終端狀態驅動到零狀態即平衡點）。下面將具體討論約束 MPC 算法的設計框架，其中包括離線部分與在線優化部分。然而，數據包丟失導致系統狀態間斷到達控制器，這樣使得控制器只在系統狀態成功到達時刻$k=d_i$，$i=1,2,\cdots$計算預測控制序列並將其透過網路傳輸至執行器，而在其它時刻控制器並不進行計算，只是將最近一次計算得到的預測控制序列依次

透過網路傳輸至執行器。所以，下面給出控制器在成功傳輸時刻 $k=d_i$，$i=1,2,\cdots$ 計算預測控制序列的具體算法。首先考慮如下形式的優化問題：

$$\min_{U(d_i)} J(d_i)=\sum_{l=0}^{N-1}\left[\left\|\boldsymbol{x}(d_i+l|d_i)\right\|_{\boldsymbol{Q}}^2+\left\|\boldsymbol{u}(d_i+l|d_i)\right\|_{\boldsymbol{R}}^2\right]+\left\|\boldsymbol{x}(d_i+N|d_i)\right\|_{\boldsymbol{\Psi}}^2$$

$$\begin{gathered}\text{s.t. } \boldsymbol{x}(d_i+l+1|d_i)=\boldsymbol{A}\boldsymbol{x}(d_i+l|d_i)+\boldsymbol{B}\boldsymbol{u}(d_i+l|d_i)\\ \|\boldsymbol{u}(d_i+l|d_i)\|\leqslant\boldsymbol{u}_{\max},u(d_i+l|d_i)\in\boldsymbol{U}(d_i)\\ \boldsymbol{U}(d_i)=[\boldsymbol{u}(d_i|d_i),\boldsymbol{u}(d_i+1|d_i),\cdots,\boldsymbol{u}(d_i+N-1|d_i)]\\ \boldsymbol{x}(d_i+N|d_i)\in\boldsymbol{X}_{\mathrm{T}}\end{gathered}\tag{3-8}$$

其中，$\boldsymbol{u}(d_i+i|d_i)$表示基於 d_i 時刻系統狀態$\boldsymbol{x}(d_i)$ 對 d_i+i 時刻控制輸入的預測值，也是優化問題（3-8）中的優化變量。$\boldsymbol{x}(d_i+i|d_i)$ 表示基於 d_i 時刻系統狀態資訊$\boldsymbol{x}(d_i)$對 d_i+i 時刻系統狀態的預估值，並且滿足 $\boldsymbol{x}(d_i|d_i)=\boldsymbol{x}(d_i)$。此外，$\boldsymbol{Q}>0$ 和 $\boldsymbol{R}>0$ 分別是狀態和輸入的加權矩陣，N 是預測時域，正定對稱矩陣 $\boldsymbol{\Psi}$ 是需要設計的終端加權矩陣，而凸集 $\boldsymbol{X}_{\mathrm{T}}$ 是如下所定義的終端狀態約束集：

$$\boldsymbol{X}_{\mathrm{T}}=\{\boldsymbol{x}(d_i+N|d_i)\in\boldsymbol{R}^n|\boldsymbol{x}^{\mathrm{T}}(d_i+N|d_i)\boldsymbol{\Psi}\boldsymbol{x}(d_i+N|d_i)\leqslant 1\}\tag{3-9}$$

其中，$\boldsymbol{\Psi}$ 是滿足如下條件的正定對稱矩陣[15]：

$$(\boldsymbol{A}+\boldsymbol{BF})^{\mathrm{T}}\boldsymbol{\Psi}(\boldsymbol{A}+\boldsymbol{BF})-\boldsymbol{\Psi}+\boldsymbol{Q}+\boldsymbol{F}^{\mathrm{T}}\boldsymbol{RF}<0\tag{3-10}$$

$$u_{\max}^2\boldsymbol{I}-\boldsymbol{F}\boldsymbol{\Psi}^{-1}\boldsymbol{F}^{\mathrm{T}}\geqslant 0\tag{3-11}$$

要使得公式(3-10) 和公式(3-11) 成立當且僅當如下約束條件成立即可：

$$\begin{bmatrix}\boldsymbol{M} & * & * & *\\ \boldsymbol{AM}+\boldsymbol{BW} & \boldsymbol{M} & * & *\\ \boldsymbol{Q}^{\frac{1}{2}}\boldsymbol{M} & \boldsymbol{0} & \boldsymbol{I} & *\\ \boldsymbol{R}^{\frac{1}{2}}\boldsymbol{W} & \boldsymbol{0} & \boldsymbol{0} & \boldsymbol{I}\end{bmatrix}\geqslant 0\tag{3-12}$$

$$\begin{bmatrix}u_{\max}^2\boldsymbol{I} & *\\ \boldsymbol{W}^{\mathrm{T}} & \boldsymbol{M}\end{bmatrix}\geqslant 0\tag{3-13}$$

因此，透過離線求解如下的 LMI 優化問題：

$$\begin{cases}\min\limits_{\boldsymbol{M}>0,\boldsymbol{W}} -\lg\det(\boldsymbol{M})\\ \text{s.t. }(3\text{-}12),(3\text{-}13)\end{cases}\tag{3-14}$$

可以得到終端加權矩陣 $\boldsymbol{\Psi}=\boldsymbol{M}^{-1}$ 和局部鎮定控制律 $\boldsymbol{F}=\boldsymbol{WM}^{-1}$，以及終

端狀態約束集

$$X_T=\{x: x^T \Psi x \leqslant 1, \Psi=M^{-1}\} \tag{3-15}$$

備註 3.2 公式(3-14) 是離線求解終端加權矩陣 Ψ、局部反饋控制律 F 和終端約束集 X_T 的優化問題，而公式(3-8) 本質上是一個帶有終端狀態約束集 X_T 的有限時域優化問題。在實際應用中，總是希望終端狀態約束集 X_T 盡可能大，這樣系統初始可行域就越大。目前，已有文獻主要基於兩種方法擴大系統的終端約束集：一種是計算量較小的離線設計終端約束集算法，這種算法一般比較保守；另一種是在線優化終端約束集算法，不過該算法常常導致在線計算負擔過重。這裏僅從離線優化的角度得到終端約束集。

備註 3.3 對於傳統預測控制[15]，每個採樣時刻均需要在線求解優化問題 (3-8)，得到最優預測控制序列並將該序列中的第一個元素作用於被控對象。然而，本節考慮了具有有界丢包的網路化控制系統 (3-3)，所以並不是每個採樣時刻都需要在線求解優化問題 (3-8) 得到最優預測控制序列。也就是説，由於控制器斷斷續續地接收到來自傳感器的數據包即系統狀態，則控制器只需基於該狀態間斷地在線求解優化問題 (3-8) 得出最優預測控制序列。

總之，在線求解優化問題 (3-8) 時，最優預測控制序列 $U^*(d_i)$ 是基於 d_i 時刻的狀態資訊 $x(d_i)$ 求解得到並在 h_i 時刻到達緩存器，隨後在時間 $[h_i, h_{i+1}-1]$ 内一直作用於被控對象。由此可知，在 h_i 時刻之前的時間 $[d_i, h_i-1]$ 内，施加在被控對象上的控制量爲

$$u(h_i+j)=u^*(h_i+j \mid d_{i-1}), j=d_i-h_i, d_i-h_i+1, \cdots, -1 \tag{3-16}$$

由於在 d_i 時刻求解優化問題 (3-8) 時控制量 $u(h_i+j), j=d_i-h_i, d_i-h_i+1, \cdots, -1$ 未知，所以 $u(h_i+j \mid d_i), j=d_i-h_i, d_i-h_i+1, \cdots, -1$ 依然是優化問題 (3-8) 中的優化變量。但是，求解得到的預測控制量 $u^*(h_i+j \mid d_i), j=d_i-h_i, d_i-h_i+1, \cdots, -1$ 並沒有在時間$[d_i, h_i-1]$内作用於被控對象。另外，不難得出如下預測狀態的表達式：

$$x(d_i+l \mid d_i)=A^l x(d_i \mid d_i)+\sum_{j=0}^{l-1} A^j B u(d_i+l-1-j \mid d_i), l=1,2,\cdots,N \tag{3-17}$$

當離線求解線性不等式(LMI) 優化問題 (3-14) 得到局部鎮定控制律 F、終端狀態約束集 X_T 和終端加權矩陣 Ψ 後，在線即時控制時只需求解優化問題 (3-8)。根據公式(3-17)，N 步的狀態預估值可以透過如下公式計算得出：

$$\begin{bmatrix} \boldsymbol{x}(d_i+1|d_i) \\ \vdots \\ \boldsymbol{x}(d_i+N|d_i) \end{bmatrix} = \begin{bmatrix} \boldsymbol{A} \\ \vdots \\ \boldsymbol{A}^N \end{bmatrix} x(d_i|d_i) + \begin{bmatrix} \boldsymbol{B} & \boldsymbol{0} & \boldsymbol{0} \\ \vdots & \ddots & \boldsymbol{0} \\ \boldsymbol{A}^{N-1}\boldsymbol{B} & \cdots & \boldsymbol{B} \end{bmatrix} \begin{bmatrix} \boldsymbol{u}(d_i|d_i) \\ \vdots \\ \boldsymbol{u}(d_i+N-1|d_i) \end{bmatrix} \tag{3-18}$$

或者等價於

$$\begin{bmatrix} \widetilde{\boldsymbol{x}}(d_i+1, d_i+N-1) \\ \boldsymbol{x}(d_i+N|d_i) \end{bmatrix} = \begin{bmatrix} \widetilde{\boldsymbol{A}} \\ \boldsymbol{A}^N \end{bmatrix} x(d_i|d_i) + \begin{bmatrix} \widetilde{\boldsymbol{B}} \\ \boldsymbol{B}_N \end{bmatrix} \boldsymbol{U}(d_i) \tag{3-19}$$

根據上式，公式(3-8) 中的性能指標可以轉換爲如下形式：

$$J(d_i) = \left\| \boldsymbol{x}(d_i|d_i) \right\|_Q^2 + \left\| \widetilde{\boldsymbol{A}} x(d_i|d_i) + \widetilde{\boldsymbol{B}} \boldsymbol{U}(d_i) \right\|_{\widetilde{\boldsymbol{Q}}}^2 + \left\| \boldsymbol{U}(d_i) \right\|_{\widetilde{\boldsymbol{R}}}^2 + \left\| \boldsymbol{A}^N \boldsymbol{x}(d_i|d_i) + \boldsymbol{B}_N \boldsymbol{U}(d_i) \right\|_{\boldsymbol{\Psi}}^2 \tag{3-20}$$

其中，$\widetilde{\boldsymbol{Q}}$ 與 $\widetilde{\boldsymbol{R}}$ 分別是對角元素爲 $\boldsymbol{Q}$ 與 $\boldsymbol{R}$ 的對角矩陣。由於 $\left\| \boldsymbol{x}(d_i|d_i) \right\|_{\boldsymbol{Q}}^2$ 項是已知量，不影響優化問題（3-8）的優化求解。因此，針對具有有界丢包的網路化控制系統（3-3），其帶有終端狀態約束集的有限時域預測控制的在線優化問題（3-8）可由下面的線性不等式(LMI)替代：

$$\min_{\boldsymbol{U}(d_i), \gamma(d_i)} \gamma(d_i) \tag{3-21}$$

並滿足如下約束條件：

$$\begin{bmatrix} \gamma(d_i) & * & * & * \\ \widetilde{\boldsymbol{A}}\boldsymbol{x}(d_i|d_i) + \widetilde{\boldsymbol{B}}\boldsymbol{U}(d_i) & \widetilde{\boldsymbol{Q}}^{-1} & * & * \\ \boldsymbol{U}(d_i) & \boldsymbol{0} & \widetilde{\boldsymbol{R}}^{-1} & * \\ \boldsymbol{A}^N\boldsymbol{x}(d_i|d_i) + \boldsymbol{B}_N\boldsymbol{U}(d_i) & \boldsymbol{0} & 0 & \boldsymbol{\Psi}^{-1} \end{bmatrix} \geqslant 0 \tag{3-22}$$

$$\begin{bmatrix} 1 & * \\ \boldsymbol{A}^N x(d_i|d_i) + \boldsymbol{B}_N \boldsymbol{U}(d_i) & \boldsymbol{\Psi}^{-1} \end{bmatrix} \geqslant 0 \tag{3-23}$$

$$\begin{bmatrix} u_{\max}^2 & * \\ \boldsymbol{U}(d_i) & \boldsymbol{I} \end{bmatrix} \geqslant 0 \tag{3-24}$$

其中，式(3-22) 中的 $*$ 表示對稱矩陣的相應元素，式(3-23) 滿足終端狀態約束集，式(3-24) 滿足系統控制輸入約束（3-2），這樣求出 $J(d_i)$ 的最小值 $\gamma(d_i)$。此外，當 d_i 時刻優化問題（3-21）存在最優解 $\boldsymbol{U}^*(d_i) = [\boldsymbol{u}^*(d_i|d_i), \boldsymbol{u}^*(d_i+1|d_i), \cdots, \boldsymbol{u}^*(h_i|d_i), \cdots, \boldsymbol{u}^*(h_{i+1}-1$

$|d_i), \boldsymbol{u}^*(h_{i+1}|d_i), \cdots, \boldsymbol{u}^*(d_i+N-1|d_i)]$時，則 d_{i+1} 時刻優化問題(3-21) 的一個可行解可以選擇爲如下形式表示：$\widetilde{\boldsymbol{U}}(d_{i+1})=[\boldsymbol{u}^*(d_{i+1}|d_i), \cdots, \boldsymbol{u}^*(d_i+N-1|d_i), \boldsymbol{F}x^*(d_i+N|d_i), \cdots, \boldsymbol{F}x(d_{i+1}+N-1|d_i)]$。其中，$\boldsymbol{x}(d_i+N+j|d_i)=(\boldsymbol{A}+\boldsymbol{BF})^j\boldsymbol{x}^*(d_i+N|d_i)$，$j=1, 2, \cdots, d_{i+1}-d_i-1$。

基於以上網路化預測控制算法的描述（包括離線優化部分與在線優化部分），下面給出實現這種網路化預測控制補償策略的具體步驟。

步驟 1：透過離線求解 LMI 優化問題（3-14），得到局部鎮定控制律 $\boldsymbol{F}$、終端狀態約束集 $\boldsymbol{X}_{\mathrm{T}}$ 和終端加權矩陣 $\boldsymbol{\Psi}$。

步驟 2：當初始成功傳輸時刻 d_0 滿足條件 $d_0<h_0$ 時，在初始時間 $[d_0, h_0-1]$ 內，由於尚無數據包（即最優預測控制序列）成功傳輸到緩存器，則在此時間內施加在被控對象上的控制量爲 $\boldsymbol{u}(d_0+l)=\boldsymbol{u}(0)$，$l=0, 1, \cdots, h_0-d_0-1$。

步驟 3：在 d_i 採樣時刻，根據已知狀態資訊 $\boldsymbol{x}(d_i)=\boldsymbol{x}(d_i|d_i)$，在線求解優化問題（3-21），得到最優預測控制序列 $\boldsymbol{U}^*(d_i)$。在時間 $[d_i, h_{i+1})$內，如果 $\boldsymbol{U}^*(d_i)$ 沒有到達緩存器，則執行器從緩存器中依次選取 d_{i-1} 時刻求出的最優預測控制序列 $\boldsymbol{U}^*(d_{i-1})$ 中的預測控制量 $\boldsymbol{u}^*(h_i+j|d_{i-1})$，$j=d_i-h_i, d_i-h_i+1, \cdots, -1$，並將其作用於對象，即$\boldsymbol{u}(h_i+j)=\boldsymbol{u}^*(h_i+j|d_{i-1})$；如果該序列 $\boldsymbol{U}^*(d_i)$在 h_i 時刻到達緩存器，則執行器從緩存器中依次選取預測控制量 $\boldsymbol{u}^*(h_i+j|d_i)$，$j=0, 1, \cdots, h_{i+1}-h_i-1$，並將其作用於被控對象，即 $\boldsymbol{u}(h_i+j)=\boldsymbol{u}^*(h_i+j|d_i)$。

步驟 4：在 d_{i+1} 採樣時刻，令 $d_i=d_{i+1}$，重複步驟 3。

3.2.3 網路化預測控制器的可行性與穩定性分析

在網路化預測控制器設計中，可行性常常與穩定性證明密切相關，並且是穩定性分析的基礎。有時預測控制的穩定性條件可以直接從可行性條件中推導得出。因此，可以得出如下結論。

定理 3.1 對於具有有界丟包的網路化控制系統（3-3），選取預測時域 N 大於丟包上界 N_d+N_h，即 $N_d+N_h<N$。如果存在矩陣 $\boldsymbol{M}>0$，$\boldsymbol{W}$ 使得優化問題（3-14）成立，以及在此基礎上存在 $\boldsymbol{U}^*(d_i), \gamma^*(d_i)$使得優化問題(3-21)～(3-24）成立，那麼在時間 $[d_i, h_{i+1})$ 內，當該序列 $\boldsymbol{U}^*(d_i)$ 沒有到達緩存器時，執行器就從緩存器中依次選取之前最優預測控制序列 $\boldsymbol{U}^*(d_{i-1})$ 中的預測控制量 $\boldsymbol{u}^*(h_i+j|d_{i-1})$，$j=d_i-h_i$，

$d_i-h_i+1,\cdots,-1$，並將其施加於被控對象；當該序列 $\boldsymbol{U}^*(d_i)$ 在 h_i 時刻到達緩存器時，執行器就從緩存器中依次選取預測控制量 $\boldsymbol{u}^*(h_i+j|d_i),j=0,1,\cdots,h_{i+1}-h_i-1$，並將其施加於被控對象。這種網路化預測控制策略將使得網路化控制系統（3.3）漸近穩定。

證明 不失一般性，假定 d_i，d_{i+1}，d_{i+2}（$d_i<d_{i+1}<d_{i+2}$，$d_{i+1}-d_i\leqslant N_d$，$d_{i+2}-d_{i+1}\leqslant N_d$）時刻的數據包能夠從傳感器成功傳送到控制器，而 d_i，d_{i+1}，d_{i+2} 時刻之間的數據包均發生丟失現象；同理，假定 h_i，h_{i+1}，h_{i+2}（$h_i<h_{i+1}<h_{i+2}$，$h_{i+1}-h_i\leqslant N_h$，$h_{i+2}-h_{i+2}\leqslant N_h$）時刻的數據包能夠從控制器成功傳送到緩存器，而 h_i，h_{i+1}，h_{i+2} 時刻之間的數據包均發生丟失現象。如果離線優化問題（3-14）以及在線優化問題（3-21）～(3-24）均存在最優解，那麼可以得到如下形式的最優性能指標：

$$J^*(d_i)=\sum_{l=0}^{N-1}\left[\left\|\boldsymbol{x}^*(d_i+l|d_i)\right\|_{\boldsymbol{Q}}^2+\left\|\boldsymbol{u}^*(d_i+l|d_i)\right\|_{\boldsymbol{R}}^2\right]+\left\|\boldsymbol{x}^*(d_i+N|d_i)\right\|_{\boldsymbol{\Psi}}^2 \tag{3-25}$$

以及最優預測控制序列與最優狀態序列：

$$\begin{aligned}\boldsymbol{U}^*(d_i)&=[\boldsymbol{u}^*(d_i|d_i)\ \boldsymbol{u}^*(d_i+1|d_i)\ \cdots\ \boldsymbol{u}^*(h_i|d_i)\ \boldsymbol{u}^*(h_i+1|d_i)\ \cdots\ \boldsymbol{u}^*(d_i+N-1|d_i)]\\ \boldsymbol{X}^*(d_i)&=[\boldsymbol{x}^*(d_i|d_i)\ \boldsymbol{x}^*(d_i+1|d_i)\ \cdots\ \boldsymbol{x}^*(h_i|d_i)\ \boldsymbol{x}^*(h_i+1|d_i)\ \cdots\ \boldsymbol{x}^*(d_i+N|d_i)]\end{aligned} \tag{3-26}$$

根據所給出的網路化預測控制方法，當 h_i 與 h_{i+1} 之間發生丟包時，則在時間 $[h_i,h_{i+1}-1]$ 內將預測控制序列 $[\boldsymbol{u}^*(h_i|d_i),\boldsymbol{u}^*(h_i+1|d_i),\cdots,\boldsymbol{u}^*(h_{i+1}-1|d_i)]$ 依次作用到被控對象。因爲 $\boldsymbol{x}^*(d_i+N|d_i)\in\boldsymbol{X}_{\mathrm{T}}$ 並且 $\boldsymbol{X}_{\mathrm{T}}$ 是不變集，所以在 d_{i+1} 時刻，將存在優化問題（3-21）～(3-24）的一個可行解，即

$$\begin{aligned}\widetilde{\boldsymbol{U}}(d_{i+1})=[&\boldsymbol{u}^*(d_{i+1}|d_i),\cdots,\boldsymbol{u}^*(d_i+N-1|d_i),\\ &\boldsymbol{F}\boldsymbol{x}^*(d_i+N|d_i),\cdots,\boldsymbol{F}\boldsymbol{x}(d_{i+1}+N-1|d_i)]\end{aligned}$$

其中

$$\boldsymbol{x}(d_i+N+j|d_i)=(\boldsymbol{A}+\boldsymbol{BF})^j\boldsymbol{x}^*(d_i+N|d_i),j=1,2,\cdots,d_{i+1}-d_i-1 \tag{3-27}$$

由於網路化控制系統（3-3）沒有存在不確定性以及外界干擾，所以在可行控制序列 $\widetilde{\boldsymbol{U}}(d_{i+1})$ 的作用下，必然有

$$\boldsymbol{x}(d_{i+1}+l|d_{i+1})=\boldsymbol{x}^*(d_{i+1}+l|d_i),l=0,1,\cdots,d_i+N-d_{i+1} \tag{3-28}$$

以及

$$\boldsymbol{x}(d_i+N+L\mid d_{i+1})=(\boldsymbol{A}+\boldsymbol{BF})^L\boldsymbol{x}^*(d_i+N\mid d_i),L=1,2,\cdots,d_{i+1}-d_i \tag{3-29}$$

此時相應的狀態序列爲

$$[\boldsymbol{x}^*(d_{i+1}\mid d_i),\cdots,\boldsymbol{x}^*(d_i+N\mid d_i),(\boldsymbol{A}+\boldsymbol{BF})\boldsymbol{x}^*(d_i+N\mid d_i),\cdots,(\boldsymbol{A}+\boldsymbol{BF})^{d_{i+1}-d_i}\boldsymbol{x}^*(d_i+N\mid d_i)] \tag{3-30}$$

因爲終端狀態 $\boldsymbol{x}^*(d_i+N\mid d_i)\in\boldsymbol{X}_{\mathrm{T}}$，所以只需要證明在控制序列 $[\boldsymbol{Fx}^*(d_i+N\mid d_i),\cdots,\boldsymbol{Fx}^*(d_{i+1}+N-1\mid d_i)]$ 的作用下，系統的終端狀態 $x(d_{i+1}+N\mid d_{i+1})$ 仍然滿足終端狀態約束集 $\boldsymbol{X}_{\mathrm{T}}$ 即可。

如果存在局部鎮定控制律 $\boldsymbol{F}$ 使得離線優化問題（3-14）成立，那麼將使得矩陣 $\boldsymbol{A}+\boldsymbol{BF}$ 的特徵值均在單位圓內。由此，基於引理 3.1，可得

$$(\boldsymbol{A}+\boldsymbol{BF})^{\mathrm{T}}\boldsymbol{M}^{-1}(\boldsymbol{A}+\boldsymbol{BF})\leqslant\boldsymbol{M}^{-1} \tag{3-31}$$

進一步，由 $d_{i+1}-d_i\geqslant 1$，很容易得出

$$[(\boldsymbol{A}+\boldsymbol{BF})^{d_{i+1}-d_i}]^{\mathrm{T}}\boldsymbol{M}^{-1}(\boldsymbol{A}+\boldsymbol{BF})^{d_{i+1}-d_i}\leqslant(\boldsymbol{A}+\boldsymbol{BF})^{\mathrm{T}}\boldsymbol{M}^{-1}(\boldsymbol{A}+\boldsymbol{BF})\leqslant\boldsymbol{M}^{-1} \tag{3-32}$$

再者，由於

$$\begin{aligned}&\boldsymbol{x}^{\mathrm{T}}(d_{i+1}+N\mid d_{i+1})\boldsymbol{M}^{-1}\boldsymbol{x}(d_{i+1}+N\mid d_{i+1})\\&=[\boldsymbol{x}^*(d_i+N\mid d_i)]^{\mathrm{T}}[(\boldsymbol{A}+\boldsymbol{BF})^{d_{i+1}-d_i}]^{\mathrm{T}}\boldsymbol{M}^{-1}(\boldsymbol{A}+\boldsymbol{BF})^{d_{i+1}-d_i}\boldsymbol{x}^*(d_i+N\mid d_i)\\&\leqslant[\boldsymbol{x}^*(d_i+N\mid d_i)]^{\mathrm{T}}\boldsymbol{M}^{-1}\boldsymbol{x}^*(d_i+N\mid d_i)\end{aligned} \tag{3-33}$$

這説明在 d_{i+1} 時刻，以 $\boldsymbol{x}^*(d_{i+1}\mid d_i)$ 爲初始狀態，在控制序列 $\widetilde{\boldsymbol{U}}(d_{i+1})$ 的作用下，$\boldsymbol{x}(d_{i+1}+N\mid d_{i+1})$ 依然屬於終端狀態約束集 $\boldsymbol{X}_{\mathrm{T}}$，即 $\boldsymbol{x}(d_{i+1}+N\mid d_{i+1})\in\boldsymbol{X}_{\mathrm{T}}$。

另一方面，由公式(3-32）和公式(3-33）可以看出，$\boldsymbol{WM}^{-1}\boldsymbol{x}^*(d_i+N+j\mid d_i),j=0,1,\cdots,d_{i+1}-d_i-1$ 滿足（3-2）的控制輸入約束條件。因此，$\widetilde{\boldsymbol{U}}(d_{i+1})$ 是公式(3-22)、公式(3-23）和公式(3-24）的一個可行解。

下面對上小節所提算法的穩定性進行分析。設 $J^*(d_i)$ 和 $J^*(d_{i+1})$ 分别對應 d_i 時刻和 d_{i+1} 時刻性能指標的最優值，而 $J(d_{i+1})$ 是可行控制序列 $\widetilde{\boldsymbol{U}}(d_{i+1})$ ［非最優解 $\boldsymbol{U}^*(d_{i+1})$］所對應的性能指標，由下式表示：

$$J(d_{i+1})=\sum_{l=d_{i+1}-d_i}^{N-1}\left[\left\|\boldsymbol{x}^*(d_i+l|d_i)\right\|_{\boldsymbol{Q}}^2+\left\|\boldsymbol{u}^*(d_i+l|d_i)\right\|_{\boldsymbol{R}}^2\right]+$$
$$\sum_{l=0}^{d_{i+1}-d_i-1}\left[\left\|\boldsymbol{x}^*(d_i+N+l|d_i)\right\|_{\boldsymbol{Q}}^2+\left\|\boldsymbol{Fx}^*(d_i+N+l|d_i)\right\|_{\boldsymbol{R}}^2\right]+$$
$$\left\|\boldsymbol{x}^*(d_{i+1}+N|d_i)\right\|_{\boldsymbol{\Psi}}^2 \tag{3-34}$$

根據公式(3-10)，對於 $0\leqslant l\leqslant d_{i+1}-d_i-1$，有

$$\left\|\boldsymbol{x}^*(d_i+N+l|d_i)\right\|_{\boldsymbol{Q}}^2+\left\|\boldsymbol{Fx}^*(d_i+N+l|d_i)\right\|_{\boldsymbol{R}}^2$$
$$\leqslant\left\|\boldsymbol{x}^*(d_i+N+l|d_i)\right\|_{\boldsymbol{\Psi}}^2-\left\|\boldsymbol{x}^*(d_i+N+l+1|d_i)\right\|_{\boldsymbol{\Psi}}^2 \tag{3-35}$$

將上式兩邊從 $l=0$ 到 $l=d_{i+1}-d_i-1$ 進行叠加，可得

$$\sum_{l=0}^{d_{i+1}-d_i-1}\left\{\left\|\boldsymbol{x}^*(d_i+N+l|d_i)\right\|_{\boldsymbol{Q}}^2+\left\|\boldsymbol{Fx}^*(d_i+N+l|d_i)\right\|_{\boldsymbol{R}}^2\right\}$$
$$\leqslant\sum_{l=0}^{d_{i+1}-d_i-1}\left\{\left\|\boldsymbol{x}^*(d_i+N+l|d_i)\right\|_{\boldsymbol{\Psi}}^2-\left\|\boldsymbol{x}^*(d_i+N+l+1|d_i)\right\|_{\boldsymbol{\Psi}}^2\right\}$$
$$=\left\|\boldsymbol{x}^*(d_i+N|d_i)\right\|_{\boldsymbol{\Psi}}^2-\left\|\boldsymbol{x}^*(d_{i+1}+N|d_i)\right\|_{\boldsymbol{\Psi}}^2 \tag{3-36}$$

由公式(3-34) 與公式(3-36) 可得

$$J(d_{i+1})\leqslant\sum_{l=d_{i+1}-d_i}^{N-1}\left[\left\|\boldsymbol{x}^*(d_i+l|d_i)\right\|_{\boldsymbol{Q}}^2+\left\|\boldsymbol{u}^*(d_i+l|d_i)\right\|_{\boldsymbol{R}}^2\right]+$$
$$\left\|\boldsymbol{x}^*(d_i+N|d_i)\right\|_{\boldsymbol{\Psi}}^2\leqslant J^*(d_i) \tag{3-37}$$

根據最優原理，可得

$$J^*(d_{i+1})\leqslant J(d_{i+1})\leqslant J^*(d_i) \tag{3-38}$$

由於選取性能指標函數的最優值爲 Lyapunov 函數，則閉環系統漸近穩定。證明完畢。

備註 3.4 由於考慮了具有多數據包丢失的網路化控制系統的預測控制問題，所以分析網路化預測控制器算法的可行性和穩定性不同於傳統預測控制算法。具體來説，在多數據包丢失的情況下，選取的 Lyapunov 函數是每一成功傳輸時刻 d_i，d_{i+1}，…性能指標的最優值 $J^*(d_i)$，$J^*(d_{i+1})$，…，且保證 $J^*(d_{i+1})\leqslant J^*(d_i)$成立，並非保證每一 k 採樣時刻的性能指標滿足$J^*(k+1)\leqslant J^*(k)$。不過，如果每一成功傳輸時刻

d_i，d_{i+1}，…性能指標的最優值滿足 $J^*(d_{i+1}) \leqslant J^*(d_i)$，則使得在時間$[d_i, d_{i+1}]$內，每一採樣時刻性能指標的最優值均滿足 $J^*(l+1) \leqslant J^*(l)$，$l=d_i, d_i+1, \cdots, d_{i+1}-1$。

備註 3.5 只有被控對象是精確的離散線性時不變模型且不含有雜訊，才能得出定理 3.1 這樣的結論。然而，在實際應用中，由於系統非線性，模型失配以及外界干擾的存在，很難建立被控對象的精確數學模型。因此，若被控對象時變，或模型具有不確定性，或含有雜訊，則定理 3.1 將不再成立。

3.2.4 數值仿真

本小節針對線性標稱被控對象模型，介紹一種基於終端狀態約束集的網路化預測控制方法以補償數據包丟失產生的影響。爲了驗證該網路化預測控制算法的有效性，考慮如下一個倒立擺系統的控制問題[16]（見圖 3-3），並將該算法與 Gao 等人[16,17] 的算法進行比較。

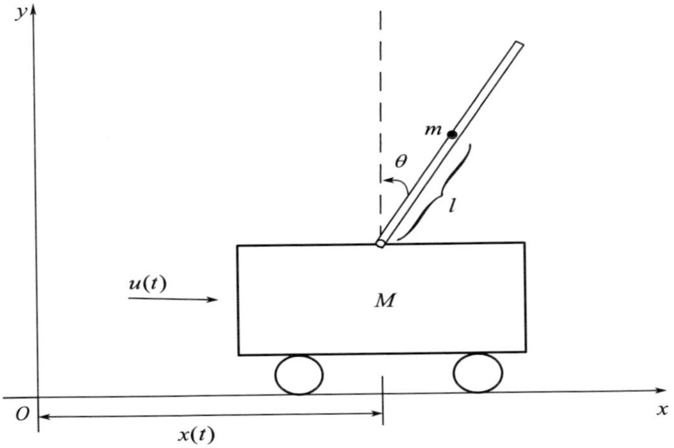

圖 3-3 倒立擺系統

在如圖 3-3 所示的倒立擺系統中，M 和 m 分別表示車和擺的質量；l 是擺的旋轉點到擺重心的距離；x 是車的位置；u 是沿 x 方向施加到小車上的力；θ 是擺偏離垂直方向的角度。另外假設擺是一根細杆，並且其表面光滑而沒有摩擦力。於是，透過採用牛頓第二定律，得到如下的運動學模型：

$$
\begin{aligned}
&(M+m)\ddot{x}+ml\ddot{\theta}\cos\theta-ml\dot{\theta}^2\sin\theta=u\\
&ml\ddot{x}\cos\theta+4/3ml^2\ddot{\theta}-mgl\sin\theta=0
\end{aligned} \tag{3-39}
$$

其中，g 是重力加速度。選擇系統的狀態變量 $\boldsymbol{z}=[z_1 \quad z_2]^{\mathrm{T}}=[\theta \quad \dot{\theta}]^{\mathrm{T}}$，並在平衡點處 $\boldsymbol{z}=[0 \quad 0]^{\mathrm{T}}$ 線性化運動學模型（3-39），可以得到如下狀態空間模型：

$$
\dot{\boldsymbol{z}}(t)=\begin{bmatrix} 0 & 1 \\ 3(M+m)g/l(4M+m) & 0 \end{bmatrix}\boldsymbol{z}(t)+\begin{bmatrix} 0 \\ -3/l(4M+m) \end{bmatrix}\boldsymbol{u}(t) \tag{3-40}
$$

其中，系統參數分別爲 $M=8.0\mathrm{kg}$，$m=2.0\mathrm{kg}$，$l=0.5\mathrm{m}$，$g=9.8\mathrm{m/s^2}$。以採樣週期爲 $T_s=0.03\mathrm{s}$ 離散化系統模型（3-40），得到如下離散時間系統模型：

$$
\boldsymbol{x}(k+1)=\begin{bmatrix} 1.0078 & 0.0301 \\ 0.5202 & 1.0078 \end{bmatrix}\boldsymbol{x}(k)+\begin{bmatrix} -0.0001 \\ -0.0053 \end{bmatrix}\boldsymbol{u}(k) \tag{3-41}
$$

由系統模型可知，系統的極點分别是 1.1329 和 0.8827，所以此系統是不穩定的。給定性能指標中的狀態和輸入的加權矩陣分别爲 $\boldsymbol{Q}=\boldsymbol{I}_2$，$R=0.1$，預測時域 $N=14$ 以及初始系統狀態 $\boldsymbol{x}(0)=[0.5 \quad -0.3]^{\mathrm{T}}$。將上述參數代入離線 LMI 優化問題（3-14）並進行計算，可以得到如下的局部鎮定控制律 $\boldsymbol{F}$、終端約束集 $\boldsymbol{X}_{\mathrm{T}}$ 和終端加權矩陣 $\boldsymbol{\Psi}$：

$$
\boldsymbol{F}=[221.8937 \quad 53.4029],\boldsymbol{X}_{\mathrm{T}}=\{\boldsymbol{x}\in\boldsymbol{R}^n \mid \boldsymbol{x}^{\mathrm{T}}\boldsymbol{M}^{-1}\boldsymbol{x}\leqslant 1\},
$$

$$
\boldsymbol{\Psi}=\boldsymbol{M}^{-1},\boldsymbol{M}=\begin{bmatrix} 0.0075 & -0.0309 \\ -0.0309 & 0.1292 \end{bmatrix}
$$

根據上述網路化預測控制（NMPC）方法（包括離線優化部分與在線優化部分），下面給出具體的仿真結果。其中，圖 3-4 給出了傳感器-控制器通道的網路丢包情況且其最大連續丢包數爲 7，而圖 3-5 給出了控制器-執行器通道的網路丢包情況且其最大連續丢包數爲 7。此外，在圖 3-4 和圖 3-5 中，數據包狀態「1」表徵數據包成功到達接收端，而數據包狀態「0」表徵數據包未成功到達接收端，即數據包在傳輸中丢失。圖 3-6 和圖 3-7 給出了倒立擺系統狀態軌跡的比較結果，其中，實線表示由本文提出的網路化預測控制方法所得到的狀態軌跡，而虚線表示文獻［16］所提出的控制方法所得到的狀態軌跡。從圖 3-6 和圖 3-7 可以看出：在數據包有界丢失的情況下，所設計的網路化預測控制方法能夠使得被控對象漸近穩定，並且得到較好的系統性能。然而，採用文獻［16］所提出的控制方法並不能成功地鎮定被控對象（系統狀態處於振盪發散情況），也就是說這種控制方法不能很好地補償數據包丟失帶來的影響。圖 3-8 給出了圖 3-6 和圖 3-7 所對應的控制輸入軌跡，其中根據文獻［16］所求出的控制輸入在仿真時間段內始終存在，而根據 NMPC 所求出的控制輸入在仿真時間段內逐漸趨於零。這些結果表明了本文所設計的網路化預測控制方法比文獻［16］的控制方法要有效得多。

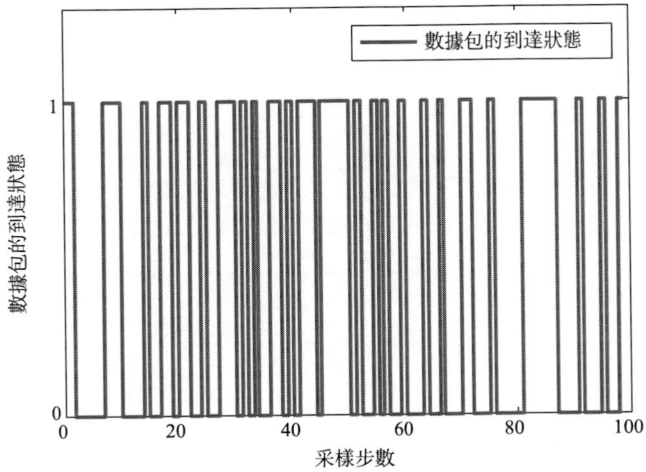

圖 3-4　傳感器-控制器通道的丟包狀況

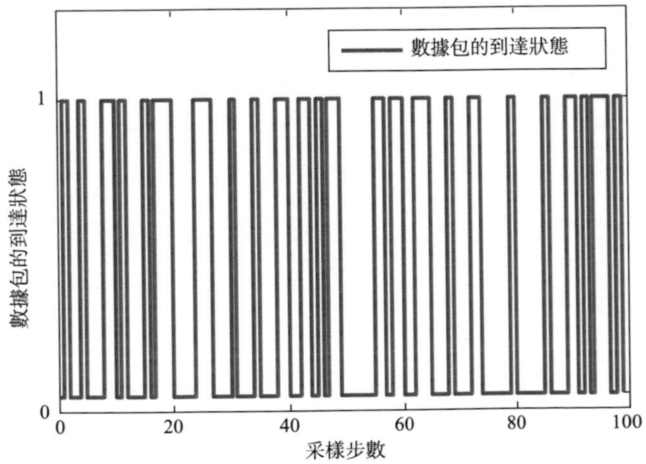

圖 3-5　控制器-執行器通道的丟包狀況

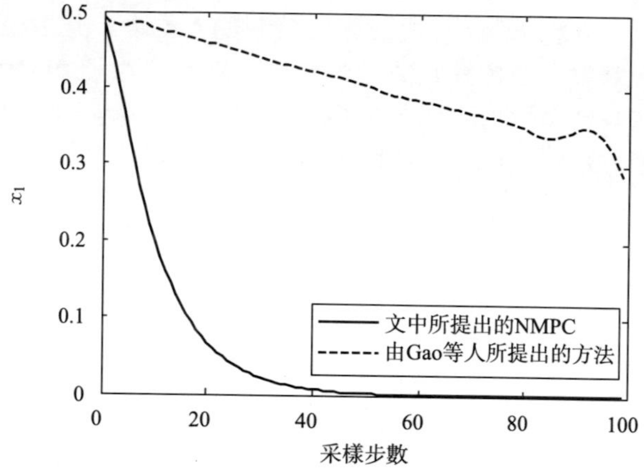

圖 3-6 系統狀態 x_1 的軌跡

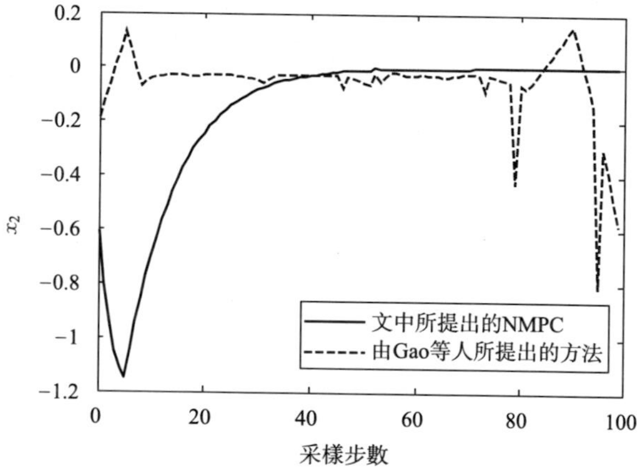

圖 3-7 系統狀態 x_2 的軌跡

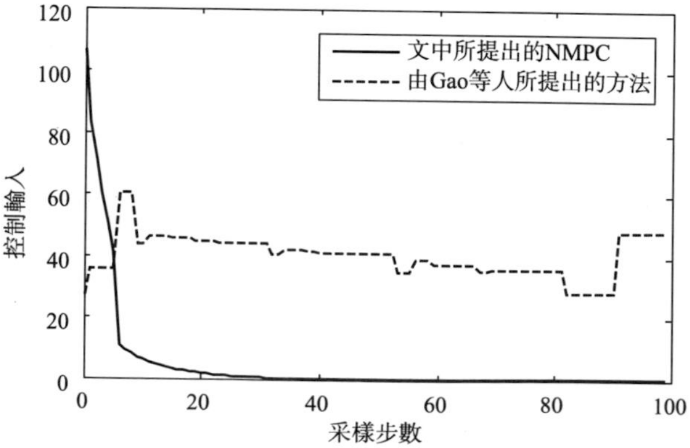

圖 3-8 控制輸入的比較

爲了進一步驗證該網路化預測控制方法的有效性，將其與文獻［16，17］中的方法比較，具體的比較結果顯示在表 3-1 中。從表 3-1 可以看出，與已有結果[16,17] 相比，所設計的網路化預測控制方法能夠容忍更多的連續數據包丢失，即更大的連續丢包數目。也就是説，當丢包上界 $N_d+N_h=14$ 時，所提出的網路化預測控制方法仍能使得倒立擺系統穩定，而文獻［16，17］中的方法並不能成功地鎮定倒立擺系統。

表 3-1　基於不同方法所得到的數據包丢失上界

丢包上界	文獻[16]方法	文獻[17]方法	網路預測控制算法
N_d+N_h	7	9	14

3.3 具有控制輸入量化的網路化控制系統的魯棒預測控制

在 NCSs 中，控制器與被控對象是透過不可靠共享網路進行數據傳輸。由於網路頻寬受限，使得數據在傳輸之前必須先進行量化，降低數據包的大小，然後再傳輸，這樣不可避免地對系統的穩定性和性能産生影響。本節針對前向通道具有控制輸入量化的情況，將介紹一種網路化控制系統的魯棒預測控制方法。

3.3.1 網路化控制系統的建模

考慮如圖 3-9 所示的網路化控制系統結構。這個網路化控制系統是由傳感器、控制器、編碼器、不可靠網路、解碼器以及被控對象構成。其中，被控對象可由如下離散線性時不變狀態空間模型描述：

$$\boldsymbol{x}(k+1)=\boldsymbol{A}\boldsymbol{x}(k)+\boldsymbol{B}\boldsymbol{v}(k) \tag{3-42}$$

其中，$\boldsymbol{x}(k)\in\boldsymbol{R}^n$，$\boldsymbol{v}(k)\in\boldsymbol{R}^m$ 分別爲系統狀態和控制輸入，$\boldsymbol{A}$ 與 $\boldsymbol{B}$ 分別爲適當維數的系統矩陣。假設系統矩陣 $\boldsymbol{A}$ 是不穩定矩陣，($\boldsymbol{A}$，$\boldsymbol{B}$) 是可控的。

考慮到不可靠網路的量化作用，系統模型（3-42）可進一步描述爲

$$\boldsymbol{v}(k)=f(\boldsymbol{x}(k)) \tag{3-43}$$

$$f(\boldsymbol{u}(k))=[f_1(\boldsymbol{u}_1(k)) \quad f_2(\boldsymbol{u}_2(k)) \quad \cdots \quad f_m(\boldsymbol{u}_m(k))]^{\mathrm{T}} \tag{3-44}$$

$$\boldsymbol{u}(k)=g(\boldsymbol{x}(k)) \tag{3-45}$$

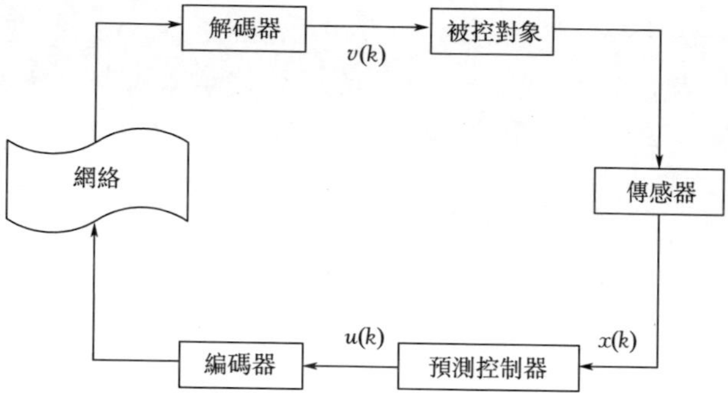

圖 3-9 具有控制輸入量化的網路化控制系統

其中，$g(\cdot)$ 表示非量化的反饋控制律，$u_j(k)$ 表示控制器輸出 u 的第 j 個分量，$f_j(\cdot)$ 表示第 j 個對稱量化器，即 $f(-u_j(k))=-f(u_j(k)),j=1,\cdots,m$。這裏所採用的量化器是一類結構簡單的靜態時不變量化器，即對數量化器[8,9]。首先，瞭解一下對數量化器的定義及其主要特性。

定義 3.1 一個量化器被稱爲對數量化器，如果它的量化級數集合可表示爲如下形式：

$$V=\{\pm v_i,v_i=\rho^i v_0,i=\pm 1,\pm 2,\cdots\}\cup\{\pm v_0\}\cup\{0\},0<\rho<1,\quad v_0>0 \tag{3-46}$$

其中，每一量化級數 v_i 對應一個可行區域，並且每一量化器 $f_j(\cdot)$ 將每一可行區域映射爲一個量化級數。這些可行區域構成了整個控制輸入的可行域 $\overline{\boldsymbol{R}}$，並且成爲可行域 $\overline{\boldsymbol{R}}$ 的一個分割，即這些可行區域沒有交集且其合集爲整個控制輸入的可行域 $\overline{\boldsymbol{R}}$。映射關係 $f_j(\cdot)$ 可定義爲

$$f_j(u_j)=\begin{cases} v_i^{(j)} & \dfrac{1}{1+\delta_j}v_i^{(j)}<u_j\leqslant\dfrac{1}{1-\delta_j}v_i^{(j)},u_j>0 \\ 0 & u_j=0 \\ -f_j(-u_j) & u_j<0 \end{cases} \tag{3-47}$$

其中

$$\delta_j=\frac{1-\rho_j}{1+\rho_j},\delta=\mathrm{diag}\{\delta_1\quad\delta_2\quad\cdots\quad\delta_m\},j=1,\cdots,m \tag{3-48}$$

根據文獻［8］所述，對數量化器 $u(k|k)$的量化密度表示爲

$$n_j = \lim_{\varepsilon \to 0} \sup \frac{\# g_j[\varepsilon]}{-\ln\varepsilon} \tag{3-49}$$

其中，$\# g_j[\varepsilon]$ 表示式(3-46) 中的量化級數在區間 $[\varepsilon, 1/\varepsilon]$ 內的數目。顯然，根據上述定義，量化密度 n_j 隨着區間 $[\varepsilon, 1/\varepsilon]$ 的成長呈對數形式成長。若量化級數的數目有限，由 n_j 的定義公式(3-49) 可以得到 $n_j = 0$。當 n_j 減小時，量化級數減少，此時量化器越「粗糙」。從文獻［8］可以看出，對於對數量化器而言，式(3-49) 所述的量化密度可以簡化成 $n_j = 2[\ln(\rho_j^{-1})]^{-1}$。該式反映：$\rho_j$ 的值越小，量化密度越小。本章節將 ρ_j 看作量化器 $f_j(\cdot)$ 的量化密度，其中對數量化器可由圖 3-10 表示。

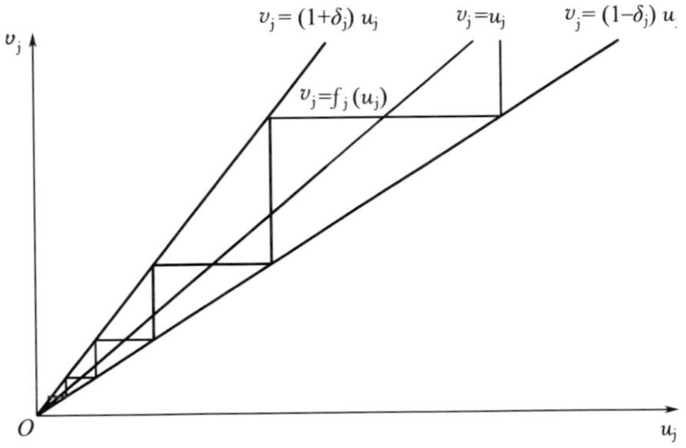

圖 3-10　對數量化器

備註 3.6　在通訊網路中，數據的量化過程是必然存在的。一方面，網路中的控制器大部分都是數字控制器，並且 A/D 和 D/A 轉換器的存在使得數據傳輸只能以有限的精度進行。另一方面，通訊網路的頻寬受限使得網路傳輸能力有限。因此，爲了減少有限頻寬的佔用，數據透過網路傳輸之前必須進行量化。文獻［7］證明：使得一個離散線性時不變系統二次鎮定的最粗糙或密度最小的靜態量化器是對數量化器，而且最粗糙量化密度與系統的不穩定極點有關。因此，本章採用對數量化器。

根據文獻［8］所提出的扇形有界方法，那麼控制輸入與控制器輸出的關係可以表示成

$$\boldsymbol{v}(k) = f(\boldsymbol{u}(k)) = (\boldsymbol{I} + \boldsymbol{\Delta}(k))\boldsymbol{u}(k) \tag{3-50}$$

基於公式(3-42) 和公式(3-50)，具有控制輸入量化的網路化控制系統模

型可以描述爲

$$\boldsymbol{x}(k+1)=\boldsymbol{A}\boldsymbol{x}(k)+\boldsymbol{B}\boldsymbol{v}(k)=\boldsymbol{A}\boldsymbol{x}(k)+\boldsymbol{B}(\boldsymbol{I}+\boldsymbol{\Delta}(k))\boldsymbol{u}(k) \tag{3-51}$$

其中

$$\boldsymbol{\Delta}(k)=\operatorname{diag}\{\boldsymbol{\Delta}_1(k),\boldsymbol{\Delta}_2(k),\cdots,\boldsymbol{\Delta}_m(k)\},|\boldsymbol{\Delta}_j(k)|\leqslant\delta_j,\boldsymbol{\Delta}(k)\in[-\boldsymbol{\delta},\boldsymbol{\delta}] \tag{3-52}$$

由文獻［8］可知，公式(3-51）和公式(3-52）所描述的系統等價於公式(3-42)～公式(3-45）描述的系統。這樣，具有控制輸入量化的網路化控制系統就轉化爲具有結構不確定的線性系統。因此，本章節將針對公式(3-51）所描述的不確定系統，在給定量化密度的情況下設計使得系統漸近穩定的魯棒預測控制器，以及在保證系統穩定性和一定控制性能的基礎上，進一步得到最粗糙的量化密度。下一小節將具體介紹網路化魯棒預測控制器的設計方法，以克服控制輸入量化帶來的不確定性。

3.3.2 穩定性分析和魯棒預測控制器設計

衆所周知，模型預測控制策略具有控制效果好、魯棒性強等優點，可以有效克服系統的不確定性，並能很好地處理被控變量和操作變量中的各種約束條件。本節針對前向通道存在量化的網路化控制系統(3-51)，將介紹一種網路化魯棒預測控制策略以克服控制輸入量化帶來的不確定性。

網路化預測控制在實施滾動時域控制策略時，通常是基於一個預測模型和一個無窮時域二次型性能指標的滾動時域優化算法。首先，其預測模型可由下式表示：

$$\begin{aligned}\boldsymbol{x}(k+l+1|k)&=\boldsymbol{A}\boldsymbol{x}(k+l|k)+\boldsymbol{B}\boldsymbol{v}(k+l|k)\\&=\boldsymbol{A}\boldsymbol{x}(k+l|k)+\boldsymbol{B}(I+\boldsymbol{\Delta}(k))\boldsymbol{u}(k+l|k),l\geqslant0\end{aligned} \tag{3-53}$$

其中，$\boldsymbol{x}(k+l|k)$表示基於k時刻的已知資訊預估$k+l$時刻的系統狀態，$\boldsymbol{u}(k+l|k)$表示基於k時刻的已知資訊預測$k+l$時刻的控制器輸出，則控制器的預測輸出序列$\boldsymbol{U}_0^{\infty}$可以由下式表示：

$$\begin{aligned}&\boldsymbol{U}_0^{\infty}(k)=[\boldsymbol{u}(k|k),\quad \boldsymbol{U}_1^{\infty}(k)],\boldsymbol{U}_1^{\infty}(k)=\{\boldsymbol{u}(k+l|k)\in\boldsymbol{R}^m:\\&\qquad \boldsymbol{u}(k+l|k)=\boldsymbol{K}(k)\boldsymbol{x}(k+l|k),l\geqslant1\}\end{aligned} \tag{3-54}$$

其中，$\boldsymbol{u}(k|k)$是預測輸出序列$\boldsymbol{U}_0^{\infty}$中的第一個元素且滿足$\boldsymbol{u}(k)=\boldsymbol{u}(k|k)$，並且在$k$時刻透過具有量化作用的共享網路傳輸至解碼器，而$\boldsymbol{U}_0^{\infty}$中其它的預測輸出量$\boldsymbol{u}(k+l|k)(l\geqslant1)$可由$k$時刻的反饋控制律$\boldsymbol{K}(k)$計算得到。於是，基於無窮時域的二次型性能指標$J(k)$，在$k$時刻求解預測輸出序列$\boldsymbol{U}_0^{\infty}$的網路化魯棒預測控制問題可以轉化爲下面的

在線優化問題：

$$\min_{U_0^\infty}\max_{\Delta(k)} J(k)=\min_{U_0^\infty}\max_{\Delta(k)}\sum_{l=0}^{\infty}\left[\left\|\boldsymbol{x}(k+l|k)\right\|_{\boldsymbol{Q}}^2+\left\|(\boldsymbol{I}+\boldsymbol{\Delta}(k))\boldsymbol{u}(k+l|k)\right\|_{\boldsymbol{R}}^2\right]$$
$$=\min_{U_0^\infty}\max_{\Delta(k)}[J_0(k)+J_1(k)] \tag{3-55}$$

以及

$$J_0(k)=\boldsymbol{x}^{\mathrm T}(k|k)\boldsymbol{Q}\boldsymbol{x}(k|k)+[(\boldsymbol{I}+\boldsymbol{\Delta}(k))\boldsymbol{u}(k|k)]^{\mathrm T}\boldsymbol{R}[(\boldsymbol{I}+\boldsymbol{\Delta}(k))\boldsymbol{u}(k|k)]$$

$$J_1(k)=\sum_{l=1}^{\infty}\{\boldsymbol{x}^{\mathrm T}(k+l|k)\boldsymbol{Q}\boldsymbol{x}(k+l|k)+[(\boldsymbol{I}+\boldsymbol{\Delta}(k))\boldsymbol{u}(k+l|k)]^{\mathrm T}\boldsymbol{R}[(\boldsymbol{I}+\boldsymbol{\Delta}(k))\boldsymbol{u}(k+l|k)]\}$$

其中，對稱正定矩陣 $\boldsymbol{Q}=\boldsymbol{Q}^{\mathrm T}>0$，$\boldsymbol{R}=\boldsymbol{R}^{\mathrm T}>0$ 是狀態和輸入加權矩陣，$u(k|k)$是目標函數中的優化變量。假設系統的狀態 $\boldsymbol{x}(k)=\boldsymbol{x}(k|k)$在每個 k 時刻都可測，控制目標是調節系統的初始狀態 $\boldsymbol{x}(0)$ 到原點。爲了簡化算法，這裏沒有考慮系統輸入輸出的硬約束條件。

總之，上述優化問題（3-55）是一個具有無窮多個優化變量的 Min-Max 優化問題，且採用一個線性狀態反饋控制策略得到控制器的預測輸出，即 $\boldsymbol{u}(k+l|k)=\boldsymbol{K}(k)\boldsymbol{x}(k+l|k),l\geqslant 1$。爲了使優化問題簡單並保證系統的漸近穩定性，構造了性能指標 $J(k)$ 的一個上界以及強制性地添加了一個不等式約束條件，從而很容易地求出性能指標 $J(k)$ 的上界和控制器輸出 $u(k|k)$。具體來説，首先定義如下所示的二次型函數：

$$V(\boldsymbol{x}(k+l|k))=\boldsymbol{x}^{\mathrm T}(k+l|k)\boldsymbol{P}(k)\boldsymbol{x}(k+l|k),\quad \boldsymbol{P}>0,\quad l\geqslant 1 \tag{3-56}$$

並滿足下列的魯棒穩定性約束條件：

$$V(k+l+1|k)-V(k+l|k)<-\left(\left\|\boldsymbol{x}(k+l|k)\right\|_{\boldsymbol{Q}}^2+\left\|(\boldsymbol{I}+\boldsymbol{\Delta}(k))\boldsymbol{u}(k+l|k)\right\|_{\boldsymbol{R}}^2\right) \tag{3-57}$$

在系統（3-51）漸近穩定的情況下，則有 $\boldsymbol{x}(\infty|k)=0$ 與 $V(\infty|k)=0$。基於上述分析，將式(3-57）從 $l=1$ 到 $l=\infty$求和，可得

$$\max_{\Delta(k)} J_1(k)<V(\boldsymbol{x}(k+1|k)) \tag{3-58}$$

令 $\gamma(k)$ 爲 $J_0(k)+V(\boldsymbol{x}(k+1|k))$的上界，那麼關於系統（3-51）的魯棒預測控制的優化問題可以進一步描述爲

$$\min_{\boldsymbol{u}(k|k),\boldsymbol{K}(k),\boldsymbol{P}(k)}\gamma(k) \tag{3-59}$$

以及滿足約束條件（3-57）和強制性約束

$$\max_{\boldsymbol{\Delta}(k)}\{\boldsymbol{x}^{\mathrm{T}}(k|k)\boldsymbol{Q}\boldsymbol{x}(k|k)+[(\boldsymbol{I}+\boldsymbol{\Delta}(k))\boldsymbol{u}(k|k)]^{\mathrm{T}}\boldsymbol{R}[(\boldsymbol{I}+\boldsymbol{\Delta}(k))\boldsymbol{u}(k|k)]+$$
$$\boldsymbol{x}^{\mathrm{T}}(k+1|k)\boldsymbol{P}(k)\boldsymbol{x}(k+1|k)\}<\gamma(k),\qquad \boldsymbol{\Delta}(k)\in[-\boldsymbol{\delta},\boldsymbol{\delta}] \tag{3-60}$$

備註 3.7 不等式(3-57) 成立意味着 $V(k+l+1|k)-V(k+l|k)<0$，並且保證系統（3-51）的魯棒穩定性；該式與不等式(3-60) 保證系統具有一定的性能上界，即 $\max_{\boldsymbol{\Delta}(k)}[J_0(k)+J_1(k)]<\gamma(k)$。值得注意的是，經由共享網路進行傳輸的數據是控制器的輸出 $\boldsymbol{u}(k|k)$而非控制器的預測輸出序列 $\boldsymbol{U}_0^{\infty}$。

本小節的目的在於：透過求解優化問題（3-57）、（3-59）和（3-60），設計網路化魯棒預測控制器，使得網路化控制系統（3-51）在控制輸入量化的影響下漸近穩定，並使得二次型性能指標最小化。

3.3.2.1 穩定性分析

本小節將分析網路化控制系統（3-51）的穩定性條件。在主要結果的推導過程中，需要用到如下引理：

引理 3.2[18] $\boldsymbol{D}$、$\boldsymbol{E}$ 是具有適當維數的實矩陣，$\boldsymbol{F}$ 是對稱矩陣，$\boldsymbol{R}$ 是正定對稱矩陣並且滿足 $\boldsymbol{F}^{\mathrm{T}}\boldsymbol{F}\leqslant\boldsymbol{R}$，則存在一個標量 $\varepsilon>0$，使得下列不等式成立：

$$\boldsymbol{DFE}+\boldsymbol{E}^{\mathrm{T}}\boldsymbol{F}^{\mathrm{T}}\boldsymbol{D}^{\mathrm{T}}\leqslant\varepsilon\boldsymbol{DD}^{\mathrm{T}}+\varepsilon^{-1}\boldsymbol{ERE}^{\mathrm{T}} \tag{3-61}$$

基於引理 3.2，定理 3.2 將給出保證網路化控制系統（3-51）漸近穩定且具有一定控制性能的充分條件。

定理 3.2 假定網路化控制系統（3-51）的狀態可測。對於給定對數量化器的量化密度 $\boldsymbol{\delta}$，矩陣 $\boldsymbol{K}(k)$ 以及控制器輸出 $\boldsymbol{u}(k|k)$，如果存在恰當維數的矩陣 $\boldsymbol{M}(k)>0$，$\boldsymbol{S}(k)>0$，$\boldsymbol{P}(k)>0$ 和標量 $\gamma(k)>0$ 使得無窮時域性能指標 $J(k)$具有最小上界，即

$$\min_{\boldsymbol{M}(k),\boldsymbol{S}(k),\boldsymbol{P}(k)}\gamma(k) \tag{3-62}$$

並滿足如下約束條件：

$$\begin{bmatrix}-\boldsymbol{P}(k)+\boldsymbol{Q}+\boldsymbol{\delta}\boldsymbol{K}^{\mathrm{T}}(k)\boldsymbol{M}(k)\boldsymbol{\delta}\boldsymbol{K}(k) & * & * & * \\ \boldsymbol{P}(k)[\boldsymbol{A}+\boldsymbol{BK}(k)] & -\boldsymbol{P}(k) & * & * \\ \boldsymbol{K}(k) & \boldsymbol{0} & -\boldsymbol{R}^{-1} & * \\ \boldsymbol{0} & \boldsymbol{B}^{\mathrm{T}}\boldsymbol{P}(k) & \boldsymbol{I} & -\boldsymbol{M}(k)\end{bmatrix}<0 \tag{3-63}$$

$$\begin{bmatrix} -\gamma(k)+\boldsymbol{u}^{\mathrm{T}}(k\mid k)\boldsymbol{\delta S}(k)\boldsymbol{\delta u}(k\mid k) & * & * & * & * \\ \boldsymbol{P}(k)[\boldsymbol{A}x(k\mid k)+\boldsymbol{Bu}(k\mid k)] & -\boldsymbol{P}(k) & * & * & * \\ \boldsymbol{Q}^{1/2}\boldsymbol{x}(k\mid k) & \boldsymbol{0} & -\boldsymbol{I} & * & * \\ \boldsymbol{R}^{1/2}\boldsymbol{u}(k\mid k) & \boldsymbol{0} & \boldsymbol{0} & -\boldsymbol{I} & * \\ 0 & \boldsymbol{B}^{\mathrm{T}}\boldsymbol{P}(k) & \boldsymbol{0} & \boldsymbol{R}^{1/2} & -\boldsymbol{S}(k) \end{bmatrix}<0 \tag{3-64}$$

那麼具有控制輸入量化的網路化控制系統（3-51）漸近穩定且具有一定的控制性能 $\gamma(k)$。

證明 定義 $\boldsymbol{\Delta}^*(k)$ 爲 $\boldsymbol{\Delta}^*(k):=\arg\max_{\boldsymbol{\Delta}(k)\in[-\boldsymbol{\delta},\boldsymbol{\delta}]}[J_0(k)+J_1(k)]$。首先證明不等式(3-63) 的成立，它是網路化控制系統（3-51）魯棒穩定性的一個充分條件。由式(3-53)、式(3-56) 和式(3-57) 可以推得

$$\begin{aligned}&\boldsymbol{x}^{\mathrm{T}}(k+l\mid k)[\boldsymbol{A}+\boldsymbol{B}(\boldsymbol{I}+\boldsymbol{\Delta}(k))\boldsymbol{K}(k)]^{\mathrm{T}}\boldsymbol{P}(k)[\boldsymbol{A}+\boldsymbol{B}(\boldsymbol{I}+\boldsymbol{\Delta}(k))\boldsymbol{K}(k)]\\&\boldsymbol{x}(k+l\mid k)-\boldsymbol{x}^{\mathrm{T}}(k+l\mid k)\boldsymbol{P}(k)\boldsymbol{x}(k+l\mid k)+\\&\left(\left\|\boldsymbol{x}(k+l\mid k)\right\|_{\boldsymbol{Q}}^{2}+\left\|(\boldsymbol{I}+\Delta(k))\boldsymbol{K}(k)\boldsymbol{x}(k+l\mid k)\right\|_{\boldsymbol{R}}^{2}\right)<0\end{aligned} \tag{3-65}$$

應用 Schur 補引理，不等式(3-65) 可以變換爲

$$\begin{bmatrix} -\boldsymbol{P}(k)+\boldsymbol{Q} & * & * \\ \boldsymbol{P}(k)[\boldsymbol{A}+\boldsymbol{B}(\boldsymbol{I}+\boldsymbol{\Delta}(k))\boldsymbol{K}(k)] & -\boldsymbol{P}(k) & * \\ (\boldsymbol{I}+\boldsymbol{\Delta}(k))\boldsymbol{K}(k) & \boldsymbol{0} & -\boldsymbol{R}^{-1} \end{bmatrix}<0 \tag{3-66}$$

此外，不等式(3-66) 可分解爲

$$\begin{bmatrix} -\boldsymbol{P}(k)+\boldsymbol{Q} & * & * \\ \boldsymbol{P}(k)[\boldsymbol{A}+\boldsymbol{BK}(k)] & -\boldsymbol{P}(k) & * \\ \boldsymbol{K}(k) & \boldsymbol{0} & -\boldsymbol{R}^{-1} \end{bmatrix}+$$

$$\begin{bmatrix} \boldsymbol{0} \\ \boldsymbol{P}(k)\boldsymbol{B} \\ \boldsymbol{I} \end{bmatrix}\boldsymbol{\Delta}(k)\begin{bmatrix}\boldsymbol{K}(k) & \boldsymbol{0} & \boldsymbol{0}\end{bmatrix}+\begin{bmatrix} \boldsymbol{K}^{\mathrm{T}}(k) \\ \boldsymbol{0} \\ \boldsymbol{0} \end{bmatrix}\boldsymbol{\Delta}(k)\begin{bmatrix}\boldsymbol{0} & \boldsymbol{B}^{\mathrm{T}}\boldsymbol{P}(k) & \boldsymbol{I}\end{bmatrix}<0 \tag{3-67}$$

由於 $\boldsymbol{\Delta}(k)\leqslant\boldsymbol{\delta}$，則應用引理 3.2 可以得到

$$\begin{bmatrix} \mathbf{0} \\ \mathbf{P}(k)\mathbf{B} \\ I \end{bmatrix} \mathbf{\Delta}(k)\left[\mathbf{K}(k) \quad \mathbf{0} \quad \mathbf{0}\right] + \begin{bmatrix} \mathbf{K}^{\mathrm{T}}(k) \\ \mathbf{0} \\ \mathbf{0} \end{bmatrix} \mathbf{\Delta}(k)\left[\mathbf{0} \quad \mathbf{B}^{\mathrm{T}}\mathbf{P}(k) \quad \mathbf{I}\right] \leqslant$$

$$\begin{bmatrix} \mathbf{K}^{\mathrm{T}}(k) \\ \mathbf{0} \\ \mathbf{0} \end{bmatrix} \delta\mathbf{M}(k)\boldsymbol{\delta}\left[\mathbf{K}(k) \quad \mathbf{0} \quad \mathbf{0}\right] + \begin{bmatrix} \mathbf{0} \\ \mathbf{P}(k)\mathbf{B} \\ \mathbf{I} \end{bmatrix} \mathbf{M}^{-1}(k)\left[\mathbf{0} \quad \mathbf{B}^{\mathrm{T}}\mathbf{P}(k) \quad \mathbf{I}\right] \tag{3-68}$$

其中，矩陣 $\mathbf{M}(k)$ 既是對稱正定矩陣也是對角矩陣。如果下列不等式成立：

$$\begin{bmatrix} -\mathbf{P}(k)+\mathbf{Q} & * & * \\ \mathbf{P}(k)[\mathbf{A}+\mathbf{B}\mathbf{K}(k)] & -\mathbf{P}(k) & * \\ \mathbf{K}(k) & \mathbf{0} & -\mathbf{R}^{-1} \end{bmatrix} + \begin{bmatrix} \mathbf{K}^{\mathrm{T}}(k) \\ \mathbf{0} \\ \mathbf{0} \end{bmatrix} \boldsymbol{\delta}\mathbf{M}(k)\boldsymbol{\delta}\left[\mathbf{K}(k) \quad \mathbf{0} \quad \mathbf{0}\right] +$$

$$\begin{bmatrix} \mathbf{0} \\ \mathbf{P}(k)\mathbf{B} \\ \mathbf{I} \end{bmatrix} \mathbf{M}^{-1}(k)\left[\mathbf{0} \quad \mathbf{B}^{\mathrm{T}}\mathbf{P}(k) \quad \mathbf{I}\right] < 0 \tag{3-69}$$

那麼不等式(3-67) 也成立。基於 Schur 補引理，很容易得出：不等式(3-69) 等價於約束條件（3-63）。

其次，證明不等式(3-64) 成立，並使得系統（3-51）具有一定的控制性能。根據公式(3-53)，公式(3-60) 可變換爲如下形式：

$$\begin{aligned} &\mathbf{x}^{\mathrm{T}}(k|k)\mathbf{Q}\mathbf{x}(k|k)+[(\mathbf{I}+\mathbf{\Delta}^{*}(k))\mathbf{u}(k|k)]^{\mathrm{T}}\mathbf{R}[(\mathbf{I}+\mathbf{\Delta}^{*}(k))\mathbf{u}(k|k)]+ \\ &[\mathbf{A}\mathbf{x}(k|k)+\mathbf{B}(\mathbf{I}+\mathbf{\Delta}^{*}(k))\mathbf{u}(k|k)]^{\mathrm{T}}\mathbf{P}(k)[\mathbf{A}\mathbf{x}(k|k)+ \\ &\mathbf{B}(\mathbf{I}+\mathbf{\Delta}^{*}(k))\mathbf{u}(k|k)]<\gamma(k) \end{aligned} \tag{3-70}$$

應用 Schur 補引理，可得

$$\begin{bmatrix} -\gamma(k) & * & * & * \\ \mathbf{P}(k)[\mathbf{A}\mathbf{x}(k|k)+\mathbf{B}\mathbf{u}(k|k)] & -\mathbf{P}(k) & * & * \\ \mathbf{Q}^{1/2}\mathbf{x}(k|k) & \mathbf{0} & -\mathbf{I} & * \\ \mathbf{R}^{1/2}\mathbf{u}(k|k) & \mathbf{0} & \mathbf{0} & -\mathbf{I} \end{bmatrix} +$$

$$\begin{bmatrix} \mathbf{0} & * & * & * \\ \mathbf{P}(k)\mathbf{B}\mathbf{\Delta}^{*}(k)\mathbf{u}(k|k) & \mathbf{0} & * & * \\ \mathbf{0} & \mathbf{0} & \mathbf{0} & * \\ \mathbf{R}^{1/2}\mathbf{\Delta}^{*}(k)\mathbf{u}(k|k) & \mathbf{0} & \mathbf{0} & \mathbf{0} \end{bmatrix} < 0 \tag{3-71}$$

公式(3-71) 可分解爲如下形式：

$$\begin{bmatrix} -\gamma(k) & * & * & * \\ \boldsymbol{P}(k)[\boldsymbol{A}\boldsymbol{x}(k|k)+\boldsymbol{B}\boldsymbol{u}(k|k)] & -\boldsymbol{P}(k) & * & * \\ \boldsymbol{Q}^{1/2}\boldsymbol{x}(k|k) & \boldsymbol{0} & -I & * \\ \boldsymbol{R}^{1/2}\boldsymbol{u}(k|k) & \boldsymbol{0} & \boldsymbol{0} & -I \end{bmatrix}+$$

$$\begin{bmatrix} \boldsymbol{0} \\ \boldsymbol{P}(k)\boldsymbol{B} \\ \boldsymbol{0} \\ \boldsymbol{R}^{1/2} \end{bmatrix}\boldsymbol{\Delta}^{*}(k)[\boldsymbol{u}(k|k) \quad \boldsymbol{0} \quad \boldsymbol{0} \quad \boldsymbol{0}]+ \qquad (3\text{-}72)$$

$$\begin{bmatrix} \boldsymbol{u}^{\mathrm{T}}(k|k) \\ \boldsymbol{0} \\ \boldsymbol{0} \\ \boldsymbol{0} \end{bmatrix}\boldsymbol{\Delta}^{*}(k)[\boldsymbol{0} \quad \boldsymbol{B}^{\mathrm{T}}\boldsymbol{P}(k) \quad \boldsymbol{0} \quad \boldsymbol{R}^{1/2}]<0$$

由於 $\boldsymbol{\Delta}^{*}(k)\leqslant\delta$，並應用引理 3.2，則有

$$\begin{bmatrix} \boldsymbol{0} \\ \boldsymbol{P}(k)\boldsymbol{B} \\ \boldsymbol{0} \\ \boldsymbol{R}^{1/2} \end{bmatrix}\boldsymbol{\Delta}^{*}(k)[\boldsymbol{u}(k|k) \quad \boldsymbol{0} \quad \boldsymbol{0} \quad \boldsymbol{0}]+$$

$$\begin{bmatrix} \boldsymbol{u}^{\mathrm{T}}(k|k) \\ \boldsymbol{0} \\ \boldsymbol{0} \\ \boldsymbol{0} \end{bmatrix}\boldsymbol{\Delta}^{*}(k)[\boldsymbol{0} \quad \boldsymbol{B}^{\mathrm{T}}\boldsymbol{P}(k) \quad \boldsymbol{0} \quad \boldsymbol{R}^{1/2}] \qquad (3\text{-}73)$$

$$\leqslant\begin{bmatrix} \boldsymbol{u}^{\mathrm{T}}(k|k) \\ \boldsymbol{0} \\ \boldsymbol{0} \\ \boldsymbol{0} \end{bmatrix}\delta\boldsymbol{S}(k)\boldsymbol{\delta}[\boldsymbol{u}(k|k) \quad \boldsymbol{0} \quad \boldsymbol{0} \quad \boldsymbol{0}]+$$

$$\begin{bmatrix} \boldsymbol{0} \\ \boldsymbol{P}(k)\boldsymbol{B} \\ \boldsymbol{0} \\ \boldsymbol{R}^{1/2} \end{bmatrix}\boldsymbol{S}^{-1}(k)[\boldsymbol{0} \quad \boldsymbol{B}^{\mathrm{T}}\boldsymbol{P}(k) \quad \boldsymbol{0} \quad \boldsymbol{R}^{1/2}]$$

其中，$\boldsymbol{S}(k)$ 是對稱正定矩陣。如果式(3-74) 成立：

$$\begin{bmatrix} -\gamma(k) & * & * & * \\ \boldsymbol{P}(k)[\boldsymbol{A}\boldsymbol{x}(k|k)+\boldsymbol{B}\boldsymbol{u}(k|k)] & -\boldsymbol{P}(k) & * & * \\ \boldsymbol{Q}^{1/2}\boldsymbol{x}(k|k) & \boldsymbol{0} & -\boldsymbol{I} & * \\ \boldsymbol{R}^{1/2}\boldsymbol{u}(k|k) & \boldsymbol{0} & \boldsymbol{0} & -\boldsymbol{I} \end{bmatrix}+$$

$$\begin{bmatrix} \boldsymbol{u}^{\mathrm{T}}(k|k) \\ \boldsymbol{0} \\ \boldsymbol{0} \\ \boldsymbol{0} \end{bmatrix}\delta\boldsymbol{S}(k)\boldsymbol{\delta}[\boldsymbol{u}(k|k) \quad \boldsymbol{0} \quad \boldsymbol{0} \quad \boldsymbol{0}]+$$

$$\begin{bmatrix} \boldsymbol{0} \\ \boldsymbol{P}(k)\boldsymbol{B} \\ \boldsymbol{0} \\ \boldsymbol{R}^{1/2} \end{bmatrix}\boldsymbol{S}^{-1}(k)[\boldsymbol{0} \quad \boldsymbol{B}^{\mathrm{T}}\boldsymbol{P}(k) \quad \boldsymbol{0} \quad \boldsymbol{R}^{1/2}]<0 \tag{3-74}$$

則不等式(3-72) 也成立。基於 Schur 補引理，很容易得出：式(3-74) 等價於約束條件 (3-64)。綜合上述，證明完畢。

由定理 3.2 可以看出：不等式(3-63) 是保證系統 (3-51) 漸近穩定的一個充分條件，而不等式(3-64) 確保系統 (3-51) 具有一定的控制性能。需要強調的是，在系統的穩定性分析中，與其它魯棒控制方法相比，這裏不僅需要已知反饋控制增益 $\boldsymbol{K}(k)$，還需要已知每一時刻控制器的輸出量 $\boldsymbol{u}(k|k)$。

3.3.2.2 魯棒預測控制器設計

基於定理 3.2，設計網路化魯棒預測控制器 (3-54) 使得網路化控制系統 (3-51) 漸近穩定並具有一定的控制性能。定理 3.3 將給出網路化魯棒預測控制器的設計方法。

定理 3.3 假定網路化控制系統 (3-51) 的狀態可測，以及給定對數量化器的量化密度 δ。如果存在矩陣 $\boldsymbol{M}(k)>0$，$\boldsymbol{S}(k)>0$，$\boldsymbol{X}(k)>0$，$\boldsymbol{Y}(k)$，控制器輸出 $\boldsymbol{u}(k|k)$與標量 $\gamma(k)$使得無窮時域性能指標 $J(k)$具有最小上界，即

$$\min_{\boldsymbol{M}(k),\boldsymbol{S}(k),\boldsymbol{X}(k),\boldsymbol{Y}(k),\boldsymbol{u}(k|k)} \gamma(k) \tag{3-75}$$

並滿足如下約束條件：

$$\begin{bmatrix} -\boldsymbol{X}(k) & * & * & * & * \\ \boldsymbol{AX}(k)+\boldsymbol{BY}(k) & -\boldsymbol{X}(k)+\boldsymbol{B}\delta\boldsymbol{M}(k)\delta B^{\mathrm{T}} & * & * & * \\ \boldsymbol{Y}(k) & \delta\boldsymbol{M}(k)\delta\boldsymbol{B}^{\mathrm{T}} & -\boldsymbol{R}^{-1}+\delta\boldsymbol{M}(k)\delta & * & * \\ \boldsymbol{Y}(k) & \boldsymbol{0} & \boldsymbol{0} & -\boldsymbol{M}(k) & * \\ \boldsymbol{Q}^{1/2}\boldsymbol{X}(k) & \boldsymbol{0} & \boldsymbol{0} & \boldsymbol{0} & -\boldsymbol{I} \end{bmatrix}<0 \tag{3-76}$$

$$\begin{bmatrix} -\gamma(k) & * & * & * & * \\ \boldsymbol{Ax}(k\,|\,k)+\boldsymbol{Bu}(k\,|\,k) & -\boldsymbol{X}(k)+\boldsymbol{B\delta S}(k)\boldsymbol{\delta B}^{\mathrm{T}} & * & * & * \\ \boldsymbol{Q}^{1/2}\boldsymbol{x}(k\,|\,k) & \boldsymbol{0} & -\boldsymbol{I} & * & * \\ \boldsymbol{R}^{1/2}\boldsymbol{u}(k\,|\,k) & \boldsymbol{R}^{1/2}\boldsymbol{\delta S}(k)\boldsymbol{\delta B}^{\mathrm{T}} & \boldsymbol{0} & -\boldsymbol{I}+\boldsymbol{R}^{1/2}\delta\boldsymbol{S}(k)\delta\boldsymbol{R}^{1/2} & * \\ \boldsymbol{u}(k\,|\,k) & \boldsymbol{0} & \boldsymbol{0} & \boldsymbol{0} & -\boldsymbol{S}(k) \end{bmatrix}<0 \tag{3-77}$$

那麼網路化控制系統（3-51）在量化控制器 $\boldsymbol{v}(k)=f(\boldsymbol{u}(k\,|\,k))=(\boldsymbol{I}+\boldsymbol{\Delta}(k))\boldsymbol{u}(k\,|\,k)$ 作用下漸近穩定，並且使得該系統具有一定的控制性能 $\gamma(k)$。其中，反饋控制增益 $\boldsymbol{K}(k)$ 可由下面公式求出：

$$\boldsymbol{K}(k)=\boldsymbol{Y}(k)\boldsymbol{X}^{-1}(k) \quad \boldsymbol{P}(k)=\boldsymbol{X}^{-1}(k) \tag{3-78}$$

證明 定義 $\boldsymbol{\Delta}^*(k)$ 爲 $\boldsymbol{\Delta}^*(k) := \arg \max\limits_{\boldsymbol{\Delta}(k)\in[-\boldsymbol{\delta},\boldsymbol{\delta}]}[J_0(k)+J_1(k)]$。首先證明不等式(3-76) 成立，它是網路化系統（3-51）魯棒穩定性的一個充分條件。令 $\boldsymbol{P}(k)=\boldsymbol{X}^{-1}(k)$ 並對不等式(3-65) 應用 Schur 補原理，可得

$$\begin{bmatrix} -\boldsymbol{P}(k)+\boldsymbol{Q} & * & * \\ \boldsymbol{A}+\boldsymbol{B}(\boldsymbol{I}+\boldsymbol{\Delta}(k))\boldsymbol{K}(k) & -\boldsymbol{P}^{-1}(k) & * \\ (\boldsymbol{I}+\boldsymbol{\Delta}(k))\boldsymbol{K}(k) & \boldsymbol{0} & -\boldsymbol{R}^{-1} \end{bmatrix}<0 \tag{3-79}$$

其中，矩陣 $\boldsymbol{P}(k)$ 是非奇異矩陣。不等式(3-79) 應用合同變換（congruence transformation），即左右兩側同乘以對角矩陣 $\mathrm{diag}\{\boldsymbol{P}^{-1}(k),\boldsymbol{I},\boldsymbol{I}\}$，並利用等式(3-78)，則有

$$\begin{bmatrix} -\boldsymbol{X}(k)+\boldsymbol{X}(k)\boldsymbol{QX}(k) & * & * \\ \boldsymbol{AX}(k)+\boldsymbol{B}(\boldsymbol{I}+\boldsymbol{\Delta}(k))\boldsymbol{Y}(k) & -\boldsymbol{X}(k) & * \\ (\boldsymbol{I}+\boldsymbol{\Delta}(k))\boldsymbol{Y}(k) & \boldsymbol{0} & -\boldsymbol{R}^{-1} \end{bmatrix}<0 \tag{3-80}$$

不等式(3-80) 可分解成如下形式：

$$\begin{bmatrix} -\boldsymbol{X}(k)+\boldsymbol{X}(k)\boldsymbol{Q}X(k) & * & * \\ \boldsymbol{AX}(k)+\boldsymbol{BY}(k) & -\boldsymbol{X}(k) & * \\ \boldsymbol{Y}(k) & \boldsymbol{0} & -\boldsymbol{R}^{-1} \end{bmatrix} + \begin{bmatrix} \boldsymbol{0} \\ \boldsymbol{B} \\ \boldsymbol{I} \end{bmatrix} \boldsymbol{\Delta}(k) \begin{bmatrix} \boldsymbol{Y}(k) & \boldsymbol{0} & \boldsymbol{0} \end{bmatrix} + \begin{bmatrix} \boldsymbol{Y}^{\mathrm{T}}(k) \\ \boldsymbol{0} \\ \boldsymbol{0} \end{bmatrix} \boldsymbol{\Delta}(k) \begin{bmatrix} \boldsymbol{0} & \boldsymbol{B}^{\mathrm{T}} & \boldsymbol{I} \end{bmatrix} < 0 \tag{3-81}$$

由於 $\boldsymbol{\Delta}(k)\leqslant\boldsymbol{\delta}$，並應用引理 3.2，則給出

$$\begin{aligned} &\begin{bmatrix} \boldsymbol{0} \\ \boldsymbol{B} \\ \boldsymbol{I} \end{bmatrix} \boldsymbol{\Delta}(k) \begin{bmatrix} \boldsymbol{Y}(k) & \boldsymbol{0} & \boldsymbol{0} \end{bmatrix} + \begin{bmatrix} \boldsymbol{Y}^{\mathrm{T}}(k) \\ \boldsymbol{0} \\ \boldsymbol{0} \end{bmatrix} \boldsymbol{\Delta}(k) \begin{bmatrix} \boldsymbol{0} & \boldsymbol{B}^{\mathrm{T}} & \boldsymbol{I} \end{bmatrix} \\ &\leqslant \begin{bmatrix} \boldsymbol{0} \\ \boldsymbol{B} \\ \boldsymbol{I} \end{bmatrix} \delta\boldsymbol{M}(k)\boldsymbol{\delta} \begin{bmatrix} \boldsymbol{0} & \boldsymbol{B}^{\mathrm{T}} & \boldsymbol{I} \end{bmatrix} + \begin{bmatrix} \boldsymbol{Y}^{\mathrm{T}}(k) \\ \boldsymbol{0} \\ \boldsymbol{0} \end{bmatrix} \boldsymbol{M}^{-1}(k) \begin{bmatrix} \boldsymbol{Y}(k) & \boldsymbol{0} & \boldsymbol{0} \end{bmatrix} \end{aligned} \tag{3-82}$$

其中，矩陣 $\boldsymbol{M}(k)$ 既是對稱正定矩陣也是對角矩陣。如果下列不等式成立：

$$\begin{bmatrix} -\boldsymbol{X}(k)+\boldsymbol{X}(k)\boldsymbol{QX}(k) & * & * \\ \boldsymbol{AX}(k)+\boldsymbol{BY}(k) & -\boldsymbol{X}(k) & * \\ \boldsymbol{Y}(k) & \boldsymbol{0} & -\boldsymbol{R}^{-1} \end{bmatrix} + \begin{bmatrix} \boldsymbol{0} \\ \boldsymbol{B} \\ \boldsymbol{I} \end{bmatrix} \delta\boldsymbol{M}(k)\delta \begin{bmatrix} \boldsymbol{0} & \boldsymbol{B}^{\mathrm{T}} & \boldsymbol{I} \end{bmatrix} + \begin{bmatrix} \boldsymbol{Y}^{\mathrm{T}}(k) \\ \boldsymbol{0} \\ \boldsymbol{0} \end{bmatrix} \boldsymbol{M}^{-1}(k) \begin{bmatrix} \boldsymbol{Y}(k) & \boldsymbol{0} & \boldsymbol{0} \end{bmatrix} < 0 \tag{3-83}$$

那麼不等式(3-81) 也成立。基於 Schur 補引理，很容易得出不等式(3-83) 等價於約束條件 (3-76)。

其次，證明不等式(3-77) 成立。根據不等式(3-70) 以及 Schur 補引理，則有

$$\begin{bmatrix} -\gamma(k) & * & * & * \\ \boldsymbol{Ax}(k|k)+\boldsymbol{Bu}(k|k) & -\boldsymbol{X}(k) & * & * \\ \boldsymbol{Q}^{1/2}\boldsymbol{x}(k|k) & \boldsymbol{0} & -\boldsymbol{I} & * \\ \boldsymbol{R}^{1/2}\boldsymbol{u}(k|k) & \boldsymbol{0} & \boldsymbol{0} & -\boldsymbol{I} \end{bmatrix} + \begin{bmatrix} \boldsymbol{0} & * & * & * \\ \boldsymbol{B\Delta}^{*}(k)\boldsymbol{u}(k|k) & \boldsymbol{0} & * & * \\ \boldsymbol{0} & \boldsymbol{0} & \boldsymbol{0} & * \\ \boldsymbol{R}^{1/2}\boldsymbol{\Delta}^{*}(k)\boldsymbol{u}(k|k) & \boldsymbol{0} & \boldsymbol{0} & \boldsymbol{0} \end{bmatrix} < 0 \tag{3-84}$$

不等式(3-84) 可分解爲如下形式：

$$\begin{bmatrix} -\gamma(k) & * & * & * \\ \boldsymbol{A}\boldsymbol{x}(k|k)+\boldsymbol{B}\boldsymbol{u}(k|k) & -\boldsymbol{X}(k) & * & * \\ \boldsymbol{Q}^{1/2}\boldsymbol{x}(k|k) & \boldsymbol{0} & -\boldsymbol{I} & * \\ \boldsymbol{R}^{1/2}\boldsymbol{u}(k|k) & \boldsymbol{0} & \boldsymbol{0} & -\boldsymbol{I} \end{bmatrix}+$$

$$\begin{bmatrix} \boldsymbol{0} \\ \boldsymbol{B} \\ \boldsymbol{0} \\ \boldsymbol{R}^{1/2} \end{bmatrix}\boldsymbol{\Delta}^{*}(k)\begin{bmatrix}\boldsymbol{u}(k|k) & \boldsymbol{0} & \boldsymbol{0} & \boldsymbol{0}\end{bmatrix}+\begin{bmatrix} \boldsymbol{u}^{\mathrm{T}}(k|k) \\ \boldsymbol{0} \\ \boldsymbol{0} \\ \boldsymbol{0} \end{bmatrix}\boldsymbol{\Delta}^{*}(k)\begin{bmatrix}\boldsymbol{0} & \boldsymbol{B}^{\mathrm{T}} & \boldsymbol{0} & \boldsymbol{R}^{1/2}\end{bmatrix}<0 \tag{3-85}$$

由於 $\boldsymbol{\Delta}^{*}(k)\leqslant\delta$，應用引理 3.2 可得

$$\begin{bmatrix} \boldsymbol{0} \\ \boldsymbol{B} \\ \boldsymbol{0} \\ \boldsymbol{R}^{1/2} \end{bmatrix}\boldsymbol{\Delta}^{*}(k)\begin{bmatrix}\boldsymbol{u}(k|k) & \boldsymbol{0} & \boldsymbol{0} & \boldsymbol{0}\end{bmatrix}+\begin{bmatrix} \boldsymbol{u}^{\mathrm{T}}(k|k) \\ \boldsymbol{0} \\ \boldsymbol{0} \\ \boldsymbol{0} \end{bmatrix}\boldsymbol{\Delta}^{*}(k)\begin{bmatrix}\boldsymbol{0} & \boldsymbol{B}^{\mathrm{T}} & \boldsymbol{0} & \boldsymbol{R}^{1/2}\end{bmatrix}$$

$$\leqslant\begin{bmatrix} \boldsymbol{0} \\ \boldsymbol{B} \\ \boldsymbol{0} \\ \boldsymbol{R}^{1/2} \end{bmatrix}\delta\boldsymbol{S}(k)\boldsymbol{\delta}\begin{bmatrix}\boldsymbol{0} & \boldsymbol{B}^{\mathrm{T}} & \boldsymbol{0} & \boldsymbol{R}^{1/2}\end{bmatrix}+\begin{bmatrix} \boldsymbol{u}^{\mathrm{T}}(k|k) \\ \boldsymbol{0} \\ \boldsymbol{0} \\ \boldsymbol{0} \end{bmatrix}\boldsymbol{S}^{-1}(k)\begin{bmatrix}\boldsymbol{u}(k|k) & \boldsymbol{0} & \boldsymbol{0} & \boldsymbol{0}\end{bmatrix} \tag{3-86}$$

其中，$\boldsymbol{S}(k)$ 既是對稱正定矩陣也是對角矩陣。如果下列不等式成立：

$$\begin{bmatrix} -\gamma(k) & * & * & * \\ \boldsymbol{A}x(k|k)+\boldsymbol{B}\boldsymbol{u}(k|k) & -\boldsymbol{X}(k) & * & * \\ \boldsymbol{Q}^{1/2}\boldsymbol{x}(k|k) & \boldsymbol{0} & -\boldsymbol{I} & * \\ \boldsymbol{R}^{1/2}\boldsymbol{u}(k|k) & \boldsymbol{0} & \boldsymbol{0} & -\boldsymbol{I} \end{bmatrix}+$$

$$\begin{bmatrix} \boldsymbol{0} \\ \boldsymbol{B} \\ \boldsymbol{0} \\ \boldsymbol{R}^{1/2} \end{bmatrix}\delta\boldsymbol{S}(k)\boldsymbol{\delta}\begin{bmatrix}\boldsymbol{0} & \boldsymbol{B}^{\mathrm{T}} & \boldsymbol{0} & \boldsymbol{R}^{1/2}\end{bmatrix}+\begin{bmatrix} \boldsymbol{u}^{\mathrm{T}}(k|k) \\ \boldsymbol{0} \\ \boldsymbol{0} \\ \boldsymbol{0} \end{bmatrix}\boldsymbol{S}^{-1}(k)\begin{bmatrix}\boldsymbol{u}(k|k) & \boldsymbol{0} & \boldsymbol{0} & \boldsymbol{0}\end{bmatrix}<0 \tag{3-87}$$

則不等式(3-85) 也成立。應用 Schur 補引理，可以推出不等式(3-87) 等價於約束條件 (3-77)。綜合上述，證明完畢。

備註 3.8 從定理 3.3 不難看出，不等式(3-76) 表徵了網路化控制系統 (3-51) 的魯棒穩定性條件，即如果存在矩陣 $\boldsymbol{M}(k)>0,\boldsymbol{S}(k)>0$，

$\boldsymbol{X}(k)>0$ 和 $\boldsymbol{Y}(k)$ 使得不等式(3-76) 成立，那麼閉環網路化控制系統 (3-51) 漸近穩定。另一方面，不等式(3-77) 是保證閉環系統具有一定控制性能的約束條件。此外，不同於其它魯棒控制方法[8,9]，其控制器的輸出量 $\boldsymbol{u}(k)$ 和反饋控制律 $\boldsymbol{K}(k)$ 的求取還依賴於當前時刻的狀態量 $\boldsymbol{x}(k|k)$。

接下來，定理 3.4 透過引入一個輔助變量矩陣即自由權矩陣，降低了定理 3.3 的保守性，從而獲得更好的控制性能。

定理 3.4 假定網路化控制系統 (3-51) 的狀態可測，以及給定對數量化器的量化密度 δ。如果存在矩陣 $\boldsymbol{M}(k)>0$，$\boldsymbol{S}(k)>0$，$\boldsymbol{X}(k)>0$，$\boldsymbol{G}(k)$，$\boldsymbol{Z}(k)$和控制器輸出 $\boldsymbol{u}(k|k)$以及標量 $\gamma(k)>0$ 使得無窮時域性能指標 $J(k)$ 具有最小上界，即

$$\min_{\boldsymbol{G}(k),\boldsymbol{M}(k),\boldsymbol{S}(k),\boldsymbol{X}(k),\boldsymbol{Z}(k),\boldsymbol{u}(k|k)} \gamma(k) \tag{3-88}$$

並滿足不等式(3-77) 和如下約束條件：

$$\begin{bmatrix} -\boldsymbol{G}(k)-\boldsymbol{G}^{\mathrm{T}}(k)+\boldsymbol{X}(k) & * & * & * & * \\ \boldsymbol{A}\boldsymbol{G}(k)+\boldsymbol{B}\boldsymbol{Z}(k) & -\boldsymbol{X}(k)+\boldsymbol{B}\boldsymbol{\delta}\boldsymbol{M}(k)\boldsymbol{\delta}\boldsymbol{B}^{\mathrm{T}} & * & * & * \\ \boldsymbol{Z}(k) & \delta\boldsymbol{M}(k)\boldsymbol{\delta}\boldsymbol{B}^{\mathrm{T}} & -\boldsymbol{R}^{-1}+\boldsymbol{\delta}\boldsymbol{M}(k)\boldsymbol{\delta} & * & * \\ \boldsymbol{Z}(k) & \boldsymbol{0} & \boldsymbol{0} & -\boldsymbol{M}(k) & * \\ \boldsymbol{Q}^{1/2}\boldsymbol{G}(k) & \boldsymbol{0} & \boldsymbol{0} & \boldsymbol{0} & -\boldsymbol{I} \end{bmatrix}<0 \tag{3-89}$$

那麼網路化控制系統 (3-51) 在量化控制器 $\boldsymbol{v}(k)=f(\boldsymbol{u}(k|k))=(\boldsymbol{I}+\boldsymbol{\Delta}(k))\boldsymbol{u}(k|k)$作用下漸近穩定，並且使得該系統具有一定的控制性能 $\gamma(k)$。其中，反饋控制增益 $\boldsymbol{K}(k)$ 可由下面公式求出：

$$\boldsymbol{K}(k)=\boldsymbol{Z}(k)\boldsymbol{G}^{-1}(k),\boldsymbol{P}(k)=\boldsymbol{X}^{-1}(k) \tag{3-90}$$

證明 這裏只需要證明式(3-89) 滿足條件即可。由於 $\boldsymbol{X}(k)>0$，很容易得到$[\boldsymbol{G}(k)-\boldsymbol{X}(k)]^{\mathrm{T}}[-\boldsymbol{X}(k)]^{-1}[\boldsymbol{G}(k)-\boldsymbol{X}(k)]\leqslant 0$，進而有

$$-\boldsymbol{G}^{\mathrm{T}}(k)\boldsymbol{X}^{-1}(k)\boldsymbol{G}(k)\leqslant -\boldsymbol{G}(k)-\boldsymbol{G}^{\mathrm{T}}(k)+\boldsymbol{X}(k) \tag{3-91}$$

其中，矩陣 $G(k)$ 是非奇異矩陣。由不等式(3-91) 可知，如果不等式(3-89) 成立，那麼下列結論也成立：

$$\begin{bmatrix} -\boldsymbol{G}^{\mathrm{T}}(k)\boldsymbol{X}^{-1}(k)\boldsymbol{G}(k) & * & * & * & * \\ \boldsymbol{A}\boldsymbol{G}(k)+\boldsymbol{B}\boldsymbol{Z}(k) & -\boldsymbol{X}(k)+\boldsymbol{B}\boldsymbol{\delta}\boldsymbol{M}(k)\boldsymbol{\delta}\boldsymbol{B}^{\mathrm{T}} & * & * & * \\ \boldsymbol{Z}(k) & \delta\boldsymbol{M}(k)\boldsymbol{\delta}\boldsymbol{B}^{\mathrm{T}} & -\boldsymbol{R}^{-1}+\delta\boldsymbol{M}(k)\delta & * & * \\ \boldsymbol{Z}(k) & \boldsymbol{0} & \boldsymbol{0} & -\boldsymbol{M}(k) & * \\ \boldsymbol{Q}^{1/2}\boldsymbol{G}(k) & \boldsymbol{0} & \boldsymbol{0} & \boldsymbol{0} & -\boldsymbol{I} \end{bmatrix}<0 \tag{3-92}$$

對上式進行合同變換（congruence transformation），即不等式(3-92) 左側乘以對角矩陣 $\mathrm{diag}\{\boldsymbol{X}(k)\boldsymbol{G}^{-\mathrm{T}}(k),\boldsymbol{I},\boldsymbol{I},\boldsymbol{I},\boldsymbol{I}\}$而右側乘以對角矩陣 $\mathrm{diag}\{\boldsymbol{G}^{-1}(k)\boldsymbol{X}(k),\boldsymbol{I},\boldsymbol{I},\boldsymbol{I},\boldsymbol{I}\}$，則有

$$\begin{bmatrix} -\boldsymbol{X}(k) & * & * & * & * \\ \boldsymbol{AX}(k)+\boldsymbol{BK}(k)\boldsymbol{X}(k) & -\boldsymbol{X}(k)+\boldsymbol{B}\boldsymbol{\delta}\boldsymbol{M}(k)\boldsymbol{\delta}\boldsymbol{B}^{\mathrm{T}} & * & * & * \\ \boldsymbol{K}(k)\boldsymbol{X}(k) & \boldsymbol{\delta}\boldsymbol{M}(k)\boldsymbol{\delta}\boldsymbol{B}^{\mathrm{T}} & -\boldsymbol{R}^{-1}+\boldsymbol{\delta}\boldsymbol{M}(k)\boldsymbol{\delta} & * & * \\ \boldsymbol{K}(k)\boldsymbol{X}(k) & \boldsymbol{0} & \boldsymbol{0} & -\boldsymbol{M}(k) & * \\ \boldsymbol{Q}^{1/2}\boldsymbol{X}(k) & \boldsymbol{0} & \boldsymbol{0} & \boldsymbol{0} & -\boldsymbol{I} \end{bmatrix}<0 \tag{3-93}$$

透過定義 $\boldsymbol{Y}(k)=\boldsymbol{K}(k)\boldsymbol{X}(k)$，很容易得出不等式(3-93) 等價於約束條件(3-76)。總之，約束條件 (3-89) 是約束條件 (3-76) 的一個充分條件。因此，根據定理 3.4，網路化控制系統 (3-51) 是漸近穩定的。

備註 3.9 引入了一個額外的輔助變量 $\boldsymbol{G}(k)$，使得滿足不等式(3-89) 的可行解範圍明顯大於滿足不等式(3-76) 的可行解範圍，因此定理 3.4 降低了定理 3.3 的保守性。此外，當對數量化器的量化密度 δ 已知時，定理 3.3 與定理 3.4 的約束條件是關於某些優化變量的線性矩陣不等式形式，則由定理 3.2 與定理 3.3 很容易求解出控制器輸出 $\boldsymbol{u}(k)$ 和輔助反饋控制律 $\boldsymbol{K}(k)$。然而，如果要得到量化密度 δ 的最粗糙值，那麼 δ 將作爲優化變量存在於不等式約束條件。倘若這樣，定理 3.2 與定理 3.3 中的約束條件將不再是線性矩陣不等式形式，以致不能簡單地求出優化變量。不過，基於文獻［9］中的方法，即採用一種線性搜索方法迭代地求解得到次優解，並獲得最粗糙的量化密度值 $\delta_{\max}$。

下面，定理 3.5 將基於一種以犧牲控制性能爲代價的改進算法求出最粗糙的量化密度值 $\delta_{\max}$，並且在一定程度上降低了算法的保守性。

定理 3.5 假定網路化控制系統 (3-51) 的狀態可測。如果存在矩陣 $M(k)>0$，$N(k)>0$，$S(k)>0$，$T(k)>0$，$X(k)>0$，$G(k)$，$Z(k)$，控制器輸出 $u(k|k)$，對角矩陣 $0<\delta(k)<I$ 以及標量 $\gamma(k)>0$ 使得無窮時域性能指標 $J(k)$具有最小上界，即

$$\min_{\boldsymbol{G}(k),\boldsymbol{M}(k),\boldsymbol{N}(k),\boldsymbol{S}(k),\boldsymbol{T}(k),\boldsymbol{X}(k),\boldsymbol{Z}(k),\boldsymbol{u}(k|k),\delta(k)} \gamma(k) \tag{3-94}$$

以及如下的約束條件成立：

$$\begin{bmatrix} -\boldsymbol{G}(k)-\boldsymbol{G}^{\mathrm{T}}(k)+\boldsymbol{X}(k) & * & * & * & * & * \\ \boldsymbol{AG}(k)+\boldsymbol{BZ}(k) & -\boldsymbol{X}(k) & * & * & * & * \\ \boldsymbol{Z}(k) & \boldsymbol{0} & -\boldsymbol{R}^{-1} & * & * & * \\ \boldsymbol{Z}(k) & \boldsymbol{0} & \boldsymbol{0} & -\boldsymbol{M}(k) & * & * \\ \boldsymbol{Q}^{1/2}\boldsymbol{G}(k) & \boldsymbol{0} & \boldsymbol{0} & \boldsymbol{0} & -\boldsymbol{I} & * \\ \boldsymbol{0} & \boldsymbol{\delta B}^{\mathrm{T}} & \boldsymbol{\delta} & \boldsymbol{0} & \boldsymbol{0} & -\boldsymbol{N}(k) \end{bmatrix}<0 \tag{3-95}$$

$$\begin{bmatrix} -\gamma(k) & * & * & * & * & * \\ \boldsymbol{Ax}(k|k)+\boldsymbol{Bu}(k|k) & -\boldsymbol{X}(k) & * & * & * & * \\ \boldsymbol{Q}^{1/2}\boldsymbol{x}(k|k) & \boldsymbol{0} & -\boldsymbol{I} & * & * & * \\ \boldsymbol{R}^{1/2}\boldsymbol{u}(k|k) & \boldsymbol{0} & \boldsymbol{0} & -\boldsymbol{I} & * & * \\ \boldsymbol{u}(k|k) & \boldsymbol{0} & \boldsymbol{0} & \boldsymbol{0} & -\boldsymbol{S}(k) & * \\ \boldsymbol{0} & \boldsymbol{\delta B}^{\mathrm{T}} & \boldsymbol{0} & \boldsymbol{\delta R}^{1/2} & \boldsymbol{0} & -\boldsymbol{T}(k) \end{bmatrix}<0 \tag{3-96}$$

$$\boldsymbol{S}(k)\boldsymbol{T}(k)=\boldsymbol{I},\boldsymbol{M}(k)\boldsymbol{N}(k)=\boldsymbol{I} \tag{3-97}$$

那麼網路化控制系統（3-51）在量化控制器 $\boldsymbol{v}(k)=f(\boldsymbol{u}(k|k))=(\boldsymbol{I}+\boldsymbol{\Delta}(k))\boldsymbol{u}(k|k)$作用下漸近穩定，並且使得該系統具有一定的控制性能 $\gamma(k)$。其中，反饋控制增益 $\boldsymbol{K}(k)$ 可由下面公式求出：

$$\boldsymbol{K}(k)=\boldsymbol{Z}(k)\boldsymbol{G}^{-1}(k) \quad \boldsymbol{P}(k)=\boldsymbol{X}^{-1}(k) \tag{3-98}$$

證明 由定理 3.4 可知，不等式(3-89) 可以轉化成如下形式：

$$\begin{bmatrix} -\boldsymbol{G}(k)-\boldsymbol{G}^{\mathrm{T}}(k)+\boldsymbol{X}(k) & * & * & * & * \\ \boldsymbol{AG}(k)+\boldsymbol{BZ}(k) & -\boldsymbol{X}(k) & * & * & * \\ \boldsymbol{Z}(k) & \boldsymbol{0} & -\boldsymbol{R}^{-1} & * & * \\ \boldsymbol{Z}(k) & \boldsymbol{0} & \boldsymbol{0} & -\boldsymbol{M}(k) & * \\ \boldsymbol{Q}^{1/2}\boldsymbol{G}(k) & \boldsymbol{0} & \boldsymbol{0} & \boldsymbol{0} & -\boldsymbol{I} \end{bmatrix}+$$

$$\begin{bmatrix} \boldsymbol{0} \\ \boldsymbol{B\delta}(k) \\ \boldsymbol{\delta}(k) \\ \boldsymbol{0} \\ \boldsymbol{0} \end{bmatrix} M \begin{bmatrix} \boldsymbol{0} & \boldsymbol{\delta}(k)\boldsymbol{B}^{\mathrm{T}} & \boldsymbol{\delta}(k) & \boldsymbol{0} & \boldsymbol{0} \end{bmatrix}<0 \tag{3-99}$$

基於 Schur 補引理，不等式(3-99) 等價於如下形式：

$$\begin{bmatrix} -\boldsymbol{G}(k)-\boldsymbol{G}^{\mathrm{T}}(k)+\boldsymbol{X}(k) & * & * & * & * & * \\ \boldsymbol{AG}(k)+\boldsymbol{BZ}(k) & -\boldsymbol{X}(k) & * & * & * & * \\ \boldsymbol{Z}(k) & \boldsymbol{0} & -\boldsymbol{R}^{-1} & * & * & * \\ \boldsymbol{Z}(k) & \boldsymbol{0} & \boldsymbol{0} & -\boldsymbol{M}(k) & * & * \\ \boldsymbol{Q}^{1/2}\boldsymbol{G}(k) & \boldsymbol{0} & \boldsymbol{0} & \boldsymbol{0} & -\boldsymbol{I} & * \\ \boldsymbol{0} & \boldsymbol{\delta B}^{\mathrm{T}} & \boldsymbol{\delta} & \boldsymbol{0} & \boldsymbol{0} & -\boldsymbol{M}^{-1}(k) \end{bmatrix} < 0 \tag{3-100}$$

透過定義 $\boldsymbol{N}(k)=\boldsymbol{M}^{-1}(k)$，很容易得出：不等式(3-100) 等價於不等式(3-95)。

其次，再由定理 3.3 可知，約束 (3-77) 可以轉化爲

$$\begin{bmatrix} -\gamma(k) & * & * & * & * \\ \boldsymbol{Ax}(k\mid k)+\boldsymbol{Bu}(k\mid k) & -\boldsymbol{X}(k) & * & * & * \\ \boldsymbol{Q}^{1/2}\boldsymbol{x}(k\mid k) & \boldsymbol{0} & -\boldsymbol{I} & * & * \\ \boldsymbol{R}^{1/2}\boldsymbol{u}(k\mid k) & \boldsymbol{0} & \boldsymbol{0} & -\boldsymbol{I} & * \\ \boldsymbol{u}(k\mid k) & \boldsymbol{0} & \boldsymbol{0} & \boldsymbol{0} & -\boldsymbol{S}(k) \end{bmatrix} +$$

$$\begin{bmatrix} \boldsymbol{0} \\ \boldsymbol{B\delta} \\ \boldsymbol{0} \\ \boldsymbol{R}^{1/2}\boldsymbol{\delta} \\ \boldsymbol{0} \end{bmatrix} \boldsymbol{S}(k)\begin{bmatrix} \boldsymbol{0} & \boldsymbol{\delta B}^{\mathrm{T}} & \boldsymbol{0} & \boldsymbol{\delta R}^{1/2} & \boldsymbol{0} \end{bmatrix} < 0 \tag{3-101}$$

基於 Schur 補引理，不等式(3-101) 等價於如下形式：

$$\begin{bmatrix} -\gamma(k) & * & * & * & * & * \\ \boldsymbol{Ax}(k\mid k)+\boldsymbol{Bu}(k\mid k) & -\boldsymbol{X}(k) & * & * & * & * \\ \boldsymbol{Q}^{1/2}\boldsymbol{x}(k\mid k) & \boldsymbol{0} & -\boldsymbol{I} & * & * & * \\ \boldsymbol{R}^{1/2}\boldsymbol{u}(k\mid k) & \boldsymbol{0} & \boldsymbol{0} & -\boldsymbol{I} & * & * \\ \boldsymbol{u}(k\mid k) & \boldsymbol{0} & \boldsymbol{0} & \boldsymbol{0} & -\boldsymbol{S}(k) & * \\ \boldsymbol{0} & \boldsymbol{\delta B}^{\mathrm{T}} & \boldsymbol{0} & \boldsymbol{\delta R}^{1/2} & \boldsymbol{0} & -\boldsymbol{S}^{-1}(k) \end{bmatrix} < 0 \tag{3-102}$$

透過定義 $\boldsymbol{T}(k)=\boldsymbol{S}^{-1}(k)$，可以得出不等式(3-102) 等價於不等式(3-96)。

備註 3.10 定理 3.5 的優化算法能夠推廣到具有多維控制輸入的系統，這明顯優於單控制輸入的優化問題[9]。其次，在定理 3.3、定理 3.4 與定理 3.5 中求解得到的反饋控制增益 $\boldsymbol{K}(k)$ 可以看作一個局部可鎮定反饋控制律，不過 $\boldsymbol{K}(k)$ 沒有實施到被控對象上，而僅僅是控制器設計當中所需要的一個輔助變量。

備註 3.11 由於約束條件（3-97）中的等式約束，使得定理 3.5 的優化求解過程並不再是一個凸性優化求解問題，而是非凸性問題。基於文獻［19］中的方法（即一種錐補線性化方法），將原非凸性優化問題轉化成一系列線性矩陣不等式形式的凸性優化問題。不過，該方法計算得到的解是次優解，並非最優解。

爲了得到最粗糙的量化密度 $\boldsymbol{\delta}_{\max}$，需要求解如下的優化問題：

$$\min\ \operatorname{tr}[\boldsymbol{M}(k)\boldsymbol{N}(k)+\boldsymbol{S}(k)\boldsymbol{T}(k)] \tag{3-103}$$

並滿足不等式(3-95)、不等式(3-96) 以及如下約束條件：

$$\begin{bmatrix}\boldsymbol{M}(k) & \boldsymbol{I}\\ \boldsymbol{I} & \boldsymbol{N}(k)\end{bmatrix}\geqslant 0,\begin{bmatrix}\boldsymbol{S}(k) & \boldsymbol{I}\\ \boldsymbol{I} & \boldsymbol{T}(k)\end{bmatrix}\geqslant 0 \tag{3-104}$$

盡管該優化算法求出的解是定理 3.5 中優化問題的次優解，但是它更容易求解這個非凸性優化問題，即基於這種錐補線性化方法，很容易求得保性能的次優解，以及最粗糙的量化密度 $\boldsymbol{\delta}_{\max}$。總之，這個優化問題的求解過程可以概括爲以下幾個步驟。

步驟 1： 給定一個充分大小的初始性能上界 γ_0，然後透過求解優化問題（3-95）、（3-96）、（3-103）與（3-104）得到一個可行集（$\boldsymbol{G}_0,\boldsymbol{M}_0,\boldsymbol{N}_0,\boldsymbol{S}_0,\boldsymbol{T}_0,\boldsymbol{X}_0,\boldsymbol{Z}_0,\boldsymbol{u}_0,\boldsymbol{\delta}_0$），最後設定初始迭代次數 $i=0$ 和 $\gamma_{\text{sub}}=\gamma_0$。

步驟 2： 對於優化變量（$\boldsymbol{G},\boldsymbol{M},\boldsymbol{N},\boldsymbol{S},\boldsymbol{T},\boldsymbol{X},\boldsymbol{Z},\boldsymbol{u},\boldsymbol{\delta}$），求解如下線性矩陣不等式(LMI) 優化問題：

$$\min\ \operatorname{tr}(\boldsymbol{M}_i\boldsymbol{N}+\boldsymbol{N}_i\boldsymbol{M}+\boldsymbol{T}_i\boldsymbol{S}+\boldsymbol{S}_i\boldsymbol{T}) \tag{3-105}$$

以及約束條件（3-95）、（3-96）和（3-104）。

步驟 3： 將步驟 2 所求得的優化變量（$\boldsymbol{G},\boldsymbol{M},\boldsymbol{N},\boldsymbol{S},\boldsymbol{T},\boldsymbol{X},\boldsymbol{Z},\boldsymbol{u},\boldsymbol{\delta}$）代入公式(3-100) 和公式(3-102)。如果約束（3-100）和（3-102）成立，則返回到步驟 1，同時，減小 γ_0；如果約束（3-100）和（3-102）不成立，則跳到步驟 4。

步驟 4： 設定 $i=i+1$，$\boldsymbol{G}_i=\boldsymbol{G}$，$\boldsymbol{X}_i=\boldsymbol{X}$，$\boldsymbol{M}_i=\boldsymbol{M}$，$\boldsymbol{N}_i=\boldsymbol{N}$，$\boldsymbol{Z}_i=\boldsymbol{Z}$，$\boldsymbol{u}_i=\boldsymbol{u}$，$\boldsymbol{\delta}_i=\boldsymbol{\delta}$；其中，$i$ 表示有限的迭代步數，然後返回到步驟 2。

步驟 5： 輸出次優保性能值 γ_{sub} 和相應的反饋控制律 $\boldsymbol{K}(k)=\boldsymbol{Z}\boldsymbol{G}^{-1}$。

上述優化算法是在保證一定的控制性能指標 γ_{sub} 的情況下，求解得到控制器輸出量 $\boldsymbol{u}(k)$、魯棒預測控制器的反饋控制律 $\boldsymbol{K}(k)=\boldsymbol{Z}(k)\boldsymbol{G}^{-1}(k)$，以及最粗糙的量化密度 $\boldsymbol{\delta}_{\max}$ 即最大扇形界。

3.3.3 數值仿真

例 3.1 考慮一個單輸入單輸出的線性時不變系統[9]，其狀態空間形式表示的系統模型如下所示：

$$A=\begin{bmatrix}0.8 & -0.25 & 0 & 1\\ 1 & 0 & 0 & 0\\ -0.8 & 0.5 & 0.2 & -1.03\\ 0 & 0 & 1 & 0\end{bmatrix},\quad B=\begin{bmatrix}0\\0\\1\\0\end{bmatrix}$$

由給定的系統模型可以得到 A 的特徵值 $\mathrm{eig}(A)=0.4277\pm 1.1389i$，$-0.338$，$0.4835$，則開環系統是不穩定的。不過，由於（$A$，$B$）是可控的，所以閉環系統是可鎮定的。假定系統的初始狀態爲 $x(0)=[5\quad 3\quad -5\quad -3]^{\mathrm{T}}$，加權矩陣分別等於 $Q=0.0001I_4$ 和 $R=0.001$，所採用的量化器是對數量化器。本章節的研究目標是設計一個網路化魯棒預測控制器，使得網路化控制系統（3-51）在控制輸入量化的影響下仍然漸近穩定且具有良好的控制性能，以及在保證系統漸近穩定和一定的控制性能基礎上，得到最大扇形界 $\boldsymbol{\delta}_{\max}$ 即最粗糙的量化密度。於是，根據定理 3.4 中的優化算法求解得到性能指標上界 $\gamma(k)$，其中性能指標上界軌跡顯示在圖 3-11，系統的狀態軌跡如圖 3-12 所示。由圖 3-11 和圖 3-12 可知，基於所設計的網路化魯棒預測控制器，系統的性能上界 $\gamma(k)$ 能夠快速趨近於零，並且系統的狀態也能夠漸近地收斂到零平衡點。

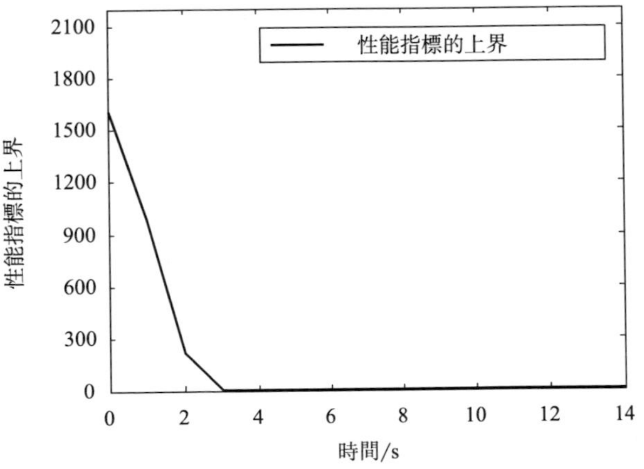

圖 3-11　定理 3.4 求出的 $\gamma(k)$ 軌跡

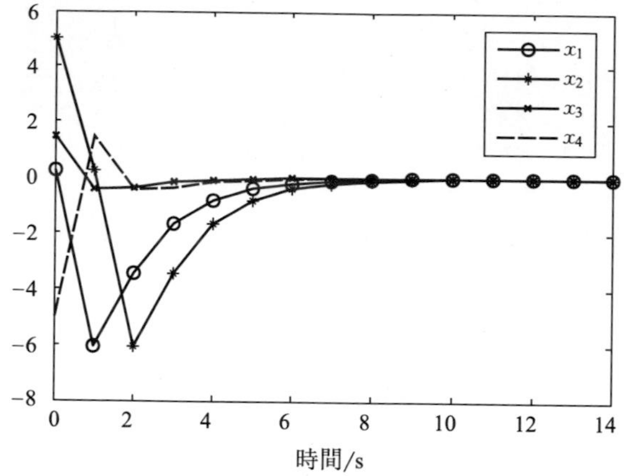

圖 3-12 定理 3.4 求出的狀態軌跡

將本章節所提出的魯棒控制方法與文獻［8，9］中的方法相比，其具體的比較結果顯示在表 3-2 中。由表 3-2 可知，基於定理 3.3 和定理 3.4 中的優化算法所得到的最大量化扇形界 $\boldsymbol{\delta}_{\max}$ 要大於基於文獻［8，9］中方法所得到的結果，要小於文獻［9］中定理 3 基於錐補線性化方法所得到的結果。但是，本章定理 3.5 中的優化問題若採用相同的錐補線性化方法，則求得的最大量化扇形界 $\boldsymbol{\delta}_{\max}$ 要大於文獻［9］中定理 3 所得到的結果。總之，所設計的網路化魯棒預測控制器不僅能夠保證系統 (3-51) 漸近穩定和保證系統具有一定的控制性能，還能夠得到最大量化扇形界 $\boldsymbol{\delta}_{\max}$ 或最小量化密度 $\boldsymbol{\rho}_{\min}$，從而優於文獻［8，9］中所提出的僅僅保證系統穩定的控制方法。

表 3-2 量化密度的結果比較

方法	$\delta_{\max}$	$\rho_{\min}$
文獻[8]中定理 2	0.6747	0.1942
文獻[9]中定理 2	0.6747	0.1942
文獻[9]中定理 3	0.6812	0.1896
文中定理 3.3	0.6756	0.1936
文中定理 3.4	0.6756	0.1936
文中定理 3.5	0.6910	0.1827

值得注意的是，盡管採用定理 3.5 中的優化算法所得到的結果要優於定理 3.3 和定理 3.4 所求得的結果，但是定理 3.5 是以犧牲系統的控制性能爲代價得到更大的量化扇形界 $\boldsymbol{\delta}_{\max}$。因此，只有在確保系統具有一定控制性能的基礎上，才能進一步考慮得到更大的量化扇形界 $\boldsymbol{\delta}_{\max}$。

例 3.2 考慮如下一個不穩定且具有多輸入多輸出的線性系統：

$$\boldsymbol{A}=\begin{bmatrix}1.7 & 0.4 & 1.8\\ -2 & -0.8 & -3.1\\ -3.2 & -1.5 & -1.2\end{bmatrix},\quad \boldsymbol{B}=\begin{bmatrix}0.5 & 0\\ 0 & 0.5\\ 1 & 0.5\end{bmatrix}$$

假定系統的初始狀態爲 $\boldsymbol{x}(0)=[5\quad -3\quad 0]^{\mathrm{T}}$，加權矩陣分別等於 $\boldsymbol{Q}=0.0001\boldsymbol{I}_3$ 和 $\boldsymbol{R}=0.001\boldsymbol{I}_2$，採用的量化器是對數量化器。採用定理 3.4 的優化算法，當 $\boldsymbol{\delta}_{\max}=0.6254\boldsymbol{I}_2$ 時，優化問題 (3-88) 仍有最優解，並得到系統性能上界和系統狀態的軌跡結果，如圖 3-13 和圖 3-14 所示。因此，在保證系統漸近穩定且具有一定控制性能的情況下，得到的最大量化密度爲 $\boldsymbol{\delta}_{\max}=0.6254\boldsymbol{I}_2$。基於定理 3.3、定理 3.4 和定理 3.5 的優化算法，可以設計出一個具有控制輸入量化的多輸入系統的網路化魯棒預測控制器，從而表明本章所提出的控制方法明顯地優於文獻 [9] 中的方法，即文獻 [9] 中的方法僅僅能夠解決單輸入系統的控制輸入量化問題。

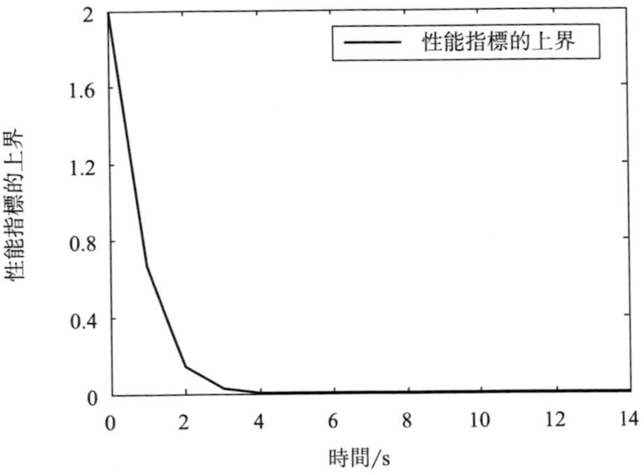

圖 3-13 定理 3.3 求出的 $\gamma(k)$ 軌跡

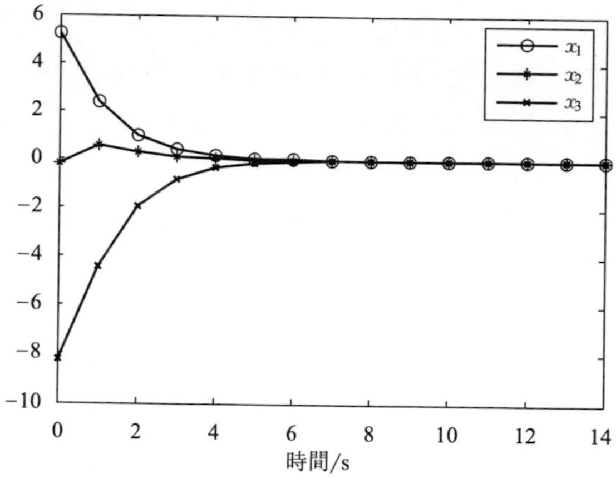

圖 3-14　定理 3.3 求出的狀態軌跡

3.4 本章小結

本章首先研究了具有有界丢包的網路化控制系統建模與網路化預測控制器設計問題。基於數據是以包的形式進行傳輸的這一特性，建立了有界數據包丢失的網路化控制系統模型，並在此基礎上設計了網路化預測控制器。這種控制方法能夠提前預測系統未來的控制動作，實現了數據傳輸中整個預測控制序列打成一個數據包進行傳輸而非僅傳輸當前控制量，這樣能夠克服數據包丢失帶給系統的影響，還能在保證網路化控制系統穩定性的基礎上得到一定的控制性能。

另外，針對在控制器與被控對象之間透過共享網路傳輸數據時發生數據量化的情況，本章還介紹了一種基於滾動時域優化策略的網路化魯棒預測控制器設計方法，並在此基礎上得到一個最大的量化扇形界，即最粗糙的量化密度。這種方法是基於扇形有界方法將具有控制輸入量化的網路化控制系統建模爲帶有扇形有界不確定性的線性系統，從而將量化控制問題轉化爲一種具有扇形有界不確定性的魯棒控制問題，並採用一種網路化魯棒預測控制策略以解決量化控制問題即解決具有結構不確定性的魯棒控制問題，以及在穩定性分析的基礎上給出了使得閉環系統鎮定的充分條件。其次，在保證系統穩定性和得到一定控制性能的前提下，採用一種錐補線性化方法，得到了最粗糙的量化密度。

參考文獻

[1] Schenato L, et al. Foundations of Control and Estimation over Lossy Networks. Proceedings of the IEEE, 2007, 95(1): 163-187.

[2] Wang Zidong, Yang Fuwen, Ho D W C. Robust H_∞ Control for Networked Systems with Random Packet Losses. IEEE Transactions on Systems, Man, and Cybernetics, Part B: Cybernetics, 2007, 37(4): 916-924.

[3] Xiong Junlin, Lam James. Stabilization of Linear Systems over Networks with Bounded Packet Loss. Automatica, 2007, 43(1): 80-87.

[4] 李海濤，唐功友，馬慧. 一類具有數據包丟失的網路化控制系統的最優控制. 控制與決策，2009，24(5): 773-776.

[5] Liu Guoping, Xia Yuanqing, Rees David. Design and Stability Criteria of Networked Predictive Control Systems with Random Networked Delay in the Feedback Channel. IEEE Transactions on Systems, Man, and Cybernetics, Part C: Applications and Reviews, 2007, 37(2): 173-184.

[6] Quevedo D E, Silva E I, Goodwin G C. Packetized Predictive Control Overerasure Channels. in Proceedings of the 2007 American Control Conference. New York: IEEE, 2007.

[7] Elia N, Mitter S K. Stabilization of Linear Systems with Limited Information. Transactions on Automatic Control, 2001, 46(9): 1384-1400.

[8] Fu Minyue, Xie Lihua. The Sector Bound Approach to Quantized Feedback Control. Transaction on Automatic Control, 2005, 50(11): 1698-1711.

[9] Gao Huijun, Chen Tongwen. A New Approach to Quantized Feedback Control Systems. Automatica, 2008, 44(2): 534-542.

[10] Fagnani F, Zampieri S. Stability Analysis and Synthesis for Scalar Linear Systems with a Quantized Feedback. IEEE Transactions on Automatic Control, 2003, 48(9): 1569-1584.

[11] Nair G N, Evans R J. Exponential Stabilisability of Finite-Dimensional Linear Systems with Limited Data Rates. Automatica, 2003, 39(4): 585-593.

[12] Tian Engang, Yue Dong, Zhao Xudong. Quantised Control Design for Networked Control Systems. IET Control Theory and Applications, 2007, 1(6): 1693-1699.

[13] 張丹，俞立，張文安. 頻寬受限網路化系統的廣義 H2 濾波. 控制理論與應用，2007，27(3): 377-381.

[14] 薛斌強. 基於滾動時域優化策略的網路化系統的狀態估計與控制器設計. 上海: 上海交通大學，2013.

[15] Mayne D Q, et al. Constrained Model Predictive Control: Stability and Optimality. Automatica, 2000, 36(6): 789-813.

[16] Gao Huijun, Chen Tongwen. New Results on Stability of Discrete-Time Systems with Time-Varying State Delay. IEEE Transactions on Automatic Control, 2007, 52 (2): 328-334.

[17] Gao Huijun, Meng Xiangu, Chen Tongwen. Stabilization of Networked Control Systems with a New Delay Characterization. IEEE Transactions on Automatic Control, 2008, 53 (9): 2142-2148.

[18] Xie Lihua. Output Feedback H∞ Control of Systems with Parameter Uncertainty. International Journal of Control, 1996, 63 (4): 741-750.

[19] Gao Huijun, Lam James, Wang Changhong. H-inf Model Reduction for Discrete Time-Delay Systems: Delay-Independent and Dependent Approaches. International Journal of Control, 2004, 77 (4): 321-335.

第4章

具有通信約束的網絡化系統的滾動時域調度

4.1 概述

在網路通訊中，一類基本的通訊約束問題主要集中在網路的介質訪問約束，即每一時刻通訊網路只提供有限的通訊訪問通道。這就意味着，當 NCSs 中的傳感器或執行器數目較多時，只有受限數目的傳感器或執行器被允許透過共享網路與遠程控制器進行通訊，這樣的系統稱之爲具有通訊約束（即頻寬受限或資源受限）的 NCSs。顯然，相對於一般系統能夠得到全部的反饋數據，而具有這種通訊約束的 NCSs 只能得到部分反饋數據即不完整反饋數據，必然會影響系統性能甚至導致系統失穩，從而增加了系統建模、分析及設計的難度。因此，在第 4 章中，將針對具有通訊約束的網路化控制系統，介紹基於滾動優化策略的網路通訊動態排程方法，並研究基於網路資源排程的狀態估計問題。

採用合理的網路排程策略均能在一定程度上補償或改善網路頻寬受限和不確定負載對系統性能的影響，但更爲有效的方法是排程與控制/估計協同設計的方法。目前，網路化系統的通訊排程策略主要分爲兩類。

① 靜態排程：事先根據某種規則確定數據包的傳輸次序，並在系統運行過程中保持不變，如週期型排程[1~4]。由於這類方法是靜態的，操作簡單，可以離線實現，適應於網路負載不變的動態環境或結構不變的控制系統。

② 動態排程：在系統即時運行過程中，根據系統運行的實際情況動態決定傳輸哪些數據，適應於網路負載可變的動態環境或結構劇變的控制系統[5~7]。

這兩種通訊排程策略各有優劣，所以必須根據網路環境與系統結構，選擇合適的網路資源的排程策略。文獻［2］將被控對象和控制器之間的資訊傳輸按一定的先後順序表示成週期爲 N 的通訊序列，建立增廣形式的離散時間系統模型，並採用一種模擬退火（Simulated Annealing）方法求出控制器反饋增益。而 Zhang 等[3] 針對具有多通訊約束的 NCSs，即傳感器-控制器及執行器-控制器之間的資訊傳輸由一對週期型通訊序列控制，研究了其控制器與排程策略協同設計的方法。Ishii[4] 針對帶有週期型通訊序列和隨機丟包的 NCSs，以線性矩陣不等式形式給出了設計 H_∞ 控制器的一個充分條件，以及分析了確保系統穩定情況下的丟包機率問題。藉助於通訊序列的概念，通訊約束的優化問題也受到了衆多學者的關注。Rehbinder 等[5] 採用帶啓發方法產生初始值的領域搜尋法

(neighborhood search method) 求解帶有週期型通訊序列的離散動態系統的LQ最優控制問題。此外，文獻［6］針對一個空間分散的離散線性時不變系統，採用LMI方法設計一個 H_∞ 控制器，並提出了一種啓發式搜索方法來求解得到一個次優的通訊序列。而文獻［7］同時考慮了系統的資訊排程和控制器設計問題，並將其轉化爲混合整數型二次規劃問題進行求解，從而協同設計出控制器與通訊序列。

然而，到目前爲止，網路化控制系統網路資源排程問題集中於靜態排程研究，很少考慮如何合理排程有限網路資源使得系統具有更好的性能。此外，現有的狀態估計方法往往基於離線設計好的排程策略進行設計估計器，而沒有充分考慮排程策略與估計器協同設計的策略。爲此，本章針對上述問題，從如何合理利用有限的網路資源角度出發，將介紹基於通訊序列的動態排程，即滾動時域排程策略。本章內容安排如下：第二小節介紹一種基於通訊成本與估計誤差的二次型性能指標的滾動時域排程策略；第三小節介紹一種滾動時域狀態估計方法並分析該估計器的性能；第四小節給出數值仿真和雙容液位系統的物理實驗以驗證所提算法的有效性；最後小節是對本章內容進行總結。

4.2 網路化滾動時域排程

4.2.1 問題描述

本章節針對存在網路通訊約束的情況，研究遠程被控對象狀態無法測得時的狀態估計問題。這種具有通訊約束的網路化控制系統如圖4-1所示。其中，多個傳感器透過共享網路與遠程估計器連接，並且傳感器、排程器、估計器、控制器以及執行器均採用時間同步驅動，採樣週期爲 T。

被控對象由以下離散時間線性時不變系統模型描述：

$$\begin{aligned}
&\boldsymbol{x}(k+1)=\boldsymbol{A}\boldsymbol{x}(k)+\boldsymbol{B}\boldsymbol{u}(k)+\boldsymbol{w}(k)\\
&\boldsymbol{y}(k)=\boldsymbol{C}\boldsymbol{x}(k)+\boldsymbol{v}(k)\\
&\boldsymbol{x}(k)\in\boldsymbol{X},\boldsymbol{u}(k)\in\boldsymbol{U},\boldsymbol{w}(k)\in\boldsymbol{W},\boldsymbol{v}(k)\in\boldsymbol{V}
\end{aligned}\tag{4-1}$$

其中，$\boldsymbol{x}(k)\in\boldsymbol{R}^n$ 是系統狀態，$\boldsymbol{u}(k)\in\boldsymbol{R}^m$ 是控制輸入，$\boldsymbol{w}(k)\in\boldsymbol{R}^n$ 是系統雜訊，$\boldsymbol{v}(k)\in\boldsymbol{R}^p$ 是測量雜訊；$\boldsymbol{y}(k)=[\boldsymbol{y}_1(k)\cdots\boldsymbol{y}_p(k)]^{\mathrm{T}}\in\boldsymbol{R}^p$ 是由 p 個傳感器測量得到的系統輸出。而且，系統狀態、控制輸入、系統

雜訊和測量雜訊的約束集合 $\boldsymbol{X}=\{\boldsymbol{x}:\boldsymbol{D}\boldsymbol{x}\leqslant\boldsymbol{d}\}$，$\boldsymbol{U}=\{\boldsymbol{u}:\|\boldsymbol{u}\|\leqslant u_{\max}\}$，$\boldsymbol{W}=\{\boldsymbol{w}:\|\boldsymbol{w}\|\leqslant\eta_w\}$，$\boldsymbol{V}=\{\boldsymbol{v}:\|\boldsymbol{v}\|\leqslant\eta_v\}$均是凸多面體。系統矩陣 $\boldsymbol{A}$、$\boldsymbol{B}$、$\boldsymbol{C}$ 分別是具有適當維數的常數矩陣，且矩陣對$(\boldsymbol{A},\boldsymbol{B})$能控以及矩陣對$(\boldsymbol{A},\boldsymbol{C})$可測。

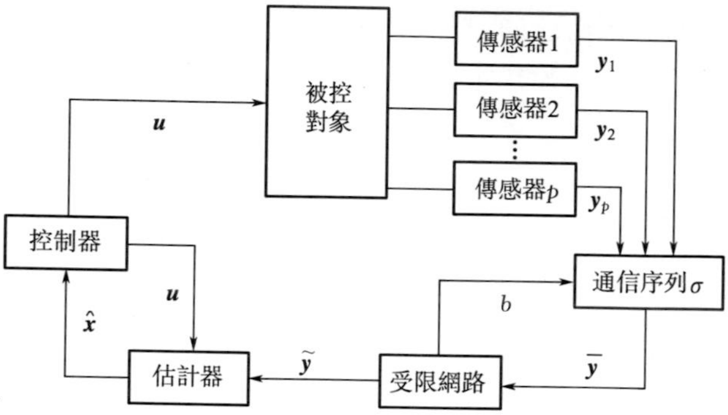

圖 4-1 具有通訊約束的網路化控制系統

如圖 4-1 所示，傳感器的測量輸出透過共享網路傳送至遠程估計器，並且它是以數據包的形式進行數據傳輸。一般來說，在網路中傳輸的數據包大小是受限的，並隨着通訊協議的不同而有所差異。也就是說，網路的通訊協議決定了網路傳輸中數據包的大小，從而決定了到底有多少傳感器的測量輸出可以打成一個數據包進行傳輸。然而，在某些特殊環境中，無線通訊網路的頻寬受限或資源有限的情況是存在的，例如水聲網路[8] 和航天器[9]。正因爲網路頻寬受限，才使得每一時刻並不是所有測量輸出信號都能透過共享網路傳送至目的地，即只有部分測量輸出信號與遠程估計器進行通訊。針對這一問題，本章節研究如何選取和排程這部分測量資訊，使得系統仍能夠獲得良好的性能。基於上述分析，則對於如圖 4-1 所示的 NCSs 來說，在每一採樣時刻，只有 b 個系統輸出分量能夠透過共享網路訪問遠程估計器，更新估計器的輸入信號，而餘下的 $p-b$ 個輸出分量必須等待下一時刻的排程。其中，正整數 b 滿足 $1\leqslant b\leqslant p$，而且訪問網路的輸出分量數目 b 由不同的網路協議所決定。在本章節中，假定 b 是一個給定的常數。此外，這種影響測量輸出的通訊約束可用一個二值函數簇表示，其中每個二值函數 $\sigma_i(k)(i=1,\cdots,p)$表徵了第 i 個測量輸出 $y_i(k)$ 的網路傳輸狀態：

$$\sigma_i(k)=\begin{cases}1 & \text{表示此刻能夠通訊}\\0 & \text{表示此刻不能通訊}\end{cases} \tag{4-2}$$

其中，$\boldsymbol{\sigma}(k)=[\sigma_1(k),\cdots,\sigma_p(k)]^{\mathrm{T}}$ 被稱爲通訊邏輯序列，表示 k 時刻傳感器透過共享網路與遠程估計器進行數據傳輸時的通訊狀態。總之，通訊約束可以用下列等式表示：

$$\sum_{i=1}^{p}\sigma_i(k)=b \tag{4-3}$$

進而，其矩陣表示形式爲

$$\boldsymbol{S}_{\boldsymbol{\sigma}}(k)=\mathrm{diag}(\boldsymbol{\sigma}(k))=\mathrm{diag}([\sigma_1(k),\cdots,\sigma_p(k)]^{\mathrm{T}}) \tag{4-4}$$

所以每一時刻透過共享網路傳輸至估計器的測量輸出 $\overline{\boldsymbol{y}}(k)$ 可表示爲

$$\overline{\boldsymbol{y}}(k)=\boldsymbol{S}_{\boldsymbol{\sigma}}(k)\boldsymbol{y}(k)=\mathrm{diag}(\boldsymbol{y}(k))\boldsymbol{\sigma}(k) \tag{4-5}$$

由於通訊約束（4-3）的存在，使得每一時刻只有部分測量輸出到達估計器，即每個時刻只有 b 個傳感器輸出分量與估計器通訊，所以對於餘下的 $p-b$ 個輸出分量這裏採用一種零階保持的補償方法即利用零階保持器使其保持上一時刻的最新值，而不是簡單地讓其置爲 0（這樣做能夠降低系統的性能）。於是，補償後的估計器輸入爲

$$\widetilde{\boldsymbol{y}}(k)=\overline{\boldsymbol{y}}(k)+[\boldsymbol{I}_p-\boldsymbol{S}_{\boldsymbol{\sigma}}(k)]\widetilde{\boldsymbol{y}}(k-1)=\boldsymbol{S}_{\boldsymbol{\sigma}}(k)[\boldsymbol{y}(k)-\widetilde{\boldsymbol{y}}(k-1)]+\widetilde{\boldsymbol{y}}(k-1) \tag{4-6}$$

其中，$\boldsymbol{I}_p$ 表示維數爲 p 的單位矩陣。綜合上述等式，一個包含通訊序列動態的網路化控制系統模型可表示爲如下形式：

$$\begin{aligned}&\boldsymbol{x}(k+1)=\boldsymbol{A}\boldsymbol{x}(k)+\boldsymbol{B}\boldsymbol{u}(k)+\boldsymbol{w}(k)\\&\widetilde{\boldsymbol{y}}(k)=\boldsymbol{S}_{\boldsymbol{\sigma}}(k)\boldsymbol{C}\boldsymbol{x}(k)+\boldsymbol{S}_{\boldsymbol{\sigma}}(k)\boldsymbol{v}(k)+[\boldsymbol{I}_p-\boldsymbol{S}_{\boldsymbol{\sigma}}(k)]\widetilde{\boldsymbol{y}}(k-1)\\&\boldsymbol{x}(k)\in\boldsymbol{X},\boldsymbol{u}(k)\in\boldsymbol{U},\boldsymbol{w}(k)\in\boldsymbol{W},\boldsymbol{v}(k)\in\boldsymbol{V}\end{aligned} \tag{4-7}$$

由於該系統模型（4-7）包含了通訊邏輯序列，所以此模型比原系統模型（4-1）具有更少的有效系統輸出量。針對這種情況，本章的研究目的是設計一個動態排程算法在線調節這有限的測量輸出，從而得到一個良好的系統性能。

4.2.2 滾動時域排程策略

這一小節將針對上述網路通訊約束問題，提出一種基於滾動時域的排程算法在線即時確定每一時刻到底從 p 個測量輸出中選取哪 b 個測量輸出並透過共享網路傳輸至遠程估計器。不同於已有的靜態週期型排程[1,3] 和已有的動態排程方法[7]，這種方法是基於一個滑動窗口内的有效輸入輸出數據在線優化一個二次型性能指標，其中該數據不僅包含當前時刻的數據，還包含以前一段時間内的數據，並且二次型性能指標包括通訊成本和估計誤差。此外，假定排程器和估計器均已知被控對象的

動態特性即系統模型 (4-7)。

具體來説，該滾動時域排程算法是基於已知的狀態先驗預估$\overline{\boldsymbol{x}}(k-N)$和窗口内輸入輸出資訊$\boldsymbol{I}_k^N \triangleq \{\widetilde{\boldsymbol{y}}(k),\cdots,\widetilde{\boldsymbol{y}}(k-N),\boldsymbol{u}(k-1),\cdots,\boldsymbol{u}(k-N)\}$，在線優化一個二次型性能指標，得到通訊序列和一個輔助優化變量$\widetilde{\boldsymbol{x}}(k-N|k)$。其中，$\overline{\boldsymbol{x}}(k-N)$表示在$k-N$時刻對狀態$\boldsymbol{x}(k-N)$的預估值，$N+1$表示窗口内從$k-N$到$k$時刻的數據長度，$\widetilde{\boldsymbol{x}}(k-N|k),\cdots,\widetilde{\boldsymbol{x}}(k|k)$分別表示在$k$時刻對狀態$\boldsymbol{x}(k-N)$，…，$\boldsymbol{x}(k)$的估計值。此外，預估值$\overline{\boldsymbol{x}}(k-N)$[即$\widetilde{\boldsymbol{x}}(k-N|k-1)$] 可由公式$\overline{\boldsymbol{x}}(k-N)=\boldsymbol{A}\widetilde{\boldsymbol{x}}(k-N-1|k-1)+\boldsymbol{Bu}(k-N-1)$得到，其中$\widetilde{\boldsymbol{x}}(k-N|k-1)$在$k-1$時刻是已知量。爲了提高估計性能和減少通訊成本，該滾動時域排程算法的優化問題可以描述爲如下形式。

問題 4.1 基於k時刻的已知資訊 $[\boldsymbol{I}_k^N,\overline{\boldsymbol{x}}(k-N)]$，透過極小化如下排程性能指標 (4-8)，得到通訊邏輯序列$\boldsymbol{\sigma}(k)=[\sigma_1(k),\cdots,\sigma_p(k)]^{\mathrm{T}}$和輔助優化變量即狀態估計$\widetilde{\boldsymbol{x}}(k-N|k)$。其中，排程性能指標的表達式爲

$$J_1(k)=\left\|\boldsymbol{\sigma}(k)-\boldsymbol{\sigma}(k-1)\right\|_{\boldsymbol{Q}}^2+\left\|\widetilde{\boldsymbol{x}}(k-N|k)-\overline{\boldsymbol{x}}(k-N)\right\|_{\boldsymbol{M}}^2+\sum_{i=k-N}^{k}\left\|\widetilde{\boldsymbol{y}}(i)-\boldsymbol{C}\widetilde{\boldsymbol{x}}(i|k)\right\|_{\boldsymbol{R}}^2 \tag{4-8}$$

$$\text{s. t.} \sum_{i=1}^{p}\sigma_i(k)=b,\widetilde{\boldsymbol{x}}(i+1|k)=\boldsymbol{A}\widetilde{\boldsymbol{x}}(i|k)+\boldsymbol{Bu}(i) \\ \boldsymbol{D}\widetilde{\boldsymbol{x}}(i|k)\leqslant d,i=k-N,\cdots,k \tag{4-9}$$

在表達式(4-8) 中，正定矩陣$\boldsymbol{M}$表示對窗口内初始狀態估計誤差的懲罰，而正定矩陣$\boldsymbol{R}$表示對窗口内輸出估計誤差的懲罰。特別地，正定矩陣$\boldsymbol{Q}$表徵了當前時刻與前一時刻資訊切換即通訊狀態變化的懲罰。與其它排程方法[1,2,5,7] 相比，該性能指標 (4-8) 的優點在於不僅包含了第一項所述的通訊成本，還囊括了後兩項的估計誤差，因此這個排程指標實際上是一個多目標的優化問題。

由公式(4-8) 與公式(4-9) 可知，該滾動時域排程問題 4.1 可以轉化爲一種混合整數二次規劃形式的優化問題，即

$$[\boldsymbol{\sigma}^{*\mathrm{T}}(k)\widetilde{\boldsymbol{x}}^{*\mathrm{T}}(k-N|k)]^{\mathrm{T}}\triangleq\arg\min_{\boldsymbol{\sigma}(k),\widetilde{\boldsymbol{x}}(k-N|k)}J_1(k) \\ \text{s. t.} \sum_{i=1}^{p}\sigma_i(k)=b,\ \boldsymbol{D}_N[\widetilde{\boldsymbol{F}}_N\widetilde{\boldsymbol{x}}(k-N|k)+\widetilde{\boldsymbol{G}}_N\boldsymbol{U}_N]\leqslant\boldsymbol{d}_N \tag{4-10}$$

$$J_1(k)=\begin{bmatrix}\boldsymbol{\sigma}(k)\\ \tilde{\boldsymbol{x}}(k-N\mid k)\end{bmatrix}^{\mathrm{T}}$$

$$\begin{bmatrix}\operatorname{diag}[\boldsymbol{y}(k)-\tilde{\boldsymbol{y}}(k-1)]\boldsymbol{R}\operatorname{diag}[\boldsymbol{y}(k)-\tilde{\boldsymbol{y}}(k-1)]+\boldsymbol{Q} & -\operatorname{diag}[\boldsymbol{y}(k)-\tilde{\boldsymbol{y}}(k-1)]\boldsymbol{RCA}^N\\ -(\boldsymbol{A}^N)^{\mathrm{T}}\boldsymbol{C}^{\mathrm{T}}\boldsymbol{R}\operatorname{diag}[\boldsymbol{y}(k)-\tilde{\boldsymbol{y}}(k-1)] & \boldsymbol{M}+\boldsymbol{F}_N^{\mathrm{T}}\boldsymbol{R}_N\boldsymbol{F}_N+(\boldsymbol{A}^N)^{\mathrm{T}}\boldsymbol{C}^{\mathrm{T}}\boldsymbol{RCA}^N\end{bmatrix}$$

$$\begin{bmatrix}\boldsymbol{\sigma}(k)\\ \tilde{\boldsymbol{x}}(k-N\mid k)\end{bmatrix}+2\{-\boldsymbol{\sigma}^{\mathrm{T}}(k-1)\boldsymbol{Q}+\boldsymbol{T}_1[\boldsymbol{Bu}(k-1)+\boldsymbol{B}_N\boldsymbol{U}(k-2)]^{\mathrm{T}}\boldsymbol{C}^{\mathrm{T}}\boldsymbol{RCA}^N+\boldsymbol{T}_2\}$$

$$\begin{bmatrix}\boldsymbol{\sigma}(k)\\ \tilde{\boldsymbol{x}}(k-N\mid k)\end{bmatrix}+\bar{\bar{\boldsymbol{x}}}(k-N)^{\mathrm{T}}\boldsymbol{M}\bar{\bar{\boldsymbol{x}}}(k-N)+\boldsymbol{\sigma}^{\mathrm{T}}(k-1)\boldsymbol{Q}\boldsymbol{\sigma}(k-1)-$$

$$2\tilde{\boldsymbol{y}}^{\mathrm{T}}(k-1)\boldsymbol{RC}[\boldsymbol{Bu}(k-1)+\boldsymbol{B}_N\boldsymbol{U}(k-2)]+$$

$$\boldsymbol{U}^{\mathrm{T}}(k-2)\boldsymbol{G}_N^{\mathrm{T}}\boldsymbol{R}_N\boldsymbol{G}_N\boldsymbol{U}(k-2)-2\boldsymbol{U}^{\mathrm{T}}(k-2)\boldsymbol{G}_N^{\mathrm{T}}\boldsymbol{R}_N\tilde{\boldsymbol{Y}}(k-1)+$$

$$\tilde{\boldsymbol{Y}}^{\mathrm{T}}(k-1)\boldsymbol{R}_N\tilde{\boldsymbol{Y}}(k-1)+\tilde{\boldsymbol{y}}^{\mathrm{T}}(k-1)\boldsymbol{R}\tilde{\boldsymbol{y}}(k-1)+$$

$$[\boldsymbol{Bu}(k-1)+\boldsymbol{B}_N\boldsymbol{U}(k-2)]^{\mathrm{T}}\boldsymbol{C}^{\mathrm{T}}\boldsymbol{RC}[\boldsymbol{Bu}(k-1)+\boldsymbol{B}_N\boldsymbol{U}(k-2)]$$

$$\boldsymbol{T}_1=\{\tilde{\boldsymbol{y}}^{\mathrm{T}}(k-1)\boldsymbol{R}-[\boldsymbol{Bu}(k-1)+\boldsymbol{B}_N\boldsymbol{U}(k-2)]^{\mathrm{T}}\boldsymbol{C}^{\mathrm{T}}\boldsymbol{R}\}\operatorname{diag}[\boldsymbol{y}(k)-\tilde{\boldsymbol{y}}(k-1)]$$

$$\boldsymbol{T}_2=-\tilde{\boldsymbol{y}}^{\mathrm{T}}(k-1)\boldsymbol{RCA}^N+\boldsymbol{U}^{\mathrm{T}}(k-2)\boldsymbol{G}_N^{\mathrm{T}}\boldsymbol{R}_N\boldsymbol{F}_N-\tilde{\boldsymbol{Y}}^{\mathrm{T}}(k-1)\boldsymbol{R}_N\boldsymbol{F}_N-$$

$$\bar{\bar{\boldsymbol{x}}}^{\mathrm{T}}(k-N)\boldsymbol{M},\boldsymbol{B}_N=[\boldsymbol{A}^{N-1}\boldsymbol{B}\ \cdots\ \boldsymbol{AB}]$$

$$\boldsymbol{d}_N=[\underbrace{\boldsymbol{d}^{\mathrm{T}}\cdots\boldsymbol{d}^{\mathrm{T}}}_{N+1}]^{\mathrm{T}},\boldsymbol{C}_N=\operatorname{diag}[\underbrace{\boldsymbol{C}\cdots\boldsymbol{C}}_{N+1}],\boldsymbol{D}_N=\operatorname{diag}[\underbrace{\boldsymbol{D}\cdots\boldsymbol{D}}_{N+1}],\boldsymbol{R}_N=\operatorname{diag}[\underbrace{\boldsymbol{R}\cdots\boldsymbol{R}}_{N}]$$

$$\boldsymbol{U}(k-2)=[\boldsymbol{u}^{\mathrm{T}}(k-N),\cdots,\boldsymbol{u}^{\mathrm{T}}(k-2)]^{\mathrm{T}},$$

$$\tilde{\boldsymbol{Y}}(k-1)=[\tilde{\boldsymbol{y}}^{\mathrm{T}}(k-N),\cdots,\tilde{\boldsymbol{y}}^{\mathrm{T}}(k-1)]^{\mathrm{T}},\tilde{\boldsymbol{F}}_N=[\boldsymbol{I}\ \boldsymbol{A}^{\mathrm{T}}\cdots(\boldsymbol{A}^N)^{\mathrm{T}}]^{\mathrm{T}}$$

$$\boldsymbol{F}_N=\boldsymbol{C}_N\tilde{\boldsymbol{F}}_N,\tilde{\boldsymbol{G}}_N=\begin{bmatrix}\boldsymbol{0}&\boldsymbol{0}&\cdots&\boldsymbol{0}&\boldsymbol{0}\\ \boldsymbol{B}&\boldsymbol{0}&\cdots&\boldsymbol{0}&\boldsymbol{0}\\ \boldsymbol{AB}&\boldsymbol{B}&\cdots&\boldsymbol{0}&\boldsymbol{0}\\ \vdots&\vdots&\cdots&\vdots&\vdots\\ \boldsymbol{A}^{N-1}\boldsymbol{B}&\boldsymbol{A}^{N-2}\boldsymbol{B}&\cdots&\boldsymbol{AB}&\boldsymbol{B}\end{bmatrix},$$

$$\boldsymbol{G}_N=\begin{bmatrix}\boldsymbol{0}&\boldsymbol{0}&\cdots&\boldsymbol{0}&\boldsymbol{0}\\ \boldsymbol{CB}&\boldsymbol{0}&\cdots&\boldsymbol{0}&\boldsymbol{0}\\ \boldsymbol{CAB}&\boldsymbol{CB}&\cdots&\boldsymbol{0}&\boldsymbol{0}\\ \vdots&\vdots&\cdots&\vdots&\vdots\\ \boldsymbol{CA}^{N-1}\boldsymbol{B}&\boldsymbol{CA}^{N-2}\boldsymbol{B}&\cdots&\boldsymbol{CAB}&\boldsymbol{CB}\end{bmatrix}$$

在 k 採樣時刻，透過求解排程算法 (4-10)，可以得到最優動態排程式列 $\boldsymbol{\sigma}(k)=[\sigma_1(k),\cdots,\sigma_p(k)]^T$ 和輔助狀態估計 $\tilde{\boldsymbol{x}}^*(k-N\mid k)$，以及獲取窗口内的其它輔助狀態估計：

$$\tilde{\boldsymbol{x}}^*(k-N+j\,|\,k)=\boldsymbol{A}^j\tilde{\boldsymbol{x}}^*(k-N\,|\,k)+\sum_{i=0}^{j-1}\boldsymbol{A}^{j-i-1}\boldsymbol{Bu}(k-N+i),j=1,\cdots,N \tag{4-11}$$

顯然，在 $k+1$ 時刻，這個滾動時域排程問題將重新基於已知資訊 $[\boldsymbol{I}_{k+1}^N,\overline{\boldsymbol{x}}(k-N+1)]$在線優化得到一個新的通訊邏輯序列 $\boldsymbol{\sigma}(k+1)$。另外，關於混合整數二次規劃問題（4-10）的求解，目前存在許多免費和商業性的求解器。總之，基於上述排程算法（4-10），可以得到如下定理。

定理 4.1 由網路化滾動時域排程算法（4-10）所求出的動態排程式列與靜態週期型排程式列相比可知，該動態排程問題 4.1 所得到的排程性能指標最優值要小於等於採用週期型排程的性能指標最優值。

證明 若採用週期型排程（即 $\boldsymbol{\sigma}_k=\boldsymbol{\sigma}_{k+T}$，$T$ 爲排程週期），則此時排程性能指標（4-8）中的第一項等於一個常數，即$[\boldsymbol{\sigma}(k)-\boldsymbol{\sigma}(k-1)]^{\mathrm{T}}\boldsymbol{Q}[\boldsymbol{\sigma}(k)-\boldsymbol{\sigma}(k-1)]=$常數；而當採用滾動排程時，由於 $\boldsymbol{\sigma}(k)$ 是優化變量，顯然，此時排程性能指標（4-8）中第一項的數值要小於等於週期型性能指標的常數值。此外，對於排程性能指標（4-8）中的其餘二項而言，由於基於週期型排程的優化變量數目即僅有 $\tilde{\boldsymbol{x}}(k-N\,|\,k)$要小於基於滾動排程的優化變量數目，即有 $\boldsymbol{\sigma}(k)$ 與 $\tilde{\boldsymbol{x}}(k-N\,|\,k)$，自由度少，所以採用週期型排程時，其排程性能指標（4-8）中其餘二項的最優值要大於等於採用滾動排程時所得到的最優值。綜合整個性能指標可知，基於滾動時域排程策略的性能最優值要小於等於採用週期型排程所得到的性能最優值。因此，證明完畢。

值得注意的是，定理 4.1 描述了滾動時域排程算法優於靜態週期型排程的特徵。此外，由排程算法（4-10）可知，該滾動時域排程算法權衡了每個系統輸出分量的重要性，即不同的系統輸出分量在排程算法（4-10）中具有不同的作用，即作用越大越應該與遠程估計器通訊，而週期型排程沒有考慮這點，即一視同仁，因此本小節所提出的滾動排程策略更能把握系統的動態特性，從而獲取更好的系統性能。另外，如果採用週期型排程算法，則滾動時域排程算法（4.10）可以簡化爲一種標準的二次規劃形式，優點類似於滾動時域估計[10]。

備註 4.1 對於排程算法（4-10）而言，所求得的優化變量 $\tilde{\boldsymbol{x}}^*(k-N\,|\,k)$ 僅僅是一個輔助變量，並不是所需要的狀態估計量，也沒有透過共享網路傳送至估計器。其次，求解排程算法（4-10）所得到的通訊邏輯序列 $\boldsymbol{\sigma}(k)=[\sigma_1(k),\cdots,\sigma_p(k)]^{\mathrm{T}}$ 決定了由哪 p 個輸出分量組成的輸出量 $\overline{y}(k)$ 能夠透過共享網路傳送到估計器，而不是傳輸通訊邏輯序列

$\boldsymbol{\sigma}(k)=[\sigma_1(k),\cdots,\sigma_p(k)]^{\mathrm{T}}$。最後，由於傳感器與排程器直接連接，因此可以將它們看作一個整體，即一個智能裝置。這個智能裝置具有無限計算能力、處理能力和記憶能力，並且其能夠透過無線網路進行通訊。

接下來，基於上述所提出的滾動時域排程算法以及一段具有部分測量資訊的輸出數據，進一步設計網路化控制系統的狀態估計器。

4.3 網路化控制系統的滾動時域狀態估計

如果不考慮物理系統的變量約束，可以採用 Kalman Filter[1] 估計網路化控制系統（4-7）的狀態。然而，本章節考慮了變量約束，而 Kalman Filter 並不具有處理變量約束的能力，因此設計能夠處理約束能力的滾動時域狀態估計器。針對具有通訊約束的 NCSs，滾動時域狀態估計的優化問題可以描述爲如下形式：

問題 4.2 基於 k 時刻的已知資訊$[\overline{\boldsymbol{I}}_k^N \triangleq \{\widetilde{\boldsymbol{y}}(k),\cdots,\widetilde{\boldsymbol{y}}(k-N),\boldsymbol{u}(k-1),\cdots,\boldsymbol{u}(k-N)\},\overline{\boldsymbol{x}}(k-N)]$，其中 $\overline{\boldsymbol{x}}(k-N)=\hat{\boldsymbol{x}}(k-N|k-1)$，透過極小化如下狀態估計性能指標（4-12），求得最優狀態估計值 $\hat{\boldsymbol{x}}(k-N|k)$，…，$\hat{\boldsymbol{x}}(k|k)$。其中，估計性能指標的表達式爲

$$J_2(k)=\left\|\hat{\boldsymbol{x}}(k-N|k)-\overline{\boldsymbol{x}}(k-N)\right\|_{\boldsymbol{M}}^2+\sum_{i=k-N}^{k}\left\|\widetilde{\boldsymbol{y}}(i)-\hat{\boldsymbol{y}}(i|k)\right\|_{\boldsymbol{R}}^2 \tag{4-12}$$

以及滿足如下約束條件：

$$\begin{aligned}&\hat{\boldsymbol{y}}(i|k)=\boldsymbol{S}_{\boldsymbol{\sigma}}(i)\boldsymbol{C}\hat{\boldsymbol{x}}(i|k)+[\boldsymbol{I}_p-\boldsymbol{S}_{\boldsymbol{\sigma}}(i)]\widetilde{\boldsymbol{y}}(i-1)\\&\hat{\boldsymbol{x}}(i+1|k)=\boldsymbol{A}\hat{\boldsymbol{x}}(i|k)+\boldsymbol{Bu}(i),\boldsymbol{D}\hat{\boldsymbol{x}}(i|k)\leqslant\boldsymbol{d},i=k-N,\cdots,k\end{aligned} \tag{4-13}$$

爲了便於分析，估計指標（4-12）中的懲罰矩陣 $\boldsymbol{M}$、$\boldsymbol{R}$ 等同於排程優化指標（4-8）中的懲罰矩陣 $\boldsymbol{M}$、$\boldsymbol{R}$。不過，爲了表徵通訊邏輯序列如何影響系統測量輸出，估計性能指標 $J_2(k)$ 中的第二項不同於排程性能指標 $J_1(k)$ 的第二項。此外，優化問題 4.2 可以轉化爲下列標準二次規劃形式進行優化求解［優化變量僅爲 $\hat{x}(k-N|k)$］：

$$\begin{aligned}&\hat{\boldsymbol{x}}^*(k-N|k)\triangleq\arg\min_{\hat{\boldsymbol{x}}(k-N|k)} J_2(k)\\&\text{s.t. } \boldsymbol{D}_N[\widetilde{\boldsymbol{F}}_N\hat{\boldsymbol{x}}(k-N|k)+\widetilde{\boldsymbol{G}}_N\boldsymbol{U}_N]\leqslant\boldsymbol{d}_N\end{aligned}$$

其中

$$J(k)=\hat{\boldsymbol{x}}^{\mathrm{T}}(k-N|k)[\boldsymbol{M}+\boldsymbol{F}_N^{\mathrm{T}}\boldsymbol{S}_s(k)\boldsymbol{R}_N\boldsymbol{S}_s(k)\boldsymbol{F}_N]\hat{\boldsymbol{x}}(k-N|k)+ 2[\boldsymbol{U}^{\mathrm{T}}(k)\boldsymbol{G}_N^{\mathrm{T}}\boldsymbol{S}_s(k)\boldsymbol{R}_N\boldsymbol{S}_s(k)\boldsymbol{F}_N-\overline{\boldsymbol{x}}^{\mathrm{T}}(k-N)\boldsymbol{M}-\boldsymbol{Y}^{\mathrm{T}}(k)\boldsymbol{R}_N\boldsymbol{S}_s(k)\boldsymbol{F}_N] \hat{\boldsymbol{x}}(k-N|k)+\overline{\boldsymbol{x}}^{\mathrm{T}}(k-N)\boldsymbol{M}\overline{\boldsymbol{x}}(k-N)+\boldsymbol{U}^{\mathrm{T}}(k)\boldsymbol{G}_N^{\mathrm{T}}\boldsymbol{S}_s(k)\boldsymbol{R}_N\boldsymbol{S}_s(k)\boldsymbol{G}_N\boldsymbol{U}(k)- 2\boldsymbol{U}^{\mathrm{T}}(k)\boldsymbol{G}_N^{\mathrm{T}}\boldsymbol{S}_s(k)\boldsymbol{R}_N\boldsymbol{Y}(k)+\boldsymbol{Y}^{\mathrm{T}}(k)\boldsymbol{R}_N\boldsymbol{Y}(k)$$

$$\widetilde{\boldsymbol{Y}}(k)=\begin{bmatrix}\widetilde{\boldsymbol{y}}(k-N)\\ \widetilde{\boldsymbol{y}}(k-N+1)\\ \vdots\\ \widetilde{\boldsymbol{y}}(k)\end{bmatrix},\boldsymbol{U}(k)=\begin{bmatrix}\boldsymbol{u}(k-N)\\ \boldsymbol{u}(k-N+1)\\ \vdots\\ \boldsymbol{u}(k-1)\end{bmatrix},\boldsymbol{F}_N=\begin{bmatrix}\boldsymbol{C}\\ \boldsymbol{CA}\\ \vdots\\ \boldsymbol{CA}^N\end{bmatrix},$$

$$\widetilde{\boldsymbol{F}}_N=\begin{bmatrix}\boldsymbol{I}\\ \boldsymbol{A}\\ \vdots\\ \boldsymbol{A}^N\end{bmatrix},\boldsymbol{d}_N=\begin{bmatrix}\boldsymbol{d}\\ \boldsymbol{d}\\ \vdots\\ \boldsymbol{d}\end{bmatrix}_{(N+1)n\times 1}$$

$$\boldsymbol{D}_N=\underbrace{\begin{bmatrix}\boldsymbol{D}&&&\\&\boldsymbol{D}&&\\&&\ddots&\\&&&\boldsymbol{D}\end{bmatrix}}_{N+1},\boldsymbol{S}_s(k)=\underbrace{\begin{bmatrix}\boldsymbol{S}_{\boldsymbol{\sigma}}(k-N)&&&\\&\boldsymbol{S}_{\boldsymbol{\sigma}}(k-N+1)&&\\&&\ddots&\\&&&\boldsymbol{S}_{\boldsymbol{\sigma}}(k)\end{bmatrix}}_{N+1},$$

$$\boldsymbol{R}_N=\underbrace{\begin{bmatrix}\boldsymbol{R}&&&\\&\boldsymbol{R}&&\\&&\ddots&\\&&&\boldsymbol{R}\end{bmatrix}}_{N+1}\widetilde{\boldsymbol{G}}_N=\begin{bmatrix}\boldsymbol{0}&\boldsymbol{0}&\cdots&\boldsymbol{0}&\boldsymbol{0}\\ \boldsymbol{B}&\boldsymbol{0}&\cdots&\boldsymbol{0}&\boldsymbol{0}\\ \boldsymbol{AB}&\boldsymbol{B}&\cdots&\boldsymbol{0}&\boldsymbol{0}\\ \vdots&\vdots&\cdots&\vdots&\vdots\\ \boldsymbol{A}^{N-1}\boldsymbol{B}&\boldsymbol{A}^{N-2}\boldsymbol{B}&\cdots&\boldsymbol{AB}&\boldsymbol{B}\end{bmatrix},$$

$$G_N=\begin{bmatrix}\boldsymbol{0}&\boldsymbol{0}&\cdots&\boldsymbol{0}&\boldsymbol{0}\\ \boldsymbol{CB}&\boldsymbol{0}&\cdots&\boldsymbol{0}&\boldsymbol{0}\\ \boldsymbol{CAB}&\boldsymbol{CB}&\cdots&\boldsymbol{0}&\boldsymbol{0}\\ \vdots&\vdots&\cdots&\vdots&\vdots\\ \boldsymbol{CA}^{N-1}\boldsymbol{B}&\boldsymbol{CA}^{N-2}\boldsymbol{B}&\cdots&\boldsymbol{CAB}&\boldsymbol{CB}\end{bmatrix}$$

在 k 時刻，透過求解優化問題 4.2，可以得到最優狀態估計值 $\hat{\boldsymbol{x}}^*(k-N|k)$，而窗口内其它最優狀態估計值 $\hat{\boldsymbol{x}}^*(k-N+j|k)$ 可由如下公式得出：

$$\hat{\boldsymbol{x}}^*(k-N+j|k)=\boldsymbol{A}^j\hat{\boldsymbol{x}}^*(k-N|k)+\sum_{i=0}^{j-1}\boldsymbol{A}^{j-i-1}\boldsymbol{B}\boldsymbol{u}(k-N+i),j=1,2,\cdots,N$$

顯然，當 $k+1$ 時刻的系統輸出經由不可靠網路傳輸時，已知資訊從基於 k 時刻所對應的數據窗口滾動到基於 $k+1$ 時刻所對應的數據窗口，即由$[\overline{\boldsymbol{I}}_k^N, \overline{\boldsymbol{x}}(k-N)]$過渡到$[\overline{\boldsymbol{I}}_{k+1}^N, \overline{\boldsymbol{x}}(k+1-N)]$，其中 $k+1$ 時刻的預估狀態 $\overline{\boldsymbol{x}}(k+1-N)$可由 k 時刻求出的最優狀態估計值 $\hat{\boldsymbol{x}}^*(k-N|k)$ 與預估公式 $\overline{\boldsymbol{x}}(k+1-N)=\boldsymbol{A}\hat{\boldsymbol{x}}^*(k-N|k)+\boldsymbol{Bu}(k-N)$計算得到，那麼透過重新求解優化問題 4.2 可以得到 $k+1$ 時刻的最優狀態估計值 $\hat{\boldsymbol{x}}^*(k+1-N|k+1)$ 以及窗口内的其它狀態估計值。

基於上述網路化動態排程算法與滾動時域估計算法，下面具體分析估計器的性能問題。

4.4 網路化滾動時域估計器的性能分析

估計器的性能對控制系統品質有直接的影響，因此本節將對上節所設計估計器的性能進行分析。首先，定義 $k-N$ 時刻的估計誤差爲

$$\boldsymbol{e}(k-N)\triangleq\boldsymbol{x}(k-N)-\hat{\boldsymbol{x}}^*(k-N|k) \tag{4-14}$$

然而，由於系統約束的存在，很難給出一個關於狀態估計誤差的等式表示形式。因此，定理 4.2 將給出一個關於估計誤差範數的性能上界。

定理 4.2 考慮上述系統（4-7）以及由公式(4-14）所表示的估計誤差，如果代價函數（4-12）中的懲罰權矩陣 $\boldsymbol{M}$ 和 $\boldsymbol{R}$ 使得不等式（4-15）成立：

$$a=8f^{-1}\rho<1 \tag{4-15}$$

那麼估計誤差歐氏範數平方的極限 $\lim\limits_{k\to\infty}\|\boldsymbol{e}(k-N)\|^2\leqslant b(1-a)^{-1}$，其中

$$\|\boldsymbol{e}(k-N)\|^2\leqslant\widetilde{\boldsymbol{e}}(k-N),k=N,N+1,\cdots \tag{4-16}$$

上界函數具有如下形式：

$$\widetilde{\boldsymbol{e}}(k)=a\widetilde{\boldsymbol{e}}(k-1)+b,\widetilde{\boldsymbol{e}}(0)=b_0 \tag{4-17}$$

以及

$$\boldsymbol{U}(k-1)=[\boldsymbol{U}(k-2);\boldsymbol{u}(k-1)],\boldsymbol{F}_{NN}=[\boldsymbol{F}_N;\boldsymbol{CA}^N],$$

$$\boldsymbol{S}(k)=\mathrm{diag}\{[\boldsymbol{\sigma}(k-N),\cdots,\boldsymbol{\sigma}(k)]\}$$

$$\boldsymbol{W}(k)=[\boldsymbol{w}^{\mathrm{T}}(k-N),\cdots,\boldsymbol{w}^{\mathrm{T}}(k)]^{\mathrm{T}},\boldsymbol{R}_{NN}=\mathrm{diag}\{[\boldsymbol{R}_N,\boldsymbol{R}]\},$$

$$\boldsymbol{G}_{NN}=[\boldsymbol{G}_N;\boldsymbol{CA}^{N-1}\boldsymbol{B}\cdots\boldsymbol{CB}]$$

$\eta_w \triangleq \max\|\boldsymbol{w}(k)\|, \eta_v \triangleq \max\|\boldsymbol{v}(k)\|, r_N \triangleq \|\boldsymbol{R}_{NN}\|, h_N \triangleq \|\boldsymbol{H}_N\|,$

$\rho \triangleq \lambda_{\max}(\boldsymbol{A}^{\mathrm{T}}\boldsymbol{M}\boldsymbol{A}), m \triangleq \lambda_{\max}(\boldsymbol{M})$

$d_0 \triangleq \max_{\boldsymbol{x}(0),\overline{\boldsymbol{x}}(0)\in \boldsymbol{X}} \|\boldsymbol{x}(0)-\overline{\boldsymbol{x}}(0)\|, f \triangleq \lambda_{\min}[\boldsymbol{M}+\boldsymbol{F}_{NN}^{\mathrm{T}}\boldsymbol{S}(k)\boldsymbol{R}_{NN}\boldsymbol{S}(k)\boldsymbol{F}_{NN}], a \triangleq 8\rho f^{-1}$

$b_0 \triangleq 4f^{-1}[md_0^2+r_N(h_N\sqrt{N+1}\eta_w+\sqrt{N}\eta_v)^2],$

$b \triangleq 4f^{-1}[2m\eta_w^2+r_N(h_N\sqrt{N+1}\eta_w+\sqrt{N}\eta_v)^2]$

$$\boldsymbol{H}_N=\begin{bmatrix} \boldsymbol{0} & \boldsymbol{0} & \cdots & \boldsymbol{0} & \boldsymbol{0} \\ \boldsymbol{C} & \boldsymbol{0} & \cdots & \boldsymbol{0} & \boldsymbol{0} \\ \boldsymbol{CA} & \boldsymbol{C} & \cdots & \boldsymbol{0} & \boldsymbol{0} \\ \vdots & \vdots & \cdots & \vdots & \vdots \\ \boldsymbol{CA}^{N-1} & \boldsymbol{CA}^{N-2} & \cdots & \boldsymbol{CA} & \boldsymbol{C} \end{bmatrix},$$

$$\boldsymbol{Y}(k)=\begin{bmatrix} \boldsymbol{y}(k-N) \\ \boldsymbol{y}(k-N+1) \\ \vdots \\ \boldsymbol{y}(k) \end{bmatrix}, \boldsymbol{V}(k)=\begin{bmatrix} \boldsymbol{v}(k-N) \\ \boldsymbol{v}(k-N+1) \\ \vdots \\ \boldsymbol{v}(k) \end{bmatrix}$$

證明 定理 4.2 的證明關鍵在於尋求估計性能指標最優值 $J_2^*(k)$ 的上界與下界。

首先，考慮性能指標最小值 $J_2^*(k)$ 的一個上界。顯然，根據 $\hat{x}^*(k-N|k)$ 的最優性原理，可得

$$J_2^*(k) \leqslant \left\{ \left\| \hat{\boldsymbol{x}}^*(k-N|k)-\overline{\boldsymbol{x}}(k-N) \right\|_{\boldsymbol{M}}^2 + \sum_{i=k-N}^{k} \left\| \boldsymbol{y}(i)-\hat{\boldsymbol{y}}(i|k) \right\|_{\boldsymbol{R}}^2 \right\}_{\hat{\boldsymbol{x}}^*(k-N|k)=\boldsymbol{x}(k-N)} \tag{4-18}$$

此外，不等式(4-19) 右側的第二項可以轉化爲

$$\left\{ \sum_{i=k-N}^{k} \left\| \boldsymbol{y}(i)-\hat{\boldsymbol{y}}(i|k) \right\|_{\boldsymbol{R}}^2 \right\}_{\hat{\boldsymbol{x}}^*(k-N|k)=\boldsymbol{x}(k-N)} = \left\| \boldsymbol{Y}(k)-[\boldsymbol{F}_N\boldsymbol{x}(k-N)+\boldsymbol{G}_N\boldsymbol{U}(k)] \right\|_{\boldsymbol{S}(k)\boldsymbol{R}_{NN}\boldsymbol{S}(k)}^2 \tag{4-19}$$

其中，$\boldsymbol{Y}(k)=[\boldsymbol{y}^{\mathrm{T}}(k-N),\cdots,\boldsymbol{y}^{\mathrm{T}}(k)]^{\mathrm{T}}$ 以及 $\boldsymbol{Y}(k)=\boldsymbol{F}_N\boldsymbol{x}(k-N)+\boldsymbol{G}_N\boldsymbol{U}(k-1)+\boldsymbol{H}_N\boldsymbol{W}(k)+\boldsymbol{V}(k)$，則等式(4-19) 可簡化爲

$$\left\{ \sum_{i=k-N}^{k} \left\| \boldsymbol{y}(i)-\hat{\boldsymbol{y}}(i|k) \right\|_{\boldsymbol{R}}^2 \right\}_{\hat{\boldsymbol{x}}^*(k-N|k)=\boldsymbol{x}(k-N)} = \left\| \boldsymbol{H}_N\boldsymbol{W}(k)+\boldsymbol{V}(k) \right\|_{\boldsymbol{S}(k)\boldsymbol{R}_{NN}\boldsymbol{S}(k)}^2 \tag{4-20}$$

於是，綜合公式(4-18) 與公式(4-20)，求得估計性能指標最小值 $J_2^*(k)$ 的上界

$$J_2^*(k) \leqslant \|\boldsymbol{x}(k-N)-\overline{\boldsymbol{x}}(k-N)\|_{\boldsymbol{M}}^2+\|\boldsymbol{H}_N\boldsymbol{W}(k)+\boldsymbol{V}(k)\|_{\boldsymbol{S}(k)\boldsymbol{R}_{NN}\boldsymbol{S}(k)}^2 \tag{4-21}$$

其次，考慮估計性能指標最小值 $J_2^*(k)$ 的一個下界。公式(4-12) 右側的第二項可以轉化爲

$$\sum_{i=k-N}^{k}\|\boldsymbol{y}(i)-\hat{\boldsymbol{y}}(i|k)\|_{\boldsymbol{R}}^2=\|\boldsymbol{Y}(k)-[\boldsymbol{F}_N\hat{\boldsymbol{x}}^*(k-N|k)+\boldsymbol{G}_N\boldsymbol{U}(k)]\|_{\boldsymbol{S}(k)\boldsymbol{R}_{NN}\boldsymbol{S}(k)}^2 \tag{4-22}$$

由於下列等式(4-23) 成立：

$$\begin{aligned}&\left\|\boldsymbol{F}_N\boldsymbol{x}(k-N)-\boldsymbol{F}_N\hat{\boldsymbol{x}}^*(k-N|k)\right\|_{\boldsymbol{S}(k)\boldsymbol{R}_{NN}\boldsymbol{S}(k)}^2\\&=\left\|\{\boldsymbol{Y}(k)-[\boldsymbol{F}_N\hat{\boldsymbol{x}}^*(k-N|k)+\boldsymbol{G}_N\boldsymbol{U}(k)]\}-\{\boldsymbol{Y}(k)-[\boldsymbol{F}_N\boldsymbol{x}(k-N)+\boldsymbol{G}_N\boldsymbol{U}(k)]\}\right\|_{\boldsymbol{S}(k)\boldsymbol{R}_{NN}\boldsymbol{S}(k)}^2\end{aligned} \tag{4-23}$$

所以不等式(4-24) 也成立：

$$\begin{aligned}&\|\boldsymbol{F}_N\boldsymbol{x}(k-N)-\boldsymbol{F}_N\hat{\boldsymbol{x}}^*(k-N|k)\|_{\boldsymbol{S}(k)\boldsymbol{R}_{NN}\boldsymbol{S}(k)}^2\leqslant2\|\boldsymbol{Y}(k)-[\boldsymbol{F}_N\hat{\boldsymbol{x}}^*(k-N|k)+\\&\boldsymbol{G}_N\boldsymbol{U}(k)]\|_{\boldsymbol{S}(k)\boldsymbol{R}_{NN}\boldsymbol{S}(k)}^2+2\|\boldsymbol{Y}(k)-[\boldsymbol{F}_N\boldsymbol{x}(k-N)+\boldsymbol{G}_N\boldsymbol{U}(k)]\|_{\boldsymbol{S}(k)\boldsymbol{R}_{NN}\boldsymbol{S}(k)}^2\end{aligned} \tag{4-24}$$

不等式(4-24) 可進一步轉化爲

$$\begin{aligned}&\left\|\boldsymbol{Y}(k)-[\boldsymbol{F}_N\hat{\boldsymbol{x}}^*(k-N|k)+\boldsymbol{G}_N\boldsymbol{U}(k)]\right\|_{\boldsymbol{S}(k)\boldsymbol{R}_{NN}\boldsymbol{S}(k)}^2\\&\geqslant0.5\left\|\boldsymbol{F}_N\boldsymbol{x}(k-N)-\boldsymbol{F}_N\hat{\boldsymbol{x}}^*(k-N|k)\right\|_{\boldsymbol{S}(k)\boldsymbol{R}_{NN}\boldsymbol{S}(k)}^2\\&-\|\boldsymbol{Y}(k)-[\boldsymbol{F}_N\boldsymbol{x}(k-N)+\boldsymbol{G}_N\boldsymbol{U}(k)]\|_{\boldsymbol{S}(k)\boldsymbol{R}_{NN}\boldsymbol{S}(k)}^2\end{aligned} \tag{4-25}$$

結合式(4-22) 與式(4-25)，可得

$$\begin{aligned}&\sum_{i=k-N}^{k}\left\|\boldsymbol{y}(i)-\hat{\boldsymbol{y}}(i|k)\right\|_{\boldsymbol{R}}^2\geqslant0.5\left\|\boldsymbol{F}_N\boldsymbol{x}(k-N)-\boldsymbol{F}_N\hat{\boldsymbol{x}}^*(k-N|k)\right\|_{\boldsymbol{S}(k)\boldsymbol{R}_{NN}\boldsymbol{S}(k)}^2-\\&\left\|\boldsymbol{H}_N\boldsymbol{W}(k)+\boldsymbol{V}(k)\right\|_{\boldsymbol{S}(k)\boldsymbol{R}_{NN}\boldsymbol{S}(k)}^2\end{aligned} \tag{4-26}$$

此外，由公式(4-12) 右側的第一項可得

$$\begin{aligned}&\left\|\boldsymbol{x}(k-N)-\hat{\boldsymbol{x}}^*(k-N|k)\right\|_{\boldsymbol{M}}^2\\&=\left\|[\boldsymbol{x}(k-N)-\overline{\boldsymbol{x}}(k-N)]+[\overline{\boldsymbol{x}}(k-N)-\hat{\boldsymbol{x}}^*(k-N|k)\right\|_{\boldsymbol{M}}^2\\&\leqslant2\left\|\boldsymbol{x}(k-N)-\overline{\boldsymbol{x}}(k-N)\right\|_{\boldsymbol{M}}^2+2\left\|\overline{\boldsymbol{x}}(k-N)-\hat{\boldsymbol{x}}^*(k-N|k)\right\|_{\boldsymbol{M}}^2\end{aligned} \tag{4-27}$$

並進一步給出

$$\left\|\hat{\boldsymbol{x}}^{*}(k-N \mid k)-\overline{\boldsymbol{x}}(k-N)\right\|_{\boldsymbol{M}}^{2}$$
$$\geqslant 0.5\left\|\boldsymbol{x}(k-N)-\hat{\boldsymbol{x}}^{*}(k-N \mid k)\right\|_{\boldsymbol{M}}^{2}-\left\|\boldsymbol{x}(k-N)-\overline{\boldsymbol{x}}(k-N)\right\|_{\boldsymbol{M}}^{2} \tag{4-28}$$

結合公式(4-26) 與公式(4-28)，整理可得

$$J_{2}^{*}(k) \geqslant 0.5\|\boldsymbol{e}(k-N)\|_{\boldsymbol{M}}^{2}-\|\boldsymbol{x}(k-N)-\overline{\boldsymbol{x}}(k-N)\|_{\boldsymbol{M}}^{2}+$$
$$0.5\left\|\boldsymbol{F}_{N} \boldsymbol{e}(k-N)\right\|_{\boldsymbol{S}(k) \boldsymbol{R}_{NN} \boldsymbol{S}(k)}^{2}-\left\|\boldsymbol{H}_{N} \boldsymbol{W}(k)+\boldsymbol{V}(k)\right\|_{\boldsymbol{S}(k) \boldsymbol{R}_{NN} \boldsymbol{S}(k)}^{2} \tag{4-29}$$

最後，綜合估計性能指標最小值 $J^{*}(k)$ 的上界與下界，並給出關於估計誤差範數意義下的描述。具體地説，由公式(4-21) 與公式(4-29)，可得

$$\|\boldsymbol{e}(k-N)\|_{\boldsymbol{M}}^{2}+\left\|\boldsymbol{F}_{N} \boldsymbol{e}(k-N)\right\|_{\boldsymbol{S}(k) \boldsymbol{R}_{NN} \boldsymbol{S}(k)}^{2}$$
$$\leqslant 4\|\boldsymbol{x}(k-N)-\overline{\boldsymbol{x}}(k-N)\|_{\boldsymbol{M}}^{2}+4\left\|\boldsymbol{H}_{N} \boldsymbol{W}(k)+V(k)\right\|_{\boldsymbol{S}(k) \boldsymbol{R}_{NN} \boldsymbol{S}(k)}^{2} \tag{4-30}$$

考慮到公式(4-30) 右側的第二項，則有

$$\left\|\boldsymbol{H}_{N} \boldsymbol{W}(k)+\boldsymbol{V}(k)\right\|_{\boldsymbol{S}(k) \boldsymbol{R}_{NN} \boldsymbol{S}(k)}^{2} \leqslant\left\|\boldsymbol{R}_{NN}\right\|\left(\left\|\boldsymbol{H}_{N}\right\|\|\boldsymbol{W}(k)\|+\|\boldsymbol{V}(k)\|\right)^{2}$$
$$\leqslant r_{N}\left(\sqrt{N+1} \eta_{w} h_{N}+\sqrt{N} \eta_{v}\right)^{2} \tag{4-31}$$

於是，公式(4-30) 可轉化爲如下形式：

$$\left\|\boldsymbol{e}(k-N)\right\|_{\boldsymbol{M}}^{2}+\left\|\boldsymbol{F}_{N} \boldsymbol{e}(k-N)\right\|_{\boldsymbol{S}(k) \boldsymbol{R}_{NN} \boldsymbol{S}(k)}^{2}$$
$$\leqslant 4\left\|\boldsymbol{x}(k-N)-\overline{\boldsymbol{x}}(k-N)\right\|_{\boldsymbol{M}}^{2}+4 r_{N}\left(\sqrt{N+1} \eta_{w} h_{N}+\sqrt{N} \eta_{v}\right)^{2} \tag{4-32}$$

對於公式(4-32) 右側的第一項，則有

$$\left\|\boldsymbol{x}(k-N)-\overline{\boldsymbol{x}}(k-N)\right\|_{\boldsymbol{M}}^{2}=\left\|\boldsymbol{A} \boldsymbol{e}(k-N-1)+\boldsymbol{w}(k-N-1)\right\|_{\boldsymbol{M}}^{2}$$
$$\leqslant 2\left\|\boldsymbol{A} \boldsymbol{e}(k-N-1)\right\|_{\boldsymbol{M}}^{2}+2\left\|\boldsymbol{w}(k-N-1)\right\|_{\boldsymbol{M}}^{2} \tag{4-33}$$

基於公式(4-32) 與公式(4-33)，可得

$$\left\|e(k-N)\right\|_{M}^{2}+\|F_{N}e(k-N)\|_{S(k)R_{NN}S(k)}^{2}\leqslant 8\left\|Ae(k-N-1)\right\|_{M}^{2}+$$
$$8\left\|we(k-N-1)\right\|_{M}^{2}+4r_{N}(\sqrt{N+1}\,\eta_{w}h_{N}+\sqrt{N}\,\eta_{v})^{2} \tag{4-34}$$

由於 $fI\leqslant M+F_{NN}^{\mathrm{T}}S(k)R_{NN}S(k)F_{NN}$，$A^{\mathrm{T}}MA\leqslant\rho I$，則有

$$f\|e(k-N)\|^{2}\leqslant 8\rho\|e_{k-N-1}\|^{2}+8m\eta_{w}^{2}+4r_{N}(h_{NN}\sqrt{N+1}\,\eta_{w}+\sqrt{N}\,\eta_{v})^{2} \tag{4-35}$$

此外，由公式(4-27)，可得

$$\|e(0)\|^{2}\leqslant\frac{4}{f}[md_{0}^{2}+r_{N}(h_{NN}\sqrt{N+1}\,\eta_{w}+\sqrt{N}\,\eta_{v})^{2}]=b_{0} \tag{4-36}$$

根據公式(4-17) 所定義的時變函數 $\tilde{e}(k-N)$，則有如下不等式成立：

$$\|e(k-N)\|^{2}\leqslant\tilde{e}(k-N),k=N,N+1,\cdots \tag{4-37}$$

如果不等式 $a<1$ 成立，則很容易得到 $\lim\limits_{k\to\infty}\tilde{e}(k)=\lim\limits_{k\to\infty}\left(a^{k}\tilde{e}(0)+b\sum\limits_{i=0}^{k-1}a^{i}\right)=b(1-a)^{-1}$ 以及估計誤差範數平方的上界 $b/(1-a)$。這樣，證明完畢。

由定理 4.2 可知，估計誤差範數平方的動態行爲依賴於多個因素，比如，系統系數矩陣、加權矩陣 M 和 R、滾動時域 N 以及通訊序列矩陣 $S(k)$。如果這些參數能夠使得不等式 $a<1$ 成立，那麼函數序列 $\{\tilde{e}(k)\}$ 將收斂至 $b(1-a)^{-1}$。本章節假定滾動時域 N，透過求解得到合適的加權矩陣 M 和 R 補償通訊序列矩陣 $S(k)$ 對估計誤差範數平方的影響。然而，由於通訊序列矩陣 $S(k)$ 的存在，使得加權矩陣 M 和 R 的可行域變小甚至可能不存在。總之，如果存在正定矩陣 M 和 R，使得如下線性矩陣不等式(4-38) 成立，則估計誤差的範數平方收斂。

$$\begin{cases}0<M,0<R\\0\leqslant 8\rho<f\\0\leqslant A^{\mathrm{T}}MA\leqslant\rho I\\0<fI\leqslant M+F_{NN}^{\mathrm{T}}S(k)R_{NN}S(k)F_{NN}\end{cases} \tag{4-38}$$

備註 4.2　時變函數序列$\{\tilde{e}(k)\}$的上界是透過離線計算得到，以至於給出了滾動時域狀態估計器的先驗保性能上界。由於通訊序列矩陣 $S(k)$ 僅存在有限個不同的矩陣值（這裏假設系統維數有限），則可以透過離線計算多個線性不等式(4-38) 得到加權矩陣 M 和 R。然而，當系統維數增加時，通訊序列矩陣 $S(k)$ 的個數增多，導致不等式(4-38) 的求解變得複雜，因此該方法具有一定的保守性。

無偏性是衡量和評價狀態估計性能的一個重要標準，推論 4.1 給出

了 NCSs 滾動時域狀態估計的無偏性結論。

推論 4.1 考慮上述系統（4-7）以及由公式(4-14)所表示的估計誤差，假定系統不存在雜訊即 $\boldsymbol{w}(k)=0$，$\boldsymbol{v}(k)=0$，$k=0,1,\cdots$，如果代價函數（4-12）中的懲罰權矩陣 $\boldsymbol{M}$ 和 $\boldsymbol{R}$ 使得不等式 $a<1$ 成立，那麼估計誤差範數平方的極限 $\lim_{k\to\infty}\|\boldsymbol{e}(k-N)\|^2=0$，$k=N,N+1,\cdots$ 其中

$$\|\boldsymbol{e}(k-N)\|^2\leqslant a^{k-N}b_0,k=N,N+1,\cdots \tag{4-39}$$

參數 a，b_0 定義在定理 4.2。

根據推論 4.1 可知：當不存在雜訊即 $\boldsymbol{w}(k)=0$，$\boldsymbol{v}(k)=0$，$k=0,1,\cdots$ 時，若不等式 $a<1$ 成立，則估計誤差將指數收斂於零並且該估計器也是一個指數觀測器。另外，透過比較式(4-16)與式(4-39)，可以看出：時變函數序列 $\{\tilde{\boldsymbol{e}}(k)\}$ 的上界與雜訊 $\boldsymbol{w}(k)$、$\boldsymbol{v}(k)$ 有關。

4.5 數值仿真與物理實驗

本小節透過兩個例子來驗證所提方法的有效性。其中，一個是簡單的數值仿真例子，而另外一個是雙容液位控制系統實例。

4.5.1 數值仿真

首先考慮一個兩輸入兩輸出的線性時不變系統，其狀態空間模型描述如下：

$$\boldsymbol{x}(k+1)=\begin{bmatrix}1 & 0.1 & 0 & 0\\ 0.1 & 1.25 & 0 & 0\\ 1 & 0.1 & 1/6 & 1/2\\ 0 & 0 & 0 & 1.25\end{bmatrix}\boldsymbol{x}(k)+\begin{bmatrix}0 & 0\\ 1 & 0\\ 0 & 0\\ 0 & 1\end{bmatrix}\boldsymbol{u}(k)+\boldsymbol{w}(k)$$

$$\boldsymbol{y}(k)=\begin{bmatrix}1 & 1 & 0 & 0\\ 0 & 0 & 1 & 1\end{bmatrix}\boldsymbol{x}(k)+\boldsymbol{v}(k) \tag{4-40}$$

由於系統（4-40）的四個狀態均無法測量得到，則需要設計狀態估計器來估計系統的狀態。然而共享網路具有頻寬受限的特性，導致每一採樣時刻只能有部分系統輸出透過共享網路與遠程估計器通訊。考慮到這種情況，則假設在每一採樣時刻該系統（4-40）只有一個輸出分量與遠程估計器進行數據傳輸，並基於此設計動態排程器以及滾動時域狀態估計器。

在數值仿真中，假定預測時域 $N=14$，初始系統狀態 $\boldsymbol{x}(0)=[100;50;7;6]$，初始預估狀態 $\overline{\boldsymbol{x}}(0)=[1;1;3;4]$以及懲罰權矩陣 $\boldsymbol{Q}=\boldsymbol{I}_2$，則使得條件（4-38）成立的加權矩陣爲 $\boldsymbol{M}=\boldsymbol{I}_4$，$\boldsymbol{R}=100\boldsymbol{I}_2$ 以及得到 $\rho=2.5226$，$a=0.4958<1$ 和 $b=14.2103$。其中，系統雜訊和測量雜訊分別是滿足 $\boldsymbol{w}\sim N(0,0.1\boldsymbol{I}_4)$，$\boldsymbol{v}\sim N(0,0.5\boldsymbol{I}_2)$ 的正態分散雜訊。爲了仿真需要，基於 Zhang 等人提出的方法[1]，透過求解一個標準的 LQ 問題，得到一個最優 LQG 控制律。

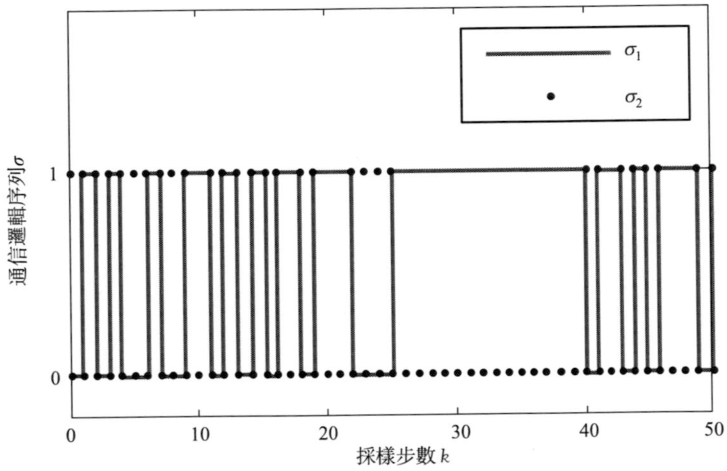

圖 4-2　測量輸出的通訊邏輯序列

根據排程問題 4.1 並在線求解一個混合整數二次規劃的排程算法(4-10)，可以得到兩個輸出分量的動態通訊邏輯序列，如圖 4-2 所示。由圖可知，通訊邏輯序列是沒有規則的，並在「0」和「1」之間隨機切換。該通訊邏輯序列的取值主要取決於系統的輸出分量，即哪個輸出分量對排程性能指標的作用越大，那麼這個輸出量就越應該與遠程估計器進行通訊。基於滾動時域排程算法得到相關通訊序列後，則需要進一步透過採用滾動時域估計方法得到系統狀態的估計值。爲了與所提滾動時域估計方法相比，其中也採用一種基於離線週期型排程的 Kalman Filter 方法[1]，其中週期型排程式列爲{[0;1],[1;0],[0;1],[1;0],…}。再者，由於每一採樣時刻，並不是所有的系統輸出分量都能夠傳輸到遠程估計器，所以當輸出分量沒有按時到達估計器時，則所對應的輸出分量將採用零階保持器，即採用上一時刻的輸出分量來代替當前時刻的輸出分量。因此，基於兩種排程和兩種估計方法所得到的狀態估計結果顯示在圖 4-3～圖 4-6

中。由圖 4-3～圖 4-6 可以看出：由於採用基於測量輸出的滾動時域排程以及具有多個自由度調節的滾動時域狀態估計方法，其所得到的狀態估計結果明顯優於基於離線週期型排程與 Kalman Filter 的估計結果。尤其是在最初一段時間，Kalman Filter 的估計結果並沒有很快地跟蹤上實際的系統狀態值。總之，滾動時域排程方法能夠作出相應的動作即時地補償上一時刻部分測量輸出丟失所造成的影響，而週期型排程不能根據部分測量輸出丟失的情況作出相應的補償措施。

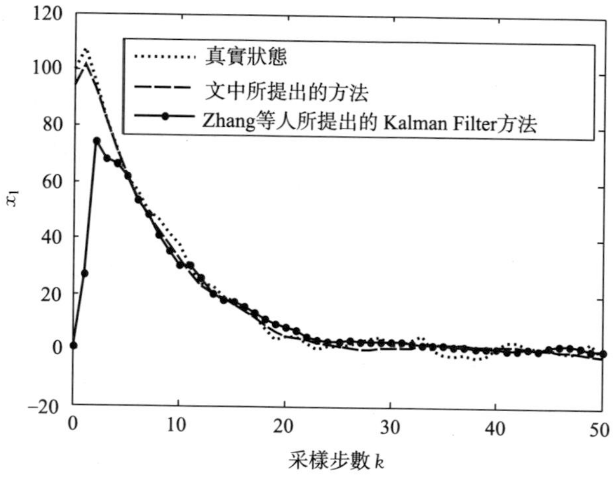

圖 4-3　狀態分量 x_1 的比較結果

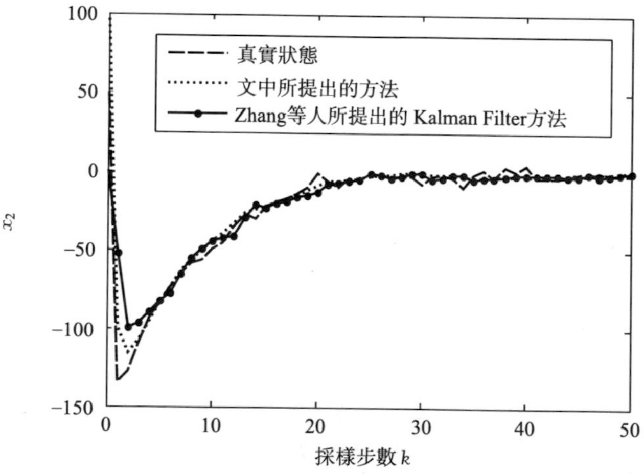

圖 4-4　狀態分量 x_2 的比較結果

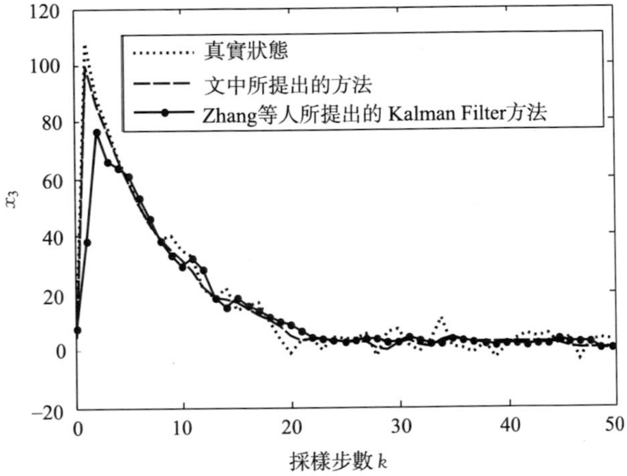

圖 4-5 狀態分量 x_3 的比較結果

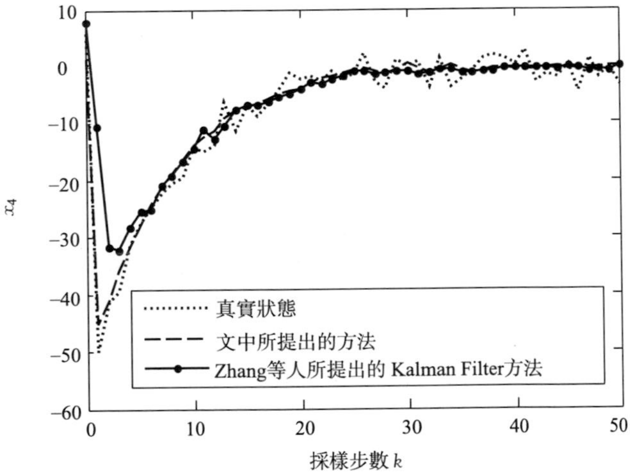

圖 4-6 狀態分量 x_4 的比較結果

另外，考慮如下的一種性能指標——均方根誤差（RMSE）：$\text{RMSE}(k)=\sqrt{n^{-1}\boldsymbol{e}^{\mathrm{T}}(k)\boldsymbol{e}(k)}$。其中，$n$ 表示估計誤差的維數。基於兩種估計方法，其均方根誤差性能的比較結果顯示在圖 4-7 中。根據均方根誤差性能的比較，再一次說明了滾動時域排程的結果好於離線週期型排程的結果，尤其表現在最初一段時間內的結果，盡管採用滾動排程與滾動時域估計方法所消耗的時間要大於離散週期型排程和 Kalman Filter 所消耗的時間。

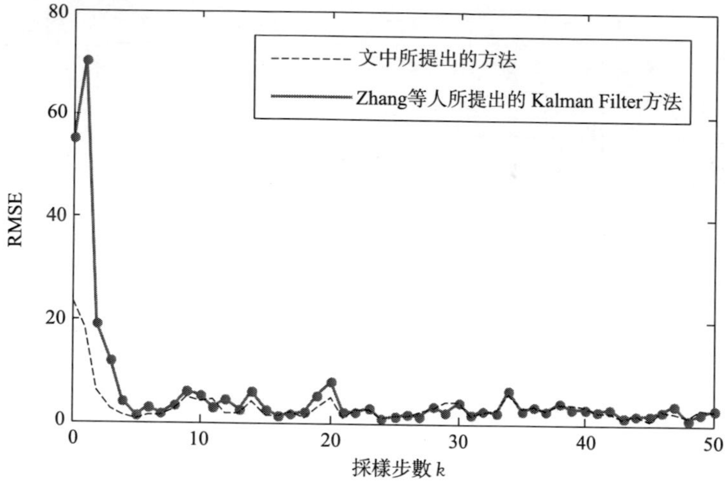

圖 4-7 RMSEs 的比較結果

4.5.2 雙容液位系統實驗

爲了驗證所提滾動時域排程算法和 MHE 算法在實際被控對象中的有效性，本小節將基於東大多功能實驗平臺的一個兩輸入兩輸出（TITO）雙容液位系統進行算法驗證實驗。如圖 4-8 所示，該雙容液位系統是東大多功能實驗平臺的一部分，該多功能實驗平臺主要由電腦和被控對象組成，二者透過以太網連接。其中，電腦是基於該實驗平臺自帶的一套 EasyControl 軟體，實現與 Matlab/Simulink 軟體的無縫兼容，並透過以太網實現控制器和被控對象的即時資訊傳遞；被控對象系統包括控制器、執行器和工業過程控制中四個典型的被控對象（流量、溫度、壓力、液位）。控制器、執行器和被控對象透過系統內部數據總線進行通訊，即時地將設備資訊和控制指令在控制器和被控對象進行傳遞，從而實現對設備狀態的讀取和被控對象的控制。因此，該實驗平臺可用於各類建模、濾波、控制、故障診斷和性能監控軟體算法的實驗研究，是一個功能很全的即時電腦多功能過程控制實驗平臺。

如圖 4-9 所示，這個雙容液位系統由兩個相互連通的水箱（two interconnected cylindrical tanks）、一個水泵（pump）、五個手動閥（manual valve）、一個電磁閥（electromagnetic valve）、一個蓄水池（reservoir）、若干水管（pipes）以及液位和流量傳感器（sensors）等組成。其中，水泵用於控制兩個水箱的總流量 u_1，而電磁閥用於控制和分流進入

2# 水箱的流量 u_2；手動閥 V_1、V_2 分別調節進入 1# 水箱和 2# 水箱的流量，而手動閥 V_3、V_4 分別調節 1# 水箱和 2# 水箱的泄水流量 Q_{o1}、Q_{o2}；連通閥 V_0 用於調節 1# 水箱和 2# 水箱之間的連通流量 Q_{12}。在整個實驗中，所有手動閥門均打開，並保持不變。基於上述分析可知，被控變量分別是 1# 水箱和 2# 水箱的液位高度 h_1 和 h_2；控制變量分別是泵和電磁閥的出水流量 u_1、u_2，並透過利用泵功率 WP(%) 和比例閥開度 VO(%) 改變泵和比例閥的出水流量，進而控制液位的高度。此外，由於 1# 水箱和 2# 水箱之間連通即存在連通閥 V_0，則在控制 1# 水箱液位高度的同時，也會影響 2# 水箱的液位。反之亦然。再者，泵和比例閥的出水流量同時影響 1# 水箱和 2# 水箱的液位高度。因此，這個雙容液位系統可以描述成一個輸入輸出都存在耦合的兩輸入兩輸出系統。

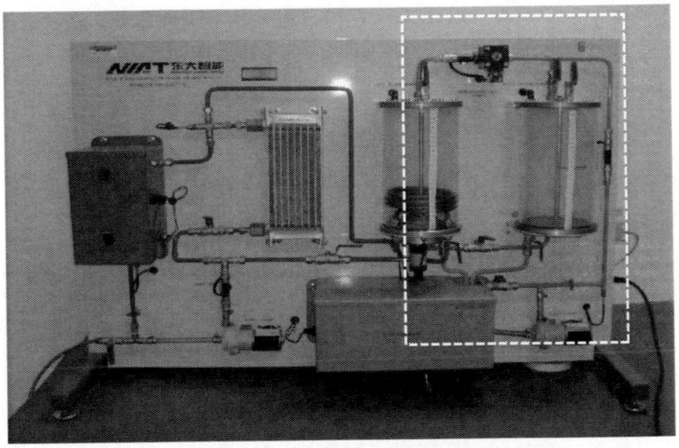

圖 4-8 多功能過程控制實驗平臺

利用階躍響應辨識方法[10]，根據改變泵和比例閥的出水流量 u_1 與 u_2 引起輸出液位的變化曲線，對耦合關係矩陣進行辨識。由此，雙容水箱液位系統的傳遞函數爲

$$\begin{bmatrix} h_1 \\ h_2 \end{bmatrix} = \begin{bmatrix} \dfrac{32.292}{1+333.02s}e^{-0.50035s} & \dfrac{2.7808}{1+303s}e^{-29.408s} \\ \dfrac{-24.039}{1+278.18s}e^{-30s} & \dfrac{62.003}{1+664.79s}e^{-30s} \end{bmatrix} \begin{bmatrix} u_1 \\ u_2 \end{bmatrix} \tag{4-41}$$

其中，u_1、u_2 分別爲 2 個操控變量（即泵和電磁閥的出水流量），而 h_1 和 h_2 分別爲 2 個被控變量（即 1# 和 2# 水箱的液位高度）。由於水泵功率 WP(%) 和比例閥開度 VO(%) 與泵和比例閥的輸出流量之間存在非線性，如果直接以水泵功率、比例閥開度作爲輸入，1# 和 2# 水箱液位高度

作爲輸出，那麼所建立的線性模型效果很差，難以符合實際系統。因此，這裏建立泵和電磁閥的出水流量與水箱液位高度的系統模型。

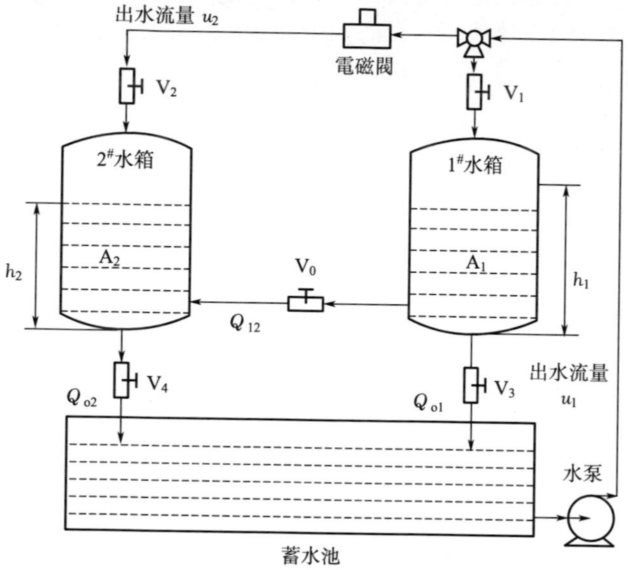

圖 4-9　雙容液位系統的示意圖

在即時實驗中，由於考慮了輸入變量 u_1、u_2 和輸出變量 h_1、h_2 的約束，則設計了一個典型的模型預測控制器（MPC）。根據先驗知識和參數整定，MPC 控制策略設計如下：採樣週期爲 1s，預測時域 $N_1=30$，控制時域 $N_2=10$，加權矩陣 $\boldsymbol{Q}_1=\boldsymbol{R}_1=\boldsymbol{I}_2$，其中 $\boldsymbol{I}_2$ 爲兩維的單位矩陣；由於控制泵和電磁閥的出水流量範圍分別爲 1.7～3.7L/min 和 0.5～1.0L/min，所以控制量約束分別設定爲（1.7,3.7）L/min 和（0.5,1.0）L/min；這裏水箱的最高允許液位高度是 22cm，並根據模型的適用範圍，確定液位高度 h_1、h_2 的約束分別是（7,22）cm 和（11,22）cm。此外，MHE 策略參數設計如下：估計時域 $N=6$，懲罰權矩陣分別爲 $\boldsymbol{Q}=\boldsymbol{I}_2$，$\boldsymbol{M}=\boldsymbol{I}_2$，$\boldsymbol{R}=5\boldsymbol{I}_2$ 以及得到 $a=0.3859<1$ 和 $b=5.1415$。假定兩個水箱的初始液位高度均爲 $h_0=0$cm，1# 水箱的設定值爲 16.2cm，而 2# 水箱的設定值爲 11cm。考慮到每一採樣時刻只有一個水箱的液位高度可以透過共享網路傳送到遠程估計器而另一個水箱液位失效的情況，分別採用兩組實驗檢驗所提出的滾動時域排程策略。其中，第一組實驗採用 MPC 策略使得兩水箱的液位分別跟蹤設定值並保持不變，而第二組實驗採用 MPC 策略不僅使得兩水箱的液位能夠跟蹤設定值，而且能夠隨着設定值

的改變而快速跟蹤設定值。

在第一組實驗中，採用 MPC 策略，使得兩水箱的液位分別跟蹤設定值並保持不變，其中 1# 水箱的設定值爲 16.2cm，而 2# 水箱的設定值爲 11cm。基於 EasyControl 軟體平臺監測到的 MPC 控制效果曲線，如圖 4-10 所示。由圖可以看出：當 1# 水箱的液位達到設定值附近時，泵的出水流量 u_1 迅速降低並在較小範圍内波動（因爲系統雜訊的存在）；而當 2# 水箱的液位達到設定值附近時，電磁閥的出水流量 u_2 也迅速降低並在較小範圍内波動。爲了與所提滾動排程方法相比較，考慮了另一種排程方法——離線週期型排程，即排程式列爲{[0;1],[1;0],[0;1],[1;0],…}。基於已知資訊包括兩水箱液位高度、泵出水流量以及電磁閥出水流量，透過求解排程算法（4-10），則分别得到了每一時刻兩水箱的通訊序列。其中 1# 水箱的通訊排程式列如圖 4-11 所示，而 2# 水箱的通訊排程式列與之相反。由圖 4-11 可知，1# 水箱的通訊排程式列是雜亂無序並且隨機，其主要與兩個水箱的液位高度即輸出量有關。隨後，基於 MHE 方法，比較了在兩種排程策略即所提出的滾動排程與週期型排程下的狀態估計結果，如圖 4-12 與圖 4-13 所示。由上述結果可知，與離線週期型排程的狀態估計結果相比，基於在線滾動時域排程的狀態估計結果能夠快速達到設定值並能夠很好跟蹤真實狀態，而且具有更小的超調量，盡管其具有稍大的上昇時間。簡言之，基於在線滾動時域排程的狀態估計結果要明顯地優於基於離線週期型排程的狀態估計結果。

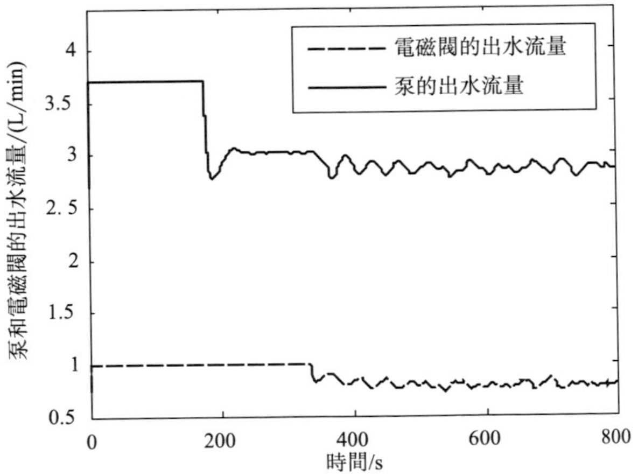

圖 4-10 泵和電磁閥的出水流量

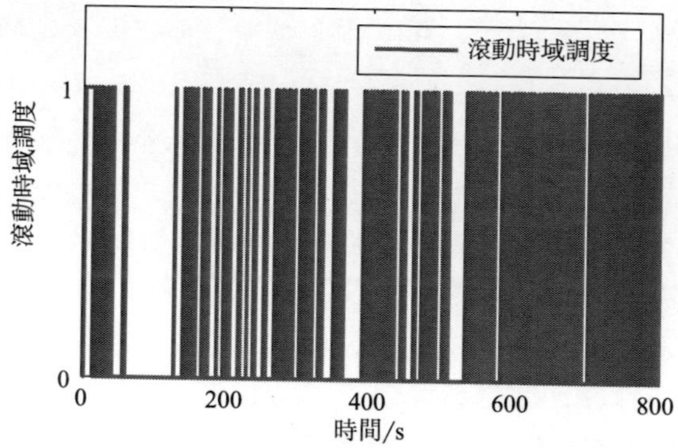

圖 4-11　1# 水箱的通訊邏輯序列軌跡

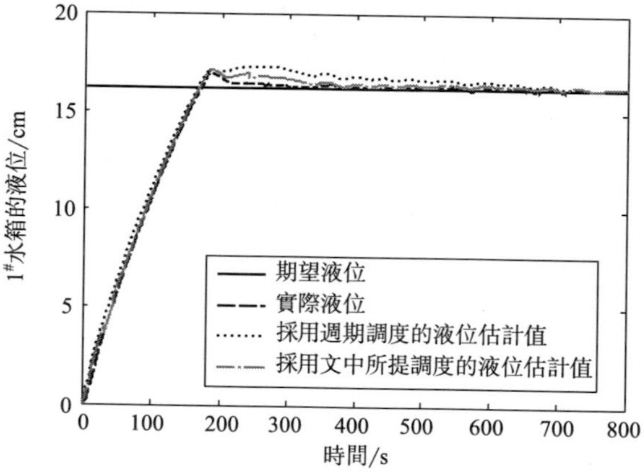

圖 4-12　1# 水箱的液位估計結果

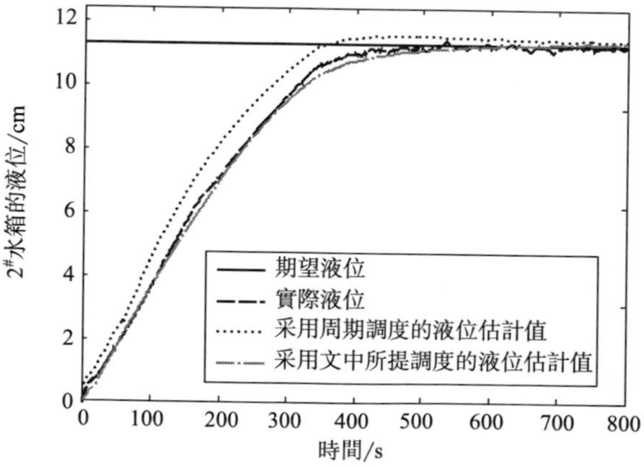

圖 4-13　2# 水箱的液位估計結果

在第二組實驗中，開始一段時間內使得兩水箱的液位分別跟蹤原設定值。隨後，分別先後瞬時改變兩個水箱的設定值，使得 1# 水箱的設定值由 16.2cm 降爲 13.2cm，經過一段時間後，又恢復到 16.2cm；而使得 2# 水箱的設定值由 11cm 降爲 9cm，並保持不變。在此實驗過程中，控制輸入即泵出水流量以及電磁閥出水流量仍能使得系統具有良好的性能：能夠在相應的時刻改變各自的出水流量，很好地跟蹤設定值的變化，如圖 4-14 所示。針對液位設定值的改變情況，透過求解優化排程算法（4-10），得到一組新的動態排程式列，其中 1# 水箱的通訊排程式列如圖 4-15 所示。需要強調的是，這個新的通訊序列完全不同於第一組實驗所得到的通訊序列，其原因在於實驗條件即實驗工況的不同導致系統的輸出量發生劇變，從而求解得到不同的通訊序列。相應地，基於兩種不同的排程方法，狀態估計的比較結果顯示在圖 4-16 和圖 4-17。如圖所示，當設定值瞬時發生變化時，基於滾動排程方法得到的狀態估計結果能夠快速地響應改變的設定值，而週期型排程所得到的狀態估計結果不能很好地跟蹤改變的設定值並且遠離真實的狀態值。綜合兩組實驗數據可知，由於滾動排程策略是能夠基於二次型排程指標即時地排程合理的資訊即有限的測量輸出，而週期型排程策略不管測量輸出即液位高度對排程所產生的不同影響，從而同樣對待即週期循環利用，所以即時滾動排程得到的估計性能要優於離線週期型排程的估計性能。

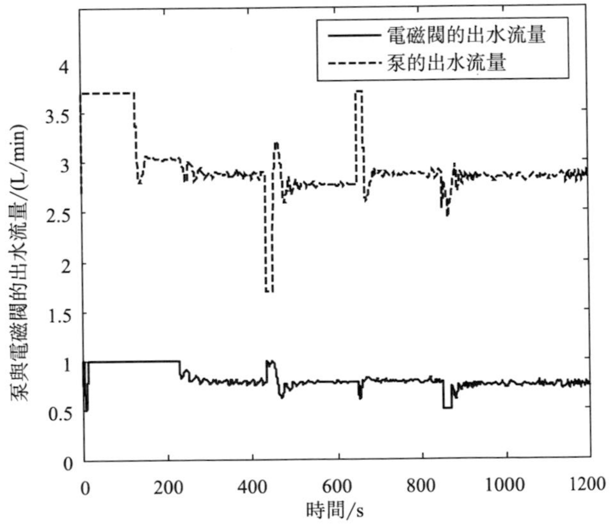

圖 4-14　泵和電磁閥的出水流量

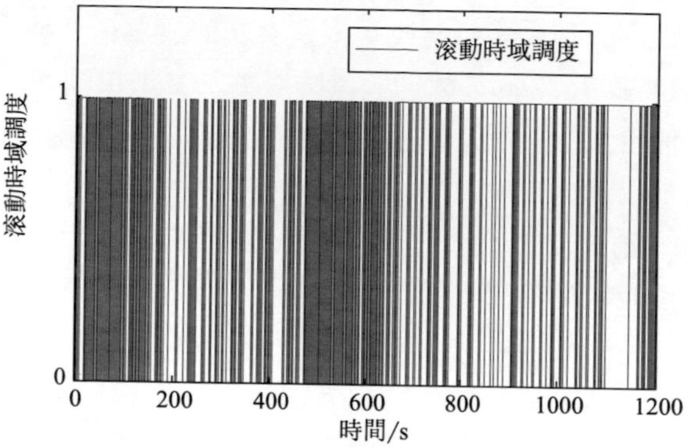

圖 4-15　1# 水箱的通訊邏輯序列軌跡

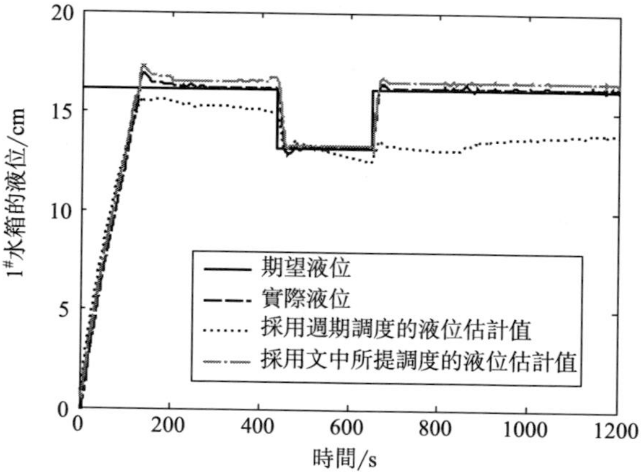

圖 4-16　1# 水箱的液位估計結果

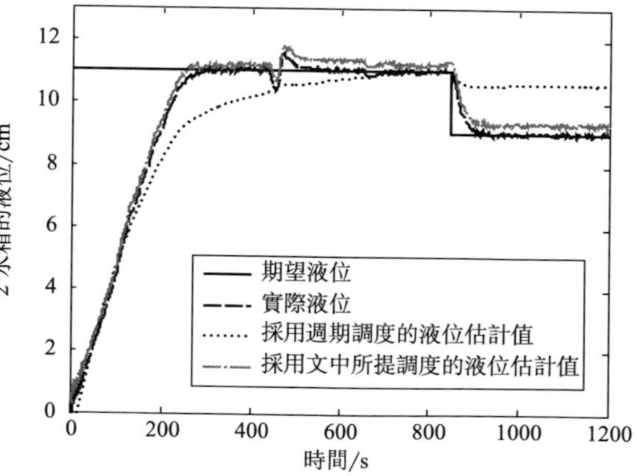

圖 4-17　2# 水箱的液位估計結果

4.6 本章小結

本章針對每個採樣時刻只有部分測量輸出數據能夠透過共享網路傳輸到遠程估計器的通訊約束情況，設計了一種基於二次型排程指標的滾動時域排程策略即時排程這部分測量輸出資訊，從而使得估計器在資源受限的情況下仍具有良好的估計性能。具體來説，從如何合理利用這有限的網路資源角度出發，提出了一種基於通訊序列的全新動態排程，即滾動時域排程策略。透過定義一種通訊序列，將這種網路資源受限的排程問題描述爲一種等式約束條件的優化問題，即將具有通訊約束的原線性時不變被控對象轉化爲帶有一個等式約束條件的線性時變系統，並基於此模型提出了一種滾動時域的排程策略。其中，這個滾動時域排程策略透過極小化一個包括通訊成本與估計誤差在内的二次型性能指標即時得到通訊狀態，並給出了一個優於週期型排程的結論。隨後，考慮到具有物理變量約束的被控對象，一種能夠處理這種約束能力的 MHE 方法用於估計具有通訊約束的網路化控制系統的狀態，以及給出了估計誤差範數平方有界的充分條件。

參考文獻

[1] Zhang Lei, Hristu-Varsakellis D. LQG Control Under Limited Communication. Proceedings of the 44th IEEE Conference on Decision and Control. Seville, Spain: 2005.

[2] Hristu-Varsakellis D. Stabilization of LTI Systems with Communication Constraints. Proceedings of the 2000 American Control Conference. Chicago, USA: 2000.

[3] Zhang Lei, Hristu-Varsakellis D. Communication and Control Co-Design for Networked Control Systems. Automatica, 2006, 42 (6): 953-958.

[4] Ishii H. H-inf Control with Limited Communication and Message Losses. Systems & Control Letters, 2008, 57 (4): 322-331.

[5] Rehbinder H, Sanfridson M. Scheduling of a Limited Communication Channel for Optimal Control. Automatica, 2004, 40 (3): 491-500.

[6] Lu Lilei, Xie Lihua, Fu Minyue. Optimal Control of Networked Systems with

Limited Communication: Combined Heuristic and Convex Optimization Approach. in Proceedings of the 42nd IEEE Conference on Decision and Control. Hawaii, USA: 2003.

[7] Gaid M M B, Cela A, Hamam Y. Optimal Integrated Control and Scheduling of Networked Control Systems with Communication Constraints: Application to a Car Suspension System. IEEE Transaction on Control System Technology, 2006, 14(4): 776-787.

[8] Sozer E, Stojanovic M, Proakis J. Underwater Acoustic Networks. IEEE Journal of Oceanic Engineering, 2000, 25(1): 72-83.

[9] Sparks J A. Low Cost Technologies for Aerospace Application. Microprocessors and Microsystems, 1997, 20(8): 449-454.

[10] 李少遠，蔡文劍．工業過程辨識與控制．北京：化學工業出版社，2011.

第5章

局部性能指標的分布式預測控制

5.1 概述

在分散式預測控制中，控制器優化解的求解是分散在各個子系統中的，所以這種結構具有容錯性能好，結構靈活等特點，然而其優化性能在一般情況下沒有集中式分散式預測控制的性能好。目前，以改善系統全局性能指標爲目標的協調策略，主要有以下三類。

① 局部性能指標優化 DMPC：每個局部控制器優化自身的性能指標。在解優化問題時，使用上一時刻的狀態預測值來近似此刻的狀態值。如果採用迭代算法，則可以得到閉環系統的 Nash（Nash）均衡解。

② 協調 DMPC：每個局部控制器優化全局性能指標。在解優化問題時，同樣也使用上一時刻的狀態預測值來近似此刻的狀態值。在某些情況下該策略可實現很好的全局性能，但是同時會降低靈活性，增加通訊負載。也把它稱爲全局性能優化 DMPC 算法，採用該策略可得到閉環系統的帕累托最優解。

③ 資訊結構受限的網路化 DMPC：爲了均衡全局性能與計算負載，一種直觀的策略是每個局部 MPC 僅考慮自身和它直接影響的子系統的性能指標。該方法能夠提高系統的協排程，進而改善系統的優化性能。

各種策略的應用領域是互補的，它們都具有各自的優勢與缺陷。所以在應用時，必須根據知識與經驗，選擇最適合研究對象的策略。

第一種協調策略是最先提出的，並且應用簡單，是研究和學習 DMPC 算法的基礎。其中，基於博弈理論的可達到 Nash 均衡解的分散式預測控制[1] 影響廣泛[2]，因此，有必要首先介紹基於局部性能指標的分散式預測控制算法。另外，無論是不是在 MPC 框架下，考慮帶有狀態和/或輸入約束的控制算法設計都是一個重要的難點問題。在 MPC 框架下，現有文獻中提出的方法主要是結合終端性能指標、終端約束和局部控制器來保證系統閉環穩定性[3~5]。在 DMPC 算法中，上游鄰域子系統的未來時刻狀態序列是由上一時刻的解計算得到的，它可能與該時刻該系統的預測狀態不相等，兩者的誤差很難估計。在有約束的情況下，上一時刻計算得到的最優控制序列在當前時刻很可能不是可行解。這些因素使得在帶有約束的情況下設計穩定的 DMPC 控制器是很困難的。

因此，在本章中將首先介紹基於 Nash 優化的分散式預測控制理論，給出無約束情況下線性系統的算法收斂條件、穩定性分析和局部通訊故障時的性能分析；其次，在本章中還將給出一種穩定 LCO-DMPC 算法，用一致性約束來限制上游鄰域子系統未來狀態序列與當前時刻該系統的預測狀態之間的誤差，同時，使用穩定性約束、終端代價函數、終端約束集和局部控制器來保證系統穩定性；最後對本章内容進行了總結。

5.2 基於 Nash 最優的分散式預測控制

爲了避免大系統在線計算的高維複雜性，同時提高 LCO-DMPC 算法的計算速度和全局性能，文獻 [1] 提出了基於 Nash 優化的分散式預測控制，本節將對該方法進行詳細介紹。

5.2.1 分散式預測控制器設計

5.2.1.1 局部控制器數學描述

假設系統由 m 個子系統組成，並且該分散式系統的非線性性能指標 L 是可分解的。第 i 個控制器的局部性能指標可表示爲

$$\min_{\Delta \boldsymbol{u}_{i,M}(k|k)} J_i = \sum_{j=1}^{P} L_i \left[\boldsymbol{y}_i(k+j|k)\Delta \boldsymbol{u}_{i,M}(k \mid k)\right] (i=1,\cdots,m) \tag{5-1}$$

其中，L_i 是 $\boldsymbol{y}_i(k+j|k)$ 和 $\Delta \boldsymbol{u}_{i,M}(k \mid k)$ 的非線性函數。那麼，整個系統的全局性能指標爲

$$\min J = \sum_{i=1}^{m} J_i \tag{5-2}$$

第 i 個控制器在 k 時刻的輸出預測可以表示爲

$$\boldsymbol{y}_i(k+j|k) = \boldsymbol{f}_i[\boldsymbol{y}_i(k), \Delta \boldsymbol{u}_{1,M}(k|k), \cdots, \Delta \boldsymbol{u}_{m,M}(k|k)] (j=1,\cdots,P) \tag{5-3}$$

可見，整體性能指標可以分解爲 m 個子問題各自的優化性能指標，但是由於存在輸入耦合，每個子系統的輸出仍然和所有控制輸入有關。這種多目標的分散式控制問題，可以藉助 Nash 優化概念加以解決[1,6]。

具體來講，所謂的 Nash 最優解 $\boldsymbol{u}^N(t) = \{\boldsymbol{u}_1^N(t), \cdots, \boldsymbol{u}_m^N(t)\}$，是指這樣一組分散控制作用：對於任意 u_i，$i=1,\cdots,m$，都滿足

$$J_i^*(\boldsymbol{u}_1^N, \cdots, \boldsymbol{u}_i^N, \cdots, \boldsymbol{u}_m^N) \leqslant J_i(\boldsymbol{u}_1^N, \cdots, \boldsymbol{u}_{i-1}^N, \boldsymbol{u}_i, \boldsymbol{u}_{i+1}^N, \cdots, \boldsymbol{u}_m^N) \tag{5-4}$$

如果採用了 Nash 最優解，那麼每個子控制器都不會改變自己的控制作用 u_i，因爲這時各控制器都達到了這一條件下所能獲得的最優局部目標，進一步改變 u_i 只會使得 J_i 函數值增大。在已經知道了其它控制器的 Nash 最優解的前提下，每個控制器僅僅透過優化各自的目標函數得到

自己的 Nash 最優解，即

$$\min_{\boldsymbol{u}_i} J_i \Big|_{\boldsymbol{u}_j^N (j \neq i)} \tag{5-5}$$

由式(5-5) 可知，爲了得到第 i 個控制器的 Nash 最優解 $\boldsymbol{u}_i$，必須知道其它子系統的 Nash 最優解$\boldsymbol{u}_j^N(j \neq i)$，因此，透過這個耦合決策過程，整個系統達到 Nash 平衡。透過 Nash 平衡，全局優化問題被分解爲多個局部優化問題。

爲了獲得每個採樣時刻整個系統的 Nash 最優解，在文獻［7,8］的研究基礎上提出了迭代算法。在充分考慮相互通訊和資訊交換的前提下，每個控制器在得到其它子系統預測控制器的最優解後，就可以求解局部優化問題。然後，每個控制器將本次求得的最新解與上次計算獲得的最優解進行比較，檢查是否滿足迭代結束條件。如果算法收斂，就可以滿足所有子系統控制器的迭代終止條件，並且整個系統在此時能實現 Nash 平衡。每個採樣時刻均重複上述 Nash 優化過程。

5.2.1.2 Nash 最優 DMPC 求解算法

算法 5.1 （Nash 均衡 DMPC）

步驟 1：k 時刻，每個控制器進行輸入變量初始化，然後透過通訊傳遞給其它控制器；令迭代指標 $l=0$，則

$$\Delta\overline{\boldsymbol{u}}_{i,M}^{l}(k)=[\Delta\overline{\boldsymbol{u}}_i^l(k),\Delta\overline{\boldsymbol{u}}_i^l(k+1),\cdots,\Delta\overline{\boldsymbol{u}}_i^l(k+M-1)]^{\mathrm{T}}(i=1,\cdots,m)$$

步驟 2：各控制器同時求解各自的優化問題，獲得最優解 $\Delta\boldsymbol{u}_{i,M}^{*}(k)$ $(i=1,\cdots,m)$。

步驟 3：各控制器檢查是否滿足其迭代終止條件，也就是説，對於給定的誤差精度 $\varepsilon_i(i=1,\cdots,m)$，判斷 $\|\Delta\boldsymbol{u}_{i,M}^{(l+1)}(k)-\Delta\boldsymbol{u}_{i,M}^{(l)}(k)\|\leqslant\varepsilon_i(i=1,\cdots,m)$是否成立。

如果所有的終止條件均滿足，迭代終止，轉到步驟 4；

否則，令 $l=l+1$，$\Delta\boldsymbol{u}_{i,M}^{l}(k)=\Delta\boldsymbol{u}_{i,M}^{*}(k)(i=1,\cdots,m)$，所有的控制器間相互交換資訊，將最新的優化結果作爲初始值，並轉到步驟 2。

步驟 4：計算即時控制律 $\Delta\boldsymbol{u}_i(k)=[\boldsymbol{I}00\cdots0]\Delta\boldsymbol{u}_{i,M}^{*}(k)(i=1,\cdots,m)$，並作爲每個子系統控制器的輸出。

步驟 5：在下一採樣時刻，令 $k+1\rightarrow k$，轉到步驟 1，重複上述步驟。

5.2.2 性能分析

5.2.2.1 線性系統的計算收斂性

考慮線性動態系統的分散式預測控制。第 i 個子系統控制器在 k 時

刻的輸出預測模型爲

$$\widetilde{\boldsymbol{y}}_{i,PM}(k)=\boldsymbol{y}_{i,P}(k)+\boldsymbol{A}_{ii}\Delta\boldsymbol{u}_{i,M}(k)+\sum_{j=1,j\neq i}^{m}\boldsymbol{A}_{ij}\Delta\boldsymbol{u}_{j,M}(k)(i=1,\cdots,m) \tag{5-6}$$

其中，$\boldsymbol{A}_{ii}$ 和$\boldsymbol{A}_{ij}$ 分別是第 i 個子系統的動態矩陣和第 i 個子系統在第 j 個子系統激勵下的階躍響應矩陣，表示爲

$$\boldsymbol{A}_{ij}=\begin{bmatrix}\boldsymbol{a}_{ij}(1) & \cdots & 0\\ \vdots & \ddots & \vdots\\ \boldsymbol{a}_{ij}(M) & \cdots & \boldsymbol{a}_{ij}(1)\\ \vdots & \vdots & \vdots\\ \boldsymbol{a}_{ij}(P) & \cdots & \boldsymbol{a}_{ij}(P-M+1)\end{bmatrix}$$

$$\boldsymbol{A}=\begin{bmatrix}\boldsymbol{A}_{11} & \cdots & \boldsymbol{A}_{1m}\\ \vdots & \ddots & \vdots\\ \boldsymbol{A}_{m1} & \cdots & \boldsymbol{A}_{mm}\end{bmatrix}$$

其中，$\boldsymbol{a}_{ij}(k)(k=1,\cdots,P;j=1,\cdots,m)$是第 i 個子系統在 k 時刻時在第j 個子系統的單位階躍輸入下的輸出採樣值。第 i 個子系統的局部性能指標表示爲

$$\min_{\Delta\boldsymbol{u}_{i,M}(k)} J_i(k)=\|\boldsymbol{\omega}_{i,P}(k)-\widetilde{\boldsymbol{y}}_{i,PM}(k)\|_{\boldsymbol{Q}_i}^2+\|\Delta\boldsymbol{u}_{i,M}(k)\|_{\boldsymbol{R}_i}^2(i=1,\cdots,m) \tag{5-7}$$

其中，$\boldsymbol{\omega}_i(k)=\left[\boldsymbol{\omega}_i^{\mathrm{T}}(k+1) \quad \cdots \quad \boldsymbol{\omega}_i^{\mathrm{T}}(k+P)\right]^{\mathrm{T}}$ 是第 i 個子系統的輸出期望值。

$$\widetilde{\boldsymbol{y}}_{i,PM}^{\mathrm{T}}(k)=[\widetilde{\boldsymbol{y}}_{i,M}^{\mathrm{T}}(k+1|k)\mathbf{L}\widetilde{\boldsymbol{y}}_{i,M}^{\mathrm{T}}(k+P|k)]^{\mathrm{T}},$$

$$\widetilde{\boldsymbol{y}}_{i,P0}^{\mathrm{T}}(k)=[\widetilde{\boldsymbol{y}}_{i,0}^{\mathrm{T}}(k+1|k)\mathbf{L}\widetilde{\boldsymbol{y}}_{i,0}^{\mathrm{T}}(k+P|k)]^{\mathrm{T}},$$

$$\Delta\boldsymbol{u}_{i,PM}^{\mathrm{T}}(k)=[\Delta\boldsymbol{u}_{i,M}(k+1|k)\mathbf{L}\Delta\boldsymbol{u}_{i,M}(k+M-1|k)]^{\mathrm{T}}$$

根據 Nash 優化和極值必要條件$\dfrac{\partial J_i}{\partial\Delta\boldsymbol{u}_{i,M}(k)}=0$ 可得，第 i 個控制器 k 時刻的 Nash 最優解是

$$\Delta\boldsymbol{u}_{i,M}^{(l+1)}(k)=\boldsymbol{D}_{ii}\left[\boldsymbol{\omega}_{i,P}(k)-\boldsymbol{y}_{i,P}(k)-\sum_{j=1,j\neq i}^{m}\boldsymbol{A}_{ij}\Delta\boldsymbol{u}_{j,M}^{(l)}(k)\right](i=1,\cdots,m) \tag{5-8}$$

其中，$\boldsymbol{D}_{ii}=(\boldsymbol{A}_{ii}^{\mathrm{T}}\overline{\boldsymbol{Q}}_i\boldsymbol{A}_{ii}+\overline{\boldsymbol{R}}_i)^{-1}\boldsymbol{A}_{ii}^{\mathrm{T}}\overline{\boldsymbol{Q}}_i$。當算法收斂時，整個系統的 Nash 最優解可以寫作

$$\Delta\boldsymbol{u}_M(k)=\boldsymbol{D}_0\Delta\boldsymbol{u}_M(k)+\boldsymbol{D}_1[\boldsymbol{\omega}(k)-\widetilde{\boldsymbol{y}}_{P0}(k)] \tag{5-9}$$

其中

$$\boldsymbol{D}_0=\begin{bmatrix} \boldsymbol{0} & -\boldsymbol{D}_{11}\boldsymbol{A}_{12} & \cdots & -\boldsymbol{D}_{11}\boldsymbol{A}_{1m} \\ -\boldsymbol{D}_{22}\boldsymbol{A}_{21} & \boldsymbol{0} & \cdots & -\boldsymbol{D}_{22}\boldsymbol{A}_{2m} \\ \vdots & \vdots & \ddots & \vdots \\ -\boldsymbol{D}_{mm}\boldsymbol{A}_{m1} & \cdots & \cdots & \boldsymbol{0} \end{bmatrix}$$

$$\boldsymbol{D}_1=\begin{bmatrix} \boldsymbol{D}_{11} & & & \boldsymbol{0} \\ & \boldsymbol{D}_{22} & & \\ & & \ddots & \\ \boldsymbol{0} & & & \boldsymbol{D}_{mm} \end{bmatrix}$$

在迭代過程中，方程（5-9）表示爲

$$\Delta\boldsymbol{u}_M^{(l+1)}(k)=\boldsymbol{D}_0\Delta\boldsymbol{u}_M^l(k)+\boldsymbol{D}_1[\boldsymbol{\omega}(k)-\tilde{\boldsymbol{y}}_{P0}(k)] \tag{5-10}$$

在 k 時刻，$\boldsymbol{\omega}(k)$，$\tilde{\boldsymbol{y}}_{P0}(k)$ 是事先已知的，$\boldsymbol{D}_1[\boldsymbol{\omega}(k)-\tilde{\boldsymbol{y}}_{P0}(k)]$是常數項，與迭代次數無關。因此，式(5-10）的收斂性可等價於下式的收斂性：

$$\Delta\boldsymbol{u}_M^{(l+1)}(k)=\boldsymbol{D}_0\Delta\boldsymbol{u}_M^l(k) \tag{5-11}$$

從上述分析可知，在線性分散式系統的應用中，該算法的迭代收斂條件爲

$$|\rho(\boldsymbol{D}_0)|<1 \tag{5-12}$$

也就是說，$\boldsymbol{D}_0$ 的譜半徑必須小於 1 才能保證迭代算法的收斂性。

5.2.2.2 標稱系統的穩定性分析

爲了分析系統的標稱穩定性，重新用狀態空間方程描述輸出預測模型。第 i 個子系統控制器在 k 時刻的狀態空間預測模型爲

$$\begin{cases} \boldsymbol{x}_i(k+1)=\boldsymbol{S}\boldsymbol{x}_i(k)+\boldsymbol{a}_{ii}\Delta u_i(k)+\sum\limits_{j=1,j\neq i}^{m}\boldsymbol{a}_{ij}\Delta u_j(k) \\ \boldsymbol{Y}_i(k)=\boldsymbol{C}\boldsymbol{S}\boldsymbol{x}_i(k)+\boldsymbol{A}_{ii}\Delta\boldsymbol{u}_{i,M}(k)+\sum\limits_{j=1,j\neq i}^{m}\boldsymbol{A}_{ij}\Delta\boldsymbol{u}_{j,M}(k) \end{cases} \quad (i=1,\cdots,m) \tag{5-13}$$

其中

$$\Delta u_i(k)=[10\cdots0]\,\Delta\boldsymbol{u}_{i,M}(k)$$

$$\boldsymbol{S}=\begin{bmatrix} 0 & 1 & \cdots & \boldsymbol{0} \\ \vdots & \ddots & \ddots & \vdots \\ 0 & \cdots & 0 & 1 \\ 0 & \cdots & 0 & 1 \end{bmatrix}_{(N\times N)}$$

N 是建模時域，並且

$$\boldsymbol{a}_{ij}=[a_{ij}(1)\cdots a_{ij}(N)]^{\mathrm{T}}$$
$$\boldsymbol{x}_i(k)=[x_{i1}(k)\cdots x_{iN}(k)]^{\mathrm{T}}$$
$$\boldsymbol{Y}_i(k)=[y_i(k+1)\cdots y_i(k+P)]^{\mathrm{T}}$$

$\boldsymbol{C}=[\boldsymbol{I}_{P\times P}\quad \boldsymbol{0}_{P\times(N-P)}]$ 表示從 N 維向量中取出前 P 項。那麼，第 i 個子系統控制器在 k 時刻的 $Nash$ 最優解的狀態空間表達式爲

$$\Delta \boldsymbol{v}_{i,M}^{(l+1)}(k)=\boldsymbol{D}_{ii}\left[\boldsymbol{\omega}_{i,P}(k)-\boldsymbol{y}_{i,P}(k)-\sum_{j=1,j\neq i}^{m}\boldsymbol{A}_{ij}\Delta\boldsymbol{u}_{j,M}^{(l)}(k)\right] \tag{5-14}$$

並且當迭代過程收斂時，整個系統的 Nash 最優解爲

$$\Delta\boldsymbol{U}^N(k)=(\boldsymbol{I}-\boldsymbol{D}_0)^{-1}\boldsymbol{D}_1[\boldsymbol{R}(k)-\boldsymbol{F}_2\boldsymbol{X}(k)] \tag{5-15}$$

可以看出，它是一個狀態反饋控制律。整個系統的即時控制律是 $\Delta\boldsymbol{u}^N(k)=\boldsymbol{L}\Delta\boldsymbol{U}^N(k)$，其中

$$\boldsymbol{L}=\text{Block-diag}(\underbrace{\boldsymbol{L}_0\quad\cdots\quad\boldsymbol{L}_0}_{m}),\boldsymbol{L}_0=[1\quad 0\quad\cdots\quad 0]_{1\times M}$$

$$\boldsymbol{F}_2=\text{Block-diag}(\underbrace{\boldsymbol{CS},\cdots,\boldsymbol{CS}}_{m})$$

$$\Delta\boldsymbol{U}^N(k)=[(\Delta\boldsymbol{u}_{1,M}^N(k))^{\mathrm{T}}\quad\cdots\quad(\Delta\boldsymbol{u}_{m,M}^N(k))^{\mathrm{T}}]^{\mathrm{T}}$$

$$\boldsymbol{\omega}(k)=[\boldsymbol{\omega}_1^{\mathrm{T}}(k)\quad\cdots\quad\boldsymbol{\omega}_m^{\mathrm{T}}(k)]^{\mathrm{T}}$$

$$X(k)=[\boldsymbol{x}_1^{\mathrm{T}}(k)\quad\cdots\quad\boldsymbol{x}_m^{\mathrm{T}}(k)]^{\mathrm{T}}$$

不失一般性地，令期望的輸出值 $\boldsymbol{\omega}_i(k)=\boldsymbol{0},(i=1,\cdots,m)$，則整個系統在 k 時刻的狀態空間模型可以表示爲

$$\boldsymbol{X}(k+1)=\boldsymbol{F}_1\boldsymbol{X}(k)+\boldsymbol{BL}\Delta\boldsymbol{U}^N(k)=[\boldsymbol{F}_1-\boldsymbol{BL}(\boldsymbol{I}-\boldsymbol{D}_0)^{-1}\boldsymbol{D}_1\boldsymbol{F}_2]\boldsymbol{X}(k) \tag{5-16}$$

其中，$\boldsymbol{F}_1=\text{Block-diag}\ (\underbrace{\boldsymbol{S},\cdots,\boldsymbol{S}}_{m})$，$\boldsymbol{B}=\begin{bmatrix}\boldsymbol{a}_{11} & \cdots & \boldsymbol{a}_{1m}\\ \vdots & \ddots & \vdots\\ \boldsymbol{a}_{m1} & \cdots & \boldsymbol{a}_{mm}\end{bmatrix}$。

式(5-16) 表明了分散式系統在 k 時刻的狀態和 $k+1$ 時刻的狀態間的映射關係。根據收縮映射原則[9]，當且僅當

$$\|\lambda[\boldsymbol{F}_1-\boldsymbol{BL}(\boldsymbol{I}-\boldsymbol{D}_0)^{-1}\boldsymbol{D}_1\boldsymbol{F}_2]\|<1 \tag{5-17}$$

分散式系統的全局穩定性才能得到保證。也就是説，其狀態映射的特徵值範數小於 1。

5.2.3 局部通訊故障下一步預測優化策略的性能分析

分散式控制中的每個控制器都能夠獨立工作來實現它的局部目標，

但是不能獨自完成整個任務。這些自主子系統控制器透過相互通訊協調，利用網路交換資訊來實現整體任務或目標。但當分散式系統存在通訊故障時，上述控制策略仍能很好地工作嗎？整個系統的性能會發生什麼變化？本節將要討論在存在通訊故障的情況下，一步預測控制的性能偏差。因爲預測控制採用滾動時域的控制策略，也就是説在每個採樣時刻，根據更新的測量值在線求解優化問題，所以專注於一步預測控制策略是合理的。

首先，定義連接矩陣 $\boldsymbol{E}=(e_{ij})$來表示子系統控制器間的通訊連接。E 中主對角元素全爲 0，其它非主對角上的元素爲 0 或 1。其中，1 表示兩個子系統控制器間存在通訊連接，0 表示子系統控制器間沒有通訊連接。不存在結構擾動時，$e_{ij}=1(i,j=1,\cdots,m,i\neq j)$，第 i 個子系統控制器在 k 時刻的輸出預測模型和 Nash 最優解分別爲

$$\tilde{\boldsymbol{y}}_{i,PM}(k)=\tilde{\boldsymbol{y}}_{i,P0}(k)+\boldsymbol{A}_{ii}\Delta\boldsymbol{u}_{i,M}(k)+\sum_{j=1,j\neq i}^{m}e_{ij}\boldsymbol{A}_{ij}\Delta\boldsymbol{u}_{j,M}(k),i=1,\cdots,m \tag{5-18}$$

$$\Delta\boldsymbol{u}_{i,M}^{*}(k)=\boldsymbol{D}_{ii}\left[\boldsymbol{\omega}_{i}-\tilde{\boldsymbol{y}}_{i,P0}(k)-\sum_{j=1,j\neq i}^{m}\boldsymbol{G}_{ij}\Delta\boldsymbol{u}_{j,M}^{*}(k)\right],i=1,\cdots,m \tag{5-19}$$

其中，$\boldsymbol{G}=\boldsymbol{E}\boldsymbol{A}=[\boldsymbol{G}_{ij}]$ 表示點乘，

$$\boldsymbol{G}=\begin{bmatrix}\boldsymbol{0} & \boldsymbol{e}_{12} & \cdots & \boldsymbol{e}_{1m}\\ \boldsymbol{e}_{21} & \boldsymbol{0} & \cdots & \boldsymbol{e}_{2m}\\ \vdots & \vdots & \boldsymbol{0} & \vdots\\ \boldsymbol{e}_{m1} & \boldsymbol{e}_{m2} & \cdots & 0\end{bmatrix}\begin{bmatrix}\boldsymbol{A}_{11} & \boldsymbol{A}_{12} & \cdots & \boldsymbol{A}_{1m}\\ \boldsymbol{A}_{21} & \boldsymbol{A}_{22} & \cdots & \boldsymbol{A}_{2m}\\ \vdots & \vdots & 0 & \vdots\\ \boldsymbol{A}_{m1} & \boldsymbol{A}_{m2} & \cdots & \boldsymbol{A}_{mm}\end{bmatrix}$$

$$=\begin{bmatrix}\boldsymbol{0} & \boldsymbol{e}_{12}\boldsymbol{A}_{12} & \cdots & \boldsymbol{e}_{1m}\boldsymbol{A}_{1m}\\ \boldsymbol{e}_{21}\boldsymbol{A}_{21} & \boldsymbol{0} & \cdots & \boldsymbol{e}_{2m}\boldsymbol{A}_{2m}\\ \vdots & \vdots & 0 & \vdots\\ \boldsymbol{e}_{m1}\boldsymbol{A}_{m1} & \boldsymbol{e}_{m2}\boldsymbol{A}_{m2} & \cdots & 0\end{bmatrix}$$

當計算收斂時，整個系統的 Nash 最優解爲

$$\Delta\boldsymbol{u}_{M}^{*}(k)=(\boldsymbol{I}-\boldsymbol{D}_{E})^{-1}[\boldsymbol{\omega}(k)-\tilde{\boldsymbol{y}}_{P0}(k)] \tag{5-20}$$

其中

$$\boldsymbol{D}_{E}=-\boldsymbol{D}_{1}\boldsymbol{G}=\begin{bmatrix}\boldsymbol{0} & -\boldsymbol{D}_{11}\boldsymbol{e}_{12}\boldsymbol{A}_{12} & \cdots & -\boldsymbol{D}_{11}\boldsymbol{e}_{1m}\boldsymbol{A}_{1m}\\ -\boldsymbol{D}_{22}\boldsymbol{e}_{21}\boldsymbol{A}_{21} & \boldsymbol{0} & \cdots & -\boldsymbol{D}_{22}\boldsymbol{e}_{2m}\boldsymbol{A}_{2m}\\ \vdots & \vdots & \boldsymbol{0} & \vdots\\ -\boldsymbol{D}_{mm}\boldsymbol{e}_{m1}\boldsymbol{A}_{m1} & -\boldsymbol{D}_{mm}\boldsymbol{e}_{m2}\boldsymbol{D}_{m2} & \cdots & \boldsymbol{0}\end{bmatrix}$$

在下面的分析中，假設預測時域和控制時域相等，通訊故障限制在一個穩定區域内。爲分析系統性能偏差，定義一個通訊故障矩陣 $\boldsymbol{T}$。矩陣 $\boldsymbol{T}$ 是一個對角矩陣或分塊對角陣。當它是對角陣時，將其主對角元素限定爲 0 或 1。若爲分塊對角陣，則主對角塊元素全爲 0 或 1。其中，0 表示對應子系統控制器間存在通訊故障，1 表示通訊正常。

這裏討論的通訊故障主要包括下面三類。

① 行故障。這種情況下，通訊故障發生在接收通道。子系統控制器接收不到來自其它子系統控制器的資訊，矩陣 $\boldsymbol{G}$ 的相應行變爲 0，$\boldsymbol{G}$ 變爲 $\boldsymbol{G}^{\text{dis}}$，$\boldsymbol{G}^{\text{dis}}=\boldsymbol{T}_{\text{r}}\boldsymbol{G}$。另外，通訊故障矩陣 $\boldsymbol{T}_{\text{r}}$ 的相應元素由 1 變爲 0。

② 列故障。這種情況下，通訊故障發生在傳送通道。子系統控制器不能給其它子系統控制器發送資訊，矩陣 $\boldsymbol{G}$ 的相應列變爲 0，$\boldsymbol{G}$ 變爲 $\boldsymbol{G}^{\text{dis}}$，$\boldsymbol{G}^{\text{dis}}=\boldsymbol{G}\boldsymbol{T}_{\text{c}}$。另外，通訊故障矩陣 $\boldsymbol{T}_{\text{c}}$ 的相應元素由 1 變爲 0。

③ 混合故障。此時，行故障和列故障同時存在，矩陣 $\boldsymbol{G}$ 的相應行和列元素變爲 0，$\boldsymbol{G}$ 變爲 $\boldsymbol{G}^{\text{dis}}$，$\boldsymbol{G}^{\text{dis}}=\boldsymbol{T}_{\text{r}}\boldsymbol{G}\boldsymbol{T}_{\text{c}}$。另外，通訊故障矩陣 $\boldsymbol{T}_{\text{r}}$ 和 $\boldsymbol{T}_{\text{c}}$ 的相應元素由 1 變爲 0。

進而得到下面的定理。

定理 5.1 對於一個分散式系統，假設其預測時域和控制時域相等，並且通訊故障不影響系統穩定性。在 k 時刻，由於局部通訊故障，系統的性能會變差。並且，性能指標變壞的幅度 δ 滿足 $0\leqslant\delta\leqslant\delta_{\max}$，上界 $\delta_{\max}=\dfrac{\|\boldsymbol{W}_{\max}\|}{\lambda_{\text{m}}(\boldsymbol{F})}$。

其中，$\lambda_m(F)$ 是矩陣 $\boldsymbol{F}$ 的最小特徵值。

$$
\begin{aligned}
\boldsymbol{W}_{\max}=&[\boldsymbol{D}_1^{-1}(\boldsymbol{I}-\boldsymbol{D}_E)-\boldsymbol{A}]^{\mathrm{T}}\boldsymbol{Q}[\boldsymbol{A}-\boldsymbol{A}_0(\boldsymbol{I}-\boldsymbol{D}_E)]+\\
&[\boldsymbol{A}-\boldsymbol{A}_0(\boldsymbol{I}-\boldsymbol{D}_E)]^{\mathrm{T}}\times\boldsymbol{Q}[\boldsymbol{D}_1^{-1}(\boldsymbol{I}-\boldsymbol{D}_E)-\boldsymbol{A}]+\\
&[\boldsymbol{A}-\boldsymbol{A}_0(\boldsymbol{I}-\boldsymbol{D}_E)]^{\mathrm{T}}\boldsymbol{Q}[\boldsymbol{A}-\boldsymbol{A}_0(\boldsymbol{I}-\boldsymbol{D}_E)]-\\
&\boldsymbol{D}_E^{\mathrm{T}}\boldsymbol{R}\boldsymbol{D}_E-\boldsymbol{R}\boldsymbol{D}_E-\boldsymbol{D}_E^{\mathrm{T}}\boldsymbol{R}
\end{aligned}
$$

$$
\boldsymbol{F}=[\boldsymbol{D}_1^{-1}(\boldsymbol{I}-\boldsymbol{D}_E)-\boldsymbol{A}]^{\mathrm{T}}\boldsymbol{Q}[\boldsymbol{D}_1^{-1}(\boldsymbol{I}-\boldsymbol{D}_E)-\boldsymbol{A}]+\boldsymbol{R}
$$

$$
\boldsymbol{A}_0=\begin{bmatrix}\boldsymbol{A}_{11} & & \boldsymbol{0}\\ & \ddots & \\ \boldsymbol{0} & & \boldsymbol{A}_{mm}\end{bmatrix}
$$

$$
\boldsymbol{Q}=\text{Block-diag}(\boldsymbol{Q}_1,\cdots,\boldsymbol{Q}_m)
$$

$$
\boldsymbol{R}=\text{Block-diag}(\boldsymbol{R}_1,\cdots,\boldsymbol{R}_m)
$$

證明 不失一般性地，下面以混合通訊故障爲例：

$$
\boldsymbol{D}_E^{\text{dis}}=-\boldsymbol{D}_1\boldsymbol{G}^{\text{dis}}=-\boldsymbol{D}_1\boldsymbol{T}_{\text{r}}\boldsymbol{G}\boldsymbol{T}_{\text{c}}=-\boldsymbol{T}_{\text{r}}\boldsymbol{D}_1\boldsymbol{G}\boldsymbol{T}_{\text{c}}=\boldsymbol{T}_{\text{r}}\boldsymbol{D}_E\boldsymbol{T}_{\text{c}}
$$

此時，系統的 Nash 最優解爲

$$\Delta \boldsymbol{u}_M^{\mathrm{dis}}(k)=(\boldsymbol{I}-\boldsymbol{T}_{\mathrm{r}}\boldsymbol{D}_E\boldsymbol{T}_{\mathrm{c}})^{-1}\boldsymbol{D}_1[\boldsymbol{\omega}(k)-\tilde{\boldsymbol{y}}_{P0}(k)] \tag{5-21}$$

透過矩陣分解策略，得到

$$\begin{aligned}(\boldsymbol{I}-\boldsymbol{T}_{\mathrm{r}}\boldsymbol{D}_E\boldsymbol{T}_{\mathrm{c}})^{-1}&=2[(\boldsymbol{I}-\boldsymbol{D}_E)+(\boldsymbol{I}+\boldsymbol{D}_E-2\boldsymbol{T}_{\mathrm{r}}\boldsymbol{D}_E\boldsymbol{T}_{\mathrm{c}})]^{-1}\\&=2(\boldsymbol{I}-\boldsymbol{D}_E)^{-1}-2(\boldsymbol{I}-\boldsymbol{D}_E)^{-1}[(\boldsymbol{I}-\boldsymbol{D}_E)^{-1}+\\&\quad(\boldsymbol{I}+\boldsymbol{D}_E-2\boldsymbol{T}_{\mathrm{r}}\boldsymbol{D}_E\boldsymbol{T}_{\mathrm{c}})^{-1}]^{-1}(\boldsymbol{I}-\boldsymbol{D}_E)^{-1}\end{aligned} \tag{5-22}$$

一般情況下，$(\boldsymbol{I}-\boldsymbol{D}_E)^{-1}$ 和 $(\boldsymbol{I}+\boldsymbol{D}_E-2\boldsymbol{T}_{\mathrm{r}}\boldsymbol{D}_E\boldsymbol{T}_{\mathrm{c}})^{-1}$ 是存在的，因此，上述等式成立。將式(5-22) 代入式(5-21) 得到

$$\begin{aligned}\Delta \boldsymbol{u}_M^{\mathrm{dis}}(k)&=2\Delta \boldsymbol{u}_M^{*}(k)-2(\boldsymbol{I}-\boldsymbol{D}_E)^{-1}[(\boldsymbol{I}-\boldsymbol{D}_E)^{-1}+\\&\quad(\boldsymbol{I}+\boldsymbol{D}_E-2\boldsymbol{T}_{\mathrm{r}}\boldsymbol{D}_E\boldsymbol{T}_{\mathrm{c}})^{-1}]^{-1}\Delta \boldsymbol{u}_M^{*}(k)\\&=\overline{\boldsymbol{S}}\Delta \boldsymbol{u}_M^{*}(k)\end{aligned} \tag{5-23}$$

其中，$\overline{\boldsymbol{S}}=2\boldsymbol{I}-2(\boldsymbol{I}-\boldsymbol{D}_E)^{-1}[(\boldsymbol{I}-\boldsymbol{D}_E)^{-1}+(\boldsymbol{I}+\boldsymbol{D}_E-2\boldsymbol{T}_{\mathrm{r}}\boldsymbol{D}_E\boldsymbol{T}_{\mathrm{c}})^{-1}]^{-1}$。

由 $\Delta \boldsymbol{u}_M^{*}(k)=(\boldsymbol{I}-\boldsymbol{D}_E)^{-1}\boldsymbol{D}[\boldsymbol{\omega}(k)-\tilde{\boldsymbol{y}}_{P0}(k)]$得

$$\boldsymbol{\omega}(k)-\tilde{\boldsymbol{y}}_{P0}(k)=\boldsymbol{D}^{-1}(\boldsymbol{I}-\boldsymbol{D}_E)\Delta \boldsymbol{u}_M^{*}(k)$$

那麼

$$\begin{aligned}J^{*}&=\left\|\boldsymbol{\omega}(k)-\tilde{\boldsymbol{y}}_{P0}(k)-\boldsymbol{A}\Delta \boldsymbol{u}_M^{*}(k)\right\|_Q^2+\left\|\Delta \boldsymbol{u}_M^{*}(k)\right\|_R^2\\&=\left\|\boldsymbol{D}_1^{-1}(\boldsymbol{I}-\boldsymbol{D}_E)\Delta \boldsymbol{u}_M^{*}(k)-\boldsymbol{A}\Delta \boldsymbol{u}_M^{*}(k)\right\|_Q^2+\left\|\Delta \boldsymbol{u}_M^{*}(k)\right\|_R^2\\&=\left\|\Delta \boldsymbol{u}_M^{*}(k)\right\|_F^2\end{aligned} \tag{5-24}$$

其中，$\boldsymbol{F}=[\boldsymbol{D}_1^{-1}(\boldsymbol{I}-\boldsymbol{D}_E)-\boldsymbol{A}]^{\mathrm{T}}\boldsymbol{Q}[\boldsymbol{D}_1^{-1}(\boldsymbol{I}-\boldsymbol{D}_E)-\boldsymbol{A}]+\boldsymbol{R}$。

令

$$\boldsymbol{A}_0=\begin{bmatrix}\boldsymbol{A}_{11} & & \boldsymbol{0}\\ & \ddots & \\ \boldsymbol{0} & & \boldsymbol{A}_{mm}\end{bmatrix}$$

那麼，混合通訊故障下，整個系統的預測模型可以寫爲

$$\overline{\boldsymbol{y}}_{PM}^{\mathrm{dis}}=\tilde{\boldsymbol{y}}_{P0}(k)+(\boldsymbol{A}_0+\boldsymbol{T}_{\mathrm{r}}\boldsymbol{G}\boldsymbol{T}_{\mathrm{c}})\Delta \boldsymbol{u}_M^{\mathrm{dis}}(k)=\tilde{\boldsymbol{y}}_{P0}(k)+\overline{\boldsymbol{A}}\Delta \boldsymbol{u}_M^{\mathrm{dis}}(k) \tag{5-25}$$

其中，$\overline{\boldsymbol{A}}=\boldsymbol{A}_0+\boldsymbol{T}_{\mathrm{r}}\boldsymbol{G}\boldsymbol{T}_{\mathrm{c}}$。

將式(5-23) 和式(5-25) 代入式(5-7)，推得

$$
\begin{aligned}
J^{\text{dis}} &= \left\| \boldsymbol{\omega}(k) - \widetilde{\boldsymbol{y}}_{P0}(k) - \overline{\boldsymbol{A}}\,\overline{\boldsymbol{S}} \Delta \boldsymbol{u}_M^*(k) \right\|_{\boldsymbol{Q}}^2 + \left\| \overline{\boldsymbol{S}} \Delta \boldsymbol{u}_M^*(k) \right\|_{\boldsymbol{R}}^2 \\
&= \left\| \boldsymbol{\omega}(k) - \widetilde{\boldsymbol{y}}_{P0}(k) - \boldsymbol{A} \Delta \boldsymbol{u}_M^*(k) + (\boldsymbol{A} - \overline{\boldsymbol{A}}\,\overline{\boldsymbol{S}}) \Delta \boldsymbol{u}_M^*(k) \right\|_{\boldsymbol{Q}}^2 + \\
&\quad \left\| \Delta \boldsymbol{u}_M^*(k) + (\overline{\boldsymbol{S}} - I) \Delta \boldsymbol{u}_M^*(k) \right\|_{\boldsymbol{R}}^2 \\
&= J^* + \left\| \Delta \boldsymbol{u}_M^*(k) \right\|_{\boldsymbol{W}}^2
\end{aligned}
\tag{5-26}
$$

其中

$$
\begin{aligned}
\boldsymbol{W} = {} & [\boldsymbol{D}_1^{-1}(\boldsymbol{I} - \boldsymbol{D}_E) - \boldsymbol{A}]^{\mathrm{T}} \boldsymbol{Q} (\boldsymbol{A} - \overline{\boldsymbol{A}}\,\overline{\boldsymbol{S}}) + (\boldsymbol{A} - \overline{\boldsymbol{A}}\,\overline{\boldsymbol{S}})^{\mathrm{T}} \boldsymbol{Q} [\boldsymbol{D}_1^{-1}(\boldsymbol{I} - \boldsymbol{D}_E) - \boldsymbol{A}] + \\
& (\boldsymbol{A} - \overline{\boldsymbol{A}}\,\overline{\boldsymbol{S}})^{\mathrm{T}} \boldsymbol{Q} (\boldsymbol{A} - \overline{\boldsymbol{A}}\,\overline{\boldsymbol{S}}) + (\overline{\boldsymbol{S}} - \boldsymbol{I})^{\mathrm{T}} \boldsymbol{R} (\overline{\boldsymbol{S}} - \boldsymbol{I}) + \boldsymbol{R} (\overline{\boldsymbol{S}} - \boldsymbol{I}) + (\overline{\boldsymbol{S}} - \boldsymbol{I})^{\mathrm{T}} \boldsymbol{R}
\end{aligned}
$$

那麼

$$
\begin{aligned}
\left\| \Delta \boldsymbol{u}_M^*(k) \right\|_{W}^2 &\leqslant \Delta \boldsymbol{u}_M^{*\mathrm{T}}(k) \|\boldsymbol{W}\| \Delta \boldsymbol{u}_M^*(k) = \|\boldsymbol{W}\| \, \|\Delta \boldsymbol{u}_M^*(k)\|^2 \\
&\leqslant \frac{\|\boldsymbol{W}\|}{\lambda_m(\boldsymbol{F})} \left\| \Delta \boldsymbol{u}_M^*(k) \right\|_F^2 = \frac{\|\boldsymbol{W}\|}{\lambda_m(\boldsymbol{F})} J^*
\end{aligned}
$$

$\lambda_m(\boldsymbol{F})$ 是矩陣 $\boldsymbol{F}$ 的最小特徵值。從上述推導中可以看出，在通訊正常和存在通訊故障兩種情況下，系統的性能指標間的關係可以表示爲

$$
J^{\text{dis}} \leqslant J^* + \frac{\|\boldsymbol{W}\|}{\lambda_m(\boldsymbol{F})} J^* = \left[1 + \frac{\|\boldsymbol{W}\|}{\lambda_m(\boldsymbol{F})}\right] J^* = (1+\delta) J^* \tag{5-27}
$$

其中，$\delta = \|\boldsymbol{W}\| / \lambda_m(\boldsymbol{F})$ 表示通訊故障下，性能指標的變差幅度。

式(5-26) 表明 $\|\boldsymbol{W}\|$ 由 $\boldsymbol{G}^{\text{dis}}$ 和 $\boldsymbol{D}_E^{\text{dis}}$ 決定，而 $\boldsymbol{G}^{\text{dis}}$ 和 $\boldsymbol{D}_E^{\text{dis}}$ 受通訊故障矩陣 $\boldsymbol{T}_{\mathrm{r}}$ 和 $\boldsymbol{T}_{\mathrm{c}}$ 的影響。因此，在混合通訊故障的情況下，$\|\boldsymbol{W}\|$ 可以達到最大值。此時，$\boldsymbol{T}_{\mathrm{r}} \boldsymbol{D}_E \boldsymbol{T}_{\mathrm{c}} = 0$，$\boldsymbol{G}^{\text{dis}} = 0$，$\boldsymbol{D}_E^{\text{dis}} = 0$，$\overline{\boldsymbol{A}} = \boldsymbol{A}_0$，$\overline{\boldsymbol{S}} = \boldsymbol{I} - \boldsymbol{D}_E$，並且

$$
\begin{aligned}
\boldsymbol{W}_{\max} = {} & [\boldsymbol{D}_1^{-1}(\boldsymbol{I} - \boldsymbol{D}_E) - \boldsymbol{A}]^{\mathrm{T}} \boldsymbol{Q} [\boldsymbol{A} - \boldsymbol{A}_0(\boldsymbol{I} - \boldsymbol{D}_E)] + [\boldsymbol{A} - \boldsymbol{A}_0(\boldsymbol{I} - \boldsymbol{D}_E)]^{\mathrm{T}} \times \\
& \boldsymbol{Q} [\boldsymbol{D}_1^{-1}(\boldsymbol{I} - \boldsymbol{D}_E) - \boldsymbol{A}] + [\boldsymbol{A} - \boldsymbol{A}_0(\boldsymbol{I} - \boldsymbol{D}_E)]^{\mathrm{T}} \boldsymbol{Q} [\boldsymbol{A} - \boldsymbol{A}_0(\boldsymbol{I} - \boldsymbol{D}_E)] - \\
& \boldsymbol{D}_E^{\mathrm{T}} \boldsymbol{R} \boldsymbol{D}_E - \boldsymbol{R} \boldsymbol{D}_E - \boldsymbol{D}_E^{\mathrm{T}} \boldsymbol{R}
\end{aligned}
$$

因此，在局部通訊故障下，性能指標的變差幅度的上界是

$$
\delta_{\max} = \frac{\|W_{\max}\|}{\lambda_m(\boldsymbol{F})}
$$

定理 5.2 存在通訊故障時，線性分散式預測控制的收斂條件是 $|\rho(\boldsymbol{T}_{\mathrm{r}} \boldsymbol{D}_E \boldsymbol{T}_{\mathrm{c}})| < 1$，其中 $\boldsymbol{D}_E$、$\boldsymbol{T}_{\mathrm{r}}$ 和 $\boldsymbol{T}_{\mathrm{c}}$ 與之前定義的相同。

證明 當第 i 個子系統控制器存在通訊故障時，其 k 時刻的輸出預測模型爲

$$\tilde{\boldsymbol{y}}_{i,PM}^{\text{dis}}=\tilde{\boldsymbol{y}}_{i,P0}(k)+\boldsymbol{A}_{ii}\Delta\boldsymbol{u}_{i,M}^{\text{dis}}(k)+\sum_{j=1,j\neq i}^{m}\boldsymbol{G}_{ij}^{\text{dis}}\Delta\boldsymbol{u}_{j,M}^{\text{dis}}(k)(i=1,\cdots,m) \tag{5-28}$$

第 i 個子系統控制器的性能指標表示爲

$$\min J_i^{\text{dis}}=\|\boldsymbol{\omega}_i(k)-\tilde{\boldsymbol{y}}_{i,PM}^{\text{dis}}(k)\|_{Q_i}^2+\|\Delta\boldsymbol{u}_{i,M}^{\text{dis}}(k)\|_{R_i}^2(i=1,\cdots,m) \tag{5-29}$$

根據 Nash 優化，可得第 i 個子系統控制器在 k 時刻的 Nash 最優解：

$$\Delta\boldsymbol{u}_{i,M}^{\text{dis}}(k)=\boldsymbol{D}_{ii}[\boldsymbol{\omega}_i-\tilde{\boldsymbol{y}}_{i,P0}(k)-\sum_{j=1,j\neq i}^{m}\boldsymbol{G}_{ij}^{\text{dis}}\Delta\boldsymbol{u}_{j,M}^{\text{dis}}(k)](i=1,\cdots,m) \tag{5-30}$$

如果算法收斂，那麼整個系統的 Nash 最優可以寫爲

$$\Delta\boldsymbol{u}_M^{\text{dis}}(k)=\boldsymbol{D}_1[\boldsymbol{\omega}-\tilde{\boldsymbol{y}}_{P0}(k)]+\boldsymbol{D}_E^{\text{dis}}\Delta\boldsymbol{u}_M^{\text{dis}}(k) \tag{5-31}$$

在迭代過程中，方程（5-31）可以表示爲

$$\Delta\boldsymbol{u}_M^{\text{dis}}(k)|_{l+1}=\boldsymbol{D}_1[\boldsymbol{\omega}(k)-\tilde{\boldsymbol{y}}_{P0}(k)]+(\boldsymbol{T}_{\text{r}}\boldsymbol{D}_E\boldsymbol{T}_{\text{c}})\Delta\boldsymbol{u}_M^{\text{dis}}(k)|_l(l=0,1,\cdots) \tag{5-32}$$

在 k 時刻，由於 $\boldsymbol{\omega}(k)$ 和 $\tilde{\boldsymbol{y}}_{P0}(k)$ 是事先已知的，則 $\boldsymbol{D}_1[\boldsymbol{\omega}(k)-\tilde{\boldsymbol{y}}_{P0}(k)]$ 是常數項，與迭代無關。式(5-32) 的收斂性等價於下式的收斂性：

$$\Delta\boldsymbol{u}_M^{\text{dis}}(k)|_{l+1}=(\boldsymbol{T}_{\text{r}}\boldsymbol{D}_E\boldsymbol{T}_{\text{c}})\Delta\boldsymbol{u}_M^{\text{dis}}(k)|_l(l=0,1,\cdots) \tag{5-33}$$

因此，在通訊故障下，線性分散式預測控制系統的收斂條件爲

$$|\rho(\boldsymbol{T}_{\text{r}}\boldsymbol{D}_E\boldsymbol{T}_{\text{c}})|<1$$

備註 5.1 存在通訊故障時，子系統控制器間都不能理想地交換資訊。在極端情況下，$\boldsymbol{T}_{\text{r}}\boldsymbol{D}_E\boldsymbol{T}_{\text{c}}=0$，即系統對應於全分散結構時，$|\rho(\boldsymbol{T}_{\text{r}}\boldsymbol{D}_E\boldsymbol{T}_{\text{c}})|<1$ 也總是成立的。

5.2.4 仿真實例

考慮重油分餾塔的標準控制問題，如圖 5-1 所示。

重油分餾塔具有三個產品抽出口和三個側線循環回流。塔頂和側線產品收率由經濟效益和工藝要求決定。工藝流程對塔底產品沒有具體指標要求，但對塔底的溫度有約束。三路回流透過換熱器帶走塔内熱量，改變塔内溫度分散，完成產品分離任務。塔底環路熱熵控制器透過調節蒸汽流調節散熱量。塔底回流熱負荷可以作爲操作變量來控制塔板溫度。其它兩個回流環的熱負荷變化則視爲塔的擾動量。

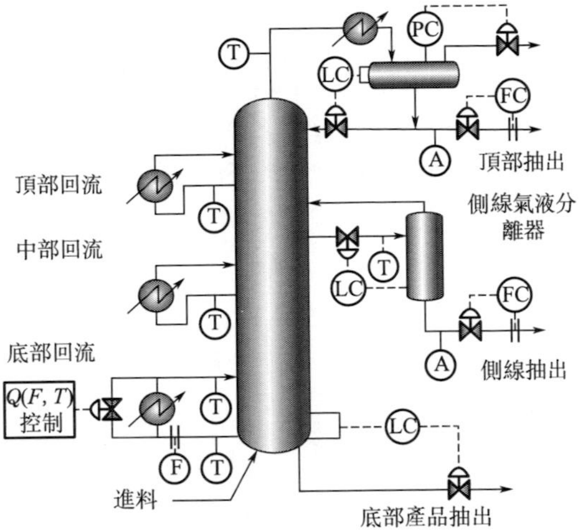

圖 5-1　標準的重油分餾塔控制問題

Prett 爲重油分餾塔建立模型[10]，作爲標準控制問題的基準過程模型：

$$\boldsymbol{y}=\boldsymbol{G}(s)\boldsymbol{u}+\boldsymbol{G}_{\mathrm{d}}(s)\boldsymbol{d}$$

其中，$\boldsymbol{u}=[u_1\ u_2\ u_3]^{\mathrm{T}}$ 是被控過程的控制變量，u_1 表示塔頂產品抽出率，u_2 表示側線產品抽出率，u_3 代表塔底回流熱負荷；$\boldsymbol{d}=[d_1\ d_2]^{\mathrm{T}}$ 是塔中不可測的有界擾動，d_1 表示中段回流熱負荷，d_2 表示塔頂回流熱負荷，並且 $|d_1|\leqslant 0.5$ 和 $|d_2|\leqslant 0.5$；$\boldsymbol{y}=[y_1\ y_2\ y_3]^{\mathrm{T}}$ 是輸出變量，y_1 代表塔頂到塔底的抽出組合，y_2 表示側線抽出組合，y_3 表示塔底回流溫度；傳遞函數矩陣 $\boldsymbol{G}(s)$ 和 $\boldsymbol{G}_{\mathrm{d}}(s)$ 分別爲

$$\boldsymbol{G}(s)=\begin{bmatrix}\dfrac{4.05\mathrm{e}^{-27s}}{50s+1} & \dfrac{1.77\mathrm{e}^{-28s}}{60s+1} & \dfrac{5.88\mathrm{e}^{-27s}}{50s+1}\\ \dfrac{5.39\mathrm{e}^{-18s}}{50s+1} & \dfrac{5.72\mathrm{e}^{-14s}}{60s+1} & \dfrac{6.90\mathrm{e}^{-15s}}{40s+1}\\ \dfrac{4.38\mathrm{e}^{-20s}}{33s+1} & \dfrac{4.42\mathrm{e}^{-22s}}{44s+1} & \dfrac{7.20}{19s+1}\end{bmatrix}$$

$$\boldsymbol{G}_{\mathrm{d}}(s)=\begin{bmatrix}\dfrac{1.20\mathrm{e}^{-27s}}{45s+1} & \dfrac{1.44\mathrm{e}^{-27s}}{40s+1}\\ \dfrac{1.52\mathrm{e}^{-15s}}{25s+1} & \dfrac{1.83\mathrm{e}^{-15s}}{20s+1}\\ \dfrac{1.44}{27s+1} & \dfrac{1.26}{32s+1}\end{bmatrix}$$

系統的主要控制目標是將塔頂和側線抽出 y_1 和 y_2 維持在期望的精度内（穩態值 0.0±0.005）。輸出變量和控制變量的約束分別爲 $|y_i| \leqslant 0.5(i=1,2)$，$y_3 \geqslant 0.5$，$|u_i| \leqslant 0.5$，$|\Delta u_i| \leqslant 0.2(i=1,2,3)$。

可以看出，Shell 標準問題是極其複雜的，它包含了很多難以滿足的可能相互衝突的過程需求。對於 Shell 標準控制問題，傳統 QDMC 算法屬於計算密集型算法，不僅增加了計算負擔，實施起來也相對困難。觀察 $\boldsymbol{G}(s)$ 中的元素可以看出，操作變量和控制變量間的最佳匹配是用 u_1 控制 y_1，u_2 控制 y_2，u_3 控制 y_3。若應用所提出的基於 Nash 最優的分散式算法，首先應將整個系統分解爲三個子系統控制器，如下所示：

$$控制器 1:G_1(s)=\frac{4.05\mathrm{e}^{-27s}}{50s+1}$$

$$控制器 2:G_2(s)=\frac{5.72\mathrm{e}^{-14s}}{60s+1}$$

$$控制器 3:G_3(s)=\frac{7.20}{19s+1}$$

爲了測試該控制策略的性能，閉環系統所受擾動滿足 $\boldsymbol{d}^1=[0.5\ 0.5]^{\mathrm{T}}$，$\boldsymbol{d}^2=[-0.5\ -0.5]^{\mathrm{T}}$。可見 $\boldsymbol{d}^1$ 和 $\boldsymbol{d}^2$ 極值爲±0.5，並且具有相同的符號，這表示系統可能出現的最壞的情況。

MATLAB 環境下的仿真結果如圖 5-2～圖 5-5 所示。各子系統控制器的調節參數分別爲 $P=8$，$M=3$，$\boldsymbol{Q}_1=\boldsymbol{I}_{P\times P}$，$\boldsymbol{Q}_2=\boldsymbol{I}_{P\times P}$，$\boldsymbol{Q}_3=0.1\boldsymbol{I}_{P\times P}$，$\boldsymbol{R}_i=0.5\boldsymbol{I}_{M\times M}$，$(i=1,2,3)$，採樣週期爲 4min，迭代精度爲 $\varepsilon_i=0.01$，$(i=1,2,3)$。圖 5-2 和圖 5-3 分別表示無通訊故障，但擾動形式爲 $\boldsymbol{d}^1=[0.5\ 0.5]^{\mathrm{T}}$、$\boldsymbol{d}^2=[-0.5\ -0.5]^{\mathrm{T}}$ 時，閉環系統的輸出響應和操作/控制信號圖。圖 5-4 和圖 5-5 分別表示在混合通訊故障情況下（第二行和第三列表示通訊故障），擾動形式爲 $\boldsymbol{d}^1=[0.5\ 0.5]^{\mathrm{T}}$、$\boldsymbol{d}^2=[-0.5\ -0.5]^{\mathrm{T}}$ 時，閉環系統的輸出響應和操作/控制信號圖。可以看出，在兩個擾動的測試下，分散式結構中的每個子系統控制器完全可以滿足穩定性指標，輸出變量 y_1 和 y_2 能夠快速穩定到零，並且所有的控制變量均在飽和範圍内，同時，滿足速率極限約束。透過比較圖 5-4 和圖 5-2，圖 5-5 和圖 5-3，可以看出，盡管在通訊故障下，整個系統的性能有所變差，但是每個子系統控制器都能夠實現穩定性指標，並獲得較爲滿意的控制結果。另外，每個子系統控制器的設計參數，例如預測時域、控制時域、加權矩陣和採樣時間等，都可以進行獨立設計和調節。這要優於集中式控制，並且可以大大減少在線計算負擔，實施簡單方便。值得注意的是，所提出的策略並不局限於 Shell 標準控制問題，也可以用於實際中較廣範圍內的複雜控制問題。

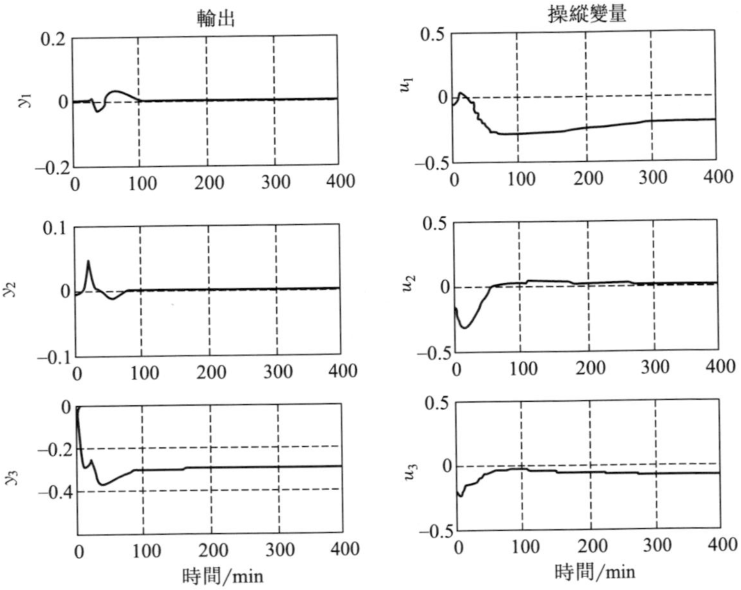

圖 5-2　無通訊故障，但擾動爲$\boldsymbol{d}^1=[0.5\ 0.5]^{\mathrm{T}}$時，閉環系統輸出響應以及操作/控制信號

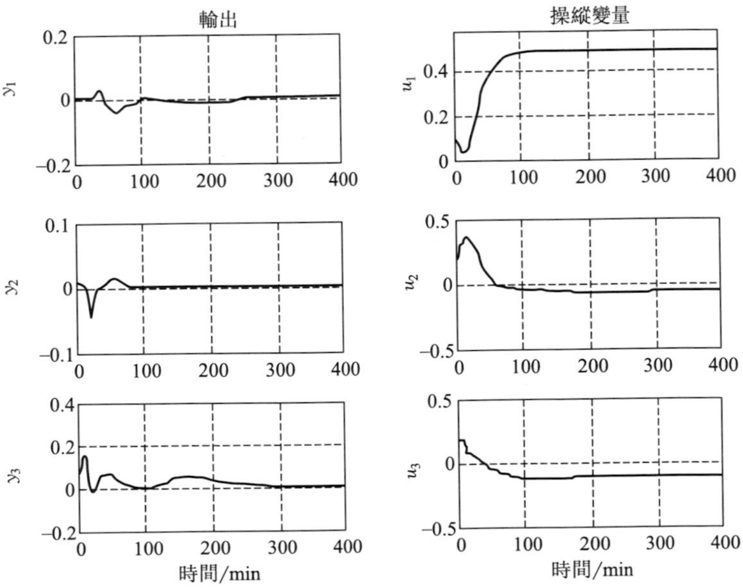

圖 5-3　無通訊故障，但擾動爲$\boldsymbol{d}^2=[-0.5\ -0.5]^{\mathrm{T}}$時，閉環系統輸出響應以及操作/控制信號

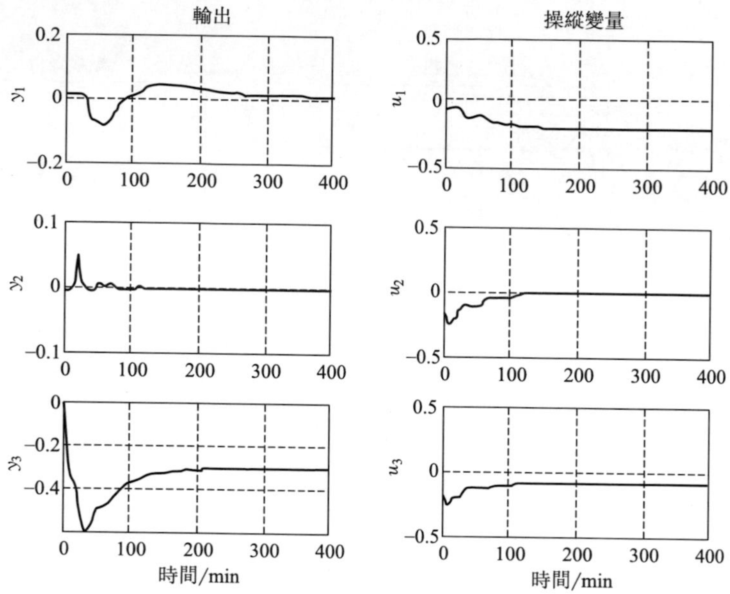

圖 5-4　混合通訊故障下，擾動爲$\boldsymbol{d}^1 = [0.5\ 0.5]^{\mathrm{T}}$時，閉環系統輸出響應以及操作/控制信號

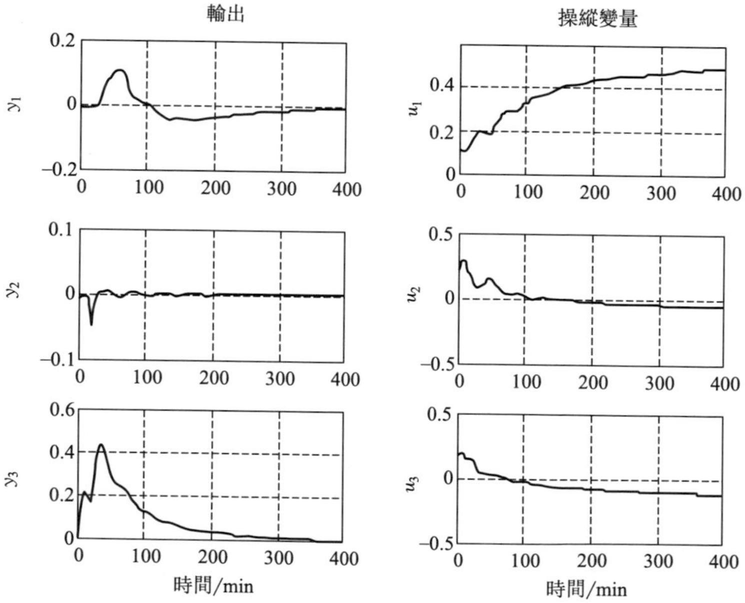

圖 5-5　混合通訊故障下，擾動爲 $\boldsymbol{d}^2 = [-0.5\ -0.5]^{\mathrm{T}}$時，閉環系統輸出響應以及操作/控制信號

5.3 保證穩定性的約束分散式預測控制

在本節中，將介紹針對具有狀態耦合和輸入約束的分散式系統設計的保證穩定性 DMPC 算法。透過合理的約束設計，限制上一時刻與當前時刻計算得到的將來狀態序列之間的誤差，並結合誤差界限、終端代價函數、終端約束集和雙模預測控制方法，保證了在存在初始可行解的前提下，每個更新時刻後續可行，以及閉環系統的漸近穩定性。

5.3.1 問題描述

考慮如圖 5-6 所示的分散式系統，物理上由相互關聯的子系統組成，每個基於子系統的控制器能夠與其它子系統控制器交換資訊。

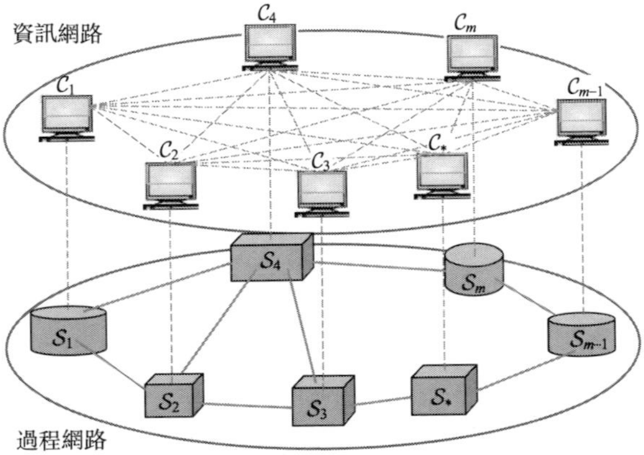

圖 5-6　分散式系統示意圖

不失一般性，假設這個系統 $\mathcal{S}$ 由 m 個離散的線性子系統 $\mathcal{S}_i$，$i\in\mathcal{P}=\{1,\cdots,m\}$ 和 m 個控制器 $\mathcal{C}_i$，$i\in\mathcal{P}=\{1,2,\cdots,m\}$ 構成。每個子系統之間存在狀態耦合。子系統 $\mathcal{S}_i$ 被子系統 $\mathcal{S}_j$ 影響，$i\in\mathcal{P}$，$j\in\mathcal{P}$，則 $\mathcal{S}_j$ 被稱爲子系統 $\mathcal{S}_i$ 的上游系統，$\mathcal{S}_i$ 被稱爲子系統 $\mathcal{S}_j$ 的下游系統。定義 $\mathcal{P}_{+i}$ 是 $\mathcal{S}_i$ 的上游系統的一個合集，$j\in\mathcal{P}_{+i}$，相應的定義 $\mathcal{P}_{-i}$ 是 $\mathcal{S}_i$ 的下游系統的一個合集。這樣，子系統 $\mathcal{S}_i$ 可以表示成

$$\begin{cases}\boldsymbol{x}_i(k+1)=\boldsymbol{A}_{ii}\boldsymbol{x}_i(k)+\boldsymbol{B}_{ii}\boldsymbol{u}_i(k)+\sum\limits_{j\in\mathcal{P}_{+i}}\boldsymbol{A}_{ij}\boldsymbol{x}_j(k)\\ \boldsymbol{y}_i(k)=\boldsymbol{C}_{ii}\boldsymbol{x}_i(k)\end{cases}\tag{5-34}$$

其中，$\boldsymbol{x}_i \in \mathbb{R}^{n_{xi}}$，$\boldsymbol{u}_i \in \mathcal{U}_i \subset \mathbb{R}^{n_{ui}}$ 和$\boldsymbol{y}_i \in \mathbb{R}^{n_{yi}}$ 分別是局部狀態、輸入和輸出向量。$\mathcal{U}_i$ 是輸入$\boldsymbol{u}_i$ 的可行集，輸入可行集是根據系統的物理硬約束以及其它控制對象控制要求或特點對輸入進行的限制。非零矩陣$\boldsymbol{A}_{ij}$ 表示子系統 $\mathcal{S}_i$ 被子系統 $\mathcal{S}_j$ 影響，是 $\mathcal{S}_j$ 的下游系統。在合併向量形式下，系統動態方程可以寫成

$$\begin{cases}\boldsymbol{x}(k+1)=\boldsymbol{A}\boldsymbol{x}(k)+\boldsymbol{B}\boldsymbol{u}(k)\\ \boldsymbol{y}(k)=\boldsymbol{C}\boldsymbol{x}(k)\end{cases} \tag{5-35}$$

其中

$$\boldsymbol{x}(k)=\left[\boldsymbol{x}_1^{\mathrm{T}}(k)\quad \boldsymbol{x}_2^{\mathrm{T}}(k)\quad \cdots\quad \boldsymbol{x}_m^{\mathrm{T}}(k)\right]^{\mathrm{T}}\in\mathbb{R}^{n_x},$$

$$\boldsymbol{u}(k)=\left[\boldsymbol{u}_1^{\mathrm{T}}(k)\quad \boldsymbol{u}_2^{\mathrm{T}}(k)\quad \cdots\quad \boldsymbol{u}_m^{\mathrm{T}}(k)\right]^{\mathrm{T}}\in\mathcal{U}_i\subset\mathbb{R}^{n_u},$$

$$\boldsymbol{y}(k)=\left[\boldsymbol{y}_1^{\mathrm{T}}(k)\quad \boldsymbol{y}_2^{\mathrm{T}}(k)\quad \cdots\quad \boldsymbol{y}_m^{\mathrm{T}}(k)\right]^{T}\in\mathbb{R}^{n_y},$$

分別是整個系統 $\mathcal{S}$ 的狀態向量、控制輸入向量以及輸出向量。同時，$\boldsymbol{u}(k)\in\mathcal{U}=\mathcal{U}_1\times\mathcal{U}_2\times\cdots\times\mathcal{U}_m$。$\boldsymbol{A}$、$\boldsymbol{B}$ 和 $\boldsymbol{C}$ 是具有合適維數的常數矩陣，定義如下：

$$\boldsymbol{A}=\begin{bmatrix}\boldsymbol{A}_{11} & \boldsymbol{A}_{12} & \cdots & \boldsymbol{A}_{1m}\\ \boldsymbol{A}_{21} & \boldsymbol{A}_{22} & \cdots & \boldsymbol{A}_{2m}\\ \vdots & \vdots & \ddots & \vdots\\ \boldsymbol{A}_{m1} & \boldsymbol{A}_{m2} & \cdots & \boldsymbol{A}_{mm}\end{bmatrix}^{\mathrm{T}}$$

$$\boldsymbol{B}=\begin{bmatrix}\boldsymbol{B}_{11} & \boldsymbol{B}_{12} & \cdots & \boldsymbol{B}_{1m}\\ \boldsymbol{B}_{21} & \boldsymbol{B}_{22} & \cdots & \boldsymbol{B}_{2m}\\ \vdots & \vdots & \ddots & \vdots\\ \boldsymbol{B}_{m1} & \boldsymbol{B}_{m2} & \cdots & \boldsymbol{B}_{mm}\end{bmatrix}^{\mathrm{T}}$$

$$\boldsymbol{C}=\begin{bmatrix}\boldsymbol{C}_{11} & \boldsymbol{C}_{12} & \cdots & \boldsymbol{C}_{1m}\\ \boldsymbol{C}_{21} & \boldsymbol{C}_{22} & \cdots & \boldsymbol{C}_{2m}\\ \vdots & \vdots & \ddots & \vdots\\ \boldsymbol{C}_{m1} & \boldsymbol{C}_{m2} & \cdots & \boldsymbol{C}_{mm}\end{bmatrix}^{\mathrm{T}}$$

控制目標是：在通訊受限的情況下，採用 DMPC 算法使得全局系統 $\mathcal{S}$ 穩定。

5.3.2 分散式預測控制設計

5.3.2.1 局部控制器優化問題數學描述

在本節中，定義了 m 個獨立優化控制問題，每個優化問題對應了一

個子系統和在一個採樣週期內只通訊一次的 LCO-DMPC 算法。每一個分散式優化控制問題，都具有固定相同的預測時域 N，$N \geqslant 1$。每個分散式 MPC 的控制律同步更新，且在每一次更新的時候，給定當前狀態和相關於系統的預估輸入，每一個子系統 MPC 控制器僅僅優化它本身的開環控制序列。

爲了詳細説明，需要作如下一些假設。

假設 5.1 對於每一個子系統 $\mathcal{S}_i$，$\forall i \in \mathcal{P}$，存在一個狀態反饋控制律 $\boldsymbol{u}_{i,k} = \boldsymbol{K}_i \boldsymbol{x}_{i,k}$ 使得閉環系統 $\boldsymbol{x}(k+1) = \boldsymbol{A}_c \boldsymbol{x}(k)$ 能夠漸近穩定，其中 $\boldsymbol{A}_c = \boldsymbol{A} + \boldsymbol{BK}$，$\boldsymbol{K} = \text{block-diag}\{\boldsymbol{K}_1, \boldsymbol{K}_2, \cdots, \boldsymbol{K}_m\}$。

備註 5.2 這一假設通常用於穩定 DMPC 算法設計中[11,12]。它假設每個子系統可透過一個分散式控制器 $\boldsymbol{K}_i \boldsymbol{x}_i$，$i \in \mathcal{P}$ 實現鎮定。其中，控制增益 $\boldsymbol{K}$ 可透過 LMI 或 LQR 得到。

另外，需要定義一些必要的符號，見表 5-1。

表 5-1 定義符號意義

標識	注釋
$-i$	子系統 $\mathcal{S}_i$ 所有下游系統下標
$+i$	子系統 $\mathcal{S}_i$ 所有上游系統下標
$\boldsymbol{x}_i^{\mathrm{p}}(k+s\|k)$	在 k 時刻由 $\mathcal{C}_i$ 計算的子系統 $\mathcal{S}_i$ 的預測狀態序列，$\boldsymbol{x}_i^{\mathrm{p}}(k+s\|k) = \boldsymbol{x}_{i,i}^{\mathrm{p}}(k+s\|k)$
$\boldsymbol{u}_i^{\mathrm{p}}(k+s\|k)$	在 k 時刻由 $\mathcal{C}_i$ 計算的子系統 $\mathcal{S}_i$ 的優化控制序列
$\hat{\boldsymbol{x}}_i(k+s\|k)$	在 k 時刻由 $\mathcal{C}_i$ 計算的子系統 $\mathcal{S}_i$ 的設定狀態序列，$\hat{\boldsymbol{x}}_i(k+s\|k) = \hat{\boldsymbol{x}}_{i,i}(k+s\|k)$
$\hat{\boldsymbol{u}}_i(k+s\|k)$	在 k 時刻由 $\mathcal{C}_i$ 計算的子系統 $\mathcal{S}_i$ 的設定控制序列
$\boldsymbol{x}_i^{\mathrm{f}}(k+s\|k)$	在 k 時刻由 $\mathcal{C}_i$ 定義的子系統 $\mathcal{S}_i$ 可行的預測狀態序列，$\boldsymbol{x}_i^{\mathrm{f}}(k+s\|k) = \boldsymbol{x}_{i,i}^{\mathrm{f}}(k+s\|k)$
$\boldsymbol{u}_i^{\mathrm{f}}(k+s\|k)$	在 k 時刻由 $\mathcal{C}_i$ 定義的子系統 $\mathcal{S}_i$ 可行的控制序列，$\boldsymbol{u}_i^{\mathrm{f}}(k+s\|k) = \boldsymbol{u}_{i,i}^{\mathrm{f}}(k+s\|k)$

每個子系統控制器考慮自身的性能指標，具體的形式如下所示：

$$J_i(k) = \left\| \boldsymbol{x}_i^{\mathrm{p}}(k+N \mid k) \right\|_{\boldsymbol{P}_i}^2 + \sum_{s=0}^{N-1} \left(\left\| \boldsymbol{x}_i^{\mathrm{p}}(k+s \mid k) \right\|_{\boldsymbol{Q}_i}^2 + \left\| \boldsymbol{u}_i(k+s \mid k) \right\|_{\boldsymbol{R}_i}^2 \right) \tag{5-36}$$

其中，$\boldsymbol{Q}_i = \boldsymbol{Q}_i^{\mathrm{T}} > 0$，$\boldsymbol{R}_i = \boldsymbol{R}_i^{\mathrm{T}} > 0$，$\boldsymbol{P}_i = \boldsymbol{P}_i^{\mathrm{T}} > 0$。矩陣 $\boldsymbol{P}_i$ 必須滿足如下的 Lyapunov 方程：

$$\boldsymbol{A}_{\mathrm{d}i}^{\mathrm{T}} \boldsymbol{P}_i \boldsymbol{A}_{\mathrm{d}i} - \boldsymbol{P}_i = -\hat{\boldsymbol{Q}}_{\mathrm{i}}$$

其中，$\hat{\boldsymbol{Q}}_i = \boldsymbol{Q}_i + \boldsymbol{K}_i^{\mathrm{T}} \boldsymbol{R}_i \boldsymbol{K}_i$。定義

$$\boldsymbol{P} = \text{block-diag}\{\boldsymbol{P}_1, \boldsymbol{P}_2, \cdots, \boldsymbol{P}_m\},$$
$$\boldsymbol{Q} = \text{block-diag}\{\boldsymbol{Q}_1, \boldsymbol{Q}_2, \cdots, \boldsymbol{Q}_m\},$$
$$\boldsymbol{R} = \text{block-diag}\{\boldsymbol{R}_1, \boldsymbol{R}_2, \cdots, \boldsymbol{R}_m\},$$
$$\boldsymbol{A}_{\mathrm{d}} = \text{block-diag}\{\boldsymbol{A}_{\mathrm{d}1}, \boldsymbol{A}_{\mathrm{d}2}, \cdots, \boldsymbol{A}_{\mathrm{d}m}\}.$$

可得

$$\boldsymbol{A}_{\mathrm{d}}^{\mathrm{T}}\boldsymbol{P}\boldsymbol{A}_{\mathrm{d}}-\boldsymbol{P}=-\hat{\boldsymbol{Q}}$$

其中，$\hat{\boldsymbol{Q}}=\boldsymbol{Q}+\boldsymbol{K}^{\mathrm{T}}\boldsymbol{R}\boldsymbol{K}>0$。

爲得到在控制決策序列$\boldsymbol{u}_i(k+s\mid k)$作用下系統$\mathcal{S}_i$的預測狀態序列$\boldsymbol{x}_i^{\mathrm{p}}(k+s\mid k)$，首先要對系統演化模型進行推導。由於所有子系統控制器同步更新，子系統$\mathcal{S}_i$不知道其它子系統的狀態和控制序列。因此，在k時刻，子系統$\mathcal{S}_i$的MPC預測模型需要用到假定狀態序列$\{\hat{\boldsymbol{x}}_j(k\mid k),\hat{\boldsymbol{x}}_j(k+1\mid k),\cdots,\hat{\boldsymbol{x}}_j(k+N\mid k)\}$，可表示爲

$$\begin{aligned}\boldsymbol{x}_i^{\mathrm{p}}(k+l\mid k)=&\boldsymbol{A}_{ii}^{l}\boldsymbol{x}_i^{\mathrm{p}}(k\mid k)+\sum_{h=1}^{l}\boldsymbol{A}_{ii}^{l-h}\boldsymbol{B}_{ii}\boldsymbol{u}_i(k+l\mid k)+\\&\sum_{j\in\mathcal{P}_{+i}}\sum_{h=1}^{l}\boldsymbol{A}_{ii}^{l-h}\boldsymbol{A}_{ij}\hat{\boldsymbol{x}}_j(k+h-1\mid k)\end{aligned}\tag{5-37}$$

給定$\boldsymbol{x}_i^{\mathrm{p}}(k\mid k)=\boldsymbol{x}_i(k\mid k)$，子系統$\mathcal{S}_i$的設定控制序列可以表示爲

$$\hat{\boldsymbol{u}}_i(k+s-1\mid k)=\begin{cases}\boldsymbol{u}_i(k+s-1\mid k-1),s=1,2,\cdots,N-1\\\boldsymbol{K}_i\boldsymbol{x}_i^{\mathrm{p}}(k+N-1\mid k-1),s=N\end{cases}\tag{5-38}$$

令每個子系統的假設狀態序列$\hat{\boldsymbol{x}}_i$等於$k-1$時刻的預測值，可得閉環系統在反饋控制下的響應：

$$\begin{cases}\hat{\boldsymbol{x}}_i(k+s-1\mid k)=\boldsymbol{x}_i^{\mathrm{p}}(k+s-1\mid k-1),s=1,2,\cdots,N\\\hat{\boldsymbol{x}}_i(k+N+1-1\mid k)=\boldsymbol{A}_{\mathrm{d}i}\boldsymbol{x}_i^{\mathrm{p}}(k+N-1\mid k-1)+\\\sum\limits_{j\in\mathcal{P}_{+i}}\boldsymbol{A}_{ij}\boldsymbol{x}_j^{\mathrm{p}}(k+N-1\mid k-1)\end{cases}\tag{5-39}$$

值得注意的是，因爲$\hat{\boldsymbol{x}}_i(k+N\mid k)$僅僅是一個中間變量，$\hat{\boldsymbol{x}}_i(k+N\mid k)$並不等於將$\hat{\boldsymbol{u}}_i(k+N-1\mid k)$代入式(5-37)所得的解。

在MPC系統中，後續可行性和穩定性是非常重要的性質。在DMPC中也一樣。爲擴大可行域，每個MPC中都包括了一個終端狀態約束來保證終端控制器能使系統穩定在一個終端集合中。爲定義這樣一個終端集合，需要作出一個假設並提出相應的引理。

假設 5.2 分塊矩陣

$$\boldsymbol{A}_{\mathrm{d}}=\text{block-diag}\{\boldsymbol{A}_{\mathrm{d1}},\boldsymbol{A}_{\mathrm{d2}},\cdots,\boldsymbol{A}_{\mathrm{d}m}\}$$

和非對角矩陣$\boldsymbol{A}_{\mathrm{o}}=\boldsymbol{A}_{\mathrm{c}}-\boldsymbol{A}_{\mathrm{d}}$滿足不等式：

$$\boldsymbol{A}_{\mathrm{o}}^{\mathrm{T}}\boldsymbol{P}\boldsymbol{A}_{\mathrm{o}}+\boldsymbol{A}_{\mathrm{o}}^{\mathrm{T}}\boldsymbol{P}\boldsymbol{A}_{\mathrm{d}}+\boldsymbol{A}_{\mathrm{d}}^{\mathrm{T}}\boldsymbol{P}\boldsymbol{A}_{\mathrm{o}}<\hat{\boldsymbol{Q}}/2$$

其中，$\hat{\boldsymbol{Q}}=\boldsymbol{Q}+\boldsymbol{K}^{\mathrm{T}}\boldsymbol{R}\boldsymbol{K}>0$。

假設 5.2 與假設 5.1 的提出是爲了輔助終端集的設計。假設 5.2 量化了子系統之間的耦合，它説明當子系統之間的耦合足夠弱的時候，子系統可由下面提出的算法控制。該假設並不是必要的，一些不滿足該假設的系統也可能由該 DMPC 算法鎮定。因此，如何設計更鬆弛的假設條件是將來待完成的工作。

引理 5.1 如果假設 5.1 和假設 5.2 成立，那麼對於任意正標量 c，集合

$$\Omega(c)=\{\boldsymbol{x}\in\mathbb{R}^{n_x}:\|\boldsymbol{x}\|_{\boldsymbol{P}}\leqslant c\}$$

是閉環系統 $\boldsymbol{x}(k+1)=\boldsymbol{A}_{\mathrm{c}}\boldsymbol{x}(k)$ 的正不變吸引域，且存在足夠小的標量 ε，使得對任意 $\boldsymbol{x}\in\Omega(\varepsilon)$，$\boldsymbol{Kx}$ 爲可行輸入，即 $\mathcal{U}\in\mathbb{R}^{n_u}$。

證明 定義 $V(k)=\left\|\boldsymbol{x}(k)\right\|_{\boldsymbol{P}}^{2}$。沿閉環系統 $\boldsymbol{x}(k+1)=\boldsymbol{A}_{\mathrm{c}}\boldsymbol{x}(k)$ 對 $V(k)$ 作差分，有

$$\begin{aligned}\Delta V(k)&=\boldsymbol{x}^{\mathrm{T}}(k)\boldsymbol{A}_{\mathrm{c}}^{\mathrm{T}}\boldsymbol{P}\boldsymbol{A}_{\mathrm{c}}\boldsymbol{x}(k)-\boldsymbol{x}^{\mathrm{T}}(k)\boldsymbol{P}\boldsymbol{x}(k)\\&=\boldsymbol{x}^{\mathrm{T}}(k)(\boldsymbol{A}_{\mathrm{d}}^{\mathrm{T}}\boldsymbol{P}\boldsymbol{A}_{\mathrm{d}}-\boldsymbol{P}+\boldsymbol{A}_{\mathrm{o}}^{\mathrm{T}}\boldsymbol{P}\boldsymbol{A}_{\mathrm{o}}+\boldsymbol{A}_{\mathrm{o}}^{\mathrm{T}}\boldsymbol{P}\boldsymbol{A}_{\mathrm{d}}+\boldsymbol{A}_{\mathrm{d}}^{\mathrm{T}}\boldsymbol{P}\boldsymbol{A}_{\mathrm{o}})\boldsymbol{x}(k)\\&\leqslant-\boldsymbol{x}^{\mathrm{T}}(k)\hat{\boldsymbol{Q}}\boldsymbol{x}(k)+\frac{1}{2}\boldsymbol{x}^{\mathrm{T}}(k)\hat{\boldsymbol{Q}}\boldsymbol{x}(k)\\&\leqslant 0\end{aligned}\tag{5-40}$$

對所有狀態 $\boldsymbol{x}(k)\in\Omega(c)\backslash\{0\}$ 成立。即所有起始於 $\Omega(c)$ 的狀態軌跡會始終保持在 $\Omega(c)$ 內，並漸近趨於原點。

由於 $\boldsymbol{P}$ 正定，$\Omega(\varepsilon)$ 可縮小至 0。因此，存在足夠小的 $\varepsilon>0$ 的，使得對於所有 $\boldsymbol{x}\in\Omega(\varepsilon)$，$\boldsymbol{Kx}\in U$。證畢。

子系統 $\mathcal{S}_i$ 的 MPC 終端約束可以定義爲

$$\Omega_i(\varepsilon)=\{\boldsymbol{x}_i\in\mathbb{R}^{n_{xi}}:\|\boldsymbol{x}_i\|_{\boldsymbol{P}_i}\leqslant\varepsilon/\sqrt{m}\}\tag{5-41}$$

顯然，如果 $\boldsymbol{x}\in\Omega_1(\varepsilon)\times\cdots\times\Omega_m(\varepsilon)$，那麼系統將漸近穩定，這是因爲

$$\left\|\boldsymbol{x}_i\right\|_{\boldsymbol{P}_i}^{2}\leqslant\frac{\varepsilon^2}{m},\forall i\in\mathcal{P}$$

即

$$\sum_{i\in\mathcal{P}}\left\|\boldsymbol{x}_i\right\|_{\boldsymbol{P}_i}^{2}\leqslant\varepsilon^2$$

因此，$\boldsymbol{x}\in\Omega(\varepsilon)$。假設在 k_0 時刻，所有子系統的狀態都滿足 $\boldsymbol{x}_{i,k_0}\in\Omega_i(\varepsilon)$，並且 $\mathcal{C}_i$ 採用控制律 $\boldsymbol{K}_i\boldsymbol{x}_{i,k}$，那麼，根據引理 5.1，系統漸近穩定。

綜上所述，只要設計的 MPC 能夠把相應子系統 $\mathcal{S}_i$ 的狀態推到集合 $\Omega_i(\varepsilon)$ 中，那麼就可以透過反饋控制律使得系統穩定到原點。一旦狀態

到達原點的某個合適的鄰域，將 MPC 控制切換到終端控制的方法就叫作雙模 MPC[4]。因此，本章中提出的算法也叫作雙模 DMPC 算法。另外，由於在 DMPC 算法中，子系統控制器利用 $k-1$ 時刻的估計來預測未來的狀態，這與當前時刻的估計之間存在偏差。因此，在 k 時刻很難構造可行解，需要加入一個一致性約束來限制這個誤差。

接下來，將寫出每個子系統 MPC 的優化問題。

問題 5.1 在子系統 $\mathcal{S}_i$ 中，令 $\varepsilon>0$ 滿足引理 5.1，令更新時刻 $k\geqslant 1$。已知 $\boldsymbol{x}_i(k)$，$\hat{\boldsymbol{x}}_j(k+s\mid k)$，$s=1,2,\cdots,N$，$\forall j\in\mathcal{P}_{+i}$，確定控制序列 $\boldsymbol{u}_i(k+s\mid k)$：$\{0,1,\cdots,N-1\}\to\mathcal{U}_i$ 以最小化性能指標

$$J_i(k)=\left\|\boldsymbol{x}_i^{\mathrm{p}}(k+N\mid k)\right\|_{\boldsymbol{P}_i}^2+\sum_{s=0}^{N-1}\left(\left\|\boldsymbol{x}_i^{\mathrm{p}}(k+s\mid k)\right\|_{\boldsymbol{Q}_i}^2+\left\|\boldsymbol{u}_i(k+s\mid k)\right\|_{\boldsymbol{R}_i}^2\right) \tag{5-42}$$

滿足下列約束：

$$\textstyle\sum_{l=1}^{s}\alpha_{s-l}\left\|\boldsymbol{x}_i^{\mathrm{p}}(k+l|k)-\hat{\boldsymbol{x}}_{\mathrm{i}}(k+l|k)\right\|_2\leqslant\frac{\xi\kappa\varepsilon}{2\sqrt{mm_1}},s=1,2,\cdots,N-1 \tag{5-43}$$

$$\left\|\boldsymbol{x}_i^{\mathrm{p}}(k+N|k)-\hat{\boldsymbol{x}}_i(k+N|k)\right\|_{\boldsymbol{P}_i}\leqslant\frac{\kappa\varepsilon}{2\sqrt{m}} \tag{5-44}$$

$$\left\|\boldsymbol{x}_i^{\mathrm{p}}(k+s|k)\right\|_{P_i}\leqslant\left\|\boldsymbol{x}_i^{\mathrm{f}}(k+s|k)\right\|_{\boldsymbol{P}_i}+\frac{\varepsilon}{\mu N\sqrt{m}},s=1,2,\cdots,N \tag{5-45}$$

$$\boldsymbol{u}_i^{\mathrm{p}}(k+s|k)\in\mathcal{U}_i,s=0,1,\cdots,N-1 \tag{5-46}$$

$$\boldsymbol{x}_i^{\mathrm{p}}(k+N|k)\in\Omega_i(\varepsilon/2) \tag{5-47}$$

在上面的約束中

$$m_1=\max_{i\in P}\{\mathcal{P}_{+i}\text{ 中元素個數}\} \tag{5-48}$$

$$\alpha_1=\max_{i\in\mathcal{P}}\max_{j\in\mathcal{P}_i}\{\lambda_{\max}^{\frac{1}{2}}[(\boldsymbol{A}_{ii}^l\boldsymbol{A}_{ij})^{\mathrm{T}}\boldsymbol{P}_j\boldsymbol{A}_{ii}^l\boldsymbol{A}_{ij}]\},l=0,1,\cdots,N-1 \tag{5-49}$$

常數 $0<\kappa<1$ 和 $0<\xi\leqslant 1$ 爲設計參數，將在下面小節給出詳細說明。

以上優化問題中約束條件 (5-43)，(5-44) 爲一致性約束，它要求系統此刻的預測狀態和控制變量與上一時刻的設定值相差不大。這些約束是保證系統在每個更新時刻可行的關鍵。

公式(5-45) 是穩定性約束，是證明問題 5.1 中的 LCO-DMPC 算法穩定性的一個條件，其中，$\mu>0$ 是設計參數，滿足引理 5.1，下面將會給出詳細說明。$\boldsymbol{x}_i^{\mathrm{f}}(k+s\mid k)$ 是可行狀態序列，是在 $\boldsymbol{x}_i(k)$ 初始條件下式(5-37) 的解，設定狀態 $\hat{\boldsymbol{x}}_j(k+s|k)$，$j\in\mathcal{P}_{+i}$ 和可行控制序列 $\boldsymbol{u}_i^{\mathrm{f}}(k+$

$s-1|k$)定義如下：

$$\boldsymbol{u}_i^{\mathrm{f}}(k+s-1|k)=\begin{cases}\boldsymbol{u}_i^{\mathrm{p}}(k+s-1|k-1), s=1,2,\cdots,N-1\\ \boldsymbol{K}_i\boldsymbol{x}_i^{\mathrm{f}}(k+N-1|k), s=N\end{cases} \tag{5-50}$$

值得注意的是，盡管引理 5.1 確保 $\Omega(\varepsilon)$ 可以保證終端控制器的可行性，這裏定義的終端約束集爲 $\Omega_i(\varepsilon/2)$ 而不是 $\Omega(\varepsilon)$。下節的分析中將會説明，這樣定義的終端約束集才能保證可行性。

5.3.2.2 子系統 MPC 求解算法

在描述 N-DMPC 算法之前，首先對初始化階段作一個假設。

假設 5.3 在初始時刻 k_0，存在可行控制律 $\boldsymbol{u}_i(k_0+s|k_0)\in\mathcal{U}_i, s=1,2,\cdots,N-1, i\in\mathcal{P}$，使得系統 $\boldsymbol{x}(s+1+k_0)=\boldsymbol{A}\boldsymbol{x}(s+k_0)+\boldsymbol{B}\boldsymbol{u}(s+k_0|k_0)$ 的解，即 $\boldsymbol{x}_i^{\mathrm{p}}(\cdot|k_0)$ 滿足 $\boldsymbol{x}_i^{\mathrm{p}}(N+k_0)\in\Omega_i(\varepsilon/2)$，且 $J_i(k_0)$ 有界。並且，對每個子系統來説，其它子系統的初始時刻控制輸入 $\boldsymbol{u}_i(\cdot|k_0)$ 是已知的。

假設 5.3 避免了用分散式方法解決構造初始可行解的問題。實際上，對於許多優化問題，尋找初始可行解通常是一個難點問題。所以，許多集中式 MPC 也會假設存在初始可行解[4]。

在滿足假設 5.3 的條件下，得到下面的 DMPC 算法。

算法 5.2 （帶約束 DMPC 算法）任意子系統 $\mathcal{S}_i$ 的雙模 MPC 控制律可由下面的步驟計算得到。

第 1 步：初始化。

① 初始化 $\boldsymbol{x}(k_0)$，$\boldsymbol{u}_i(k_0+s|k_0)$，$s=1,2,\cdots,N$，使之滿足假設 5.3。

② 在 k_0 時刻，如果 $\boldsymbol{x}(k_0)\in\Omega(\varepsilon)$，那麼對所有 $k\geqslant k_0$，採用反饋控制 $\boldsymbol{u}_i(k)=\boldsymbol{K}_i[\boldsymbol{x}_i(k)]$；

否則，根據式(5-37) 計算 $\hat{\boldsymbol{x}}_i(k_0+s+1|k_0+1)$，並將其發送給下游子系統控制器。

第 2 步：在 k，$k\geqslant k_0$ 時刻通訊。

測量 $\boldsymbol{x}_i(k)$，將 $\boldsymbol{x}_i(k)$，$\hat{\boldsymbol{x}}_i(k+s+1|k)$ 發送給 $\mathcal{S}_j$，$j\in\mathcal{P}_{-i}$，並從 $\mathcal{S}_j$，$j\in\mathcal{P}_{+i}$ 接收 $\boldsymbol{x}_j(k)$，$\hat{\boldsymbol{x}}_j(k+s|k)$。

第 3 步：在 $k, k\geqslant k_0$ 時刻更新控制律。

① 如果 $\boldsymbol{x}(k)\in\Omega(\varepsilon)$，那麼應用終端控制 $\boldsymbol{u}_i(k)=\boldsymbol{K}_i[\boldsymbol{x}_i(k)]$；否則進行②③。

② 解優化問題 5.1 得到 $\boldsymbol{u}_i(k|k)$，並使用 $\boldsymbol{u}_i(k|k)$ 作爲控制律。

③ 根據式(5-37) 計算 $\hat{\boldsymbol{x}}_i(k+s+1|k+1)$ 並發送給其下游系統 $\mathcal{S}_j$，$j\in\mathcal{P}_{-\mathrm{i}}$。

第 4 步：在 $k+1$ 時刻更新控制律，令 $k+1\rightarrow k$，重複第 2 步。

算法 5.2 假定對於所有局部控制器 $\mathcal{C}_i$，$i\in\mathcal{P}$，可以獲得系統所有的狀態 $\boldsymbol{x}(k)$。之所以作這樣的假定，僅僅是因爲雙模控制需要在 $\boldsymbol{x}(k)\in\Omega(\varepsilon)$ 時同步切換控制方法，其中 $\Omega(\varepsilon)$ 在引理 5.1 中已給出定義。在下面的小節中將會説明 LCO-DMPC 算法可以在有限次更新後驅使狀態 $\boldsymbol{x}(k+s)$ 進入 $\Omega(\varepsilon)$。因此，如果 $\Omega_i(\varepsilon)$ 足夠小，可以一直採用 MPC 進行控制，而不需要局部控制器知道所有狀態。當然這時，不能保證系統漸近穩定到原點，只能保證控制器可以把狀態推進一個小的 $\Omega(\varepsilon)$ 集合中。

下一節將詳細分析 LCO-DMPC 算法的可行性和穩定性。

5.3.3 性能分析

5.3.3.1 每個子系統 MPC 迭代可行性

這部分的主要結果是，如果系統在初始時刻可行，同時假設 5.2 成立，那麼對於任意系統 $\mathcal{S}_i$ 和任意時刻 $k\geqslant 1$，$\boldsymbol{u}_i(\cdot|k)=\boldsymbol{u}_i^{\mathrm{f}}(\cdot|k)$是問題 5.1 的可行解，即$[\boldsymbol{u}_i^{\mathrm{f}}(\cdot|k),\boldsymbol{x}_i^{\mathrm{f}}(\cdot|k)]$，$j\in\mathcal{P}_i$ 滿足系統一致性約束（5-43）和（5-44）、控制輸入約束（5-46）和終端約束（5-47）。定理 5.3 給出了保證$\hat{\boldsymbol{x}}_i(k+N|k)\in\Omega_i(\varepsilon'/2)$的充分條件，其中，$\varepsilon'=(1-\kappa)\varepsilon$。引理 5.2 給出了保證$\|\boldsymbol{x}_i^{\mathrm{f}}(s+k|k)-\hat{\boldsymbol{x}}_i(s+k|k)\|_{\boldsymbol{P}_i}\leqslant\kappa\varepsilon/(2\sqrt{m})$，$i\in\mathcal{P}$的充分條件。引理 5.3 保證了控制輸入約束。最後，結合引理 5.2～5.4 得出結論，對於任意 $i\in\mathcal{P}$，控制輸入和狀態對$[\boldsymbol{u}_i^{\mathrm{f}}(\cdot|k),\boldsymbol{x}_i^{\mathrm{f}}(\cdot|k)]$在任意$k\geqslant 1$ 時刻是問題 5.1 的可行解。

引理 5.2 如果假設 5.1 和假設 5.2 成立，且滿足 $\boldsymbol{x}(k_0)\in\mathcal{X}$，同時對任意 $k\geqslant 0$，問題 5.1 在 $1,2,\cdots,k-1$ 時刻有可行解，且對任意 $i\in\mathcal{P}$，$\hat{\boldsymbol{x}}_i(k+N-1|k-1)\in\Omega_i(\varepsilon/2)$成立，那麼

$$\hat{\boldsymbol{x}}_i(k+N-1|k)\in\Omega_i(\varepsilon/2)$$

且

$$\hat{\boldsymbol{x}}_i(k+N|k)\in\Omega_i(\varepsilon'/2)$$

其中，$\boldsymbol{P}_i$ 和$\hat{\boldsymbol{Q}}_i$ 滿足：

$$\max_{i\in\mathcal{P}}(\rho_i)\leqslant 1-\kappa \tag{5-51}$$

式中，$\varepsilon'=(1-\kappa)\varepsilon$，$\rho=\lambda_{\max}\sqrt{(\hat{\boldsymbol{Q}}_i\boldsymbol{P}_i^{-1})^{\mathrm{T}}\hat{\boldsymbol{Q}}_i\boldsymbol{P}_i^{-1}}$。

證明 因爲問題 5.1 在 $k-1$ 時刻有可行解，透過式(5-39) 可得

$$\|\hat{\boldsymbol{x}}_i(k+N-1)|k\|_{\boldsymbol{P}_j}=\|\boldsymbol{x}_i^{\mathrm{p}}(k+N-1)|k-1\|_{\boldsymbol{P}_i}\leqslant\frac{\varepsilon}{2\sqrt{m}}$$

並且

$$\begin{aligned}\hat{\boldsymbol{x}}_i(k+N\mid k)&=\boldsymbol{A}_{\mathrm{d}i}\boldsymbol{x}_i^{\mathrm{p}}(k+N-1\mid k-1)+\sum_{j\in\mathcal{P}_{+i}}\boldsymbol{A}_{ij}\boldsymbol{x}_j^{\mathrm{p}}(k+N-1\mid k-1)\\&=\boldsymbol{A}_{\mathrm{d}i}\hat{\boldsymbol{x}}_i(k+N-1\mid k)+\sum_{j\in\mathcal{P}_{+i}}\boldsymbol{A}_{ij}\hat{\boldsymbol{x}}_j(k+N-1\mid k)\end{aligned}$$

可得

$$\|\hat{\boldsymbol{x}}_i(k+N\mid k)\|_{\boldsymbol{P}_i}=\left\|\boldsymbol{A}_{\mathrm{d}i}\hat{\boldsymbol{x}}_i(k+N-1\mid k)+\sum_{j\in\mathcal{P}_{+i}}\boldsymbol{A}_{ij}\hat{\boldsymbol{x}}_j(k+N-1\mid k)\right\|_{\boldsymbol{P}_i}$$

結合假設 5.2：

$$\boldsymbol{A}_{\mathrm{o}}^{\mathrm{T}}\boldsymbol{P}\boldsymbol{A}_{\mathrm{o}}+\boldsymbol{A}_{\mathrm{o}}^{\mathrm{T}}\boldsymbol{P}\boldsymbol{A}_{\mathrm{d}}+\boldsymbol{A}_{\mathrm{d}}^{\mathrm{T}}\boldsymbol{P}\boldsymbol{A}_{\mathrm{o}}<\hat{\boldsymbol{Q}}/2$$

可得

$$\begin{aligned}\|\hat{\boldsymbol{x}}_i(k+N|k)\|_{\boldsymbol{P}_i}&\leqslant\left\|\hat{\boldsymbol{x}}_i(k+N-1|k)\right\|_{\hat{\boldsymbol{Q}}/2}\\&\leqslant\lambda_{\max}\sqrt{(\hat{\boldsymbol{Q}}_i\boldsymbol{P}_i^{-1})^{\mathrm{T}}\hat{\boldsymbol{Q}}_i\boldsymbol{P}_i^{-1}}\,\|\hat{\boldsymbol{x}}_i(k+N-1|k)\|_{\boldsymbol{P}_i}\\&\leqslant(1-\kappa)\frac{\varepsilon}{2\sqrt{m}}\end{aligned}$$

證畢。

引理 5.3 如果假設 5.1～5.3 成立，且滿足 $\boldsymbol{x}(k_0)\in\mathcal{X}$，同時對任意 $k\geqslant0$，問題 5.1 在每一個更新時刻 l，$l=1,2,\cdots,k-1$ 都有解，那麼

$$\|\boldsymbol{x}_i^{\mathrm{f}}(k+s|k)-\hat{\boldsymbol{x}}_i(k+s|k)\|_{\boldsymbol{P}_i}\leqslant\frac{\kappa\varepsilon}{2\sqrt{m}}\tag{5-52}$$

如果對任意 $i\in\mathcal{P}$，式(5-52) 和下面的參數條件在 $s=1,2,\cdots,N$ 時刻都成立：

$$\frac{\sqrt{m_2}}{\xi\lambda_{\min}(P)}\sum_{l=0}^{N-2}\alpha_l\leqslant1\tag{5-53}$$

式中，α_l 的定義見式(5-49)。那麼，可行控制輸入$\boldsymbol{u}_i^{\mathrm{f}}(k+s\mid k)$ 和狀態$\boldsymbol{x}_i^{\mathrm{f}}(k+s\mid k)$ 滿足約束 (5-43) 和 (5-44)。

證明 先證明式(5-52)。因爲問題 5.1 在 $1,2,\cdots,k-1$ 時刻存在一個可行解，根據式(5-37)、式(5-38) 和式(5-50)，對於任意 $s=1,2,\cdots,N-1$，可行狀態由下式給出：

$$
\begin{aligned}
\boldsymbol{x}_i^{\mathrm{f}}(k+l \mid k) &= \boldsymbol{A}_{ii}^{l}\boldsymbol{x}_i^{\mathrm{f}}(k \mid k)+\sum_{h=1}^{l}\boldsymbol{A}_{ii}^{l-h}\boldsymbol{B}_{ii}\boldsymbol{u}_i^{\mathrm{f}}(k+l \mid k)+\\
&\quad \sum_{j\in\mathcal{P}_{+i}}\sum_{h=1}^{l}\boldsymbol{A}_{ii}^{l-h}\boldsymbol{A}_{ij}\hat{\boldsymbol{x}}_j(k+h-1 \mid k)\\
&= \boldsymbol{A}_{ii}^{l}\,[\boldsymbol{A}_{ii}^{l}\boldsymbol{x}_i(k-1 \mid k-1)+\\
&\quad \boldsymbol{B}_{ii}\boldsymbol{u}_i(k-1 \mid k-1)+\sum_{j\in\mathcal{P}_{+i}}\boldsymbol{A}_{ij}\boldsymbol{x}_j(k-1 \mid k-1)\Big]+\\
&\quad \sum_{h=1}^{l}\boldsymbol{A}_{ii}^{l-h}\boldsymbol{B}_{ii}\hat{\boldsymbol{u}}_i(k+l \mid k)+\\
&\quad \sum_{j\in\mathcal{P}_{+\mathrm{i}}}\sum_{h=1}^{l}\boldsymbol{A}_{ii}^{l-h}\boldsymbol{A}_{ij}\boldsymbol{x}_j^{\mathrm{p}}(k+h-1 \mid k-1)
\end{aligned}
\tag{5-54}
$$

和

$$
\begin{aligned}
\hat{\boldsymbol{x}}(k+l \mid k) &= \boldsymbol{A}_{ii}^{l}\boldsymbol{x}_i(k \mid k-1)+\sum_{h=1}^{l}\boldsymbol{A}_{ii}^{l-h}\boldsymbol{B}_{ii}\boldsymbol{u}_i(k+l \mid k-1)+\\
&\quad \sum_{j\in\mathcal{P}_{+i}}\sum_{h=1}^{l}\boldsymbol{A}_{ii}^{l-h}\boldsymbol{A}_{ij}\hat{\boldsymbol{x}}_j(k+h-1 \mid k-1)\\
&= \boldsymbol{A}_{ii}^{l}\,[\boldsymbol{A}_{ii}^{l}x_i(k-1 \mid k-1)+\\
&\quad \boldsymbol{B}_{ii}\boldsymbol{u}_i(k-1 \mid k-1)+\sum_{j\in\mathcal{P}_{+i}}\boldsymbol{A}_{ij}\hat{\boldsymbol{x}}_j(k-1 \mid k-1)\Big]+\\
&\quad \sum_{h=1}^{l}\boldsymbol{A}_{ii}^{l-h}\boldsymbol{B}_{ii}\hat{\boldsymbol{u}}_i(k+l \mid k)+\\
&\quad \sum_{j\in\mathcal{P}_{+i}}\sum_{h=1}^{l}\boldsymbol{A}_{ii}^{l-h}\boldsymbol{A}_{ij}\hat{\boldsymbol{x}}_j(k+h-1 \mid k-1)
\end{aligned}
\tag{5-55}
$$

將式(5-55) 從式(5-54) 中減去，從式(5-49) 的定義，可得可行狀態與假定狀態序列之差：

$$
\begin{aligned}
&\left\|\boldsymbol{x}_{j,i}^{\mathrm{f}}(k+s \mid k)-\hat{\boldsymbol{x}}_{j,i}(k+s \mid k)\right\|_{\boldsymbol{P}_j}\\
&=\left\|\sum_{l=1}^{s}\boldsymbol{A}_{ii}^{s-l}\boldsymbol{A}_{ij}[\boldsymbol{x}_i^{\mathrm{p}}(k+l-1 \mid k-1)-\hat{\boldsymbol{x}}_i(k+l-1 \mid k-1)]\right\|_{\boldsymbol{P}_i}\\
&\leqslant \sum_{l=1}^{s}\left\|\boldsymbol{A}_{ii}^{s-l}\boldsymbol{A}_{ij}[\boldsymbol{x}_i^{\mathrm{p}}(k+l-1 \mid k-1)-\hat{\boldsymbol{x}}_i(k+l-1 \mid k-1)]\right\|_{\boldsymbol{P}_i}
\end{aligned}
$$

$$\leqslant \sum_{l=1}^{s} \alpha_{s-l} \| \boldsymbol{x}_i^{p}(k+l-1 \mid k-1) - \hat{\boldsymbol{x}}_i(k+l-1 \mid k-1) \|_2 \tag{5-56}$$

假定子系統 $\mathcal{S}_g$ 使得下式最大化：

$$\sum_{l=1}^{s} \alpha_{s-l} \| \boldsymbol{x}_i^{\mathrm{p}}(k-1+l \mid k-1) - \hat{\boldsymbol{x}}_i(k-1+l \mid k-1) \|_2, i \in \mathcal{P}$$

則可從式(5-56) 得下式：

$$\| \boldsymbol{x}_j^{\mathrm{f}}(k+s \mid k) - \hat{\boldsymbol{x}}_j(k+s \mid k) \|_{\boldsymbol{P}_i}$$

$$\leqslant \sqrt{m_1} \sum_{l=1}^{s} \alpha_{s-l} \| \boldsymbol{x}_g^{\mathrm{p}}(k+l-1 \mid k-1) - \hat{\boldsymbol{x}}_{\mathrm{g}}(k+l-1 \mid k-1) \|_2$$

因爲$\boldsymbol{x}_i^{\mathrm{p}}(l \mid k-1)$ 對於所有時刻 l，$l=1,2,\cdots,k-1$ 滿足約束(5-43)，可得下式：

$$\| \boldsymbol{x}_i^{\mathrm{f}}(k+s|k) - \hat{\boldsymbol{x}}_i(k+s|k) \|_{\boldsymbol{P}_i} \leqslant \frac{\xi\kappa\varepsilon}{2\sqrt{m}} \leqslant \frac{\kappa\varepsilon}{2\sqrt{m}} \tag{5-57}$$

因此，對於所有 l，$l=1,2,\cdots,N-1$，式(5-52) 都成立。

當 $l=N$ 時，可得

$$\boldsymbol{x}_i^{\mathrm{f}}(k+N \mid k) = \boldsymbol{A}_{\mathrm{d},i} \boldsymbol{x}_i^{\mathrm{f}}(k+N-1 \mid k) + \sum_{j \in \mathcal{P}_{+i}} \boldsymbol{A}_{ij} \hat{\boldsymbol{x}}_j(k+N-1 \mid k) \tag{5-58}$$

$$\hat{\boldsymbol{x}}_i(k+N \mid k) = \boldsymbol{A}_{\mathrm{d},i} \hat{\boldsymbol{x}}_i(k+N-1 \mid k) + \sum_{j \in \mathcal{P}_{+i}} \boldsymbol{A}_{ij} \hat{\boldsymbol{x}}_j(k+N-1 \mid k) \tag{5-59}$$

兩式相減可得

$$\boldsymbol{x}_i^{\mathrm{f}}(k+N|k) - \hat{\boldsymbol{x}}_i(k+N|k) = \boldsymbol{A}_{\mathrm{d},i} [\boldsymbol{x}_i^{\mathrm{f}}(k+N-1|k) - \hat{\boldsymbol{x}}_i(k+N-1|k)] \tag{5-60}$$

式(5-52) 證畢。

接下來證明在式(5-52) 成立的前提下，可行解$\boldsymbol{x}_i^{\mathrm{f}}(k+s \mid k)$ 滿足約束 (5-43) 和 (5-44)。

當 $l=1,2,\cdots,N-1$ 時，將式(5-43) 中的$\boldsymbol{x}_i^{\mathrm{f}}(k+l \mid k)$ 代入約束(5-53)，可得

$$\sum_{l=1}^{s} \alpha_{s-l} \| \boldsymbol{x}_i^{\mathrm{f}}(k+l \mid k) - \hat{\boldsymbol{x}}_i(k+l \mid k) \|_2$$

$$\leqslant \frac{1}{\lambda_{\min}(\boldsymbol{P}_i)} \sum_{l=1}^{s} \alpha_{s-l} \| \boldsymbol{x}_i^{\mathrm{f}}(k+l \mid k) - \hat{\boldsymbol{x}}_i(k+l \mid k) \|_{\boldsymbol{P}_i}$$

$$\leqslant \frac{1}{\lambda_{\min}(\boldsymbol{P})} \sum_{l=1}^{s} \alpha_{s-l} \frac{\sqrt{m_2}}{\xi} \times \frac{\xi\kappa\varepsilon}{2\sqrt{m m_2}} \tag{5-61}$$

因此，若滿足

$$\frac{\sqrt{m_2}}{\xi\lambda_{\min}(P)}\sum_{l=1}^{s}\alpha_{s-l}\leqslant 1$$

狀態$\boldsymbol{x}_i^{\mathrm{f}}(k+s\mid k)$，$s=1,2,\cdots,N-1$ 滿足約束（5-43）。

最後，$l=N$ 時，$\boldsymbol{x}_i^{\mathrm{f}}(k+N\mid k)$ 滿足約束（5-44）。

$$\|\boldsymbol{x}_i^{\mathrm{f}}(k+N|k)-\hat{\boldsymbol{x}}_i(k+N|k)\|_{\boldsymbol{P}_i}\leqslant\frac{\kappa\varepsilon}{2\sqrt{m}} \tag{5-62}$$

證畢。

接下來將證明，在 k 時刻，如果滿足約束條件（5-51）和（5-53），那麼$\boldsymbol{x}_{j,i}^{\mathrm{f}}(k+s\mid k)$ 和$\boldsymbol{u}_i^{\mathrm{f}}(k+s\mid k)$，$s=1,2,\cdots,N$ 是問題 5.1 的可行解。

引理 5.4 如果假設 5.1～5.3 成立，且 $\boldsymbol{x}(k_0)\in\mathbb{R}^{n_x}$，在滿足約束條件（5-51）和（5-53）的前提下，若對於任意 $k\geqslant 0$，問題 5.1 在每一個更新時刻 l，$l=1,2,\cdots,k-1$ 有解，那麼對於任意 s，$s=0,1,\cdots,N-1$，$\boldsymbol{u}_i^{\mathrm{f}}(k+s|k)\in\mathcal{U}$。

證明 因爲問題 5.1 在時刻 $l=1,2,\cdots,k-1$ 存在一個可行解，$\boldsymbol{u}_i^{\mathrm{f}}(k+s-1|k)=\boldsymbol{u}_i^{\mathrm{p}}(k+s-1|k-1),s=1,2,\cdots,N-1$，那麼僅僅需要證明$\boldsymbol{u}_i^{\mathrm{f}}(k+N-1|k)\in\mathcal{U}$。

由於 ε 的選定滿足引理 5.1 的條件，當 $\boldsymbol{x}\in\Omega(\varepsilon)$ 時，對於任意 $i\in\mathcal{P}$，存在$\boldsymbol{K}_i\boldsymbol{x}_i\in\mathcal{U}$，所以$\boldsymbol{u}_i^{\mathrm{f}}(k+N-1|k)\in\mathcal{U}$ 的一個充分條件是$\boldsymbol{x}_i^{\mathrm{f}}(k+N-1|k)\in\Omega(\varepsilon)$。

再加上引理 5.2 和 5.3，利用三角不等式關係得到

$$\begin{aligned}\|\boldsymbol{x}_i^{\mathrm{f}}(k+N-1|k)\|_{\boldsymbol{P}_i}&\leqslant\|\boldsymbol{x}_i^{\mathrm{f}}(k+N-1|k)-\hat{\boldsymbol{x}}_i(k+N-1|k)\|_{\boldsymbol{P}_i}+\\&\quad\|\hat{\boldsymbol{x}}_i(k+N-1|k)\|_{\boldsymbol{P}_i}\\&\leqslant\frac{\varepsilon}{2(q+1)\sqrt{m}}+\frac{\varepsilon}{2\sqrt{m}}\\&\leqslant\frac{\varepsilon}{\sqrt{m}}\end{aligned} \tag{5-63}$$

由上可以得出 $\boldsymbol{x}_i^{\mathrm{f}}(k+N|k)\in\Omega_i(\varepsilon)$。證畢。

引理 5.5 如果假設 5.1～5.3 都成立，且 $\boldsymbol{x}(k_0)\in\mathbb{R}^{n_x}$，在滿足條件（5-51）和（5-53）的前提下，若對於任意 $k\geqslant 0$，問題 5.1 在每一個更新時刻 l，$l=1,2,\cdots,k-1$ 有解，那麼$\boldsymbol{x}_i^{\mathrm{f}}(k+N|k)\in\Omega(\varepsilon/2)$，$\forall i\in\mathcal{P}$。

證明 結合引理 5.2 和引理 5.3，利用三角不等式，可以得到：

$$\begin{aligned}\|\boldsymbol{x}_i^{\mathrm{f}}(k+N|k)\|_{\boldsymbol{P}_i} &\leqslant \|\boldsymbol{x}_i^{\mathrm{f}}(k+N|k)-\hat{\boldsymbol{x}}_i(k+N|k)\|_{\boldsymbol{P}_i}+\\ &\quad \|\hat{\boldsymbol{x}}_i(k+N|k)\|_{\boldsymbol{P}_i} \\ &\leqslant \frac{\kappa\varepsilon}{2\sqrt{m}}+\frac{(1-\kappa)\varepsilon}{2\sqrt{m}}=\frac{\varepsilon}{2\sqrt{m}}\end{aligned} \tag{5-64}$$

對於所有的 $j\in\mathcal{P}_i$，$i\in\mathcal{P}$，上式説明了終端狀態約束得到滿足。引理得證。

定理 5.3 如果假設 5.1～5.3 成立，且 $\boldsymbol{x}(k_0)\in\mathbb{R}^{n_x}$，同時在 k_0 時刻系統滿足約束 (5-43)、(5-44) 和 (5-46)，那麼對於任意 $i\in\mathcal{P}$，由公式(5-50) 和公式(5-37) 定義的控制律 $\boldsymbol{u}_i^{\mathrm{f}}(\cdot|k)$ 和狀態 $\boldsymbol{x}_{j,i}^{\mathrm{f}}(\cdot|k)$ 是問題 5.1 在任意 k 時刻的可行解。

證明 以下用歸納法證明該定理。

首先，在 $k=1$ 的情况下，狀態序列 $\boldsymbol{x}_{j,i}^{\mathrm{p}}(\cdot|1)=\boldsymbol{x}_{j,i}^{\mathrm{f}}(\cdot|1)$ 滿足動態方程 (5-37)、穩定性約束 (5-45) 和一致性約束 (5-43) 和 (5-44)。

顯然

$$\hat{\boldsymbol{x}}_i(1|1)=\boldsymbol{x}_i^{\mathrm{p}}(1|0)=\boldsymbol{x}_i^{\mathrm{f}}(1|1)=\boldsymbol{x}_i(1),i\in\mathcal{P}$$

並且

$$\boldsymbol{x}_i^{\mathrm{f}}(1+s|1)=\boldsymbol{x}_i^{\mathrm{p}}(1+s|0)$$
$$s=1,2,\cdots,N-1$$

因此，$\boldsymbol{x}_i^{\mathrm{f}}(N|1)\in\Omega_i(\varepsilon/2)$。由終端控制器作用下 $\Omega(\varepsilon)$ 的不變性和引理 5.1 可得，終端狀態和控制輸入約束也得到滿足。這樣 $k=1$ 情况得證。

現在假設 $\boldsymbol{u}_i^{\mathrm{p}}(\cdot|l)=\boldsymbol{u}_i^{\mathrm{f}}(\cdot|l)$，$l=1,2,\cdots,k-1$ 是可行解。這裏將證明 $\boldsymbol{u}_i^{\mathrm{f}}(\cdot|k)$ 是 k 時刻的一個可行解。

同樣地，一致性約束 (5-43) 明顯得到滿足，$\boldsymbol{x}_i^{\mathrm{f}}(\cdot|k)$ 是對應的狀態序列，滿足動態方程。因爲在 $l=1,2,\cdots,k-1$ 時刻問題 5.1 有可行解，引理 5.2～5.5 成立。引理 5.4 保證了控制輸入約束的可行性。引理 5.5 保證了終端狀態約束得到滿足。這樣定理 5.3 得證。

5.3.3.2 閉環系統穩定性分析

下面將分析閉環系統的穩定性。

定理 5.4 如果假設 5.1～5.3 成立，且 $\boldsymbol{x}(k_0)\in\mathbb{R}^{n_x}$，同時滿足條件 (5-43)、(5-44) 和 (5-46)，那麼，下面的參數條件成立：

$$\frac{(N-1)\kappa}{2}-\frac{1}{2}+\frac{1}{\mu}<0 \tag{5-65}$$

利用算法 5.2，閉環系統（5-35）在原點漸近穩定。

證明 透過算法 5.2 和引理 5.1，如果 $\boldsymbol{x}(k)$ 進入 $\Omega(\varepsilon)$，那麼終端控制器能夠使系統穩定趨於原點。所以，只要證明當 $\boldsymbol{x}(0)\in\{x\mid x\in\mathcal{X}, x\notin\Omega(\varepsilon)\}$時，應用算法 5.2，閉環系統狀態（5-35）能夠在有限時間内轉移到集合 $\Omega(\varepsilon)$ 裏即可。

定義全局系統 $\mathcal{S}$ 的非負函數：

$$V(k)=\sum_{s=1}^{N}\|\boldsymbol{x}^{\mathrm{p}}(k+s\mid k)\|_{\boldsymbol{P}} \tag{5-66}$$

在後續内容中，將證明對於 $k\geqslant 0$，如果 $\boldsymbol{x}(k)\in\{\boldsymbol{x}\mid\boldsymbol{x}\in\mathcal{X},\boldsymbol{x}\notin\Omega(\varepsilon)\}$，那麼存在一個常數 $\eta\in(0,\infty)$ 使得 $V(k)\leqslant V(k-1)-\eta$。由約束（5-45）可得

$$\|\boldsymbol{x}^{\mathrm{p}}(k+s\mid k)\|_{\boldsymbol{P}}\leqslant\|\boldsymbol{x}^{\mathrm{f}}(k+s\mid k)\|_{\boldsymbol{P}}+\frac{\varepsilon}{\mu N} \tag{5-67}$$

因此

$$V(k)\leqslant\sum_{s=1}^{N}\|\boldsymbol{x}^{\mathrm{f}}(k+s\mid k)\|_{\boldsymbol{P}}+\frac{\varepsilon}{\mu}$$

利用$\boldsymbol{x}^{\mathrm{p}}(k+s\mid k-1)=\hat{\boldsymbol{x}}(k+s\mid k)$，$s=1,2,\cdots,N-1$，可得

$$V(k)-V(k-1)\leqslant-\|\boldsymbol{x}^{\mathrm{p}}(k\mid k-1)\|_{\boldsymbol{P}}+\frac{\varepsilon}{\mu}+\|\boldsymbol{x}^{\mathrm{f}}(k+N\mid k)\|_{\boldsymbol{P}}+\sum_{s=1}^{N-1}(\|\boldsymbol{x}^{\mathrm{f}}(k+s\mid k)\|_{\boldsymbol{P}}-\|\hat{\boldsymbol{x}}(k+s\mid k)\|_{\boldsymbol{P}}) \tag{5-68}$$

假設 $\boldsymbol{x}(k)\in\{x\mid x\in\mathcal{X},\ x\notin\Omega(\varepsilon)\}$，即

$$\|\boldsymbol{x}^{\mathrm{p}}(k\mid k-1)\|_{\boldsymbol{P}}>\varepsilon \tag{5-69}$$

運用定理 5.3 可得

$$\|\boldsymbol{x}^{\mathrm{f}}(k+N\mid k)\|_{\boldsymbol{P}}\leqslant\varepsilon/2 \tag{5-70}$$

同時，運用引理 5.3 可得

$$\sum_{s=1}^{N-1}(\|\boldsymbol{x}^{\mathrm{f}}(k+s\mid k)\|_{\boldsymbol{P}}-\|\hat{\boldsymbol{x}}(k+s\mid k)\|_{\boldsymbol{P}})\leqslant\frac{(N-1)\kappa\varepsilon}{2} \tag{5-71}$$

將式(5-69)～(5-71) 代入式(5-68) 可得

$$V(k)-V(k-1)<\varepsilon\left[-1+\frac{(N-1)\kappa}{2}+\frac{1}{2}+\frac{1}{\mu}\right] \tag{5-72}$$

由式(5-67) 可知 $V(k)-V(k-1)<0$。因此，對於任意 $k\geqslant 0$，如果$\boldsymbol{x}(k)\in\{x\mid x\in\mathcal{X},x\notin\Omega(\varepsilon)\}$，那麼存在一個常數 $\eta\in(0,\infty)$ 使得 $V(k)\leqslant V(k-1)-\eta$ 成立。所以存在一個有限時間 k'使得 $\boldsymbol{x}(k')\in\Omega(\varepsilon)$。證畢。

綜上所述，DMPC 的可行性和穩定性的分析都已經給出。系統的初始可行解可以透過計算獲得，算法的後續可行性也能夠在每一步更新的時候得到保證，所以相對應的閉環系統能夠在原點漸近穩定。

5.3.4 仿真實例

以下用一個由四個互相關聯的子系統構成的分散式系統來驗證所提出算法的有效性。四個子系統的關係如圖 5-7 所示，其中 $\mathcal{S}_1$ 受 $\mathcal{S}_2$ 影響 $\mathcal{S}_3$ 受 $\mathcal{S}_1$ 和 $\mathcal{S}_2$ 影響，$\mathcal{S}_4$ 受 $\mathcal{S}_3$ 影響。定義 $\Delta\mathcal{U}_i$ 來反映輸入約束 $u_i \in [u_i^{\min} \quad u_i^{\max}]$ 和輸入增量約束 $\Delta u_i \in [\Delta u_i^{\min} \quad \Delta u_i^{\max}]$。

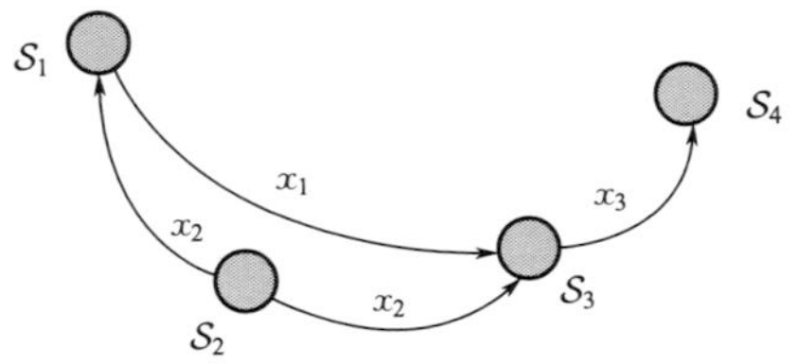

圖 5-7　子系統間相互作用關係

分別給出四個子系統模型：

$$
\begin{aligned}
&\mathcal{S}_1: x_1(k+1)=0.62x_1(k)+0.34u_1(k)-0.12x_2(k)\\
&\mathcal{S}_2: x_2(k+1)=0.58x_2(k)+0.33u_2(k)\\
&\mathcal{S}_3: x_3(k+1)=0.60x_3(k)+0.34u_3(k)+0.11x_1(k)-0.07x_2(k)\\
&\mathcal{S}_4: x_4(k+1)=0.65x_4(k)+0.35u_4(k)+0.13x_3(k)
\end{aligned}
\tag{5-73}
$$

爲了便於比較，同時應用集中式 MPC 和 LCO-DMPC 算法。

在 MATLAB 環境下進行仿真。在每個控制週期內，運用優化工具 Fmincon 來求解每個子系統 MPC 問題。Fmincon 是 MATLAB 的集成程式，它可以求解非線性約束多變量優化問題。

控制器的某些參數如表 5-2 所示。其中 $\mathcal{P}_i$ 是透過求解 Lyapunov 函數得到的。反饋控制下閉環系統的特徵值爲 0.5。$\boldsymbol{A}_{\mathrm{o}}^{\mathrm{T}}\boldsymbol{P}\boldsymbol{A}_{\mathrm{o}}+\boldsymbol{A}_{\mathrm{o}}^{\mathrm{T}}\boldsymbol{P}\boldsymbol{A}_{\mathrm{d}}+\boldsymbol{A}_{\mathrm{d}}^{\mathrm{T}}\boldsymbol{P}\boldsymbol{A}_{\mathrm{o}}-\boldsymbol{Q}/2$ 的特徵值爲$\{-2.42,-2.26,-1.80,-1.29\}$，全部爲負數。因此，假設 5.2 滿足。設定 $\varepsilon=0.2$，如果$\|x_i\|_{P_i} \leqslant \varepsilon/\sqrt{N} \leqslant 0.1$，那麼$\|K_i x_i\|_2$ 將小於 0.1，則表 5-2 中的輸入約束和輸入增量約束都能得到滿足。設定控制時域爲 $N=10$。設定 $k_0=0$ 時刻初始輸入和狀態分別

爲集中式 MPC 的解和相應的預測狀態。

表 5-2 LCO-DMPC 參數

子系統	K_i	P_i	Q_i	R_i	$\Delta u_i^{max}, \Delta u_i^{min}$	u_i^{max}, u_i^{min}
$\mathcal{S}_1$	−0.35	5.36	4	0.2	±1	±2
$\mathcal{S}_2$	−0.25	5.35	4	0.2	±1	±2
$\mathcal{S}_3$	−0.28	5.36	4	0.2	±1	±2
$\mathcal{S}_4$	−0.43	5.38	4	0.2	±1	±2

閉環系統的狀態響應和輸入分別如圖 5-8 和圖 5-9 所示。

所有四個子系統的狀態都在 14s 後收斂至零點。$\mathcal{S}_4$ 的狀態在收斂到零點之前具有−0.5 的超調。

爲了更進一步地展示所提出的 DMPC 算法的性能優勢，同時將雙模集中式 MPC 應用到系統（5-73）中。接下來將比較所提出的 DMPC 算法與集中式 MPC 算法的性能。

在集中式 MPC 中，同樣採用雙模控制策略，控制時域爲 $N=10$。所有子系統的終端狀態約束爲 $\|x_i(k+10|k)\|_{P_i} \leqslant \varepsilon/2=0.1$。當狀態進入吸引域 $\Omega(\varepsilon)$ 時，從 MPC 控制切換至表 5-2 給出的反饋控制。四個子系統的輸入和輸入增量上下界分別爲 [−2,2] 和 [−1,1]。

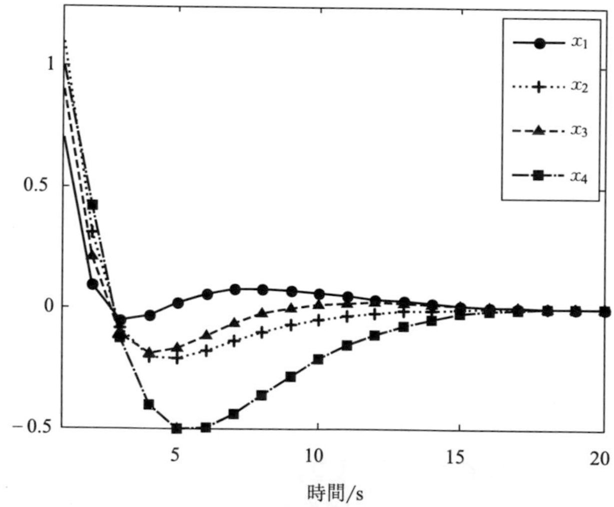

圖 5-8 基於 LCO-DMPC 的系統狀態演化軌跡

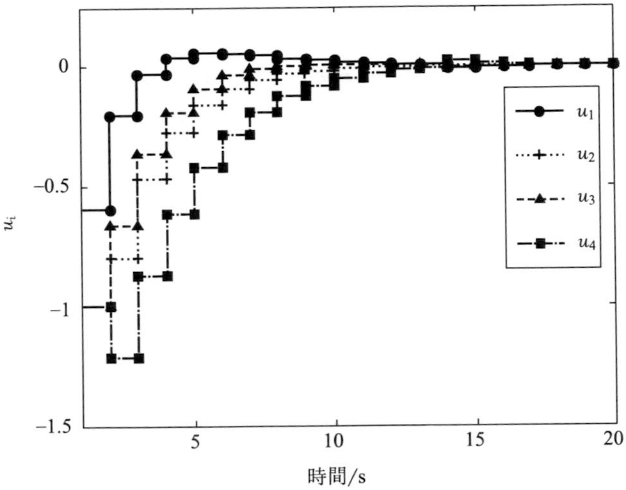

圖 5-9 LCO-DMPC 控制下的系統輸入

集中式 MPC 的閉環系統狀態響應和控制輸入分別如圖 5-10 和圖 5-11 所示。集中式 MPC 的狀態響應曲線與 LCO-DMPC 類似。在集中式 MPC 情況中，所有子系統在 8s 內收斂至零點。而在 LCO-DMPC 情況下，達到收斂需要 14s。相比較而言，在使用集中式 MPC 策略時，狀態響應曲線無明顯超調。

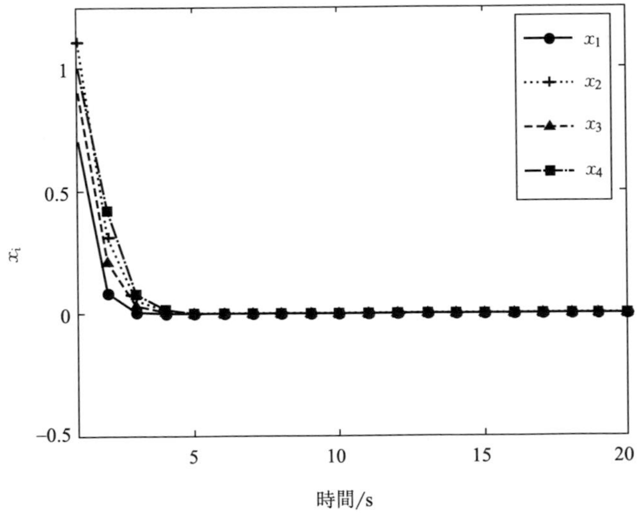

圖 5-10 集中式預測控制作用下的系統狀態演化

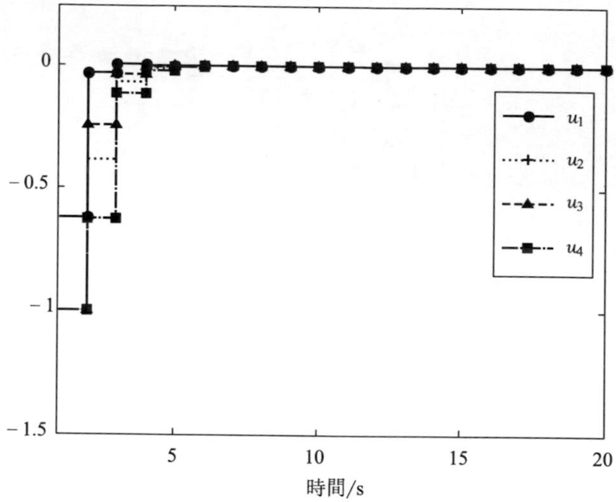

圖 5-11 在集中式 MPC 控制下系統的控制輸入

表 5-3 分别給出了集中式 MPC 和 LCO-DMPC 情况下閉環系統的狀態方差。LCO-DMPC 的總誤差爲 6.55(40.5%)，比使用集中式 MPC 算法得到的總誤差要大。

表 5-3 集中式 MPC 和 LCO-DMPC 閉環系統狀態方差

子系統	集中式 MPC	LCO-DMPC
$\mathcal{S}_1$	2.07	2.22
$\mathcal{S}_2$	5.47	6.26
$\mathcal{S}_3$	3.63	4.12
$\mathcal{S}_4$	5.00	10.12
總方差	16.17	22.72

從仿真結果可以看出，在存在初始可行解的前提下，本節介紹的算法可驅使系統狀態漸近趨於原點。

5.4 本章小結

本章第一部分提出了基於 Nash 最優的 DMPC 算法，還分析了存在通訊故障時，一步預測控制策略的標稱穩定性和性能偏差。這有利於使用者更好地理解所提出的算法，在應用中也有一定的指導意義。另外，仿真結果驗證了該分散式預測控制算法的有效性和實用性。該策略的主要優點在於，可以把一個大規模系統的在線優化轉換爲一些較小規模系統的優化，從而保證在獲得滿意的系統性能的同時，大大降低計算複雜度，這使得算法在分析和應用中具有較高的靈活性。同時，這些方法在系統故障時仍能保持系統的完整性，減少計算負擔。

另外，本章還介紹了適合具有狀態耦合和輸入約束的分散式系統的保穩定性的分散式 MPC 算法。每個局部控制器優化自身的性能指標，在解優化問題時，使用上一時刻的狀態預測值來近似此刻的狀態值。在該協調策略下，保證可行性與穩定性的關鍵因素是將實際狀態、控制輸入與設定值誤差限制在某一範圍內。如果存在初始可行解，則可保證每個更新時刻的後續可行性，以及閉環系統的漸近穩定性。

參考文獻

[1] Li, S, Zhang Y, and Zhu Q, Nash-Optimization Enhanced Distributed Model Predictive Control Applied to the Shell Benchmark Problem. Information Sciences, 2005. 170 (2-4): p. 329-349.

[2] Giovanini L. Game Approach to Distributed Model Predictive Control. IET Control Theory & Applications, 2011, 5 (15): 1729-1739.

[3] Rawlings J B, Muske K R. The Stability of Constrained Receding Horizon Control. IEEE Transactions on Automatic Control, 1993, 38 (10): 1512-1516.

[4] Mayne D Q, et al. Constrained Model Predictive Control: Stability and Optimality. Automatica, 2000, 36 (6): 789-814.

[5] Venkat A N, Rawlings J B, Wright S J. IEEE Conference on Decision and Control, 2005 and 2005 European Control Conference: Cdc-Ecc' 05 [C]. IEEE, 2005: 6680-6685.

[6] Nash J. Non-Cooperative Games. Annals of Mathematics, 1951: 286-295.

[7] D Xiaoning, Xi Yugeng, Li Shaoyuan. Distributed Model Predictive Control for Large-Scale Systems. Proceedings of the 2001. American Control Conference. Arlington:IEEE, 2001.

[8] 杜曉寧，席裕庚，李少遠. 分散式預測控制優化算法. 控制理論與應用，2002，19 (5): 793-796.

[9] Fagnani F, Zampieri S. Stability Analysis and Synthesis for Scalar Linear Systems with a Quantized Feedback. IEEE Transactions on Automatic Control, 2003, 48 (9): 1569-1584.

[10] Prett D M, Gillette R. Optimization and Constrained Multivariable Control of a Catalytic Cracking Unit. in Proceedings

of the Joint Automatic Control Conference. 1980.

[11] Dunbar W B. Distributed Receding Horizon Control of Dynamically Coupled Nonlinear Systems. IEEE Transactions on Automatic Control，2007，52 (7)：1249-1263.

[12] Farina M，Scattolini R. Distributed Predictive Control：A Non-Cooperative Algorithm with Neighbor-to-Neighbor Communication for Linear Systems. Automatica，2012，48 (6)：1088-1096.

第6章

協調分布式系統預測控制

6.1 概述

如第 5 章所述，分散式預測控制的閉環系統優化性能不如集中式預測控制下的優化性能，尤其是在子系統之間具有強耦合的情況下。第 5 章 5.2 節的方法在每個子系統的預測控制策略中都使用了迭代算法。每一個子系統的預測控制過程都和相鄰子系統的參數發生了多次交互，並在每個控制週期内多次求解了二次規劃問題。從本質上講，它是透過計算誤差最小化來改善全局性能的。這種方法所計算出的最優解是「Nash 最優」。

在分散式預測控制下，是否存在其它能改善閉環系統的全局性能的方法？針對該問題，文獻［1～3］提出了一種稱爲「協調 DMPC（Cooperative DMPC：C-DMPC）」的方法：每個局部預測控制器不僅優化相應子系統的代價函數，而且將整個系統的代價函數都考慮進來，透過優化全局性能指標，達到改善整個閉環系統性能的目標。如果採用迭代算法，優化指標將收斂於「帕累托」最優[1,4]。然而，如果採用迭代算法，每個子系統控制器需要不斷與所有子系統控制器進行通訊，通訊量必然急劇增加，這將對系統整體的計算更新速度產生較大影響，甚至會成爲關鍵的主導因素。因此，本章提出基於全局性能指標的非迭代分散式預測控制方法[5]，每個控制週期各局部控制器只通訊一次，避免通訊負載帶來的負面影響。

設計保證穩定性的分散式預測控制是一個重要的且具有挑戰性的問題[6,7]。在非迭代 DMPC 中，由於解的不一致性，上一個時刻計算得出的優化控制序列在當前時刻不一定可行，這使得設計穩定化 DMPC 變得更爲困難。第 5 章給出了設計穩定的 LCO-DMPC 的方法，但是，C-DMPC 的預測模型和優化問題都與 LCO-DMPC 中的不一樣，所以設計一個能夠保證閉環系統穩定性的含有約束的 C-DMPC 仍然是一個具有研究價值的問題。本章將給出在一個控制週期内每個子系統 MPC 控制器只與其它子系統控制器通訊一次的穩定 C-DMPC 的設計方法[3]。該方法在每個子系統 MPC 優化問題的求解過程中，加入了一致性約束和穩定性約束。其中，一致性約束可以保證將上一時刻計算得到的優化輸入序列與當前時刻計算得到的優化輸入序列之間的誤差限制到一定的範圍之內。透過設置以上約束以及使用雙模預測控制方法，可以保證所設計的控制器的遞歸可行性和閉環系統的漸近穩定性。

本章 6.2 節將介紹一種能夠改善全局性能的非迭代協調分散式預測控制方法，給出閉環系統解及穩定性條件。6.3 節將給出一種含約束的保證穩定性的協調分散式預測控制設計方法，並分析控制算法的遞歸可行性和系統的漸近穩定性。最後將對本章内容進行簡短總結。

6.2 非迭代協調分散式預測控制

6.2.1 狀態、輸入耦合分散式系統

不失一般性，假設系統 $\mathcal{S}$ 由 m 個離散時間線性子系統 $\mathcal{S}_i$，$i=1,\cdots,m$ 組成。每個子系統透過輸入和狀態與其它子系統相聯繫，則 $\mathcal{S}_i$ 的狀態方程描述可表述爲

$$\begin{cases} \boldsymbol{x}_i(k+1)=\boldsymbol{A}_{ii}\boldsymbol{x}_i(k)+\boldsymbol{B}_{ii}\boldsymbol{u}_i(k)+\sum\limits_{\substack{j=1,\cdots,m;\\ j\neq i}}\boldsymbol{A}_{ij}\boldsymbol{x}_j(k)+\sum\limits_{\substack{j=1,\cdots,m;\\ j\neq i}}\boldsymbol{B}_{ij}\boldsymbol{u}_j(k) \\ \boldsymbol{y}_i(k)=\boldsymbol{C}_{ii}\boldsymbol{x}_i(k)+\sum\limits_{\substack{j=1,\cdots,m;\\ j\neq i}}\boldsymbol{C}_{ij}\boldsymbol{x}_j(k) \end{cases} \tag{6-1}$$

式中，$\boldsymbol{x}_i\in\mathbb{R}^{n_{x_i}}$、$\boldsymbol{u}_i\in\mathbb{R}^{n_{u_i}}$ 和 $\boldsymbol{y}_i\in\mathbb{R}^{n_{y_i}}$ 分別是子系統的狀態、輸入和輸出向量。整體系統 $\mathcal{S}$ 的模型可表述爲

$$\begin{cases} \boldsymbol{x}(k+1)=\boldsymbol{A}\boldsymbol{x}(k)+\boldsymbol{B}\boldsymbol{u}(k) \\ \boldsymbol{y}(k)=\boldsymbol{C}\boldsymbol{x}(k) \end{cases} \tag{6-2}$$

其中，$\boldsymbol{x}\in\mathbb{R}^{n_x}$，$\boldsymbol{u}\in\mathbb{R}^{n_u}$ 和 $\boldsymbol{y}\in\mathbb{R}^{n_y}$ 分別是 $\mathcal{S}$ 的狀態、輸入和輸出向量。$\boldsymbol{A}$、$\boldsymbol{B}$ 和 $\boldsymbol{C}$ 是系統矩陣。

控制目標是最小化以下全局性能指標：

$$J(k)=\sum_{i=1}^{m}\left(\sum_{l=1}^{P}\left\|\boldsymbol{y}_i(k+l)-\boldsymbol{y}_i^{\mathrm{d}}(k+l)\right\|_{\boldsymbol{Q}_i}^2+\sum_{l=1}^{M}\left\|\Delta\boldsymbol{u}_i(k+l-1)\right\|_{\boldsymbol{R}_i}^2\right) \tag{6-3}$$

其中，$\boldsymbol{y}_i^{\mathrm{d}}$ 爲 $\mathcal{S}_i$ 的輸出設定值；$\Delta\boldsymbol{u}_i(k)=\boldsymbol{u}_i(k)-\boldsymbol{u}_i(k-1)$ 爲 $\mathcal{S}_i$ 的輸入增量；$\boldsymbol{Q}_i$ 和 $\boldsymbol{R}_i$ 爲權重矩陣；$P,M\in\mathbb{N}$，$P\geqslant M$，分別是預測時域和控制時域。

本節將介紹保證穩定性的能夠改善閉環系統全局優化性能的非迭代協調分散式預測控制器的設計。

6.2.2 局部預測控制器設計

本節介紹的協調分散式預測控制是由一系列獨立的控制器 $\mathcal{C}_i\,(i=1,2,\cdots,m)$ 組成，每個控制器 $\mathcal{C}_i$ 負責控制相應的子系統 $\mathcal{S}_i\,(i=1,2,\cdots,m)$。每個控制器可透過網路系統和其它控制器交換資訊。爲了簡化問題，便於分析，作如下假設。

假設 6.1

① 與控制程式的計算時間相比，採樣間隔通常較長，因此假設控制器的計算是同步的；

② 控制器在每個採樣週期内通訊一次；

③ 局部狀態量 $\boldsymbol{x}_i(k),i=1,2,\cdots,m$ 是可測的。

同時，爲了便於説明算法，表 6-1 定義了文中的一些常用符號。

表 6-1 符號定義

符號	定義及解釋
$\mathrm{diag}_a\{\boldsymbol{A}\}$	a 個 $\boldsymbol{A}$ 組成的塊對角矩陣
$\lambda_j\{\boldsymbol{A}\}$	矩陣 $\boldsymbol{A}$ 的第 j 個特徵值
$O(a)$	與 a 成正比
$\boldsymbol{0}_{a\times b}$	$a\times b$ 零矩陣
$\boldsymbol{0}_a$	$a\times a$ 零矩陣
$\boldsymbol{I}_a$	$a\times a$ 單位矩陣
$\hat{\boldsymbol{x}}_i(l\mid h)$	在 h 時刻，由 $\mathcal{C}_i$ 所計算出的 $\boldsymbol{x}_i(l)$ 預測值
$\hat{\boldsymbol{y}}_i(l\mid h)$	在 h 時刻，由 $\mathcal{C}_i$ 所計算出的 $\boldsymbol{y}_i(l)$ 預測值
$\boldsymbol{u}_i(l\mid h)$	在 h 時刻，由 $\mathcal{C}_i$ 所計算出的 $\boldsymbol{u}_i(l)$ 輸入值
$\Delta\boldsymbol{u}_i(l\mid h)$	在 h 時刻，由 $\mathcal{C}_i$ 所計算出的 $\boldsymbol{u}_i(l)$ 輸入增量
$\hat{\boldsymbol{y}}_i^{\mathrm{d}}(l\mid h)$	$\boldsymbol{y}_i(l\mid h)$ 的設定值
$\boldsymbol{y}^{\mathrm{d}}(l\mid h)$	$\boldsymbol{y}(l\mid h)$ 的設定值
$\hat{\boldsymbol{x}}^i(l\mid h)$	在 h 時刻，由 $\mathcal{C}_i$ 所計算出的 $\boldsymbol{x}(l)$ 預測值
$\hat{\boldsymbol{y}}^i(l\mid h)$	在 h 時刻，由 $\mathcal{C}_i$ 所計算出的 $\boldsymbol{y}(l)$ 預測值
$\boldsymbol{U}_i(l,p\mid h)$	系統 $\mathcal{S}_i$ 的輸入序列向量，$\boldsymbol{U}_i(l,p\mid h)=[\boldsymbol{u}_i^{\mathrm{T}}(l\mid h)\ \boldsymbol{u}_i^{\mathrm{T}}(l+1\mid h)\ \cdots\ \boldsymbol{u}_i^{\mathrm{T}}(l+p\mid h)]^{\mathrm{T}}$
$\Delta\boldsymbol{U}_i(l,p\mid h)$	系統 $\mathcal{S}_i$ 的輸入增量序列向量，$\Delta\boldsymbol{U}_i(l,p\mid h)=[\Delta\boldsymbol{u}_i^{\mathrm{T}}(l\mid h)\ \Delta\boldsymbol{u}_i^{\mathrm{T}}(l+1\mid h)\ \cdots\ \Delta\boldsymbol{u}_i^{\mathrm{T}}(l+p\mid h)]^{\mathrm{T}}$
$\boldsymbol{U}(l,p\mid h)$	全系統的輸入序列，$\boldsymbol{U}(l,p\mid h)=[\boldsymbol{u}^{\mathrm{T}}(l\mid h)\ \boldsymbol{u}^{\mathrm{T}}(l+1\mid h)\ \cdots\ \boldsymbol{u}^{\mathrm{T}}(l+p\mid h)]^{\mathrm{T}}$
$\hat{\boldsymbol{X}}^i(l,p\mid h)$	由 $\mathcal{C}_i$ 計算獲得的全系統狀態向量，$\hat{\boldsymbol{X}}^i(l,p\mid h)=[\hat{\boldsymbol{x}}^{i\mathrm{T}}(l\mid h)\ \hat{\boldsymbol{x}}^{i\mathrm{T}}(l+1\mid h)\ \cdots\ \hat{\boldsymbol{x}}^{i\mathrm{T}}(l+p\mid h)]^{\mathrm{T}}$
$\hat{\boldsymbol{X}}_i(l,p\mid h)$	系統 $\mathcal{S}_i$ 的從 l 到 $l+p$ 時刻的預測狀態序列向量，$\hat{\boldsymbol{X}}_i(l,p\mid h)=[\hat{\boldsymbol{x}}_i^{\mathrm{T}}(l\mid h)\ \hat{\boldsymbol{x}}_i^{\mathrm{T}}(l+1\mid h)\ \cdots\ \hat{\boldsymbol{x}}_i^{\mathrm{T}}(l+p\mid h)]^{\mathrm{T}}$
$\hat{\boldsymbol{X}}(l,p\mid h)$	全系統狀態向量的預估序列，$\hat{\boldsymbol{X}}(l,p\mid h)=[\hat{\boldsymbol{x}}^{\mathrm{T}}(l\mid h)\ \hat{\boldsymbol{x}}^{\mathrm{T}}(l+1\mid h)\ \cdots\ \hat{\boldsymbol{x}}^{\mathrm{T}}(l+p\mid h)]^{\mathrm{T}}$

續表

符號	定義及解釋
$\hat{\boldsymbol{Y}}^i(l,p\mid h)$	在 $\mathcal{S}_i$ 中計算得到的全系統輸出序列$\hat{\boldsymbol{Y}}^i(l,p\mid h)=[\hat{\boldsymbol{y}}^{i\mathrm{T}}(l\mid h)\ \hat{\boldsymbol{y}}^{i\mathrm{T}}(l+1\mid h)\ \cdots\ \hat{\boldsymbol{y}}^{i\mathrm{T}}(l+p\mid h)]^{\mathrm{T}}$
$\boldsymbol{Y}(l,p\mid h)$	全系統輸出序列,$\boldsymbol{Y}(l,p\mid h)=[\boldsymbol{y}^{\mathrm{T}}(l\mid h)\ \boldsymbol{y}^{\mathrm{T}}(l+1\mid h)\ \cdots\ \boldsymbol{y}^{\mathrm{T}}(l+p\mid h)]^{\mathrm{T}}$
$\boldsymbol{Y}^{\mathrm{d}}(l,p\mid h)$	$\boldsymbol{Y}(l,p\mid h)$的設定值
$\hat{\mathbb{X}}(l,p\mid h)$	各子系統狀態預估序列連接而成的向量,$\hat{\mathbb{X}}(l,p\mid h)=[\hat{\boldsymbol{X}}_1^{\mathrm{T}}(l,p\mid h)\ \cdots\ \hat{\boldsymbol{X}}_m^{\mathrm{T}}(l,p\mid h)]^{\mathrm{T}}$
$\hat{\mathbb{Y}}^{\mathrm{d}}(l,p\mid h)$	各子系統輸出設定值序列相互連接構造的對角陣,$\hat{\mathbb{Y}}^{\mathrm{d}}(l,p\mid h)=\mathrm{diag}_m(\boldsymbol{Y}^{\mathrm{d}})$
$\hat{\mathbb{U}}(l,p\mid h)$	各子系統輸入序列連接而成的向量,$\mathbb{U}(l,p\mid h)=[\boldsymbol{U}_1^{\mathrm{T}}(l,p\mid h)\ \cdots\ \boldsymbol{U}_m^{\mathrm{T}}(l,p\mid h)]^{\mathrm{T}}$

注：a 和 b 爲常量；p，l，h 爲正數且 $h<l$；$\boldsymbol{A}$ 爲矩陣。

6.2.2.1 局部控制器優化問題數學描述

(1) 性能指標

由於 $\mathcal{S}_i$ 的最優控制決策會影響甚至會破壞其它子系統的優化性能，所以爲了改善閉環系統的整體性能，在 $\mathcal{S}_i$ 的控制器 $\mathcal{S}_i$ 尋找最優解的時候應該考慮其它子系統的性能。因此，在本節設計的分散式預測控制中，每個子系統控制器 $\mathcal{C}_i$，$i=1,\cdots,m$，優化如下「全局性能指標」：

$$\overline{J}_i(k)=\sum_{l=1}^{P}\left\|\hat{\boldsymbol{y}}^i(k+l\mid k)-\boldsymbol{y}^{\mathrm{d}}(k+l\mid k)\right\|_{\boldsymbol{Q}}^2+\sum_{l=1}^{M}\left\|\Delta\boldsymbol{u}_i(k+l-1\mid k)\right\|_{\boldsymbol{R}_i}^2 \tag{6-4}$$

其中，$\boldsymbol{Q}=\mathrm{diag}\{\boldsymbol{Q}_1,\boldsymbol{Q}_2,\cdots,\boldsymbol{Q}_m\}$。另外，在該性能指標中不包括 $\Delta\boldsymbol{u}_j(k+l-1\mid k)$ 是因爲 $\mathcal{S}_j$ 的未來輸入序列不是當前子系統控制律的函數。

(2) 預測模型

由於在一個或幾個控制週期後，其它子系統的狀態演化會受到$\boldsymbol{u}_i(k)$的影響，所以，在計算過程中應考慮這部分影響。另外，由於各子系統同步計算，所以，只有在一個採樣間隔時間後，其它子系統的資訊纔可被使用。考慮到這些因素，在 k 時刻子系統 l 步之後的狀態和輸出可採用下式進行預測：

$$\begin{cases}\hat{\boldsymbol{x}}^i(k+l+1\mid k)=\boldsymbol{A}^l\boldsymbol{L}_i\boldsymbol{x}(k)+\boldsymbol{A}^l\boldsymbol{L}'_i\hat{\boldsymbol{x}}(k\mid k-1)+\\ \displaystyle\sum_{s=1}^{l}\boldsymbol{A}^{s-1}\boldsymbol{B}_i\boldsymbol{u}_i(k+l\mid k)+\sum_{\substack{j\in\{1,\cdots,m\}\\ j\neq i}}\ \sum_{,s=1}^{l}\boldsymbol{A}^{s-1}\boldsymbol{B}_j\boldsymbol{u}_j(k+l\mid k-1)\\ \hat{\boldsymbol{y}}^i(k+l+1\mid k)=\boldsymbol{C}\hat{\boldsymbol{x}}^i(k+l+1\mid k)\end{cases} \tag{6-5}$$

其中

$$\boldsymbol{L}_i=[\boldsymbol{0}_{n_{xi}\times\sum_{j=1}^{i-1}n_{xj}}\quad \boldsymbol{I}_{n_{xi}}\quad \boldsymbol{0}_{n_{xi}\times\sum_{j=i+1}^{m}n_{xj}}]$$

$$\boldsymbol{L}_i'=\mathrm{diag}\{\boldsymbol{I}_{\sum_{j=1}^{i-1}n_{xj}},\boldsymbol{0}_{n_{xi}},\boldsymbol{I}_{\sum_{j=i+1}^{m}n_{xj}}\}$$

$$\boldsymbol{B}_i=[\boldsymbol{B}_{1i}^{\mathrm{T}}\quad \boldsymbol{B}_{2i}^{\mathrm{T}}\quad \cdots\quad \boldsymbol{B}_{mi}^{\mathrm{T}}]^{\mathrm{T}}$$

備註 6.1 以上預測模型的輸入值仍然是 $\mathcal{S}_i$ 的輸入值，其它子系統的輸入值和狀態被視爲可測干擾。控制器 $\mathcal{C}_i$ 需要獲得所有其它子系統在當前時刻的預估狀態值和控制輸入序列的預估值。

(3) 優化問題

問題 6.1 對每個獨立控制器 $\mathcal{C}_i$，$i=1,\cdots,m$，在 k 時刻，預測時域爲 P、控制時域爲 M 的無約束分散式協調預測控制問題爲：在滿足系統方程約束條件下，尋找使得全局性能指標最小的最優控制律 $\boldsymbol{U}_i(k,M|k)$，即

$$\min_{\Delta U_i(k,M|k)}\sum_{l=1}^{P}\left\|\hat{\boldsymbol{y}}^i(k+l|k)-\boldsymbol{y}^{\mathrm{d}}(k+l|k)\right\|_{\boldsymbol{Q}}^2+\sum_{l=1}^{M}\left\|\Delta\boldsymbol{u}_i(k+l-1|k)\right\|_{\boldsymbol{R}_i}^2$$
s. t. Eq. (6-5)

(6-6)

在 k 時刻，控制器 $\mathcal{C}_i$ 根據從網路得到的 $\boldsymbol{U}_j(k+l|k-1)$ 和 $\boldsymbol{x}(k)$ 資訊，分別求解各自的最優化問題 6.1。選擇最優輸入序列的第一個元素，並將 $\boldsymbol{u}_i(k)=\boldsymbol{u}_i(k-1)+\Delta\boldsymbol{u}_i(k|k)$ 應用於 $\mathcal{S}_i$。然後，透過網路把最優控制序列發送給其它子系統。在 $k+1$ 時刻，每個局部控制器根據更新的狀態資訊和接收到的其它子系統的輸入序列預估值重複以上求解和資訊交換過程。

6.2.2.2 閉環系統解析解

本部分主要給出本節所介紹的協調分散式預測控制的解析解。爲了得到解析解，首先將分散式預測控制問題 6.1 轉換爲在每個採樣時刻在線求解一個局部的標準二次規劃問題。

定義

$$\widetilde{\boldsymbol{T}}_i=\mathrm{diag}\{I_{\sum_{j=1}^{i-1}n_{uj}},\boldsymbol{0}_{n_{ui}},I_{\sum_{j=i+1}^{M}n_{uj}}\}\tag{6-7}$$

$$\widetilde{\boldsymbol{B}}_i=\left[\begin{array}{c:c}\boldsymbol{0}_{(M-1)n_x\times n_u} & \mathrm{diag}_{M-1}\{\boldsymbol{B}\widetilde{\boldsymbol{T}}_i\}\\ \hdashline \boldsymbol{0}_{n_x\times(M-1)n_u} & \boldsymbol{B}\boldsymbol{T}_i\\ \vdots & \vdots\\ \boldsymbol{0}_{n_x\times(M-1)n_u} & \boldsymbol{B}\boldsymbol{T}_i\end{array}\right]\tag{6-8}$$

$$\overline{\boldsymbol{S}}=\begin{bmatrix}\boldsymbol{A}^0 & \boldsymbol{0} & \cdots & \boldsymbol{0}\\ \boldsymbol{A}^1 & \boldsymbol{A}^0 & \ddots & \vdots\\ \vdots & \ddots & \ddots & \boldsymbol{0}\\ \boldsymbol{A}^{P-1} & \cdots & \boldsymbol{A}^1 & \boldsymbol{A}^0\end{bmatrix},\overline{\boldsymbol{A}}_a=\begin{bmatrix}\boldsymbol{A}\\ \boldsymbol{0}\\ \vdots\\ \boldsymbol{0}\end{bmatrix} \tag{6-9}$$

$$\overline{\boldsymbol{C}}_a=\mathrm{diag}_P\{\boldsymbol{C}\} \tag{6-10}$$

$$\widetilde{\boldsymbol{B}}_i=\left[\begin{array}{c:c}\boldsymbol{0}_{(M-1)n_x\times n_{ui}} & \mathrm{diag}_{M-1}\{\boldsymbol{B}_i\}\\ \hdashline \boldsymbol{0}_{n_x\times(M-1)n_{ui}} & \boldsymbol{B}_i\\ \vdots & \vdots\\ \boldsymbol{0}_{n_x\times(M-1)n_{ui}} & \boldsymbol{B}_i\end{array}\right]$$

$$\overline{\boldsymbol{\Gamma}}_i=\begin{bmatrix}\boldsymbol{I}_{n_{ui}} & \boldsymbol{0}_{n_{ui}} & \cdots & \boldsymbol{0}_{n_{ui}}\\ \boldsymbol{I}_{n_{ui}} & \boldsymbol{I}_{n_{ui}} & \ddots & \vdots\\ \vdots & \ddots & \ddots & \boldsymbol{0}_{n_{ui}}\\ \boldsymbol{I}_{n_{ui}} & \cdots & \boldsymbol{I}_{n_{ui}} & \boldsymbol{I}_{n_{ui}}\end{bmatrix},\boldsymbol{\Gamma}'_i=[\overbrace{\boldsymbol{I}_{n_{ui}}\quad\cdots\quad\boldsymbol{I}_{n_{ui}}}^{M}]^{\mathrm{T}} \tag{6-11}$$

$$\boldsymbol{N}_i=\overline{\boldsymbol{C}}_a\overline{\boldsymbol{S}}\,\overline{\boldsymbol{B}}_i\overline{\boldsymbol{\Gamma}}_i,\overline{\boldsymbol{Q}}=\mathrm{diag}_P\{\boldsymbol{Q}\},\overline{\boldsymbol{R}}_i=\mathrm{diag}_M\{\boldsymbol{R}_i\} \tag{6-12}$$

則以下引理可由方程式(6-5) 和式(6-7)～式(6-12) 得出。

引理 6.1 **(二次規劃形式)** 根據假設 6.1，在 k 時刻，每個局部控制器 $\mathcal{C}_i$，$i=1,\cdots,m$ 求解下列優化問題：

$$\min_{\Delta U_i(k,M|k)}[\Delta\boldsymbol{U}_i^{\mathrm{T}}(k,M|k)\boldsymbol{H}_i\Delta\boldsymbol{U}_i(k,M|k)-\boldsymbol{G}_i(k+1,P|k)\Delta\boldsymbol{U}_i(k,M|k)] \tag{6-13}$$

其中，$\boldsymbol{H}_i$ 爲正定矩陣，且

$$\boldsymbol{H}_i=\boldsymbol{N}_i^{\mathrm{T}}\overline{\boldsymbol{Q}}\boldsymbol{N}_i+\overline{\boldsymbol{R}}_i \tag{6-14}$$

$$\boldsymbol{G}_i(k+1,P|k)=2\boldsymbol{N}_i^{\mathrm{T}}\overline{\boldsymbol{Q}}[\boldsymbol{Y}^{\mathrm{d}}(k+1,P|k)-\hat{\boldsymbol{Z}}_i(k+1,P|k)] \tag{6-15}$$

$$\begin{aligned}\hat{\boldsymbol{Z}}_i(k+1,P|k)=&\overline{\boldsymbol{C}}_a\overline{\boldsymbol{S}}[\overline{\boldsymbol{B}}_i\boldsymbol{\Gamma}'_i\boldsymbol{u}_i(k-1)+\overline{\boldsymbol{A}}_a\boldsymbol{L}_ix_i(k|k)+\\ &\overline{\boldsymbol{A}}_a\boldsymbol{L}'_i\hat{\boldsymbol{x}}(k|k-1)+\widetilde{\boldsymbol{B}}_i\boldsymbol{U}(k-1,M|k-1)]\end{aligned} \tag{6-16}$$

證明 根據方程式(6-5) 和式(6-7)～式(6-12)，子系統 $\mathcal{S}_i$ 在 k 時刻計算得到的狀態量的預測值和輸出預測值可表示爲

$$\begin{cases}\hat{\boldsymbol{X}}^i(k+1,P|k)=\overline{\boldsymbol{S}}\,[\overline{\boldsymbol{A}}_a\boldsymbol{L}_i\boldsymbol{x}_i(k)+\overline{\boldsymbol{B}}_i\boldsymbol{U}_i(k,M|k)+\\ \overline{\boldsymbol{A}}_a\boldsymbol{L}'_i\hat{\boldsymbol{x}}(k|k-1)+\widetilde{\boldsymbol{B}}_i\boldsymbol{U}(k-1,M|k-1)]\\ \hat{\boldsymbol{Y}}^i(k+1,P|k)=\overline{\boldsymbol{C}}_a\hat{\boldsymbol{X}}^i(k+1,P|k)\end{cases} \tag{6-17}$$

其中，規定 $\hat{U}(k-1,P|k-1)$ 和 $\boldsymbol{U}_i(k,P|k)$ 的最後 $P-M+1$ 個時刻的值分別與 $\boldsymbol{U}(k-1,M|k-1)$ 和 $\boldsymbol{U}_i(k,M|k)$ 的最後一項相等。

由於

$$\boldsymbol{u}_i(k+h|k)=\boldsymbol{u}_i(k-1)+\sum_{r=0}^{h}\Delta\boldsymbol{u}_i(k+r|k)$$

根據方程式(6-11)，可得出

$$\boldsymbol{U}_i(k,M|k)=\boldsymbol{\Gamma}'_i\boldsymbol{u}_i(k-1)+\overline{\boldsymbol{\Gamma}}_i\Delta\boldsymbol{U}_i(k,M|k) \tag{6-18}$$

將式(6-7)～式(6-12)和式(6-17)代入式(6-6)，可得出標準二次規劃問題形式(6-13)。

根據二次規劃形式(6-13)，可得問題 6.1 的解爲

$$\Delta\boldsymbol{U}_i(k,M|k)=\frac{1}{2}\boldsymbol{H}_i^{-1}\boldsymbol{G}_i(k+1,P|k)$$

進一步可得定理 6.1。

定理 6.1（解析解） 如果假設 6.1 成立，則在 k 時刻，每個控制器 $\mathcal{C}_i$，$i=1,\cdots,m$ 作用於相對應子系統 $\mathcal{S}_i$，$i=1,\cdots,m$ 的控制律可由下列公式計算得到：

$$\boldsymbol{u}_i(k)=\boldsymbol{u}_i(k-1)+\boldsymbol{K}_i[\boldsymbol{Y}^{\mathrm{d}}(k+1,P|k)-\hat{\boldsymbol{Z}}_{\mathrm{i}}(k+1,P|k)] \tag{6-19}$$

其中

$$\begin{aligned}\boldsymbol{K}_i&=\boldsymbol{\Gamma}_i\overline{\boldsymbol{K}}_i\\ \overline{\boldsymbol{K}}_i&=\boldsymbol{H}_i^{-1}\boldsymbol{N}_i^{\mathrm{T}}\overline{\boldsymbol{Q}}\\ \boldsymbol{\Gamma}_i&=[\boldsymbol{I}_{n_{u_i}}\quad \boldsymbol{0}_{n_{u_i}\times(M-1)n_{u_i}}]\end{aligned} \tag{6-20}$$

備註 6.2 在 $\mathcal{C}_i$ 中，求解解析解的複雜程度主要取決於 $\boldsymbol{H}_i$ 的求逆計算。採用 Gauss-Jordan 算法對 $\boldsymbol{H}_i$（$M\cdot n_{u_i}$ 維的矩陣）求逆的複雜程度爲 $O(M^3\cdot n_{u_i}^3)$。因此，分散式預測控制的整體計算複雜度爲 $O(M^3\cdot\sum_{i=1}^{n}n_{u_i}^3)$，而集中式預測控制的計算複雜度爲 $O[M^3\cdot(\sum_{i=1}^{n}n_{u_i})^3]$。

6.2.3 性能分析

6.2.3.1 閉環穩定性

根據定理 6.1 所給出的解析解，透過分析閉環系統模型的係數矩陣來分析閉環系統穩定性條件。

定義

$$\begin{aligned}\boldsymbol{\Omega}&=[\boldsymbol{\Omega}_1^{\mathrm{T}}\quad\cdots\quad\boldsymbol{\Omega}_P^{\mathrm{T}}]^{\mathrm{T}}\\ \boldsymbol{\Omega}_l&=\mathrm{diag}\{\boldsymbol{\Omega}_{1l},\cdots,\boldsymbol{\Omega}_{ml}\}\end{aligned}$$

$$\boldsymbol{\Omega}_{il}=[\mathbf{0}_{n_{x_i}\times(l-1)n_{x_i}}\quad \boldsymbol{I}_{n_{x_i}}\quad \mathbf{0}_{n_{x_i}\times(P-l)n_{x_i}}]$$

$$(i=1,\cdots,m;l=1,\cdots,P) \tag{6-21}$$

$$\begin{gathered}\boldsymbol{\Pi}=[\boldsymbol{\Pi}_1^{\mathrm{T}}\quad\cdots\quad\boldsymbol{\Pi}_M^{\mathrm{T}}]^{\mathrm{T}}\\ \boldsymbol{\Pi}_l=\mathrm{diag}\{\boldsymbol{\Pi}_{1l},\cdots,\boldsymbol{\Pi}_{ml}\}\\ \boldsymbol{\Pi}_{il}=[\mathbf{0}_{n_{u_i}\times(l-1)n_{u_i}}\quad\boldsymbol{I}_{n_{u_i}}\quad\mathbf{0}_{n_{u_i}\times(M-l)n_{u_i}}]\\ (i=1,\cdots,m;l=1,\cdots,M)\end{gathered} \tag{6-22}$$

$$\begin{gathered}\overline{\boldsymbol{A}}=\mathrm{diag}_m\{\overline{\boldsymbol{A}}_a\}\\ \overline{\boldsymbol{B}}=\mathrm{diag}\{\overline{\boldsymbol{B}}_1,\cdots,\overline{\boldsymbol{B}}_m\}\\ \overline{\boldsymbol{C}}=\mathrm{diag}_m\{\overline{\boldsymbol{C}}_a\}\\ \widetilde{\boldsymbol{B}}=[\widetilde{\boldsymbol{B}}_1^{\mathrm{T}}\quad\cdots\quad\widetilde{\boldsymbol{B}}_m^{\mathrm{T}}]^{\mathrm{T}}\end{gathered} \tag{6-23}$$

$$\begin{gathered}\overline{\boldsymbol{L}}_i=\mathrm{diag}_P\{\boldsymbol{L}_i^{\mathrm{T}}\}\\ \boldsymbol{L}=\mathrm{diag}\{\boldsymbol{L}_1,\cdots,\boldsymbol{L}_m\}\\ \overline{\boldsymbol{L}}=\mathrm{diag}\{\overline{\boldsymbol{L}}_1,\cdots,\overline{\boldsymbol{L}}_m\}\\ \boldsymbol{L}'=[\boldsymbol{L}_1'^{\mathrm{T}}\quad\cdots\quad\boldsymbol{L}_m'^{\mathrm{T}}]^{\mathrm{T}}\\ \widetilde{\boldsymbol{L}}=\boldsymbol{L}'[\boldsymbol{I}_{n_x}\quad\mathbf{0}_{n_x\times(P-1)n_x}]\end{gathered} \tag{6-24}$$

$$\begin{gathered}\boldsymbol{\Gamma}'=\mathrm{diag}\{\boldsymbol{\Gamma}_1',\cdots,\boldsymbol{\Gamma}_m'\}\\ \boldsymbol{\Gamma}=\mathrm{diag}\{\boldsymbol{\Gamma}_1,\cdots,\boldsymbol{\Gamma}_m\}\\ \boldsymbol{S}=\mathrm{diag}_m\{\overline{\boldsymbol{S}}\}\\ \boldsymbol{\Xi}=\mathrm{diag}\{\overline{\boldsymbol{\Gamma}}_1\overline{\boldsymbol{K}}_1,\cdots,\overline{\boldsymbol{\Gamma}}_m\overline{\boldsymbol{K}}_m\}\end{gathered} \tag{6-25}$$

$$\begin{gathered}\boldsymbol{\Theta}=-\boldsymbol{\Xi}\overline{\boldsymbol{C}}\boldsymbol{S}\overline{\boldsymbol{A}}\boldsymbol{L}\\ \boldsymbol{\Phi}=-\boldsymbol{\Xi}\overline{\boldsymbol{C}}\boldsymbol{S}\overline{\boldsymbol{A}}\widetilde{\boldsymbol{L}}\boldsymbol{\Omega}\\ \boldsymbol{\Psi}=\boldsymbol{\Gamma}'\boldsymbol{\Gamma}-\boldsymbol{\Xi}\overline{\boldsymbol{C}}\boldsymbol{S}(\overline{\boldsymbol{B}}\boldsymbol{\Gamma}'\boldsymbol{\Gamma}+\widetilde{\boldsymbol{B}}\boldsymbol{\Pi})\end{gathered} \tag{6-26}$$

進而可得出定理 6.2。

定理 6.2 **(穩定性條件)** 當且僅當滿足式(6-27) 時，應用在全局性能指標下計算出的控制律所獲得的閉環系統是漸近穩定的。

$$|\lambda_j\{\boldsymbol{A}_N\}|<1,\ \forall j=1,\cdots,n_N \tag{6-27}$$

其中

$$\boldsymbol{A}_N=\begin{bmatrix}\boldsymbol{A} & \mathbf{0} & \boldsymbol{B}\boldsymbol{\Gamma} & \mathbf{0}\\ \overline{\boldsymbol{L}}\boldsymbol{S}\overline{\boldsymbol{A}}\boldsymbol{L} & \overline{\boldsymbol{L}}\boldsymbol{S}\overline{\boldsymbol{A}}\widetilde{\boldsymbol{L}}\boldsymbol{\Omega} & \overline{\boldsymbol{L}}\boldsymbol{S}\overline{\boldsymbol{B}} & \overline{\boldsymbol{L}}\boldsymbol{S}\widetilde{\boldsymbol{B}}\boldsymbol{\Pi}\\ \boldsymbol{\Theta}\boldsymbol{A}+\boldsymbol{\Phi}\overline{\boldsymbol{L}}\boldsymbol{S}\overline{\boldsymbol{A}}\boldsymbol{L} & \boldsymbol{\Phi}\overline{\boldsymbol{L}}\boldsymbol{S}\overline{\boldsymbol{A}}\widetilde{\boldsymbol{L}}\boldsymbol{\Omega} & \boldsymbol{\Theta}\boldsymbol{B}\boldsymbol{\Gamma}+\boldsymbol{\Phi}\overline{\boldsymbol{L}}\boldsymbol{S}\overline{\boldsymbol{B}}+\boldsymbol{\Psi} & \overline{\boldsymbol{\Phi}\boldsymbol{L}}\boldsymbol{S}\widetilde{\boldsymbol{B}}\boldsymbol{\Pi}\\ \mathbf{0} & \mathbf{0} & \boldsymbol{I}_{Mn_u} & \mathbf{0}\end{bmatrix}$$

整個閉環系統的階數爲 $n_N = Pn_x + n_x + 2Mn_u$。

證明 根據式(6-7) 和式(6-13)，在 k 時刻，控制器 $\mathcal{C}_i$ 計算得到的 $\mathcal{S}_i$ 的未來狀態序列預測值可表述爲

$$\hat{\boldsymbol{X}}_i(k+1,P|k) = \overline{\boldsymbol{L}}_i^{\mathrm{T}}\overline{\boldsymbol{S}}\,[\overline{\boldsymbol{A}}_a \boldsymbol{L}_i \boldsymbol{x}_i(k) + \overline{\boldsymbol{B}}_i \boldsymbol{U}_i(k,M|k) + \overline{\boldsymbol{A}}_i \boldsymbol{L}_i' \hat{\boldsymbol{x}}(k|k-1) + \widetilde{\boldsymbol{B}}_i \boldsymbol{U}(k-1,M|k-1)] \tag{6-28}$$

由式(6-21) 可知

$$\hat{\boldsymbol{X}}(k,P|k-1) = \boldsymbol{\Omega}\hat{\mathbb{X}}(k,P|k-1) \tag{6-29}$$

$$\boldsymbol{U}(k,M|k-1) = \boldsymbol{\Pi}\hat{\mathbb{U}}(k,M|k-1) \tag{6-30}$$

由方程式(6-29)、方程式(6-30)、方程式(6-23)～方程式(6-25) 和方程式(6-28)，所有子系統的狀態預測序列連接而成的向量可表示爲

$$\hat{\mathbb{X}}(k+1,P|k) = \overline{\boldsymbol{L}}\boldsymbol{S}[\overline{\boldsymbol{A}}\boldsymbol{L}\boldsymbol{x}(k) + \overline{\boldsymbol{B}}\mathbb{U}(k,M|k) + \overline{\boldsymbol{A}}\widetilde{\boldsymbol{L}}\boldsymbol{\Omega}\hat{\mathbb{X}}(k,P|k-1) + \widetilde{\boldsymbol{B}}\boldsymbol{\Pi}\mathbb{U}(k-1,M|k-1)] \tag{6-31}$$

由於 $\boldsymbol{u}_i(k-1) = \boldsymbol{\Gamma}_i \boldsymbol{U}_i(k-1,M|k-1)$，透過方程式(6-10) 和方程式(6-13)，可知

$$\boldsymbol{U}_i(k,M|k) = \boldsymbol{\Gamma}_i'\boldsymbol{\Gamma}_i\boldsymbol{U}_i(k-1,M|k-1) + \overline{\boldsymbol{\Gamma}}_i\overline{\boldsymbol{K}}_i[\boldsymbol{Y}^{\mathrm{d}}(k+1,P|k) - \hat{\boldsymbol{Z}}_i(k+1,P|k)] \tag{6-32}$$

將式(6-16) 代入式(6-32)，由式(6-12)、式(6-23)～式(6-25)、式(6-29) 和式(6-30) 可知，所有子系統的最優控制序列連接而成的向量爲

$$\mathbb{U}(k,M|k) = \boldsymbol{\Psi}\mathbb{U}(k-1,M|k-1) + \boldsymbol{\Theta}\boldsymbol{x}(k) + \boldsymbol{\Phi}\hat{\mathbb{X}}(k,P|k-1) + \boldsymbol{\Xi}\boldsymbol{Y}^{\mathrm{d}}(k+1,P|k) \tag{6-33}$$

值得注意的是，所有控制器計算所得的反饋控制律爲

$$\boldsymbol{u}(k) = \boldsymbol{\Gamma}\mathbb{U}(k,M|k) \tag{6-34}$$

將方程式(6-2)、方程式(6-31)、方程式(6-33) 和方程式(6-34) 合併，可得出閉環系統狀態空間方程爲

$$\boldsymbol{x}(k) = \boldsymbol{A}\boldsymbol{x}(k-1) + \boldsymbol{B}\boldsymbol{\Gamma}\mathbb{U}(k-1,M|k-1) \tag{6-35}$$

$$\hat{\mathbb{X}}(k,P|k-1) = \overline{\boldsymbol{L}}\boldsymbol{S}[\overline{\boldsymbol{A}}\boldsymbol{L}\boldsymbol{x}(k-1) + \overline{\boldsymbol{B}}\mathbb{U}(k-1,M|k-1) + \overline{\boldsymbol{A}}\widetilde{\boldsymbol{L}}\boldsymbol{\Omega}\hat{\mathbb{X}}(k-1,P|k-2) + \widetilde{\boldsymbol{B}}\boldsymbol{\Pi}\mathbb{U}(k-2,M|k-2)] \tag{6-36}$$

$$\mathbb{U}(k,M|k) = \boldsymbol{\Theta}[\boldsymbol{A}\boldsymbol{x}(k-1) + \boldsymbol{B}\boldsymbol{\Gamma}\mathbb{U}(k-1,M|k-1)] + \boldsymbol{\Phi}\overline{\boldsymbol{L}}\boldsymbol{S}[\overline{\boldsymbol{A}}\boldsymbol{L}\boldsymbol{x}(k-1) + \overline{\boldsymbol{B}}\mathbb{U}(k-1,M|k-1) +$$

$$\overline{\boldsymbol{A}\boldsymbol{L}}\widetilde{\boldsymbol{\Omega}}\hat{\mathbb{X}}(k-1,P\mid k-2)+\widetilde{\boldsymbol{B}}\boldsymbol{\Pi}\mathbb{U}(k-2,M\mid k-2)]+ \tag{6-37}$$
$$\boldsymbol{\Psi}\mathbb{U}(k-1,M\mid k-1)+\boldsymbol{\Xi}\mathbb{Y}^{\mathrm{d}}(k+1,P\mid k)$$

$$\boldsymbol{y}(k)=\boldsymbol{C}\boldsymbol{x}(k) \tag{6-38}$$

其中，根據狀態完全可測這一假設，可用 $\boldsymbol{x}(k)$ 代替 $\hat{\boldsymbol{x}}(k\mid k)$。

定義擴展狀態$\boldsymbol{X}_N(k)=[\boldsymbol{x}^{\mathrm{T}}(k),\hat{\boldsymbol{X}}^{\mathrm{T}}(k,P\mid k-1),\boldsymbol{U}^{\mathrm{T}}(k,M\mid k),\boldsymbol{U}^{\mathrm{T}}(k-1,M\mid k-1)]^{\mathrm{T}}$，由方程式(6-35)～方程式(6-38)，可得到定理 6.2。

備註 6.3　方程式(6-27) 中所含動態矩陣$\boldsymbol{A}_N$ 的前兩個列塊取決於矩陣 $\boldsymbol{A}$ 和矩陣 $\boldsymbol{B}$ 中的元素，而第三個列塊則取決於 $\boldsymbol{A}$、$\boldsymbol{B}$、$\boldsymbol{C}$、$\boldsymbol{Q}$、$\boldsymbol{R}_i$、P 和 M。設計自由度爲矩陣 $\boldsymbol{Q}$ 和$\boldsymbol{R}_i$，以及參數 P 和 M。

6.2.3.2 優化性能分析

為了解釋協調分散式預測控制和集中式預測控制之間的區別，將每個 $\mathcal{C}_i$，$i=1,\cdots,m$，的分散式預測控制的最優化問題重新改寫爲

$$\min_{\Delta U_i(k,M\mid k)}\sum_{l=1}^{P}\left\|\hat{\boldsymbol{y}}^i(k+l\mid k)-\boldsymbol{y}^{\mathrm{d}}(k+l\mid k)\right\|_{\boldsymbol{Q}}^2+\sum_{l=1}^{M}\left\|\Delta\boldsymbol{u}_i(k+l-1\mid k)\right\|_{\boldsymbol{R}_i}^2$$

$$\text{s. t.}\begin{bmatrix}\hat{\boldsymbol{x}}_1^i(k+l+1\mid k)\\ \vdots\\ \hat{\boldsymbol{x}}_{i-1}^i(k+l+1\mid k)\\ \hat{\boldsymbol{x}}_i(k+l+1\mid k)\\ \hat{\boldsymbol{x}}_{i+1}^i(k+l+1\mid k)\\ \vdots\\ \hat{\boldsymbol{x}}_m^i(k+l+1\mid k)\end{bmatrix}=\boldsymbol{A}^l\begin{bmatrix}\hat{\boldsymbol{x}}_1(k\mid k-1)\\ \vdots\\ \hat{\boldsymbol{x}}_{i-1}(k\mid k-1)\\ \boldsymbol{x}_i(k\mid k)\\ \hat{\boldsymbol{x}}_{i+1}(k\mid k-1)\\ \vdots\\ \hat{\boldsymbol{x}}_m(k\mid k-1)\end{bmatrix}+\sum_{s=1}^{l}\boldsymbol{A}^{s-1}\boldsymbol{B}\widetilde{\boldsymbol{U}}(k,l\mid k)$$

$$\begin{aligned}\widetilde{\boldsymbol{U}}(k,M\mid k)=[&\boldsymbol{u}_1^{\mathrm{T}}(k\mid k-1)\ \cdots\ \boldsymbol{u}_{i-1}^{\mathrm{T}}(k\mid k-1)\ \ \boldsymbol{u}_i^{\mathrm{T}}(k\mid k)\\ &\boldsymbol{u}_{i+1}^{\mathrm{T}}(k\mid k-1)\ \cdots\ \boldsymbol{u}_m^{\mathrm{T}}(k\mid k-1)\ \cdots\\ &\boldsymbol{u}_1^{\mathrm{T}}(k+l\mid k-1)\ \cdots\ \boldsymbol{u}_{i-1}^{\mathrm{T}}(k+l\mid k-1)\ \ \boldsymbol{u}_i^{\mathrm{T}}(k+l\mid k)\\ &\boldsymbol{u}_{i+1}^{\mathrm{T}}(k+l\mid k-1)\ \cdots\ \boldsymbol{u}_m^{\mathrm{T}}(k+l\mid k-1)]^{\mathrm{T}}\end{aligned}$$

$$\hat{\boldsymbol{y}}^i(k+l\mid k)=\boldsymbol{C}\hat{\boldsymbol{x}}^i(k+l\mid k) \tag{6-39}$$

集中式預測控制的最優化問題可表示爲

$$\min_{\Delta U_i(k,M\mid k)}\sum_{l=1}^{P}\left\|\hat{\boldsymbol{y}}(k+l\mid k)-\boldsymbol{y}^{\mathrm{d}}(k+l\mid k)\right\|_{\boldsymbol{Q}}^2+\sum_{l=1}^{M}\left\|\Delta\boldsymbol{u}_i(k+l-1\mid k)\right\|_{\boldsymbol{R}_i}^2$$

$$
\text{s. t.}\quad \begin{bmatrix} \hat{\boldsymbol{x}}_1(k+l+1|k) \\ \vdots \\ \hat{\boldsymbol{x}}_{i-1}(k+l+1|k) \\ \hat{\boldsymbol{x}}_i(k+l+1|k) \\ \hat{\boldsymbol{x}}_{i+1}(k+l+1|k) \\ \vdots \\ \hat{\boldsymbol{x}}_m(k+l+1|k) \end{bmatrix} = \boldsymbol{A}^l \begin{bmatrix} \boldsymbol{x}_1(k|k) \\ \vdots \\ \boldsymbol{x}_{i-1}(k|k) \\ \boldsymbol{x}_i(k|k) \\ \boldsymbol{x}_{i+1}(k|k) \\ \vdots \\ \boldsymbol{x}_m(k|k) \end{bmatrix} + \sum_{s=1}^{l} \boldsymbol{A}^{s-1}\boldsymbol{B}\boldsymbol{U}(k,l|k)
$$

$$
\begin{aligned}
\widetilde{\boldsymbol{U}}(k,M|k) = [&\boldsymbol{u}_1^{\mathrm{T}}(k|k) \ \cdots \ \boldsymbol{u}_{i-1}^{\mathrm{T}}(k|k) \ \boldsymbol{u}_i^{\mathrm{T}}(k|k) \\
&\boldsymbol{u}_{i+1}^{\mathrm{T}}(k|k) \ \cdots \ \boldsymbol{u}_m^{\mathrm{T}}(k|k) \ \cdots \\
&\boldsymbol{u}_1^{\mathrm{T}}(k+l|k) \ \cdots \ \boldsymbol{u}_{i-1}^{\mathrm{T}}(k+l|k) \ \boldsymbol{u}_i^{\mathrm{T}}(k+l|k) \\
&\boldsymbol{u}_{i+1}^{\mathrm{T}}(k+l|k) \ \cdots \ \boldsymbol{u}_m^{\mathrm{T}}(k+l|k)]^{\mathrm{T}}
\end{aligned}
$$

$$
\hat{\boldsymbol{y}}(k+l|k) = \boldsymbol{C}\hat{\boldsymbol{x}}(k+l|k) \tag{6-40}
$$

可見，方程式(6-39) 和方程式(6-40) 的性能指標相同，而且狀態演化模型也類似。二者之間的唯一區別是，在分散式預測控制中，其它子系統 k 時刻的未來控制序列是 $k-1$ 時刻計算得到的估計值。若有干擾因素，在 k 時刻計算得到的子系統的狀態與 $k-1$ 時刻計算得到的值就會不相等，這會對閉環系統的最終性能產生影響。盡管如此，協調分散式預測控制的最優化問題和集中式的分散式預測控制的最優化問題依然很相近。

6.2.4 仿真實例

本部分對協調分散式預測控制的性能和第 5 章介紹的基於局部性能指標的預測控制的性能進行了研究和對比。採用第 5 章中的最小相位系統，以 0.2s 爲採樣時間，將此系統離散化，得

$$
\begin{bmatrix} y_1(z) \\ y_2(z) \end{bmatrix} = \begin{bmatrix} \dfrac{-0.024(z-1.492)(z+0.810)}{(z-0.819)(z^2-1.922z+0.961)} & \alpha\dfrac{0.018(z+0.935)}{z^2-1.676z+0.819} \\ \alpha\dfrac{0.126}{z-0.368} & \dfrac{0.147(z-0.668)}{z^2-1.572z+0.670} \end{bmatrix} \begin{bmatrix} u_1(z) \\ u_2(z) \end{bmatrix}
$$

$\mathcal{S}$ 的狀態空間實現相應的係數矩陣爲

$$
\mathbf{A} = \begin{bmatrix} \mathbf{A}_{11} & 0 \\ 0 & \mathbf{A}_{22} \end{bmatrix}
$$

$$\boldsymbol{A}_{11}=\begin{bmatrix}2.74 & -1.27 & 0.97 & 0\\ 2 & 0 & 0 & 0\\ 0 & 0.5 & 0 & 0\\ 0 & 0 & 0 & 0.37\end{bmatrix}$$

$$\boldsymbol{A}_{22}=\begin{bmatrix}1.68 & -0.82 & 0 & 0\\ 1 & 0 & 0 & 0\\ 0 & 0 & 1.57 & -0.67\\ 0 & 0 & 1 & 0\end{bmatrix}$$

$$\boldsymbol{B}=\begin{bmatrix}\boldsymbol{B}_{11} & 0\\ 0 & \boldsymbol{B}_{22}\end{bmatrix}$$

$$\boldsymbol{B}_{11}=\begin{bmatrix}0.25\\ 0\\ 0\\ 0.5\end{bmatrix}\quad \boldsymbol{B}_{22}=\begin{bmatrix}0.25\\ 0\\ 0.5\\ 0\end{bmatrix}$$

$$\boldsymbol{C}=\begin{bmatrix}\boldsymbol{C}_{11} & \boldsymbol{C}_{12}\\ \boldsymbol{C}_{21} & \boldsymbol{C}_{22}\end{bmatrix}$$

$$\boldsymbol{C}_{11}=[-0.1\quad 0.03\quad 0.12\quad 0]$$

$$\boldsymbol{C}_{12}=\alpha[0.07\quad 0.07\quad 0\quad 0]$$

$$\boldsymbol{C}_{21}=\alpha[0\quad 0\quad 0\quad 2.25]$$

$$\boldsymbol{C}_{22}=[0\quad 0\quad 0.29\quad -0.20]$$

將 $\mathcal{S}$ 分解爲 SISO 子系統 $\mathcal{S}_1$ 和 $\mathcal{S}_2$，其相應的狀態空間模型係數分別爲 $\{\boldsymbol{A}_{11}, \boldsymbol{B}_{11}, \boldsymbol{C}_{11}\}$ 和 $\{\boldsymbol{A}_{22}, \boldsymbol{B}_{22}, \boldsymbol{C}_{22}\}$。$\mathcal{S}_1$ 和 $\mathcal{S}_2$ 之間的相互作用的大小用參數 α 表示。

與基於局部性能指標的分散式預測控制類似，協調分散式預測控制的穩定性取決於 P、M、$\boldsymbol{Q}$ 和 $\boldsymbol{R}_i$，$i=1,\cdots,m$ 等因素能否滿足定理 6.2 的有關條件。此外，爲了簡化計算，選擇 $P=M$，$\boldsymbol{R}=\gamma\boldsymbol{I}_u$ 和 $\boldsymbol{Q}=\boldsymbol{I}_y$ 進行計算。

三維圖 6-1(a)、圖 6-2(a) 和圖 6-3(a) 分別顯示了在不同的 γ 和 P 組合下，閉環系統的最大特徵值。z 軸代表最大特徵值，x 軸和 y 軸分別代表 γ 的對數和 P。圖 6-1(b)、圖 6-2(b) 和圖 6-3(b) 表示了閉環系統的控制性能，其中點畫線爲輸出設定值，實線爲基於局部性能指標的分散式預測控制作用下系統的輸入值和輸出值，虛線代表協調分散式預測控制作用下系統的輸入值和輸出值。

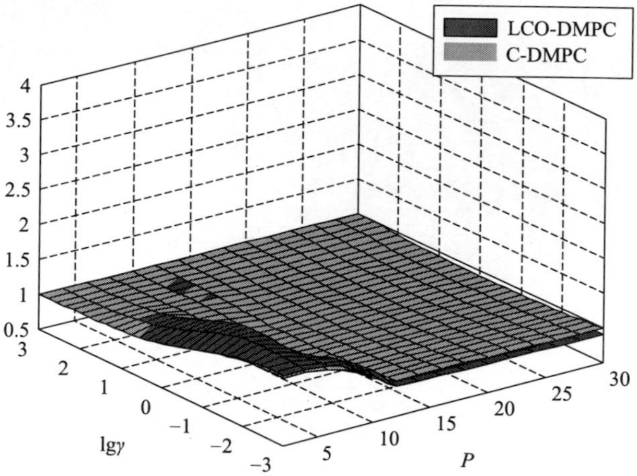

(a) 協調分散式預測控制和基於局部性能指標的分散式預測控制的最大閉環特徵值

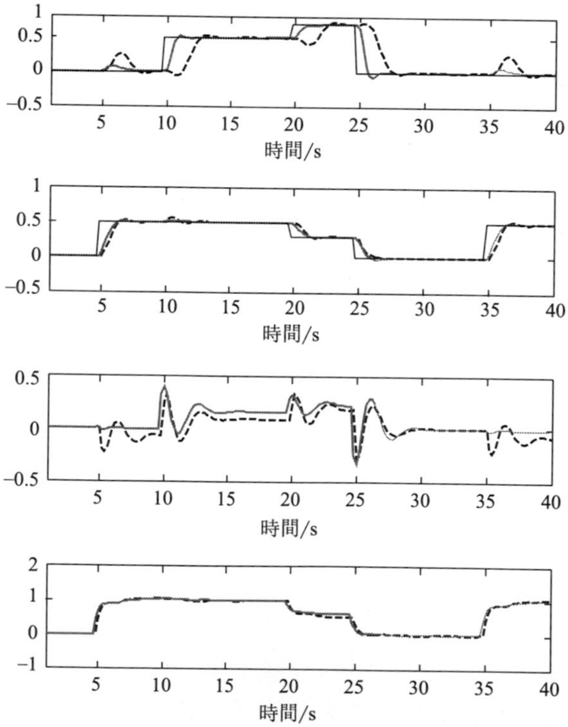

(b) 基於局部性能指標的分散式預測控制(虛線，均方誤差=0.2568)和協調分散式預測控制(灰線，均方誤差=0.2086)的控制性能

圖 6-1　參數 $\alpha = 0.1$、$\gamma = 1$ 時閉環系統的最大特徵值和控制性能

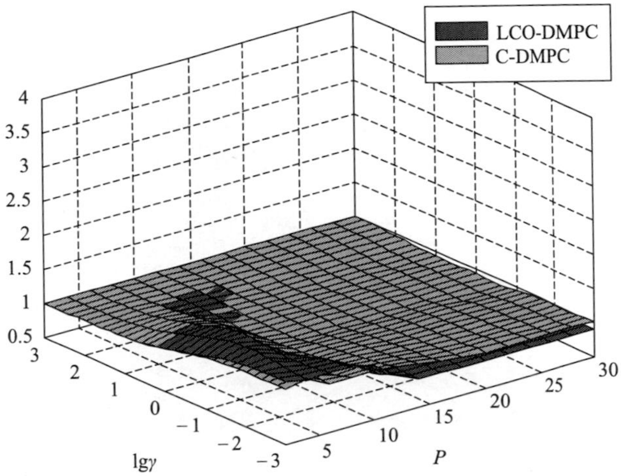

(a) 基於局部性能指標的分散式預測控制和協調分散式預測控制的最大閉環特徵值

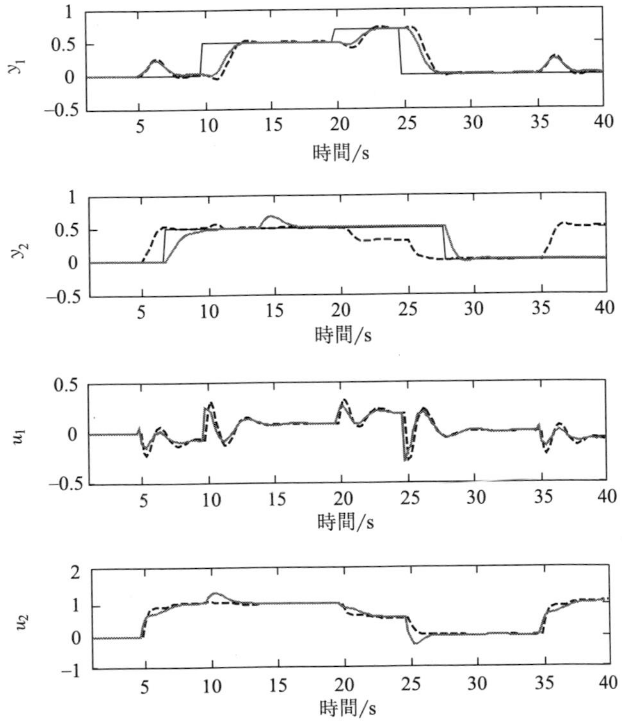

(b) 基於局部性能指標的分散式預測控制(虛線，均方誤差=0.2277)和協調分散式預測控制(灰綫，均方誤差=0.2034)的控制性能

圖 6-2　參數 $\alpha = 0.1$ 時閉環系統的最大特徵值和控制性能

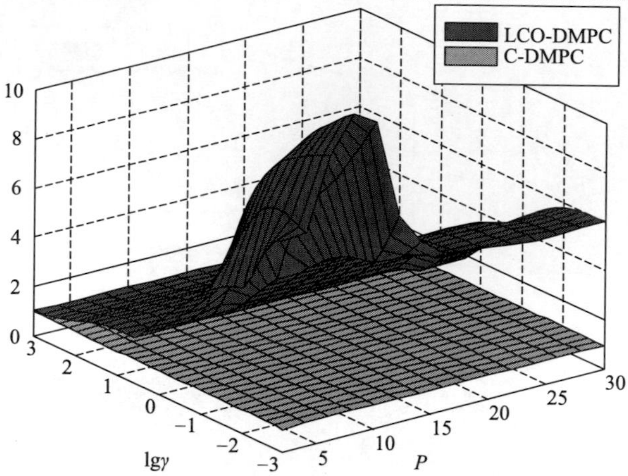

(a) 基於局部性能指標的分散式預測控制和
協調分散式預測控制的最大閉環特徵值

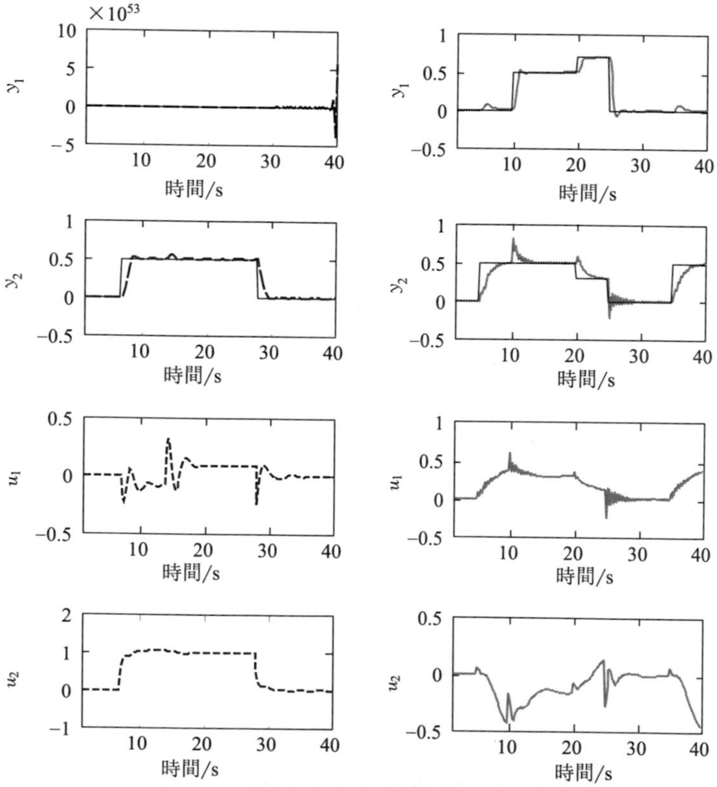

(b) 基於局部性能指標的分散式預測控制(虛線，不穩定性)
和協調分散式預測控制(灰線，均方誤差=0.1544)的控制性能

圖 6-3 參數 $\alpha=10$ 時閉環系統的最大特徵值和控制性能

由圖可以看出，系統穩定性取決於參數 γ 和 P。對於較弱的相互耦合作用［圖 6-1(a)］和［圖 6-2(a)］，協調分散式預測控制的參數調整範圍和基於局部性能指標的分散式預測控制的範圍類似。值得指出的是，協調分散式預測控制的閉環系統表現出了更好的整體性能。當 $\alpha=0.1$ 和 $\alpha=1$ 時，協調分散式預測控制的輸出均方誤差要小於基於局部性能指標分散式預測控制的輸出均方誤差，分別爲（0.2086，0.2034）和（0.2568,0.2277）。當 $\alpha=10$、$\gamma=1$ 和 $P=20$ 時，基於局部性能指標的分散式預測控制作用下的閉環系統不具備穩定性，而本章中的協調分散式預測控制的閉環系統具有穩定性。

總之，協調分散式預測控制的參數調整範圍比基於局部性能指標的分散式預測控制的參數調整範圍大。通常情況下，穩定性區域和預測時域 P 以及 γ 相關，而且，不管子系統相互耦合關係的強弱與否，協調分散式預測控制都能表現出較好的整體性能。

6.3 保證穩定性的約束協調分散式預測控制[3]

6.3.1 分散式系統描述

不失一般性，假設系統由 m 個離散的線性子系統 $\mathcal{S}_i$，$i\in\mathcal{P}$，$\mathcal{P}=\{1,\cdots,m\}$ 構成。每個子系統之間透過狀態相互關聯，這樣，子系統 $\mathcal{S}_i$ 可以表示成

$$\begin{cases}\boldsymbol{x}_i(k+1)=\boldsymbol{A}_{ii}\boldsymbol{x}_i(k)+\boldsymbol{B}_{ii}\boldsymbol{u}_i(k)+\sum\limits_{j\in P_{+i}}\boldsymbol{A}_{ij}\boldsymbol{x}_j(k)\\ \boldsymbol{y}_i(k)=\boldsymbol{C}_{ii}\boldsymbol{x}_i(k)\end{cases}\tag{6-41}$$

其中，$\boldsymbol{x}_i\in\mathbb{R}^{n_{x_i}}$、$\boldsymbol{u}_i\in\mathcal{U}_i\subset\mathbb{R}^{n_{u_i}}$ 和 $\boldsymbol{y}_i\in\mathbb{R}^{n_{y_i}}$ 分別是子系統的狀態、輸入和輸出向量。$\mathcal{U}_i$ 是包含原點的輸入 $\boldsymbol{u}_i$ 的可行集，由系統的物理約束等條件確定。非零矩陣 $\boldsymbol{A}_{ij}$ 表示子系統 $\mathcal{S}_i$ 受子系統 $\mathcal{S}_j$，$j\in\mathcal{P}$ 影響。子系統 $\mathcal{S}_j$ 被稱爲子系統 $\mathcal{S}_i$ 的上游系統。定義 $\mathcal{P}_{+i}$ 是 $\mathcal{S}_i$ 的所有上游系統的集合，相應地定義 $\mathcal{P}_{-i}$ 是 $\mathcal{S}_i$ 所有下游系統的集合，$P_i=\{j\mid j\in\mathcal{P},\ j\neq i\}$。

合併各子系統狀態、輸入和輸出，則全系統 $\mathcal{S}$ 的動態方程可以寫成

$$\begin{cases}\boldsymbol{x}(k+1)=\boldsymbol{A}\boldsymbol{x}(k)+\boldsymbol{B}\boldsymbol{u}(k)\\ \boldsymbol{y}(k)=\boldsymbol{C}\boldsymbol{x}(k)\end{cases}\tag{6-42}$$

其中，$\boldsymbol{x}=[\boldsymbol{x}_1^{\mathrm{T}},\ \boldsymbol{x}_2^{\mathrm{T}},\ \cdots,\ \boldsymbol{x}_m^{\mathrm{T}}]^{\mathrm{T}}\in\mathbb{R}^{n_x}$、$\boldsymbol{u}=[\boldsymbol{u}_1^{\mathrm{T}},\ \boldsymbol{u}_2^{\mathrm{T}},\ \cdots,\ \boldsymbol{u}_m^{\mathrm{T}}]^{\mathrm{T}}$

$\in \mathbb{R}^{n_u}$ 和 $\boldsymbol{y}=[\boldsymbol{y}_1^{\mathrm{T}}, \boldsymbol{y}_2^{\mathrm{T}}, \cdots, \boldsymbol{y}_m^{\mathrm{T}}]^{\mathrm{T}} \in \mathbb{R}^{n_y}$ 分別是整個系統 $\mathcal{S}$ 的狀態、控制輸入以及輸出向量；$\boldsymbol{A}$、$\boldsymbol{B}$ 和 $\boldsymbol{C}$ 是具有合適維數的常數矩陣。同時，$\boldsymbol{u} \in \mathcal{U}=\mathcal{U}_1 \times \mathcal{U}_2 \times \cdots \times \mathcal{U}_m$，原點也在該集合中。

控制目標是在通訊受限的情況下，採用分散式預測控制算法全局系統 $\mathcal{S}$ 達到穩定，同時系統的全局性能要盡可能地接近集中式 MPC 所獲得的性能。

當每個子系統的 MPC 控制器能夠獲取全局資訊時，優化全局系統的性能指標能夠獲得比較好的全局性能。因此，本節將設計一種在該協調策略下的保穩定性的 C-DMPC 方法。

6.3.2 局部預測控制器設計

本節定義了 m 個獨立 MPC 控制器的優化問題。每個子系統 MPC 在一個採樣週期内只通訊一次，且具有相同的預測時域 N，$N>1$，同時，它們的控制律同步更新。在每個更新時刻，每個子系統 MPC 控制器在系統當前狀態和整個系統的估計輸入已知的情況下，優化自身的開環控制律。

爲了便於分析，首先對系統作如下假設。

假設 6.2 對於每一個子系統 $\mathcal{S}_i$，$i \in \mathcal{P}$，存在一個狀態反饋控制律 $\boldsymbol{u}_i=\boldsymbol{K}_i\boldsymbol{x}$，使得閉環系統 $\boldsymbol{x}(k+1)=\boldsymbol{A}_c\boldsymbol{x}(k)$ 能夠漸近穩定，其中 $\boldsymbol{A}_c=\boldsymbol{A}+\boldsymbol{BK}$，$\boldsymbol{K}=\text{block-diag}(\boldsymbol{K}_1, \boldsymbol{K}_2, \cdots, \boldsymbol{K}_m)$。

爲了更爲詳細地説明，需要定義一些必要的符號，具體見表 6-2。

表 6-2 符號説明

標識	注釋
$\mathcal{P}$	所有子系統的集合
$\mathcal{P}_i$	不包含子系統 $\mathcal{S}_i$ 本身的其它子系統的集合
$\boldsymbol{u}_i(k+l-1 \mid k)$	在 k 時刻由 $\mathcal{C}_i$ 計算的子系統 $\mathcal{C}_i$ 的優化控制序列
$\hat{\boldsymbol{x}}_j(k+l \mid k,i)$	在 k 時刻由 $\mathcal{C}_i$ 計算的子系統 $\mathcal{S}_j$ 的預測狀態序列
$\hat{\boldsymbol{x}}(k+l \mid k,i)$	在 k 時刻由 $\mathcal{C}_i$ 計算的所有子系統的預測狀態序列
$\boldsymbol{u}_i^{\mathrm{f}}(k+l-1 \mid k)$	在 $k+l-1$ 時刻由 $\mathcal{C}_i$ 計算的子系統 $\mathcal{S}_i$ 的可行控制律
$\boldsymbol{x}_j^{\mathrm{f}}(k+l \mid k,i)$	在 k 時刻由 $\mathcal{C}_i$ 定義的子系統 $\mathcal{S}_j$ 的可行預測狀態序列
$\boldsymbol{x}^{\mathrm{f}}(k+l \mid k,i)$	在 k 時刻由 $\mathcal{C}_i$ 計算的所有子系統的可行預測狀態序列
$\boldsymbol{x}^{\mathrm{f}}(k+l \mid k)$	在 k 時刻所有子系統的可行預測狀態序列，$\boldsymbol{x}^{\mathrm{f}}(k+l \mid k)=[\boldsymbol{x}_1^{\mathrm{f}}(k+l \mid k), \boldsymbol{x}_2^{\mathrm{f}}(k+l \mid k), \cdots, \boldsymbol{x}_m^{\mathrm{f}}(k+l \mid k)]^{\mathrm{T}}$
$\\| \cdot \\|_{\boldsymbol{P}}$	$\boldsymbol{P}$ 範數，$\boldsymbol{P}$ 是任意的一個正定矩陣，$\\|\boldsymbol{z}\\|_{\boldsymbol{P}}=\sqrt{\boldsymbol{x}^{\mathrm{T}}(k)\boldsymbol{P}\boldsymbol{x}(k)}$

6.3.2.1 局部優化問題數學描述

因爲子系統 $\mathcal{S}_j$，$j\in\mathcal{P}_{-i}$ 的狀態演化會受到子系統 $\mathcal{S}_i$ 的優化控制律的影響，並且該影響有時可能是負面的，所以算法中定義了如下全局優化性能指標[1,2,4]：

$$\overline{J}_i=\|\hat{\boldsymbol{x}}(k+N\mid k,i)\|_{\boldsymbol{P}}+\sum_{l=0}^{N-1}[\|\hat{\boldsymbol{x}}(k+l\mid k,i)\|_{\boldsymbol{Q}}+\|\boldsymbol{u}_i(k+l\mid k)\|_{\boldsymbol{R}_j}] \tag{6-43}$$

其中，$\boldsymbol{Q}=\boldsymbol{Q}^{\mathrm{T}}>0$，$\boldsymbol{R}_j=\boldsymbol{R}_j^{\mathrm{T}}>0$，$\boldsymbol{P}=\boldsymbol{P}^{\mathrm{T}}>0$。矩陣 $\boldsymbol{P}$ 必須滿足如下的 Lyapunov 方程：

$$\boldsymbol{A}_{\mathrm{c}}^{\mathrm{T}}\boldsymbol{P}\boldsymbol{A}_{\mathrm{c}}-\boldsymbol{P}=-\hat{\boldsymbol{Q}} \tag{6-44}$$

其中，$\hat{\boldsymbol{Q}}=\boldsymbol{Q}+\boldsymbol{K}^{\mathrm{T}}\boldsymbol{R}\boldsymbol{K}$，$\boldsymbol{R}=\text{block-diag}\ \{\boldsymbol{R}_1,\boldsymbol{R}_2,\ \cdots,\boldsymbol{R}_m\}$。

由於每個子系統控制器同步更新，所有子系統 $\mathcal{S}_j$，$j\in\mathcal{P}_i$ 在當前時刻的控制序列對於子系統 $\mathcal{S}_i$ 來講是未知的。在 k 時刻，假設子系統 $\mathcal{S}_j$，$j\in\mathcal{P}_i$ 的控制序列是由 $k-1$ 時刻 $\mathcal{C}_j$ 計算出的最優控制序列，並使用如下反饋控制律：

$$[\boldsymbol{u}_j(k|k-1),\boldsymbol{u}_j(k+1|k-1),\cdots,\boldsymbol{u}_j(k+N-2|k-1),K_j\hat{\boldsymbol{x}}(k+N-1|k-1,j)] \tag{6-45}$$

則子系統 $\mathcal{S}_{\mathrm{i}}$ 的 MPC 中的預測模型可以表示爲

$$\hat{\boldsymbol{x}}(k+l\mid k,i)=\boldsymbol{A}^l\boldsymbol{x}(k)+\sum_{h=1}^{l}\boldsymbol{A}^{l-h}\overline{\boldsymbol{B}}_i\boldsymbol{u}_i(k+h-1\mid k)+\sum_{j\in\mathcal{P}_i}\sum_{h=1}^{l}\boldsymbol{A}^{l-h}\overline{\boldsymbol{B}}_j\boldsymbol{u}_j(k+h-1\mid k-1) \tag{6-46}$$

其中，對於任意 i 和 $j\in\mathcal{P}_i$，

$$\overline{\boldsymbol{B}}_{\mathrm{i}}=[\boldsymbol{0}^{n_{u_i}\times\sum_{j<i}n_{x_j}}\quad \boldsymbol{B}_i\quad \boldsymbol{0}^{n_{u_i}\times\sum_{j>i}n_{x_j}}]^{\mathrm{T}} \tag{6-47}$$

爲了擴大可行域，每個子系統 MPC 控制器採用終端狀態約束集進行約束，終端狀態約束集必須保證終端控制器在其範圍内是穩定的。

引理 6.2 如果假設 6.2 成立，對於任意正標量 c，集合 $\Omega(c)=\{x\in\mathbb{R}^{n_x}:\|x\|_{\boldsymbol{P}}\leqslant c\}$是閉環系統 $\boldsymbol{x}(k+1)=\boldsymbol{A}_{\mathrm{c}}\boldsymbol{x}(k)$的正不變吸引域，且存在足夠小的標量 ε，使得對於任意 $\boldsymbol{x}\in\Omega(\varepsilon)$，$\boldsymbol{K}\boldsymbol{x}$ 是可行輸入，即 $\boldsymbol{K}\boldsymbol{x}\in\mathcal{U}\subset\mathbb{R}^{n_u}$。

證明 由假設 6.2，對於任意 $\boldsymbol{x}(k)\in\Omega(c)/\{0\}$，閉環系統 $\boldsymbol{x}(k+1)=\boldsymbol{A}_{\mathrm{c}}\boldsymbol{x}(k)$是漸近穩定的。這説明所有起始於 $\Omega(c)$ 的狀態軌跡會始終保持在

$\Omega(c)$ 內。另外，由於 $\boldsymbol{P}$ 滿足 Lyapunov 方程，因此所有起始於 $\Omega(c)$ 的狀態軌跡漸近趨於原點。

由於 P 正定，因此存在一個 $\varepsilon>0$ 使得對於所有 $\boldsymbol{x}\in\Omega(\varepsilon)$，$\boldsymbol{Kx}\in\mathcal{U}$。並且當 ε 減小到 0 的時候，$\Omega(\varepsilon)$ 可縮小至原點。

在每個子系統 MPC 控制器的優化問題中，全系統 $\mathcal{S}$ 的終端狀態約束集可以定義爲

$$\Omega(\varepsilon)=\{\boldsymbol{x}\in\mathbb{R}^{n_x}\mid\|\boldsymbol{x}\|_{\boldsymbol{P}}\leqslant\varepsilon\}$$

如果在 k_0 時刻，所有子系統的狀態都滿足 $\boldsymbol{x}(k_0)\in\Omega(\varepsilon)$，並且 $\mathcal{C}_i$，$i\in\mathcal{P}$ 採用控制律 $\boldsymbol{K}_i\boldsymbol{x}_i(k)$，那麼，根據引理 6.1，對於任意 $k\geqslant k_0$，系統漸近穩定。

由上可知，MPC 控制的目標是能夠把所有子系統的狀態推到集合 $\Omega(\varepsilon)$ 中。一旦所有子系統的狀態都在集合 $\Omega(\varepsilon)$ 中，控制律切換到使系統穩定的反饋控制器。這種一旦狀態到達原點附近，MPC 控制律就切換到一個終端控制器的策略被稱爲雙模 MPC。鑒於此，本節所介紹的 MPC 策略是一種雙模的分散式預測控制算法。

下面對分散式預測控制方法中各子 MPC 的優化問題進行公式化描述。

問題 6.2 在系統 $\mathcal{S}_i$ 中，令 $\varepsilon>0$ 滿足引理 6.1，$k\geqslant1$。已知 $\boldsymbol{x}(k)$ 和 $\boldsymbol{u}(k+l\mid k-1)$，$l=1,2,\cdots,N-1$，確定優化控制序列 $\boldsymbol{u}_i(k+l\mid k)$：$\{0,1,\cdots,N-1\}\rightarrow U_i$ 以最小化性能指標

$$\overline{J}_i=\|\hat{\boldsymbol{x}}_j(N\mid k,i)\|_{\boldsymbol{P}}+\sum_{l=0}^{N-1}[\|\hat{\boldsymbol{x}}(k+l\mid k,i)\|_{\boldsymbol{Q}}+\|\boldsymbol{u}_i(k+l\mid k)\|_{\boldsymbol{R}_i}]$$

滿足約束方程

$$\sum_{h=0}^{l}\beta_{l-h}\|\boldsymbol{u}_i(k+h\mid k)-\boldsymbol{u}_i(k+h\mid k-1)\|_2\leqslant\frac{\gamma\kappa\alpha e}{m-1},l=1,2,\cdots,N-1 \tag{6-48}$$

$$\boldsymbol{u}_i(k+l-1\mid k)\in\mathcal{U}_i,l=0,1,\cdots,N-1 \tag{6-49}$$

$$\hat{\boldsymbol{x}}(k+N\mid k,i)\in\Omega(\alpha\varepsilon) \tag{6-50}$$

在上面的約束中

$$\beta_l=\max_{i\in P}\left\{\lambda_{\max}[(\boldsymbol{A}^l\overline{\boldsymbol{B}}_i)^{\mathrm{T}}\boldsymbol{P}\boldsymbol{A}^l\overline{\boldsymbol{B}}_i]^{\frac{1}{2}}\right\},l=0,1,\cdots,N-1 \tag{6-51}$$

$$\lambda_{\max}\left(\sqrt{\boldsymbol{A}_{\mathrm{c}}^{\mathrm{T}}\boldsymbol{A}_{\mathrm{c}}}\right)\leqslant1-\kappa,0<1-\kappa<1 \tag{6-52}$$

式中，$0<\kappa<1$、$0<\alpha<0.5$ 和 $\gamma>0$ 是設計參數，將在後文進行詳細說明。

方程 (6-48) 爲一致性約束，主要是爲了保持系統的相繼可行性。

它透過限制系統當前的優化操作變量序列與前一時刻的優化操作變量序列之間的誤差保持在一定的範圍內，來保證前一時刻的優化序列是當前時刻的可行解。需要注意的是，雖然引理 6.1 中給出了一個更大的不變集 $\Omega(\varepsilon)$，每個優化控制問題中採用的終端約束是 $\Omega(\alpha\varepsilon)$，$0\leqslant\alpha<0.5$，而不是 $\Omega(\varepsilon)$。這樣選取的目的是保證遞歸可行性，它將用於下一節的分析。

6.3.2.2 有約束的 C-DMPC 求解算法

假設 6.3 在初始時刻 k_0，對於每個子系統 $\mathcal{S}_i$ 的控制器，存在可行控制律$\boldsymbol{u}_i(k_0+l)\in\mathcal{U}_i$，$l\in\{1,\cdots,N\}$使得全局系統 $\boldsymbol{x}(l+1+k_0)=\boldsymbol{A}\boldsymbol{x}(l+k_0)+\boldsymbol{B}\boldsymbol{u}(l+k_0)$的解 $\hat{\boldsymbol{x}}(\cdot|k_0,i)$滿足條件 $\hat{\boldsymbol{x}}(N+k_0|k_0,i)\in\Omega(\alpha\varepsilon)$，且保證 $\overline{J}_i(k_0)$ 有界。

實際上，假設 6.3 繞開了分散式預測控制構建初始可行解的問題。事實上，不管優化問題是否與控制器設計有關，找到一個初始可行解是許多優化問題中的首要問題[6,7]。在本文中，可以透過在初始時刻求解相應的集中式 MPC 問題來獲得初始可行解。

在每個週期僅通訊一次的情況下，任一子系統 $\mathcal{S}_i$ 的雙模控制 C-DMPC 控制算法如下。

算法 6.1（約束協調 DMPC 算法）

步驟 1：在 k_0 時刻，初始化控制器。

① 初始化 $\boldsymbol{x}(k_0)$，$\boldsymbol{u}(k_0+l-1\mid k_0)$，使之滿足假設 6.2，其中，$l=1,2,\cdots,N$。

② 將$\boldsymbol{u}_i(k_0+l|k_0)$和$\boldsymbol{x}_j(k_0)$發送給所有其它子系統 $\mathcal{S}_j$，$j\in\mathcal{P}_i$；從其它子系統 $\mathcal{S}_j$ 接收$\boldsymbol{u}_j(k_0+l-1|k_0)$和$\boldsymbol{x}_j(k_0)$，$j\in\mathcal{P}_i$。

③ 在 k_0 時刻，如果 $\boldsymbol{x}(k_0)\in\Omega(\varepsilon)$，切換到終端控制律$\boldsymbol{u}_i(k_0)=\boldsymbol{K}_i\boldsymbol{x}(k_0)$，其中，$k\geqslant k_0$。否則，求解算法 6.1，得到$\boldsymbol{u}_i(k_0+l-1|k_0)$。

④ 將$\boldsymbol{u}_i\ (k_0\mid k_0)$ 應用到子系統 $\mathcal{S}_i$。

步驟 2：在 k 時刻，更新控制律。

① 測量$\boldsymbol{x}_i(k)$；將$\boldsymbol{x}_i(k)$ 和$\boldsymbol{u}_i(k+l\mid k)$ 發送到所有其它子系統 $\mathcal{S}_j$，$j\in\mathcal{P}_i$；從其它子系統 $\mathcal{S}_j$ 接收$\boldsymbol{x}_j(k)$ 和$\boldsymbol{u}_j(k+l-1|k-1)$,$j\in\mathcal{P}_i$。

② 如果 $\boldsymbol{x}(k)\in\Omega(\varepsilon)$，切換到終端控制律$\boldsymbol{u}_i(k)=\boldsymbol{K}_i\boldsymbol{x}(k)$。否則，求解算法 6.1，得到$\boldsymbol{u}_i(k+l-1|k)$。

③ 將$\boldsymbol{u}_i(k|k)$應用到子系統 $\mathcal{S}_i$。

步驟 3：在 $k+1$ 時刻，將 $k+1\rightarrow k$，重複步驟 2。

算法 6.1 的前提是假定控制器 $\mathcal{C}_i$，$\forall i\in\mathcal{P}$ 能夠獲得所有狀態變量

$\boldsymbol{x}(k)$。在下一節中，將證明 C-DMPC 策略能夠在有限的時間內將狀態 $\boldsymbol{x}(k+l)$ 轉移到 $\Omega(\varepsilon)$，並且永遠保持在集合 $\Omega(\varepsilon)$ 裏。

6.3.3 性能分析

在這一部分裏，首先進行可行性分析，之後對穩定性進行證明。

6.3.3.1 遞歸可行性

本節的主要結果是，如果假設 6.3 成立，在存在初始可行解的情況下，對任意一個子系統 $\mathcal{S}_i$，在任意 $k\geqslant 1$ 時刻，$u_i(\cdot|k)=u_i^{\mathrm{f}}(\cdot|k)$是問題 6.2 的一個可行解。注意，$u_i^{\mathrm{f}}(\cdot|k)$是前一時刻計算出的 MPC 控制序列除去第一項後的剩餘部分與終端反饋控制構成的向量，即

$$\boldsymbol{u}_i^{\mathrm{f}}(k+l-1|k)=\begin{cases}\boldsymbol{u}_i(k+l-1|k-1) & l=1,\cdots,N-1\\ \boldsymbol{K}_i\boldsymbol{x}^{\mathrm{f}}(k+N-1|k,i) & l=N\end{cases} \tag{6-53}$$

式中，$\boldsymbol{x}^{\mathrm{f}}(k+l|k,i),l=1,2,\cdots,N$，等價於在初始狀態 $\boldsymbol{x}(k)$ 和控制序列$\boldsymbol{u}_i^{\mathrm{f}}(k+l-1|k)$、$\boldsymbol{u}_j(k+l-1|k-1),j\in\mathcal{P}_i$ 作用下的方程(6-46)的解，可以表示成

$$\boldsymbol{x}^{\mathrm{f}}(k+l\mid k,i)=\boldsymbol{A}^l\boldsymbol{x}(k)+\sum_{h=1}^{l}\boldsymbol{A}^{l-h}\overline{\boldsymbol{B}}_i\boldsymbol{u}_i^{\mathrm{f}}(k+h-1\mid k)+\sum_{j\in\mathcal{P}_i}\sum_{h=1}^{l}\boldsymbol{A}^{l-h}\overline{\boldsymbol{B}}_j\boldsymbol{u}_j(k+h-1\mid k-1) \tag{6-54}$$

將方程（6-53）代入方程（6-54），得到

$$\boldsymbol{x}^{\mathrm{f}}(k+l|k,i)=\boldsymbol{x}^{\mathrm{f}}(k+l|k,j)=\boldsymbol{x}^{\mathrm{f}}(k+l|k),\forall i,j\in\mathcal{P};l=1,2,\cdots,N \tag{6-55}$$

和

$$\boldsymbol{x}^{\mathrm{f}}(k+N|k)=\boldsymbol{A}_{\mathrm{c}}\boldsymbol{x}^{\mathrm{f}}(k+N-1|k) \tag{6-56}$$

控制律$\boldsymbol{u}_i^{\mathrm{f}}(\cdot\mid k)$ 是子系統 $\mathcal{S}_i$ 在 $k\geqslant 1$ 時刻的優化問題的可行解，這意味着控制律$\boldsymbol{u}_i^{\mathrm{f}}(\cdot\mid k)$ 應滿足方程（6-48）和控制約束（6-49），相應的狀態$\boldsymbol{x}^{\mathrm{f}}(k+N\mid k)$ 滿足終端狀態約束（6-50）。

爲了説明這個可行性結果，定義狀態

$$\hat{\boldsymbol{x}}(k+N|k-1,i)=\boldsymbol{A}_{\mathrm{c}}\hat{\boldsymbol{x}}(k+N-1|k-1,i) \tag{6-57}$$

式中，狀態 $\hat{\boldsymbol{x}}(k+N\mid k-1,i)$ 與將在式(6-45) 中定義的控制律 $\boldsymbol{u}_{\mathrm{i}}(k+N-1\mid k-1)$ 代入系統方程（6-46）獲得的結果不相等。這是因爲 $\hat{\boldsymbol{x}}(k+N\mid k-1,i)$ 僅僅是爲了證明可行性的中間變量，對於優化問題和穩定性都没有影響。因此，可以假設它爲方程（6-57）的形式。

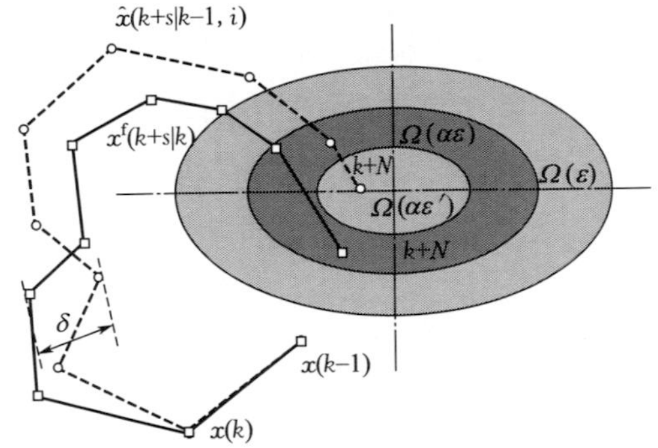

圖 6-4 可行狀態序列和假設狀態序列之間誤差示意圖

圖 6-4 説明了如何保證狀態$\boldsymbol{x}^{\mathrm{f}}(k+N \mid k)$滿足終端約束（6-50）。如果兩個相鄰更新時刻的輸入序列的偏差在一定範圍之内，那麼假設的狀態序列$\{\hat{\boldsymbol{x}}(k+1|k,i),\hat{\boldsymbol{x}}(k+2|k,i),\cdots\}$和狀態序列$\{\boldsymbol{x}^{\mathrm{f}}(k+1|k,i),\boldsymbol{x}^{\mathrm{f}}(k+2|k,i),\cdots\}$之間的偏差就是受限的。當選擇了一個較爲合適的界限後，狀態$\hat{\boldsymbol{x}}(k+N \mid k,i)$和$\boldsymbol{x}^{\mathrm{f}}(k+s \mid k)$能夠充分接近，這樣使得狀態$\boldsymbol{x}^{\mathrm{f}}(k+s \mid k)$是在所示的$\Omega(\alpha\varepsilon)$橢圓範圍之内。

在本節中，引理 6.3 給出了保證$\|\boldsymbol{x}^{\mathrm{f}}(k+l|k)-\hat{\boldsymbol{x}}(k+l|k,i)\|_P \leqslant \kappa\alpha\varepsilon$，$i\in\mathcal{P}$的充分條件。引理 6.4 説明了控制約束的可行性。引理 6.5 説明了終端約束的可行性。最後，利用引理 6.2～6.4，推出結論：對於$i\in\mathcal{P}$，控制律$\boldsymbol{u}_i^{\mathrm{f}}(\cdot \mid k)$是 k 時刻問題 6.2 的可行解。

定義集合$\Omega(\varepsilon)$是閉環系統動態方程$\boldsymbol{x}(k+1)=\boldsymbol{A}_{\mathrm{c}}x(k)$的 ε 級別的不變集，所以在條件（6-52）和給定$\hat{\boldsymbol{x}}(k+N-1 \mid k-1,\ i)\in\Omega(\alpha\varepsilon)$的前提下，取$\varepsilon'=(1-\kappa)\varepsilon$，易得$\boldsymbol{x}(k+N)\in\Omega(\alpha\varepsilon')$。

引理 6.3 如果假設 6.2 和假設 6.3 成立，對於$\boldsymbol{x}(k_0)\in\mathcal{X}$和$k\geqslant 0$，問題 6.2 在每一個更新時刻$0,\cdots,k-1$都有解，那麼

$$\|\boldsymbol{x}^{\mathrm{f}}(k+l|k)-\hat{\boldsymbol{x}}(k+l|k,i)\|_{\boldsymbol{P}}\leqslant\gamma\kappa\alpha\varepsilon,\ \forall i\in\mathcal{P},j\in\mathcal{P}_i;l\in\{1,\cdots,N\} \tag{6-58}$$

其中，$0<\gamma<1$爲設計參數。同時，如果式(6-58)成立，則$\boldsymbol{u}_i^{\mathrm{f}}(k+l-1 \mid k)$，$l=1,2,\cdots,N-1$滿足約束（6-48）。

證明 首先，證明在時刻$0,1,2,\cdots,k-1$存在解的情況下，式(6-58)成立。

將方程（6-53）代入方程（6-54）得到

$$\boldsymbol{x}(k)=\boldsymbol{A}\boldsymbol{x}(k-1)+\sum_{i\in\mathcal{P}}\overline{\boldsymbol{B}}_{\mathrm{i}}\boldsymbol{u}_i(k-1\mid k-1)$$

可行狀態可以表示成

$$\begin{aligned}&\boldsymbol{x}^{\mathrm{f}}(k+l\mid k)\\&=\boldsymbol{A}^{l+1}\boldsymbol{x}(k-1)+\boldsymbol{A}^{l}\overline{\boldsymbol{B}}_i u(k-1\mid k-1)+\\&\sum_{h=1}^{l}\boldsymbol{A}^{l-h}\overline{\boldsymbol{B}}_i\boldsymbol{u}_i^{\mathrm{f}}(k+h-1\mid k)+\\&\sum_{j\in\mathcal{P}_i}\sum_{h=0}^{l}\boldsymbol{A}^{l-h}\overline{\boldsymbol{B}}_j\boldsymbol{u}_j(k+h-1\mid k-1)\\&=\boldsymbol{A}^{l+1}\boldsymbol{x}(k-1)+\sum_{h=0}^{l}\boldsymbol{A}^{l-h}\overline{\boldsymbol{B}}_i\boldsymbol{u}_i(k+h-1\mid k-1)+\\&\sum_{j\in\mathcal{P}_i}\sum_{h=0}^{l}\boldsymbol{A}^{l-h}\overline{\boldsymbol{B}}_j\boldsymbol{u}_j(k+h-1\mid k-1)\end{aligned}\tag{6-59}$$

其中，$l=1,2,\cdots,N-1$。

在 $k-1$ 時刻，預測狀態爲

$$\begin{aligned}&\hat{\boldsymbol{x}}(k+l\mid k-1,i)\\&=\boldsymbol{A}^{l+1}\boldsymbol{x}(k-1)+\sum_{h=0}^{l}\boldsymbol{A}^{l-h}\overline{\boldsymbol{B}}_i\boldsymbol{u}_i(k+h-1\mid k-1)+\\&\sum_{j\in\mathcal{P}_i}\sum_{h=0}^{l}\boldsymbol{A}^{l-h}\overline{\boldsymbol{B}}_j\boldsymbol{u}_j(k+h-1\mid k-2)\end{aligned}\tag{6-60}$$

利用方程（6-59）減去方程（6-60），可得到可行狀態序列與 $k-1$ 時刻預測狀態序列的偏差爲

$$\begin{aligned}&\|\boldsymbol{x}^{f}(k+l\mid k)-\hat{\boldsymbol{x}}(k+l\mid k-1,i)\|_{\mathcal{P}}\\&=\|\sum_{h=0}^{l}\sum_{j\in\mathcal{P}_i}\boldsymbol{A}^{l-h}\overline{\boldsymbol{B}}_j(\boldsymbol{u}_j(k+h-1\mid k-1)-\boldsymbol{u}_j(k+h-1\mid k-2))\|_{\mathcal{P}}\end{aligned}\tag{6-61}$$

定義 $\mathcal{S}_r$ 是使以下方程最大化的子系統：

$$\sum_{h=0}^{l}\beta_{l-h}\|\boldsymbol{u}_i(k+h-1\mid k-1)-\boldsymbol{u}_i(k+h-1\mid k-2)\|_2,\ i\in\mathcal{P}$$

然後，從方程（6-61）可以得出：

$$\begin{aligned}&\|\boldsymbol{x}^{\mathrm{f}}(k+l\mid k)-\hat{\boldsymbol{x}}(k+l\mid k-1,i)\|_{\mathcal{P}}\\&\leqslant\sum_{h=0}^{l}\beta_{l-h}\|\boldsymbol{u}_r(k+h-1\mid k-1)-\boldsymbol{u}_r(k+h-1\mid k-2)\|_2\end{aligned}\tag{6-62}$$

當 $l=1,2,\cdots,N-1$ 時，由於在 $0,1,2,\cdots,k-1$ 時刻，$\mathcal{C}_i$，$\forall i\in\mathcal{P}$ 存在滿足約束（6-48）的解，因此有

$$\sum_{h=0}^{l}\beta_{l-h}\|\boldsymbol{u}_r(k+h-1\mid k-1)-\boldsymbol{u}_r(k+h-1\mid k-2)\|_2\leqslant\gamma\kappa\alpha\varepsilon/(m-1) \tag{6-63}$$

可以推出

$$\|\boldsymbol{x}^{\mathrm{f}}(k+l|k)-\hat{\boldsymbol{x}}(k+l|k-1,i)\|_{\boldsymbol{P}}\leqslant\gamma\kappa\alpha\varepsilon \tag{6-64}$$

這樣，方程（6-58）對於所有的 $l=1,2,\cdots,N-1$ 都成立。

當 $l=N$ 時，根據方程（6-56）和方程（6-57）：

$$\begin{aligned}&\|\boldsymbol{x}^{\mathrm{f}}(k+N|k)-\hat{\boldsymbol{x}}(k+N|k-1,i)\|_{\boldsymbol{P}}\\&\leqslant\lambda_{\max}(\boldsymbol{A}_{\mathrm{c}}^{\mathrm{T}}\boldsymbol{A}_{\mathrm{c}})\|\boldsymbol{x}^{\mathrm{f}}(k+N-1|k)-\hat{\boldsymbol{x}}(k+N-1|k-1,i)\|_{\boldsymbol{P}}\\&\leqslant(1-\kappa)\gamma\kappa\alpha\varepsilon\end{aligned} \tag{6-65}$$

綜上所述，方程（6-58）對於所有 $l=1,2,\cdots,N$ 都成立。

另外，從定義（6-53）可以看出，$\boldsymbol{u}_i^{\mathrm{f}}(k+l-1\mid k)-\boldsymbol{u}_i(k+l-1\mid k-1)=0$。所以，當 $l=1,2,\cdots,N-1$ 時，$\boldsymbol{u}_i^{\mathrm{f}}(k+l-1\mid k)$ 滿足約束（6-48），得證。

下面將證明，如果滿足條件（6-58），那麼$\boldsymbol{u}_i^{\mathrm{f}}(k+l-1\mid k)$，$l=1,2,\cdots,N$ 是問題 6.2 的可行解。

引理 6.4 如果假設 6.2 和假設 6.3 成立，且 $\boldsymbol{x}(k_0)\in\mathcal{X}$，對於任意 $k\geqslant0$，問題 6.2 在每一個更新時刻 t，$t=0,\cdots,k-1$ 有解，那麼對於所有 l，$l=1,2,\cdots,N,i\in\mathcal{P}$，$\boldsymbol{u}_i^{\mathrm{f}}(k+l-1\mid k)\in\mathcal{U}$。

證明 因爲問題 6.2 在 $k-1$ 時刻存在可行解$\boldsymbol{u}_i^{\mathrm{f}}(k+l-1|k)=\boldsymbol{u}_i(k+l-1|k-1)$，$l\in\{1,\cdots,N-1\}$，那麼只需要證明$\boldsymbol{u}_i^{\mathrm{f}}(k+N-1\mid k)$ 在集合 $\mathcal{U}$ 中。

由於 ε 的選取滿足引理 6.1 的條件，當 $\boldsymbol{x}\in\Omega(\varepsilon)$ 時，對於所有 $i\in\mathcal{P}$，都存在$\boldsymbol{K}_i\boldsymbol{x}\in\mathcal{U}$，所以$\boldsymbol{u}_i^{\mathrm{f}}(k+N-1\mid k)$ 是可行解的充分條件是$\boldsymbol{x}^{\mathrm{f}}(k+N-1\mid k)\in\Omega(\varepsilon)$。

再由引理 6.2 和 $\alpha\leqslant0.5$，並利用三角不等式關係可得

$$\begin{aligned}&\|\boldsymbol{x}^{\mathrm{f}}(k+N-1|k)\|_{\boldsymbol{P}}\\&\leqslant\|\boldsymbol{x}^{\mathrm{f}}(k+N-1|k)-\hat{\boldsymbol{x}}(k+N-1|k-1)\|_{\boldsymbol{P}}+\\&\|\hat{\boldsymbol{x}}(k+N-1|k-1)\|_{\boldsymbol{P}}\\&\leqslant\gamma\kappa\alpha\varepsilon+\alpha\varepsilon\\&\leqslant\varepsilon\end{aligned} \tag{6-66}$$

由上可以得出$\boldsymbol{x}^{\mathrm{f}}(k+N-1\mid k)\in\Omega(\varepsilon)$，$i\in\mathcal{P}$。引理 6.3 得證。

引理 6.5 如果假設 6.2 和假設 6.3 成立，且 $\boldsymbol{x}(k_0)\in\mathcal{X}$，對於任意 $k\geqslant 0$，問題 6.2 在每一個更新時刻 t，$t=0,\cdots,k-1$ 有解，那麼對於所有 $i\in\mathcal{P}$，終端狀態滿足終端約束。

證明 因爲問題 6.2 在更新時刻 $t=1,\cdots,k-1$ 存在解，引理 6.3 和引理 6.4 成立，根據引理 6.2 和條件（6-58），利用三角不等式，可以得到

$$\begin{aligned}&\|\boldsymbol{x}^{\mathrm{f}}(k+N|k)\|_{\boldsymbol{P}}\\&\leqslant\|\boldsymbol{x}^{\mathrm{f}}(k+N|k)-\hat{\boldsymbol{x}}(k+N|k-1,i)\|_{\boldsymbol{P}}+\\&\|\hat{\boldsymbol{x}}(k+N|k-1,i)\|_{\boldsymbol{P}}\\&\leqslant(1-\kappa)\gamma\kappa\alpha\varepsilon+(1-\kappa)\alpha\varepsilon\\&\leqslant\alpha\varepsilon\end{aligned}\tag{6-67}$$

這説明，對於所有的 $i\in\mathcal{P}$，$\mathcal{S}_i$ 滿足終端狀態約束。

定理 6.3 如果假設 6.2 和假設 6.3 成立，且在 k_0 時刻，滿足 $\boldsymbol{x}(k_0)\in\mathcal{X}$ 和條件(6-48)～條件(6-50)，那麼，對於任意 $i\in\mathcal{P}$，由公式（6-53）、公式(6-54）和公式(6-56）定義的控制律 $\boldsymbol{u}_i^{\mathrm{f}}(\cdot|k)$ 和狀態 $\boldsymbol{x}^{\mathrm{f}}(\cdot|k)$ 是問題 6.2 在任意 $k\geqslant 1$ 時刻的可行解。

證明 首先，在 $k=1$ 的情況下，狀態序列 $\hat{\boldsymbol{x}}(\cdot|1,i)=\boldsymbol{x}^{\mathrm{f}}(\cdot|1,i)$ 明顯滿足動態方程（6-54）和一致性約束（6-48）。然後，假設在 $t=1,\cdots,k-1$ 時刻存在可行解，引理 6.2～引理 6.4 的結果成立。在此情況下，一致性約束明顯得到滿足，控制約束和終端狀態約束的可行性也得到保證。這樣定理 6.3 得證。

6.3.3.2 漸近穩定性

本節進行閉環系統的穩定性分析。

定理 6.4 如果假設 6.2 和假設 6.3 成立，且在 k_0 時刻，滿足 $\boldsymbol{x}(k_0)\in\mathcal{X}$ 和條件(6-48)～條件(6-50)，同時以下參數條件也成立：

$$\rho-\alpha\{0.42+[(N-1)\rho'+1]\gamma\kappa\}>0\tag{6-68}$$

其中

$$\begin{aligned}\rho&=\lambda_{\min}(\boldsymbol{P}^{-\frac{1}{2}}\boldsymbol{Q}\boldsymbol{P}^{-\frac{1}{2}})^{\frac{1}{2}}\\\rho'&=\lambda_{\max}(\boldsymbol{P}^{-\frac{1}{2}}\boldsymbol{Q}\boldsymbol{P}^{-\frac{1}{2}})^{\frac{1}{2}}\end{aligned}\tag{6-69}$$

那麼，應用算法 6.1，閉環系統（6-42）可以漸近穩定到原點。

證明 由算法 6.1 和引理 6.2 可知，對於 $k\geqslant 0$，$\boldsymbol{x}(k)\in\Omega(\varepsilon)$，終端控制器能夠使系統穩定地趨於原點。所以，只要證明當 $\boldsymbol{x}(k_0)\in\mathcal{X}\backslash\Omega(\varepsilon)$ 時，

應用算法 6.1，閉環系統（6-42）能夠在有限時間內進入不變集即可。

定義全局系統 $\mathcal{S}$ 的非負函數 V_k：

$$V_k = \sum_{i=1}^{m} V_{k,i}$$

$$V_{k,i} = \|\hat{\boldsymbol{x}}(k+N \mid k,i)\|_{\boldsymbol{P}} + \sum_{l=0}^{N-1} [\|\hat{\boldsymbol{x}}(k+l \mid k,i)\|_{\boldsymbol{Q}} + \|\boldsymbol{u}_i(k+l \mid k)\|_{\boldsymbol{R}_i}] \tag{6-70}$$

下面將證明，對於 $k \geqslant 0$，如果滿足 $\boldsymbol{x}(k) \in \mathcal{X} \setminus \Omega(\varepsilon)$，那麼，存在常數 $\eta \in (0,\infty)$，使得 $V_k \leqslant V_{k-1} - \eta$。

因爲在最優解 $\boldsymbol{u}_i(\cdot \mid k)$ 作用下的閉環子系統 $\mathcal{S}_i$，$\forall i \in \mathcal{P}$ 的性能指標不會比在可行解 $\boldsymbol{u}_i^{\mathrm{f}}(\cdot \mid k)$ 作用下的閉環子系統 $\mathcal{S}_i$ 的性能指標大，因此有

$$\begin{aligned}
V_{k,i} - V_{k-1,i} \leqslant & -\|\hat{\boldsymbol{x}}(k-1 \mid k-1,i)\|_{\boldsymbol{Q}} - \|\boldsymbol{u}_i(k-1 \mid k-1)\|_{\boldsymbol{R}_i} + \\
& \sum_{l=0}^{N-2} [\|\boldsymbol{x}^{\mathrm{f}}(k+l \mid k)\|_{\boldsymbol{Q}} + \|\boldsymbol{u}_i^{\mathrm{f}}(k+l \mid k)\|_{\boldsymbol{R}_i}] + \\
& [\|\boldsymbol{x}^{\mathrm{f}}(k+N-1 \mid k)\|_{\boldsymbol{Q}} + \|\boldsymbol{u}_i^{\mathrm{f}}(k+N-1 \mid k)\|_{\boldsymbol{R}_i}] + \\
& \|\boldsymbol{x}^{\mathrm{f}}(k+N \mid k)\|_{\boldsymbol{P}} - \\
& \sum_{l=0}^{N-2} [\|\hat{\boldsymbol{x}}(k+l \mid k-1,i)\|_{\boldsymbol{Q}} + \|\hat{\boldsymbol{u}}_i(k+l \mid k-1)\|_{\boldsymbol{R}_i}] - \\
& [\|\hat{\boldsymbol{x}}(k+N-1 \mid k-1,i)\|_{\boldsymbol{P}}]
\end{aligned} \tag{6-71}$$

假設 $\boldsymbol{x}(k) \in \mathcal{X} \setminus \Omega(\varepsilon)$，即 $\|\hat{\boldsymbol{x}}(k-1 \mid k-1,i)\|_{\boldsymbol{Q}} \geqslant \rho\varepsilon$。
當 $\|\boldsymbol{u}_i(k-1 \mid k-1)\|_{\boldsymbol{R}} > 0$ 時，將公式(6-58) 代入上述公式後可得

$$\begin{aligned}
V_{k,i} - V_{k-1,i} \leqslant & -\rho e + \rho'(N-1)\gamma\kappa\alpha e + \\
& \|\boldsymbol{x}^{\mathrm{f}}(k+N-1 \mid k)\|_{\boldsymbol{Q}} + \|\boldsymbol{u}_i^{\mathrm{f}}(k+N-1 \mid k)\|_{\boldsymbol{R}} + \\
& \|\boldsymbol{x}^{\mathrm{f}}(k+N \mid k)\|_{\boldsymbol{P}} - \|\hat{\boldsymbol{x}}(k+N-1 \mid k-1,i)\|_{\boldsymbol{P}}
\end{aligned} \tag{6-72}$$

在上述方程中，考慮第三項到第五項：

$$\begin{aligned}
& \frac{1}{2}[\|\boldsymbol{x}^{\mathrm{f}}(k+N-1 \mid k)\|_{\boldsymbol{Q}} + \|\boldsymbol{u}_i^{\mathrm{f}}(k+N-1 \mid k)\|_{\boldsymbol{R}_i} + \|\boldsymbol{x}^{\mathrm{f}}(k+N \mid k)\|_{\boldsymbol{P}}^2]^2 \\
& \leqslant \left\|\boldsymbol{x}^{\mathrm{f}}(k+N-1 \mid k)\right\|_{\boldsymbol{Q}}^2 + \left\|\boldsymbol{u}_i^{\mathrm{f}}(k+N-1 \mid k)\right\|_{\boldsymbol{R}_i}^2 + \left\|\boldsymbol{x}^{\mathrm{f}}(k+N \mid k)\right\|_{\boldsymbol{P}}^2 \\
& \leqslant \left\|\boldsymbol{x}^{\mathrm{f}}(k+N-1 \mid k)\right\|_{\boldsymbol{Q}}^2 + \left\|\boldsymbol{u}^{\mathrm{f}}(k+N-1 \mid k)\right\|_{\boldsymbol{R}}^2 + \left\|\boldsymbol{x}^{\mathrm{f}}(k+N \mid k)\right\|_{\boldsymbol{P}}^2
\end{aligned} \tag{6-73}$$

其中，$\left\|\boldsymbol{x}^{\mathrm{f}}(k+N \mid k)\right\|_{\boldsymbol{P}}^2 = \left\|\boldsymbol{A}_{\mathrm{c}}\boldsymbol{x}^{\mathrm{f}}(k+N-1 \mid k)\right\|_{\boldsymbol{P}}^2$。考慮 $\hat{\boldsymbol{Q}} = \boldsymbol{Q} + \boldsymbol{K}^{\mathrm{T}}\boldsymbol{R}\boldsymbol{K}$、$\boldsymbol{A}_{\mathrm{c}}^{\mathrm{T}}\boldsymbol{P}\boldsymbol{A}_{\mathrm{c}} - \boldsymbol{P} = -\hat{\boldsymbol{Q}}$，可得

$$
\begin{aligned}
&\left\|\boldsymbol{x}^{\mathrm{f}}(k+N-1|k)\right\|_{\boldsymbol{Q}}^{2}+\left\|\boldsymbol{u}^{\mathrm{f}}(k+N-1|k)\right\|_{\boldsymbol{R}}^{2}+\left\|\boldsymbol{x}^{\mathrm{f}}(k+N|k)\right\|_{\boldsymbol{P}}^{2}\\
\leqslant&\left\|\boldsymbol{x}^{\mathrm{f}}(k+N-1|k)\right\|_{\hat{\boldsymbol{Q}}}^{2}+\left\|\boldsymbol{A}_{\mathrm{c}}\boldsymbol{x}^{\mathrm{f}}(k+N-1|k)\right\|_{\boldsymbol{P}}^{2}\\
=&\left\|\boldsymbol{x}^{\mathrm{f}}(k+N-1|k)\right\|_{\boldsymbol{P}}^{2}
\end{aligned}
\tag{6-74}
$$

由於

$$
\begin{aligned}
&\sqrt{2}\left\|\boldsymbol{x}^{\mathrm{f}}(k+N-1|k)\right\|_{\boldsymbol{P}}-\left\|\hat{\boldsymbol{x}}(k+N-1|k-1,i)\right\|_{\boldsymbol{P}}\\
\leqslant&0.42\left\|\boldsymbol{x}^{\mathrm{f}}(k+N-1|k)\right\|_{\boldsymbol{P}}+\left\|\boldsymbol{x}^{\mathrm{f}}(k+N-1|k)-\hat{\boldsymbol{x}}(k+N-1|k-1,i)\right\|_{\boldsymbol{P}}\\
\leqslant&0.42\alpha e+\gamma\kappa\alpha e
\end{aligned}
\tag{6-75}
$$

將方程(6-73)～方程(6-75) 代入方程(6-72)，得到

$$
\begin{aligned}
V_{k,i}-V_{k-1,i}&\leqslant-\rho e+(N-1)\rho'\gamma\kappa\alpha e+0.42\alpha e+\gamma\kappa\alpha e\\
&=-e(\rho-\alpha(0.42+((N-1)\rho'+1)\gamma\kappa))
\end{aligned}
\tag{6-76}
$$

結合方程 (6-68)，得到

$$V_{k,i}-V_{k-1,i}<0$$

這樣，對於任意 $k\geqslant0$，如果 $\boldsymbol{x}(k)\in\mathcal{X}\setminus\Omega(\varepsilon)$，那麼，存在常數 $\eta_i\in(0,\infty)$，使得 $V_{k,i}\leqslant V_{k-1,i}-\eta_i$ 成立。因爲 m 有界，所以可以得到不等式關係 $V_k\leqslant V_{k-1}-\eta$，其中，$\eta=\sum_{i=1}^{m}\eta_i$ 。透過這個不等式，得出結論：存在一個有限時間 k'，使得 $\boldsymbol{x}(k')\in\Omega(\varepsilon)$。如果它不成立，那麼，不等式説明了當 $k\rightarrow\infty$，$V_k\rightarrow-\infty$。但是由於 $V_k\geqslant0$，所以必然存在一個有限時間 k'使得 $\boldsymbol{x}(k')\in\Omega(\varepsilon)$。證畢。

綜上所述，C-DMPC 的可行性和穩定性的分析都已經給出。如果可以找到初始可行解，那麼算法的後續可行性也能夠在每一步更新的時候得到保證，相對應的閉環系統能夠在原點漸近穩定。

6.3.4 仿真實例

本節用電力網路中的負荷頻率控制（LFC）驗證所介紹的 C-DMPC 算法的有效性。LFC 控制的目的是保證在有耗功擾動的情況下，電網中發電機所發的功率與實際用户消耗的功率相近，從而使得電網頻率保持在 50Hz 或 60Hz。電力網路系統可以分解爲幾個分别含有發電單位和耗能單位的子網路。本部分以由 5 個子網路組成的電力系統爲對象進行仿真，並對控制算法進行驗證，如圖 6-5 所示。

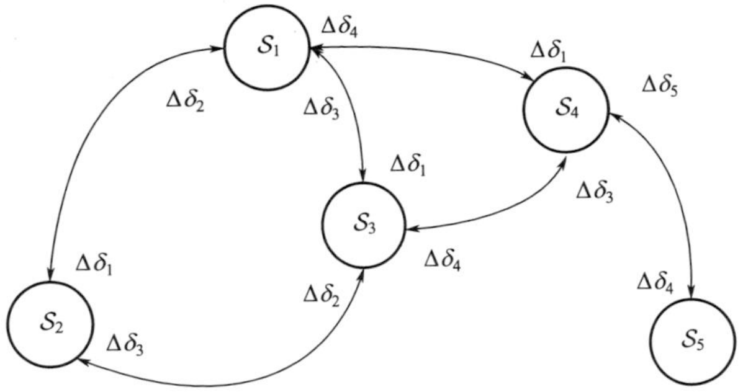

圖 6-5 子系統間相互作用關係

這裏採用含有基本發電單位、用電單位和輸電線的子網路來簡化表示電力網路模型。這個模型可以反映電力網路 LFC 問題的基本特徵。連續時間線性化後的子網路動態可用如下二階模型描述：

$$\frac{\mathrm{d}\Delta\delta_i(t)}{\mathrm{d}t}=2\pi\Delta f_i(t)$$

$$\frac{\mathrm{d}\Delta f_i(t)}{\mathrm{d}t}=-\frac{1}{\eta_{T,i}}\Delta f_i(t)+\frac{\eta_{K,i}}{\eta_{T,i}}\Delta P_{\mathrm{g},i}(t)-\frac{\eta_{K,i}}{\eta_{T,i}}\Delta P_{\mathrm{d},i}(t)+\frac{\eta_{K,i}}{\eta_{T,i}}\left\{\sum_{i\in P_{+i}}\frac{\eta_{\mathrm{S},ij}}{2\pi}\left[\Delta\delta_j(t)-\Delta\delta_i(t)\right]\right\}$$

其中，在時間 t，$\Delta\delta_i$ 爲相角速度的變化量，rad；Δf_i 爲頻率的變化量，Hz；$\Delta P_{\mathrm{g},i}$ 是發電功率的變化量，Unit；$\Delta P_{\mathrm{d},i}$ 是負荷干擾的變化量，Unit；$\eta_{\mathrm{S},ij}$ 爲第 i 個子網路與第 j 個子網路之間連線的同步係數。表 6-3 中給出了具體數值。

表 6-3 子網路的參數（其中，$i\in\{1,\cdots,m\},j\in P_{+i}$）

參數	$\eta_{K,i}$	$\eta_{\mathrm{S},ij}$	$\eta_{\mathrm{S},ji}$	$\eta_{T,i}$
數值	120	0.5	0.5	20

分別把集中式 MPC、LCO-DPMC 和 C-DMPC 應用到該系統中，並進行對比分析。選取 $\varepsilon=0.1$，所有控制器的控制時域爲 $N=10$，在初始時刻各子系統的輸入序列和狀態都是 0。在集中式 MPC、LCO-DMPC 策略下的子系統控制器中也採用雙模預測控制，並設置與 C-DMPC 控制中相同的參數和初始值。定義輸入的邊界爲 $\{-1,2\}$，輸入增量的邊界爲 $\{-0.2,0.2\}$。

在 MATLAB 平臺上編制仿真程式，其中，每個局部控制器的優化問題用 ILOG CPLEX 求解（也可以採用 MATLAB 的 Fmincon 函數求解）。把控制算法應用到自動化系統時，如果沒有合適的求解器，可以把 MATLAB 程式直接編譯爲可執行程式或動態鏈接庫。當干擾注入子系統 S_1、S_3 和 S_4 時，在以上三個控制算法作用下系統的狀態響應和輸入變量分別如圖 6-6 和圖 6-7 所示。在 C-DMPC 控制下系統的狀態響應曲線幾乎和在集中式 MPC 控制下系統的響應曲線一致。在 LCO-DMPC 控制下，所有子系統的狀態都可以收斂到設定值，但相比於 C-DMPC，其方差更大。採用集中式 MPC 和 C-DMPC 控制方法得到的誤差均方根分別爲 0.4789 和 0.5171。LCO-DMPC 的誤差均方根是 C-DMPC 的兩倍。

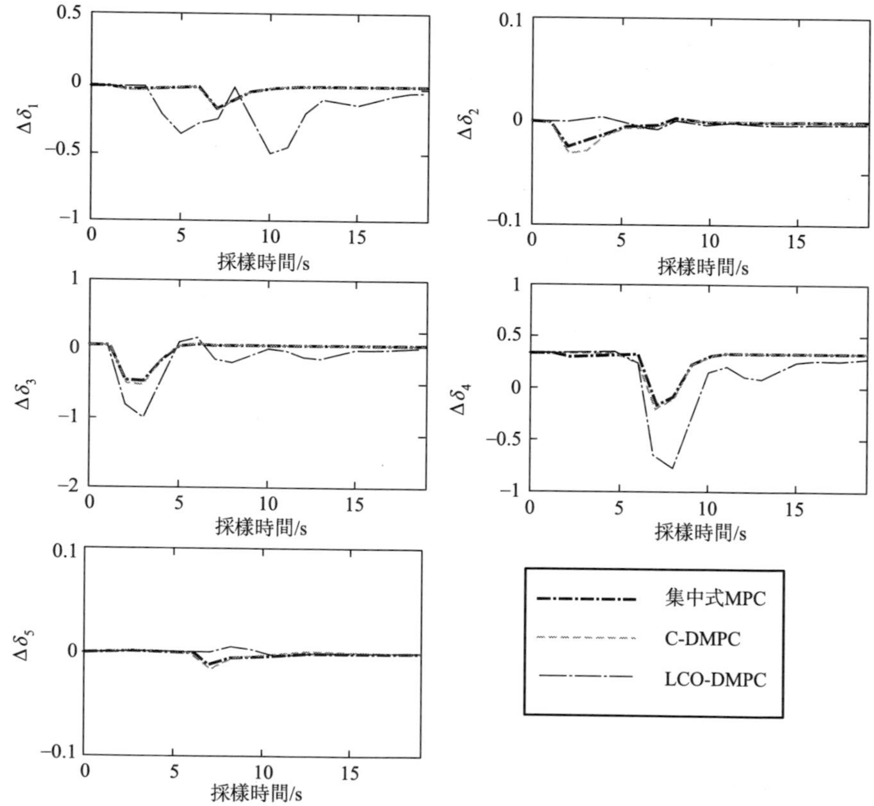

圖 6-6 分別採用集中式 MPC、 LCO-DMPC 和 C-DMPC 控制下，$\Delta\delta_i$， $i \in P$ 的響應曲線

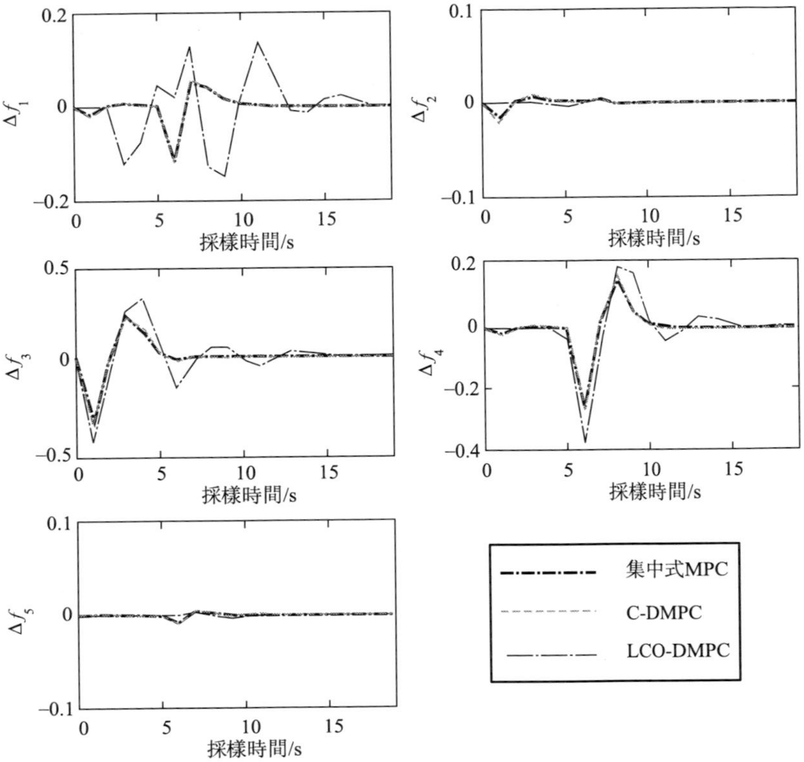

圖 6-7　分別採用集中式 MPC、 LCO-DMPC 和 C-DMPC 控制下，Δf_i，$i \in P$ 的響應曲線

由以上仿真結果可知，本節介紹的含有約束的 C-DMPC 在存在干擾的情況下，可以把狀態控制到設定值。在 C-DMPC 控制下，由於在每個控制週期內各子系統只通訊一次，相比於迭代算法，大大減少了通訊和計算負荷，同時，在該控制下可以得到與集中式 MPC 控制相近的優化性能。控制律曲線如圖 6-8 所示。

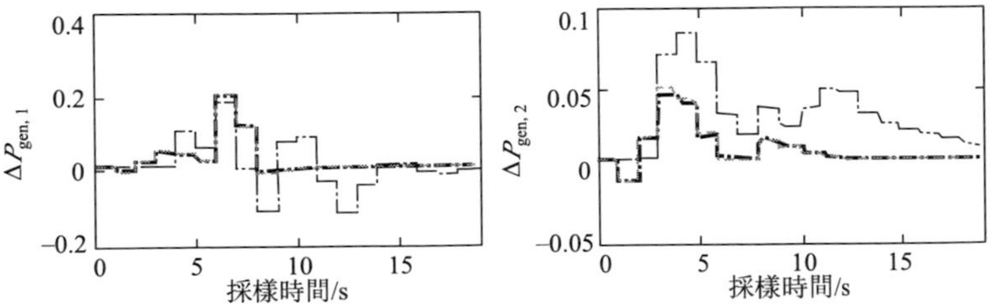

圖 6-8

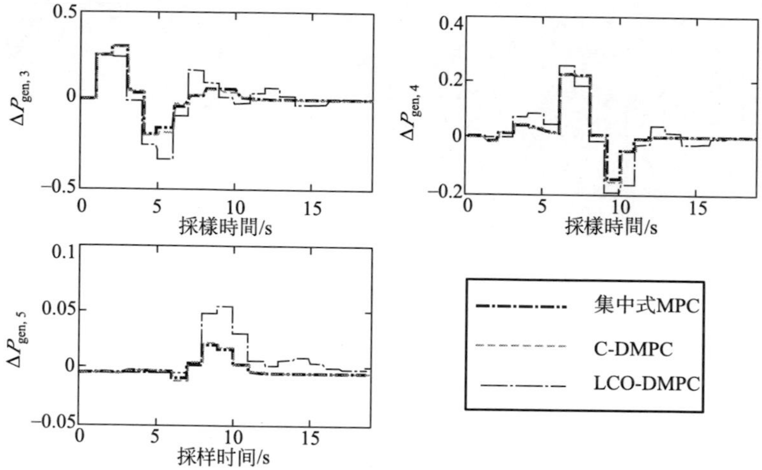

圖 6-8 分別採用集中式 MPC、 LCO-DMPC 和 C-DMPC 控制得到的控制律 $\Delta P_{g,i}$， $i \in P$

6.4 本章小結

在本章中，針對大型線性系統，在每個子系統均可獲得全部資訊的前提下，提出了基於全局性能指標優化的無約束分散式預測控制方法。本方法將大規模系統的在線優化問題轉化爲幾個小型系統的在線優化問題，大幅降低了計算的複雜性並保證了良好的性能，同時給出了協調分散式預測控制的全局解析解和穩定性條件等。另外，在本章中還提出了含輸入約束的分散式系統的保證穩定性協調 DMPC 算法。該算法在每個採樣週期中各子系統僅通訊一次的情況下，能有效提高全局系統的優化性能。如果能找到一個可行的初始解，那麼算法的後續可行性也能得到保證，閉環系統將漸近穩定。

參考文獻

[1] Venkat A N, et al.Distributed MPC Strategies with Application to Power System Au-

tomatic Generation Control. IEEE Transactions on Control Systems Technology, 2008. 16 (6): 1192-1206.

[2] 陳慶，李少遠，席裕庚．基於全局最優的生產全過程分散式預測控制. 上海交通大學學報，2005,39 (3): 349-352.

[3] 鄭毅，李少遠，魏永鬆．通訊資訊約束下具有全局穩定性的分散式系統預測控制（英文）. 控制理論與應用，2017，34 (5): 575-585.

[4] Stewart B T, Wright S J, Rawlings J B. Cooperative Distributed Model Predictive Control for Nonlinear Systems. Journal of Process Control, 2011, 21 (5): 698-704.

[5] Zheng Yi, Li Shaoyuan, Qiu Hai. Networked Coordination-Based Distributed Model Predictive Control for Large-Scale System. IEEE Transactions on Control Systems Technology, 2013, 21 (3): 991-998.

[6] Pontus G. on Feasibility, Stability and Performance in Distributed Model Predictive Control. IEEE Transactions on Automatic Control, 2012.

[7] Mayne D Q, et al. Constrained Model Predictive Control: Stability and Optimality. Automatica, 2000, 36 (6): 789-814.

第7章

通信約束下的分布式系統預測控制

7.1 概述

前面兩章介紹了兩種協調策略：基於局部目標函數和基於全局性能指標的分散式預測控制。在基於局部目標函數的方法中，各局部控制器只需與其相鄰子系統交換資訊，所以該方法對網路要求較低，但由於優化過程中只考慮自身的性能，因此全系統的整體性能相對於基於全局目標函數的控制方法要差一些。相比較而言，基於全局目標函數的控制方法能夠更好地提高系統的整體性能，且其與迭代方法一起使用時，能夠保證迭代過程中優化問題的可行性。但這種方法要求每個局部控制器要與所有局部控制器交換資訊，網路負載相對較大，並且控制器算法相對複雜，不便於工程應用。

由於子系統控制器相互獨立，依賴性弱，分散式模型預測控制具有較好的靈活性和容錯性。這意味着如果與每一個子系統 MPC 通訊的子系統數量增加，那麼整個閉環系統的靈活性和容錯能力將降低。此外，在一些領域中，由於管理或者系統規模原因，全局的資訊對控制器而言是不可獲得的（例如多智能體系統、分區發電等）。因此，需要設計可以在資訊有限和存在結構約束的情況下，能夠有效提高全局閉環系統性能的分散式預測控制方法。

爲了實現全局系統性能和網路通訊拓撲複雜程度之間的均衡，本章將提出一種新的協調策略。其中每個子系統的模型預測控制只考慮該子系統及其直接影響的子系統的性能。這一策略可稱爲「基於作用域優化」的分散式模型預測控制[1～4]。本章 7.2 節將根據這一想法提出在通訊限制下，無約束分散式預測控制的設計及穩定性分析，並將這一設計想法應用於冶金系統，同時解釋爲什麼這一協調策略可以提高全局系統性能。數值實驗表明，採用這一協調策略獲得的控制效果和採用集中式方法所獲得的控制效果相接近。另外本章 7.3 節還將在此基礎上提出在輸入約束下保證穩定性的基於作用域優化的分散式預測控制的設計和綜合問題[5]，該方法採用輸入對輸出的敏感度函數代替子系統的預測狀態，在未增加任何網路連通度的前提下（只與鄰域通訊）提高系統的協排程。

7.2 基於作用域優化的分散式預測控制

7.2.1 狀態、輸入耦合分散式系統

考慮一般性的系統，假設 $\mathcal{S}$ 系統由 m 個離散時間線性子系統 $\mathcal{S}_i\ (i=1,\cdots,m)$ 組成，每個子系統透過輸入和狀態與其它子系統相關聯，則子系統 $\mathcal{S}_i$ 的狀態方程描述可表述爲

$$\begin{cases} \boldsymbol{x}_i(k+1)=\boldsymbol{A}_{ii}\boldsymbol{x}_i(k)+\boldsymbol{B}_{ii}\boldsymbol{u}_i(k)+\sum\limits_{\substack{j=1,\cdots,m;\\ j\neq i}}\boldsymbol{A}_{ij}\boldsymbol{x}_j(k)+\sum\limits_{\substack{j=1,\cdots,m;\\ j\neq i}}\boldsymbol{B}_{ij}\boldsymbol{u}_j(k) \\ \boldsymbol{y}_i(k)=\boldsymbol{C}_{ii}\boldsymbol{x}_i(k)+\sum\limits_{\substack{j=1,\cdots,m,\\ j\neq i}}\boldsymbol{C}_{ij}\boldsymbol{x}_j(k) \end{cases} \tag{7-1}$$

在上述方程式中，$\boldsymbol{x}_i\in\mathbb{R}^{n_{x_i}}$、$\boldsymbol{u}_i\in\mathbb{R}^{n_{\boldsymbol{u}_i}}$ 和 $\boldsymbol{y}_i\in\mathbb{R}^{n_{y_i}}$ 分別爲子系統的狀態、輸入和輸出向量。整體系統 $\mathcal{S}$ 模型可表示爲

$$\begin{cases} \boldsymbol{x}(k+1)=\boldsymbol{A}\boldsymbol{x}(k)+\boldsymbol{B}\boldsymbol{u}(k) \\ \boldsymbol{y}(k)=\boldsymbol{C}\boldsymbol{x}(k) \end{cases} \tag{7-2}$$

在上述模型中：$\boldsymbol{x}\in\mathbb{R}^{n_x}$、$\boldsymbol{u}\in\mathbb{R}^{n_u}$ 和 $\boldsymbol{y}\in\mathbb{R}^{n_y}$ 分別爲 $\mathcal{S}$ 的狀態、輸入和輸出向量。$\boldsymbol{A}$、$\boldsymbol{B}$ 和 $\boldsymbol{C}$ 爲系統矩陣。

系統的控制目標是最小化以下全局性能指標：

$$J(k)=\sum_{i=1}^{m}\left[\sum_{l=1}^{P}\left\|\boldsymbol{y}_i(k+l)-\boldsymbol{y}_i^{\mathrm{d}}(k+l)\right\|_{\boldsymbol{Q}_i}^2+\sum_{l=1}^{M}\left\|\Delta\boldsymbol{u}_i(k+l-1)\right\|_{\boldsymbol{R}_i}^2\right] \tag{7-3}$$

其中，$\boldsymbol{y}_i^{\mathrm{d}}$ 和 $\Delta\boldsymbol{u}_i(k)$ 爲 $\mathcal{S}_j$ 的輸出設定值和輸入增量，且 $\Delta\boldsymbol{u}_i(k)=\boldsymbol{u}_i(k)-\boldsymbol{u}_i(k-1)$。$\boldsymbol{Q}_i$ 和 $\boldsymbol{R}_i$ 爲權重矩陣，P，$M\in\mathbb{N}$，$P\geqslant M$，分別爲預測時域和控制時域。

本章所研究的問題是在分散式框架下，設計能夠在不增加或增加較少通訊網路的前提下（即不破壞系統的靈活性和容錯性），大大提高閉環系統整體性能的協調策略。

7.2.2 局部預測控制器設計

本章所提出的分散式預測控制由一系列分別對應於不同子系統 $\mathcal{S}_i$，$i=1,2,\cdots,n$ 的相互獨立的 MPC 控制器 $\mathcal{C}_i$，$i=1,2,\cdots,n$ 組成。這些子系統 MPC 能夠透過網路和與其相鄰的控制器交換資訊。爲了清晰地闡述本章所提出的控制方法，假設各子系統的狀態 $x_i(k)$ 可測，並作如下假設和定義（假設 7.1、定義 7.1 和表 7-1）。

假設 7.1

① 各局部控制器同步；

② 在一個採樣週期内控制器相互間僅通訊一次；

③ 通訊過程存在一步信號延時。

事實上，這組假設並不苛刻。因爲在過程控制中採樣間隔通常比計算時間長很多，因此，控制器同步這個條件並不強；假設②所提出的在一個採樣週期内控制器僅通訊一次，是爲了減少網路通訊量，同時增加算法的可靠性。在實際過程中，瞬時通訊是不存在的，因此，假設③中的一步延時是必需的。

定義 7.1

臨近子系統： 子系統 $\mathcal{S}_i$ 與子系統 $\mathcal{S}_j$ 相互作用，且子系統 $\mathcal{S}_i$ 的輸出和狀態受子系統 $\mathcal{S}_j$ 的影響，在這種情況下 $\mathcal{S}_j$ 被稱爲子系統 $\mathcal{S}_i$ 的輸入臨近子系統，且子系統 $\mathcal{S}_i$ 被稱爲子系統 $\mathcal{S}_j$ 輸出臨近子系統。$\mathcal{S}_i$ 和 $\mathcal{S}_j$ 稱爲臨近子系統或鄰居。

子系統的鄰域： 子系統 $\mathcal{S}_i$ 的輸入（輸出）鄰域 $\mathcal{N}_i^{\text{in}}$（$\mathcal{N}_i^{\text{out}}$）是指子系統 $\mathcal{S}_i$ 的所有輸入（輸出）鄰居的集合：

$$\mathcal{N}_i^{\text{in}}=\{\mathcal{S}_i,\mathcal{S}_j \mid \mathcal{S}_j \text{ 是 } \mathcal{S}_i \text{ 的輸入鄰居}\}$$

$$\mathcal{N}_i^{\text{out}}=\{\mathcal{S}_i,\mathcal{S}_j \mid \mathcal{S}_j \text{ 是 } \mathcal{S}_i \text{ 的輸出鄰居}\}$$

子系統 $\mathcal{S}_i$ 的鄰域 $\mathcal{N}_i$ 是指：子系統 $\mathcal{S}_i$ 的所有鄰居的集合：

$$\mathcal{N}_i=\mathcal{N}_i^{\text{in}}\cup\mathcal{N}_i^{\text{out}}$$

表 7-1 文中所用的符號

符號	解釋
$\hat{\boldsymbol{x}}_i(l \mid h),\hat{\boldsymbol{y}}_i(l \mid h)$	在 h 時刻計算的 $\boldsymbol{x}_i(l)$ 和 $\boldsymbol{y}_i(l)$ 的預測值，且 $l,h\in\mathbb{N},h<l$
$\boldsymbol{u}_i(l \mid h),\Delta\boldsymbol{u}_i(l \mid h)$	控制器 $\mathcal{C}_i$ 在 h 時刻計算的 $\boldsymbol{u}_i(l)$ 和輸入增量 $\Delta\boldsymbol{u}_i(l)$ 的預測值，$l,h\in\mathbb{N}$ 且 $h<l$
$\boldsymbol{y}_i^{\text{d}}(l \mid h)$	$\boldsymbol{y}_i(l \mid h)$ 的設定值
$\widehat{\boldsymbol{x}}_i(k),\widehat{\boldsymbol{y}}_i(k)$	$\mathcal{S}_i$ 鄰域的狀態和輸出，$\widehat{\boldsymbol{x}}_i(k)=[\boldsymbol{x}_i^{\text{T}}(k)\boldsymbol{x}_{i_1}^{\text{T}}(k)\cdots\boldsymbol{x}_{i_m}^{\text{T}}(k)]^{\text{T}}$，$\widehat{\boldsymbol{y}}_i(k)=[\boldsymbol{y}_i^{\text{T}}(k)\boldsymbol{y}_{i_1}^{\text{T}}(k)\cdots\boldsymbol{y}_{i_m}^{\text{T}}(k)]^{\text{T}}$，$m$ 是子系統 $\mathcal{S}_i$ 輸出鄰居的個數

續表

符號	解釋
$\widehat{\boldsymbol{w}}_i(k),\widehat{\boldsymbol{v}}_i(k)$	$\mathcal{S}_i$ 輸出鄰域的狀態和輸出的相互作用,見式(7-9)和式(7-10)
$\hat{\boldsymbol{x}}_i(l\|h),\hat{\boldsymbol{y}}_i(l\|h)$	在 h 時刻計算的$\boldsymbol{x}_i(l)$和$\boldsymbol{y}_i(l)$的預測值,$l,h\in\mathbb{N}$ 且 $h<l$
$\hat{\widehat{\boldsymbol{w}}}_i(l\|h),\hat{\widehat{\boldsymbol{v}}}_i(l\|h)$	在 h 時刻計算的$\widehat{\boldsymbol{w}}_i(l)$和$\widehat{\boldsymbol{v}}_i(l)$的預測值,$l,h\in\mathbb{N}$ 且 $h<l$
$\widehat{\boldsymbol{y}}_i^{\mathrm{d}}(l\|h)$	$\widehat{\boldsymbol{y}}_i(l\|h)$的設定值
$\boldsymbol{U}_i(l,p\|h)$	子系統輸入序列向量,$\boldsymbol{U}_i(l,p\|h)=[\boldsymbol{u}_i^{\mathrm{T}}(l\|h)\boldsymbol{u}_i^{\mathrm{T}}(l+1\|h)\cdots\boldsymbol{u}_i^{\mathrm{T}}(l+p\|h)]^{\mathrm{T}},p,l,h\in\mathbb{N}$ 且 $h<l$
$\Delta\boldsymbol{U}_i(l,p\|h)$	子系統輸入增量序列向量,$\Delta\boldsymbol{U}_i(l,p\|h)=[\Delta\boldsymbol{u}_i^{\mathrm{T}}(l\|h)\Delta\boldsymbol{u}_i^{\mathrm{T}}(l+1\|h)\cdots\Delta\boldsymbol{u}_i^{\mathrm{T}}(l+p\|h)]^{\mathrm{T}}$ 且 $h<l$
$\boldsymbol{U}(l,p\|h)$	全系統輸入序列向量,$\boldsymbol{U}(l,p\|h)=[\boldsymbol{u}_1^{\mathrm{T}}(l\|h)\cdots\boldsymbol{u}_n^{\mathrm{T}}(l\|h)\cdots\boldsymbol{u}_1^{\mathrm{T}}(l+p\|h)\cdots\boldsymbol{u}_n^{\mathrm{T}}(l+p\|h)]^{\mathrm{T}}$
$\hat{\boldsymbol{X}}_i(l,p\|h)$	子系統狀態估計序列,$\hat{\boldsymbol{X}}_i(l,p\|h)=[\hat{\boldsymbol{x}}_i^{\mathrm{T}}(l\|h)\hat{\boldsymbol{x}}_i^{\mathrm{T}}(l+1\|h)\cdots\hat{\boldsymbol{x}}_i^{\mathrm{T}}(l+p\|h)]^{\mathrm{T}}$
$\hat{\boldsymbol{X}}(l,p\|h)$	全系統狀態估計序列,$\hat{\boldsymbol{X}}(l,p\|h)=[\hat{\boldsymbol{x}}_1^{\mathrm{T}}(l\|h)\cdots\hat{\boldsymbol{x}}_n^{\mathrm{T}}(l\|h)\cdots\hat{\boldsymbol{x}}_1^{\mathrm{T}}(l+p\|h)\cdots\hat{\boldsymbol{x}}_n^{\mathrm{T}}(l+p\|h)]^{\mathrm{T}}$
$\hat{\widehat{\boldsymbol{X}}}_i(l,p\|h)$	鄰域子系統狀態估計序列,$\hat{\widehat{\boldsymbol{X}}}_i(l,p\|h)=[\hat{\widehat{\boldsymbol{x}}}_i^{\mathrm{T}}(l\|h)\hat{\widehat{\boldsymbol{x}}}_i^{\mathrm{T}}(l+1\|h)\cdots\hat{\widehat{\boldsymbol{x}}}_i^{\mathrm{T}}(l+p\|h)]^{\mathrm{T}},p,l,h\in\mathbb{N}$ 且 $h<l$
$\hat{\widehat{\boldsymbol{Y}}}_i(l,p\|h)$	鄰域子系統輸出估計序列,$\hat{\widehat{\boldsymbol{Y}}}_i(l,p\|h)=[\hat{\widehat{\boldsymbol{y}}}_i^{\mathrm{T}}(l\|h)\hat{\widehat{\boldsymbol{y}}}_i^{\mathrm{T}}(l+1\|h)\cdots\hat{\widehat{\boldsymbol{y}}}_i^{\mathrm{T}}(l+p\|h)]^{\mathrm{T}},p,l,h\in\mathbb{N}$ 且 $h<l$
$\widehat{\boldsymbol{Y}}_i^{\mathrm{d}}(l,p\|h)$	$\hat{\widehat{\boldsymbol{Y}}}_i(l,p\|h)$的設定值
$\hat{\widehat{\boldsymbol{W}}}_i(l,p\|h)$	鄰域子系統的狀態作用向量序列,$[\hat{\widehat{\boldsymbol{w}}}_i^{\mathrm{T}}(l\|h)\hat{\widehat{\boldsymbol{w}}}_i^{\mathrm{T}}(l+1\|h)\cdots\hat{\widehat{\boldsymbol{w}}}_i^{\mathrm{T}}(l+p\|h)]^{\mathrm{T}}$,$p,l,h\in\mathbb{N}$ 且 $h<l$
$\hat{\widehat{\boldsymbol{V}}}_i(l,P\|h)$	鄰域子系統的輸出作用向量序列,$[\hat{\widehat{\boldsymbol{v}}}_i^{\mathrm{T}}(l\|h)\hat{\widehat{\boldsymbol{v}}}_i^{\mathrm{T}}(l+1\|h)\cdots\hat{\widehat{\boldsymbol{v}}}_i^{\mathrm{T}}(l+p\|h)]^{\mathrm{T}}$,$p,l,h\in\mathbb{N}$ 且 $h<l$
$\hat{\mathbb{X}}(l,p\|h)$	全系統狀態估計序列,$\hat{\mathbb{X}}(l,p\|h)=[\hat{\boldsymbol{X}}_1^{\mathrm{T}}(l,p\|h)\cdots\hat{\boldsymbol{X}}_m^{\mathrm{T}}(l,p\|h)]^{\mathrm{T}}$
$\mathbb{U}(l,p\|h)$	全系統輸入序列向量,$\mathbb{U}(l,p\|h)=[\boldsymbol{U}_1^{\mathrm{T}}(l,p\|h)\cdots\boldsymbol{U}_m^{\mathrm{T}}(l,p\|h)]^{\mathrm{T}}$

7.2.2.1 局部控制器優化問題的數學描述

(1) 性能指標

對文中所考慮的大系統，其全局性能指標（7-3）可以分解爲如下各子系統 $\mathcal{S}_i,i=1,2,\cdots,n$ 的局部性能指標 J_i。

$$J_i(k)=\sum_{l=1}^{P}\left\|\hat{\boldsymbol{y}}_i(k+l\mid k)-\boldsymbol{y}_i^{\mathrm{d}}(k+l\mid k)\right\|_{\boldsymbol{Q}_i}^2+\sum_{l=1}^{M}\left\|\Delta\boldsymbol{u}_i(k+l-1\mid k)\right\|_{\boldsymbol{R}_i}^2 \tag{7-4}$$

在分散式 MPC 中，子系統 $\mathcal{S}_i$ 的局部決策變量可以根據 $k-1$ 時刻鄰域狀態和鄰域輸入的估計值，並考慮局部輸入輸出約束，求解優化問題 $\min\limits_{\Delta U(k,M\mid k)} J_i(k)$ 得到（狀態預估法），或透過 Nash 優化[6] 得到。然而，

由於子系統 $\mathcal{S}_i$ 的輸出鄰域的狀態演化受到子系統 $\mathcal{S}_i$ 的優化決策變量的影響，見式(7-1)，子系統 $\mathcal{S}_i$ 的輸出鄰域子系統性能會被子系統 $\mathcal{S}_i$ 的輸入破壞。為了解決這個問題，本文採用了叫作「鄰域優化（Neighborhood Optimization）」的方法，其性能指標如下：

$$\overline{J}_i(k) = \sum_{j \in \mathcal{N}_i^{\text{out}}} J_i(k) = \sum_{j \in \mathcal{N}_i^{\text{out}}} \left[\sum_{l=1}^{P} \left\| \hat{\boldsymbol{y}}_j(k+l|k) - \boldsymbol{y}_j^{\text{d}}(k+l|k) \right\|_{\boldsymbol{Q}_j}^2 + \sum_{l=1}^{M} \left\| \Delta \boldsymbol{u}_j(k+l-1|k) \right\|_{\boldsymbol{R}_j}^2 \right] \tag{7-5}$$

由於 $\Delta \boldsymbol{u}_j(k+l-1|k)$（$j \in \mathcal{N}_i^{\text{out}}$，$j \neq i$，$l=1$，…，$M$）未知且與子系統 $\mathcal{S}_i$ 的控制決策增量無關，因此，採用 $k-1$ 時刻的控制決策增量 $\Delta \boldsymbol{u}_j(k+l-1|k-1)$ 來近似 k 時刻的控制決策增量 $\Delta \boldsymbol{u}_j(k+l-1|k)$，這樣方程（7-5）變爲

$$\begin{aligned}\overline{J}_i(k) = & \sum_{j \in \mathcal{N}_i^{\text{out}}} \sum_{l=1}^{P} \left\| \hat{\boldsymbol{y}}_j(k+l|k) - \boldsymbol{y}_j^{\text{d}}(k+l|k) \right\|_{\boldsymbol{Q}_j}^2 + \\ & \sum_{l=1}^{M} \left\| \Delta \boldsymbol{u}_i(k+l-1|k) \right\|_{\boldsymbol{R}_i}^2 + \sum_{j \in \mathcal{N}_i^{\text{out}}, j \neq i} \sum_{l=1}^{M} \left\| \Delta \boldsymbol{u}_j(k+l-1|k-1) \right\|_{\boldsymbol{R}_j}^2 \\ = & \sum_{j \in \mathcal{N}_i^{\text{out}}} \sum_{l=1}^{P} \left\| \hat{\boldsymbol{y}}_j(k+l|k) - \boldsymbol{y}_j^{\text{d}}(k+l|k) \right\|_{\boldsymbol{Q}_j}^2 + \\ & \sum_{l=1}^{M} \left\| \Delta \boldsymbol{u}_i(k+l-1|k) \right\|_{\boldsymbol{R}_i}^2 + \text{Constant}\end{aligned}$$

簡化上式，重新定義 $\overline{J}_i(k)$ 爲

$$\overline{J}_i(k) = \sum_{l=1}^{P} \left\| \hat{\bar{\boldsymbol{y}}}_i(k+l|k) - \bar{\boldsymbol{y}}_i^{\text{d}}(k+l|k) \right\|_{\hat{\boldsymbol{Q}}_i}^2 + \sum_{l=1}^{M} \left\| \Delta \boldsymbol{u}_i(k+l-1|k) \right\|_{\boldsymbol{R}_i}^2 \tag{7-6}$$

其中，$\hat{\boldsymbol{Q}}_i = \text{diag}(\boldsymbol{Q}_i, \boldsymbol{Q}_{i_1}, \cdots, \boldsymbol{Q}_{i_b})$。

優化指標 $\overline{J}_i(k)$ 不僅考慮了子系統 $\mathcal{S}_i$ 的性能，而且兼顧了子系統 $\mathcal{S}_i$ 的輸出鄰域的性能，完全考慮了子系統 $\mathcal{S}_i$ 控制變量對 $\mathcal{S}_j \in \mathcal{N}_i^{\text{out}}$ 的影響。因此，該方法有望提高系統的全局性能。值得注意的是，如果在每個子系統中都採用性能指標（7-3），系統的全局性能有可能會進一步提高，但是它需要一個高品質的網路環境，這種算法的通訊複雜度和算法複雜度都要比鄰域優化高。另一方面，由於鄰域優化的性能已經與全局優化十分接近（將在本章後續內容中進行說明），因此，本章採用鄰域優化的方法。

(2) 預測模型

由於子系統 $\mathcal{S}_j \in \mathcal{N}_i^{\text{out}}$ 的狀態演化過程受子系統 $\mathcal{S}_i$ 的操縱變量 $\boldsymbol{u}_i(k)$ 的影響，爲了提高預測精度，在預測子系統 $\mathcal{S}_i$ 及其輸出相鄰子系統的狀態演化時，應把子系統 $\mathcal{S}_i$ 及其輸出相鄰子系統一起看成一個相對較大的鄰域子系統。假設子系統 $\mathcal{S}_i$ 的輸出鄰居的個數爲 m，那麼由（7-1）可以較易推出其輸出鄰域子系統的狀態演化方程爲

$$\begin{cases}\hat{\boldsymbol{x}}_i(k+1)=\hat{\boldsymbol{A}}_i\hat{\boldsymbol{x}}_i(k)+\hat{\boldsymbol{B}}_i\boldsymbol{u}_i(k)+\hat{\boldsymbol{w}}_i(k)\\ \hat{\boldsymbol{y}}_i(k)=\hat{\boldsymbol{C}}_i\hat{\boldsymbol{x}}_i(k)+\hat{\boldsymbol{v}}_i(k)\end{cases} \tag{7-7}$$

其中

$$\hat{\boldsymbol{A}}_i=[\hat{\boldsymbol{A}}_i^{(1)}\quad \hat{\boldsymbol{A}}_i^{(2)}]=\begin{bmatrix}\boldsymbol{A}_{ii} & \boldsymbol{A}_{ii_1} & \cdots & \boldsymbol{A}_{ii_m}\\ \boldsymbol{A}_{i_1i} & \boldsymbol{A}_{i_1i_1} & \cdots & \boldsymbol{A}_{i_mi_m}\\ \vdots & \vdots & \ddots & \vdots\\ \boldsymbol{A}_{i_mi} & \boldsymbol{A}_{i_mi_1} & \cdots & \boldsymbol{A}_{i_mi_m}\end{bmatrix},\hat{\boldsymbol{B}}_i=\begin{bmatrix}\boldsymbol{B}_{ii}\\ \boldsymbol{B}_{i_1i}\\ \vdots\\ \boldsymbol{B}_{i_mi}\end{bmatrix},$$

$$\hat{\boldsymbol{C}}_i=\begin{bmatrix}\boldsymbol{C}_{ii} & \boldsymbol{C}_{ii_1} & \cdots & \boldsymbol{C}_{ii_m}\\ \boldsymbol{C}_{i_1i} & \boldsymbol{C}_{i_1i_1} & \cdots & \boldsymbol{C}_{i_1i_m}\\ \vdots & \vdots & \ddots & \vdots\\ \boldsymbol{C}_{i_mi} & \boldsymbol{C}_{i_mi_1} & \cdots & \boldsymbol{C}_{i_mi_m}\end{bmatrix} \tag{7-8}$$

$$\hat{\boldsymbol{w}}_i(k)=\begin{bmatrix}\sum\limits_{j\in\mathcal{N}_i^{\text{in}},j\neq i}\boldsymbol{B}_{ij}u_j(k)+\boldsymbol{0}\\ \sum\limits_{j\in\mathcal{N}_{i_1}^{\text{in}},j\neq i}\boldsymbol{B}_{i_1j}u_j(k)+\sum\limits_{j\in\mathcal{N}_{i_1}^{\text{in}},j\notin\mathcal{N}_i^{\text{out}}}\boldsymbol{A}_{i_1j}\boldsymbol{x}_j(k)\\ \vdots\\ \sum\limits_{j\in\mathcal{N}_{i_m}^{\text{in}},j\neq i}\boldsymbol{B}_{i_mj}u_j(k)+\sum\limits_{j\in\mathcal{N}_{i_m}^{\text{in}},j\notin\mathcal{N}_i^{\text{out}}}\boldsymbol{A}_{i_mj}\boldsymbol{x}_j(k)\end{bmatrix} \tag{7-9}$$

$$\hat{\boldsymbol{v}}_i(k)=\begin{bmatrix}\boldsymbol{0}\\ \sum\limits_{j\in\mathcal{N}_{i_1}^{\text{in}},j\notin\mathcal{N}_i^{\text{out}}}\boldsymbol{C}_{i_1j}\boldsymbol{x}_j(k)\\ \vdots\\ \sum\limits_{j\in\mathcal{N}_{i_m}^{\text{in}},j\notin\mathcal{N}_i^{\text{out}}}\boldsymbol{C}_{i_mj}\boldsymbol{x}_j(k)\end{bmatrix} \tag{7-10}$$

值得注意的是在鄰域子系統模型（7-7）中，其輸入仍然是子系統 $\mathcal{S}_i$ 的輸入。子系統 $\mathcal{S}_i$ 的輸出相鄰子系統 $\mathcal{S}_j \in \mathcal{N}_i^{\text{out}}$，$j \neq i$ 的輸入被看作可測干擾。這是因爲，每個 MPC 僅僅能夠決定與其相對應的子系統的操縱變量。

由於在網路中引入了單位延時（見假設 7.13），對於子系統 $\mathcal{S}_i$，其它子系統的資訊只有在一個採樣間隔後才能得到。也就是說，在 k 時刻，對於控制器 $\mathcal{C}_i$，預測值 $\boldsymbol{x}_{i_h}^{\mathrm{T}}(k|k)$、$\hat{\hat{\boldsymbol{w}}}_i(k+l-s|k)$ 和 $\hat{\boldsymbol{v}}_i(k+l|k)$ 是無法得到的，只有預測值 $\hat{\boldsymbol{x}}_{i_h}^{\mathrm{T}}(k|k-1)$、$\hat{\hat{\boldsymbol{w}}}_i(k+l-s|k-1)$ 和 $\hat{\boldsymbol{v}}_i(k+l|k-1)$ 可以透過網路資訊交換從其它控制器中得到。因此，在控制器 $\mathcal{C}_i$ 中，模型（7-7）中的系統間相互作用部分應根據其它子系統提供的 $k-1$ 時刻計算得到的狀態和輸入的預測值來計算，輸出相鄰子系統的初始狀態由 $\boldsymbol{x}_{i_h}^{\mathrm{T}}(k|k-1)(h=1,\cdots,m)$ 代替。對所有 $i=1,\cdots,n$ 定義：

$$\hat{\boldsymbol{x}}_i(k|k)=[\boldsymbol{x}_i^{\mathrm{T}}(k|k)\hat{\boldsymbol{x}}_{i_1}^{\mathrm{T}}(k|k-1)\cdots\hat{\boldsymbol{x}}_{i_m}^{\mathrm{T}}(k|k-1)]^{\mathrm{T}} \qquad (7\text{-}11)$$

這樣，鄰域子系統 l 步以後的狀態和輸出可以透過下式預測得到：

$$\begin{cases}\hat{\boldsymbol{x}}_i(k+l|k)=\hat{\boldsymbol{A}}_i^l\hat{\boldsymbol{x}}_i(k|k)+\displaystyle\sum_{s=1}^{l}\hat{\boldsymbol{A}}_i^{s-1}\hat{\boldsymbol{B}}_i\boldsymbol{u}_i(k+l-s|k)+\\ \displaystyle\sum_{s=1}^{l}\hat{\boldsymbol{A}}_i^{s-1}\hat{\hat{\boldsymbol{w}}}_i(k+l-s|k-1)\\ \hat{\boldsymbol{y}}_i(k+l|k)=\hat{\boldsymbol{C}}_i\hat{\boldsymbol{x}}_i(k+l|k)+\hat{\boldsymbol{v}}_i(k+l|k-1)\end{cases} \qquad (7\text{-}12)$$

(3) 優化問題

對於每個獨立的控制器 $\mathcal{C}_i(i=1,\cdots,n)$，預測週期爲 P，控制週期爲 M，$M<P$ 的無約束生產全過程 MPC 問題可變爲在每個 k 時刻求解下面優化問題：

$$\begin{aligned}\min_{\Delta\boldsymbol{u}_i(k,M|k)}\overline{J}_i(k)=&\sum_{l=1}^{P}\left\|\hat{\boldsymbol{y}}_i(k+l|k)-\boldsymbol{y}_i^{\mathrm{d}}(k+l|k)\right\|_{\hat{\boldsymbol{Q}}_i}^2+\\&\sum_{l=1}^{M}\left\|\Delta\boldsymbol{u}_i(k+l-1|k)\right\|_{\boldsymbol{R}_i}^2\\ \text{s.t.}\quad&\text{Eq. (7-12)}\end{aligned} \qquad (7\text{-}13)$$

在 k 時刻，每個控制器 $\mathcal{C}_i(i=1,\cdots,n)$ 透過交換資訊可以得到 $\hat{\hat{\boldsymbol{w}}}_i(k+l-1|k-1)$ 和 $\hat{\boldsymbol{v}}_i(k+l|k-1)$，$l=1,\cdots,P$。把它們與當前狀態 $\hat{\boldsymbol{x}}_i(k|k)$ 一起作爲已知量來求解優化問題（7-13）。完成求解後，選擇優化問題解

$\Delta\boldsymbol{U}_i^*(k)$ 的第一個元素 $\Delta\boldsymbol{u}^*(k|k)$，並把 $\boldsymbol{u}_i(k)=\boldsymbol{u}_i(k-1)+\Delta\boldsymbol{u}^*(k|k)$應用於子系統 $\mathcal{S}_i$。然後，透過式(7-13) 估計預測時域内的狀態軌跡，並與優化控制序列一起透過網路傳遞給其它子系統。在 $k+1$ 時刻，每個控制器用這些資訊來估計其它系統對其產生的作用量，並在此基礎上計算新的控制律。整個控制過程不斷重複上面步驟。

在控制器 $\mathcal{C}_i(i=1,\cdots,n)$求解過程中，只需知道其相鄰子系統 $\mathcal{S}_j\in\mathcal{N}_i$ 以及相鄰子系統的相鄰子系統 $\mathcal{S}_g\in\mathcal{N}_j$ 的未來行爲。類似的，控制器 $\mathcal{C}_i$ 只需把其將來的行爲發送給子系統 $\mathcal{S}_j\in\mathcal{N}_i$ 的控制器 $\mathcal{C}_j$ 和子系統 $\mathcal{S}_g\in\mathcal{N}_j$ 的控制器 $\mathcal{C}_g$。在下一節中，將介紹如何求得優化問題（7-13）的解析解。

7.2.2.2 閉環系統解析解

本小節的主要是計算本章提出的生產全過程 MPC 方法的解析解。爲了達到這個目的，首先給出子系統間相互作用量和狀態量預測值的解析形式。假設

$$\widetilde{\boldsymbol{A}}_i^{(1)}=\mathrm{diag}_P\left\{\underbrace{\begin{bmatrix}\boldsymbol{A}_{i,1} & \cdots & \boldsymbol{A}_{i,i-1} & \boldsymbol{0}_{n_{x_i}\times n_{x_i}} & \boldsymbol{A}_{i,i+1} & \cdots & \boldsymbol{A}_{i,i_1-1} & \boldsymbol{0}_{n_{x_i}\times n_{x_{i1}}} & \boldsymbol{A}_{i,i_1+1} & \cdots & \boldsymbol{A}_{i,i_m-1} & \boldsymbol{0}_{n_{x_i}\times n_{x_{im}}} & \boldsymbol{A}_{i,i_m+1} & \cdots & \boldsymbol{A}_{i,n}\\ \boldsymbol{A}_{i_1,1} & \cdots & \boldsymbol{A}_{i_1,i-1} & \boldsymbol{0}_{n_{x_{i1}}\times n_{x_i}} & \boldsymbol{A}_{i_1,i+1} & \cdots & \boldsymbol{A}_{i_1,i_1-1} & \boldsymbol{0}_{n_{x_{i1}}\times n_{x_{i1}}} & \boldsymbol{A}_{i_1,i_1+1} & \cdots & \boldsymbol{A}_{i_1,i_m-1} & \boldsymbol{0}_{n_{x_{i1}}\times n_{x_{im}}} & \boldsymbol{A}_{i_1,i_m+1} & \cdots & \boldsymbol{A}_{i_1,n}\\ \vdots & \cdots & \vdots & \vdots & \vdots & \cdots & \vdots & \vdots & \vdots & \cdots & \vdots & \vdots & \vdots & \cdots & \vdots\\ \boldsymbol{A}_{i_m,1} & \cdots & \boldsymbol{A}_{i_m,i-1} & \boldsymbol{0}_{n_{x_{im}}\times n_{x_i}} & \boldsymbol{A}_{i_m,i+1} & \cdots & \boldsymbol{A}_{i_m,i_1-1} & \boldsymbol{0}_{n_{x_{im}}\times n_{x_{i1}}} & \boldsymbol{A}_{i_m,i_1+1} & \cdots & \boldsymbol{A}_{i_m,i_m-1} & \boldsymbol{0}_{n_{x_{im}}\times n_{x_{im}}} & \boldsymbol{A}_{i_m,i_m+1} & \cdots & \boldsymbol{A}_{i_m,n}\end{bmatrix}}_{n\text{列}}\right\}\tag{7-14}$$

$$\widetilde{\boldsymbol{A}}_i^{(2)}=\mathrm{diag}\left\{\begin{matrix}\underbrace{\begin{bmatrix}\boldsymbol{0}_{n_{x_i}\times n_{x_1}} & \cdots & \boldsymbol{0}_{n_{x_i}\times n_{x_{i1-1}}} & \boldsymbol{A}_{i,i_1} & \boldsymbol{0}_{n_{x_i}\times n_{x_{i1+1}}} & \cdots & \boldsymbol{0}_{n_{x_i}\times n_{x_{im-1}}} & \boldsymbol{A}_{i,i_m} & \boldsymbol{0}_{n_{x_i}\times n_{x_{im+1}}} & \cdots & \boldsymbol{0}_{n_{x_i}\times n_{x_n}}\\ \boldsymbol{0}_{n_{x_{i1}}\times n_{x1}} & \cdots & \boldsymbol{0}_{n_{x_{i1}}\times n_{x_{i1-1}}} & \boldsymbol{A}_{i_1,i_1} & \boldsymbol{0}_{n_{x_{i1}}\times n_{x_{i1+1}}} & \cdots & \boldsymbol{0}_{n_{x_{i1}}\times n_{x_{im-1}}} & \boldsymbol{A}_{i_1,i_m} & \boldsymbol{0}_{n_{x_{i1}}\times n_{x_{im+1}}} & \cdots & \boldsymbol{0}_{n_{x_i}\times n_{x_n}}\\ \vdots & \cdots & \vdots & \vdots & \vdots & \cdots & \vdots & \vdots & \vdots & \cdots & \vdots\\ \boldsymbol{0}_{n_{x_{im}}\times n_{x_1}} & \cdots & \boldsymbol{0}_{n_{x_{i1}}\times n_{x_{i1-1}}} & \boldsymbol{A}_{i_m,i_1} & \boldsymbol{0}_{n_{x_{i1}}\times n_{x_{i1+1}}} & \cdots & \boldsymbol{0}_{n_{x_{i1}}\times n_{x_{im-1}}} & \boldsymbol{A}_{i_m,i_m} & \boldsymbol{0}_{n_{x_{i1}}\times n_{x_{im+1}}} & \cdots & \boldsymbol{0}_{n_{x_i}\times n_{x_n}}\end{bmatrix}}_{n\text{列}},\\ \mathrm{diag}_{P-1}\left\{\boldsymbol{0}_{\sum_{l\in N_i^{\mathrm{out}}} n_{x_l}\times\sum_{l=1}^{n} n_{x_l}}\right\}\end{matrix}\right\}\tag{7-15}$$

$$\widetilde{\widetilde{\boldsymbol{B}}}_i=\mathrm{diag}_P\left\{\begin{bmatrix}\boldsymbol{B}_{i,1} & \cdots & \boldsymbol{B}_{i,i-1} & \boldsymbol{0}_{n_{x_i}\times n_{u_i}} & \boldsymbol{B}_{i,i+1} & \cdots & \boldsymbol{B}_{i,n}\\ \boldsymbol{B}_{i_1,1} & \cdots & \boldsymbol{B}_{i_1,i-1} & \boldsymbol{0}_{n_{x_{i1}}\times n_{u_i}} & \boldsymbol{B}_{i_1,i+1} & \cdots & \boldsymbol{B}_{i_1,n}\\ \vdots & \cdots & \vdots & \vdots & \vdots & \cdots & \vdots\\ \boldsymbol{B}_{i_m,1} & \cdots & \boldsymbol{B}_{i_m,i-1} & \boldsymbol{0}_{n_{x_{im}}\times n_{u_i}} & \boldsymbol{B}_{i_m,i+1} & \cdots & \boldsymbol{B}_{i_m,n}\end{bmatrix}\right\}\tag{7-16}$$

$$\widetilde{\boldsymbol{C}}_i=\operatorname{diag}_P\left\{\underbrace{\begin{bmatrix} \boldsymbol{C}_{i,1} & \cdots & \boldsymbol{C}_{i,i-1} & \boldsymbol{0}_{n_{y_i}\times n_{x_i}} & \boldsymbol{C}_{i,i+1} & \cdots & \boldsymbol{C}_{i,i_1-1} & \boldsymbol{0}_{n_{y_i}\times n_{x_{i1}}} & \boldsymbol{C}_{i,i_1+1} & \cdots & \boldsymbol{C}_{i,i_{\mathrm{m}}-1} & \boldsymbol{0}_{n_{y_i}\times n_{x_{im}}} & \boldsymbol{C}_{i,i_{\mathrm{m}}} & \cdots & \boldsymbol{C}_{i,n} \\ \boldsymbol{C}_{i_1,1} & \cdots & \boldsymbol{C}_{i_1,i-1} & \boldsymbol{0}_{n_{y_{i1}}\times n_{x_i}} & \boldsymbol{C}_{i_1,i+1} & \cdots & \boldsymbol{C}_{i_1,i_1-1} & \boldsymbol{0}_{n_{y_{i1}}\times n_{x_{i1}}} & \boldsymbol{C}_{i_1,i_1+1} & \cdots & \boldsymbol{C}_{i_1,i_{\mathrm{m}}-1} & \boldsymbol{0}_{n_{y_{i1}}\times n_{x_{im}}} & \boldsymbol{C}_{i_1,i_{\mathrm{m}}+1} & \cdots & \boldsymbol{C}_{i_1,n} \\ \vdots & \cdots & \vdots & \vdots & \vdots & \cdots & \vdots & \vdots & \vdots & \cdots & \vdots & \vdots & \vdots & \cdots & \vdots \\ \boldsymbol{C}_{i_m,1} & \cdots & \boldsymbol{C}_{i_m,i-1} & \boldsymbol{0}_{n_{y_{im}}\times n_{x_i}} & \boldsymbol{C}_{i_m,i+1} & \cdots & \boldsymbol{C}_{i_m,i_1-1} & \boldsymbol{0}_{n_{y_{im}}\times n_{x_{i1}}} & \boldsymbol{C}_{i_m,i_1+1} & \cdots & \boldsymbol{C}_{i_m,i_{\mathrm{m}}-1} & \boldsymbol{0}_{n_{y_{im}}\times n_{x_{im}}} & \boldsymbol{C}_{i_m,i_{\mathrm{m}}+1} & \cdots & \boldsymbol{C}_{i_m,n} \end{bmatrix}}_{n\text{列}}\right\} \tag{7-17}$$

其中，如果 $\mathcal{S}_j \notin \mathcal{N}_h^{\text{in}}(\mathcal{S}_h \in \mathcal{N}_i^{\text{out}})$，則$\boldsymbol{A}_{i,j}$、$\boldsymbol{B}_{i,j}$ 和$\boldsymbol{C}_{i,j}$ 爲零矩陣。

引理 7.1（相互作用量預測值） 在假設 7.1 成立的前提下，對於每個控制器 $\mathcal{C}_i, i=1,\cdots,n$，在 k 時刻根據交換得到的 $k-1$ 時刻其它子系統的資訊，得到的相互作用量預測序列如下：

$$\begin{aligned} \hat{\hat{\boldsymbol{W}}}_i(k,P\mid k-1)&=\widetilde{\boldsymbol{A}}_{i1}\hat{\boldsymbol{X}}(k,P\mid k-1)+\widetilde{\boldsymbol{B}}_i\boldsymbol{U}(k-1,M\mid k-1)\\ \hat{\hat{\boldsymbol{V}}}_i(k,P\mid k-1)&=\widetilde{\boldsymbol{C}}_i\hat{\boldsymbol{X}}(k,P\mid k-1) \end{aligned} \tag{7-18}$$

其中

$$n_u=\sum_{l=1}^{n}n_{u_l},\widetilde{\boldsymbol{\Gamma}}=\begin{bmatrix}\boldsymbol{0}_{(M-1)n_u\times n_u} & \boldsymbol{I}_{(M-1)n_u}\\ \boldsymbol{0}_{n_u\times(M-1)n_u} & \boldsymbol{I}_{n_u}\\ \vdots & \vdots\\ \boldsymbol{0}_{n_u\times(M-1)n_u} & \boldsymbol{I}_{n_u}\end{bmatrix},\widetilde{\boldsymbol{B}}_i=\widetilde{\widetilde{\boldsymbol{B}}}_i\widetilde{\boldsymbol{\Gamma}} \tag{7-19}$$

證明 在 k 時刻，每個控制器 $\mathcal{C}_i(i=1,\cdots,n)$可根據 $k-1$ 時刻的資訊寫出相互作用量［見式(7-9)、式(7-10)］在 $h(h=1,\cdots,P)$步以後的預測值的向量形式。假設 $\boldsymbol{U}_j(k,P\mid k-1)(j=1,2,\cdots,n)$中最後 $P-M+1$ 個不包含在 $\boldsymbol{U}_j(k-1,M\mid k-1)$中的控制量等於 $\boldsymbol{U}_j(k-1,M\mid k-1)$中的最後一個元素 $\boldsymbol{U}_j(k+M-1\mid k-1)$。根據定義（7-14）～(7-17)、(7-19）和表 7-1，可以得到關係（7-18)。

引理 7.2（狀態預測值） 在假設 7.1 成立的前提下，對於每個控制器 $\mathcal{C}_i$，$i=1,\cdots,n$，在 k 時刻，子系統 $\mathcal{S}_i$ 及其輸出相鄰子系統的預測狀態序列和輸出序列可表示如下：

$$\begin{cases}\hat{\hat{\boldsymbol{X}}}_i(k+1,P\mid k)=\overline{\boldsymbol{S}}_i[\overline{\boldsymbol{A}}_i^{(1)}\hat{x}(k\mid k)+\overline{\boldsymbol{B}}_i\boldsymbol{U}_i(k,M\mid k)+\widetilde{\boldsymbol{A}}_i\hat{\boldsymbol{X}}(k,P\mid k-1)+\\ \widetilde{\boldsymbol{B}}_i\boldsymbol{U}(k-1,M\mid k-1)]\\ \hat{\hat{\boldsymbol{Y}}}_i(k+1,P\mid k)=\overline{\boldsymbol{C}}_i\hat{\hat{\boldsymbol{X}}}_i(k+1,P\mid k)+\boldsymbol{T}_i\widetilde{\boldsymbol{C}}_i\hat{\boldsymbol{X}}(k+1,P\mid k-1)\end{cases} \tag{7-20}$$

其中

$$\overline{\boldsymbol{A}}_i=[\overline{\boldsymbol{A}}_i^{(1)}\quad\overline{\boldsymbol{A}}_i^{(2)}]=\begin{bmatrix}\widehat{\boldsymbol{A}}_i^{(1)} & \widehat{\boldsymbol{A}}_i^{(2)}\\ \boldsymbol{0}_{Pn_{\widehat{x}_i}\times n_{x_i}} & \boldsymbol{0}_{Pn_{\widehat{x}_i}\times(n_{\widehat{x}_i}-n_{x_i})}\end{bmatrix},$$

$$\boldsymbol{T}_i=\begin{bmatrix}\boldsymbol{0}_{(P-1)n_{\widehat{y}}\times n_{\widehat{y}}} & I_{(P-1)n_{\widehat{y}}}\\ \boldsymbol{0}_{n_{\widehat{y}}\times(P-1)n_{\widehat{y}}} & I_{n_{\widehat{y}}}\end{bmatrix},$$

$$n_x=\sum_{l=1}^{n}n_{x_l},$$

$$\overline{\boldsymbol{B}}_i=\begin{bmatrix}\operatorname{diag}_M(\widehat{\boldsymbol{B}}_i) & \\ \boldsymbol{0}_{n_{\widehat{x}_i}\times(M-1)n_{u_i}} & \widehat{\boldsymbol{B}}_i\\ \vdots & \vdots\\ \boldsymbol{0}_{n_{\widehat{x}_i}\times(M-1)n_{u_i}} & \widehat{\boldsymbol{B}}_i\end{bmatrix},\overline{\boldsymbol{S}}_i=\begin{bmatrix}\widehat{\boldsymbol{A}}_i^{0} & \cdots & \boldsymbol{0}\\ \vdots & \ddots & \vdots\\ \widehat{\boldsymbol{A}}_i^{P-1} & \cdots & \widehat{\boldsymbol{A}}_i^{0}\end{bmatrix},\overline{\boldsymbol{C}}_i=\operatorname{diag}_P\{\widehat{\boldsymbol{C}}_i\}$$

(7-21)

證明 把 $\boldsymbol{u}_i(k+P-1|k)=\boldsymbol{u}_i(k+P-2|k)=\cdots=\boldsymbol{u}_i(k+M|k)=\boldsymbol{u}_i(k+M-1|k)$和 $\hat{\boldsymbol{v}}_i(k+P|k-1)=\hat{\boldsymbol{v}}_i(k+P-1|k-1)$代入式(7-12)，並用解析表達式(7-18) 代替 $\hat{\hat{\boldsymbol{W}}}_i(k,P|k-1)$和 $\hat{\hat{\boldsymbol{V}}}_i(k,P|k-1)$則可得到下面控制器 $\mathcal{C}_i$ 的預測序列的向量形式：

$$\hat{\hat{\boldsymbol{X}}}_i(k+1,P|k)=\overline{\boldsymbol{S}}_i[\overline{\boldsymbol{A}}_i\hat{\boldsymbol{x}}_i(k|k)+\overline{\boldsymbol{B}}_i\boldsymbol{U}_i(k,M|k)+\widetilde{\boldsymbol{A}}_{i1}\hat{\boldsymbol{X}}(k,P|k-1)+\widetilde{\boldsymbol{B}}_i\boldsymbol{U}(k-1,M|k-1)] \tag{7-22}$$

令 $\hat{\boldsymbol{x}}'_i(k|k-1)=[\hat{\boldsymbol{x}}_{i_1}^{\mathrm{T}}(k|k-1)\cdots\hat{\boldsymbol{x}}_{i_{mi}}^{\mathrm{T}}(k|k-1)]^{\mathrm{T}}$，根據定義(7-8)、(7-14)、(7-15) 和 (7-21)，上式可變爲

$$\begin{aligned}\hat{\hat{\boldsymbol{X}}}_i(k+1,P|k)&=\overline{\boldsymbol{S}}_i[\overline{\boldsymbol{A}}_i^{(1)}\hat{\boldsymbol{x}}(k|k)+\overline{\boldsymbol{A}}_i^{(2)}\hat{\boldsymbol{x}}'_i(k|k-1)+\overline{\boldsymbol{B}}_i\boldsymbol{U}_i(k,M|k)+\\&\quad\widetilde{\boldsymbol{A}}_i^{(1)}\hat{\boldsymbol{X}}(k,P|k-1)+\widetilde{\boldsymbol{B}}_i\boldsymbol{U}(k-1,M|k-1)]\\&=\overline{\boldsymbol{S}}_i[\overline{\boldsymbol{A}}_i^{(1)}\hat{\boldsymbol{x}}(k|k)+\overline{\boldsymbol{B}}_i\boldsymbol{U}_i(k,M|k)+(\widetilde{\boldsymbol{A}}_i^{(1)}+\widetilde{\boldsymbol{A}}_i^{(2)})\hat{\boldsymbol{X}}(k,\\&\quad P|k-1)+\widetilde{\boldsymbol{B}}_i\boldsymbol{U}(k-1,M|k-1)]\\&=\overline{\boldsymbol{S}}_i[\overline{\boldsymbol{A}}_i^{(1)}\hat{\boldsymbol{x}}(k|k)+\overline{\boldsymbol{B}}_i\boldsymbol{U}_i(k,M|k)+\widetilde{\boldsymbol{A}}_i\hat{\boldsymbol{X}}(k,P|k-1)+\\&\quad\widetilde{\boldsymbol{B}}_i\boldsymbol{U}(k-1,M|k-1)]\end{aligned}$$

根據模型 (7-7) 和定義 (7-21)，控制器 $\mathcal{C}_i$ 的預測輸出序列可表示爲

$$\hat{\hat{\boldsymbol{Y}}}_i(k+1,P|k)=\overline{\boldsymbol{C}}_i\hat{\hat{\boldsymbol{X}}}_i(k+1,P|k)+\boldsymbol{T}_i\widetilde{\boldsymbol{C}}_i\hat{\boldsymbol{X}}(k+1,P|k-1) \tag{7-23}$$

證畢。

透過引入下面的矩陣，本章所述的生產全過程 MPC 問題（7-13）可轉化爲標準的二次規劃問題，令

$$\begin{aligned}\overline{\boldsymbol{Q}}_i&=\text{diag}_P\{\hat{\boldsymbol{Q}}_i\}\\ \overline{\boldsymbol{R}}_i&=\text{diag}_P\{\boldsymbol{R}_i\}\end{aligned} \tag{7-24}$$

$$\boldsymbol{S}_i=\overline{\boldsymbol{C}}_i\overline{\boldsymbol{S}}_i,\quad \boldsymbol{N}_i=\boldsymbol{S}_i\overline{\boldsymbol{B}}_i\overline{\boldsymbol{\Gamma}}_i,$$

$$\underset{(M\text{blocks})}{\boldsymbol{\Gamma}'_i}=\begin{bmatrix}\boldsymbol{I}_{n_{u_i}}\\ \vdots\\ \boldsymbol{I}_{n_{u_i}}\end{bmatrix},\quad \underset{(M\times M\text{blocks})}{\overline{\boldsymbol{\Gamma}}_i}=\begin{bmatrix}\boldsymbol{I}_{n_{u_i}}&\cdots&0\\ \vdots&\ddots&\vdots\\ \boldsymbol{I}_{n_{u_i}}&\cdots&\boldsymbol{I}_{n_{u_i}}\end{bmatrix} \tag{7-25}$$

則有下面引理。

引理 7.3（二次規劃形式） 在假設 7.1 成立的前提下，對於每個控制器 $\mathcal{C}_i$，$i=1,\cdots,n$，在 k 時刻需要解下面二次規劃問題：

$$\min_{\Delta U_i(k,M|k)}[\Delta\boldsymbol{U}_i^{\mathrm{T}}(k,M|k)\boldsymbol{H}_i\Delta\boldsymbol{U}_i(k,M|k)-\boldsymbol{G}(k+1,P|k)\Delta\boldsymbol{U}_i(k,M|k)] \tag{7-26}$$

其中，正定矩陣 $\boldsymbol{H}_i$ 有下面形式：

$$\boldsymbol{H}_i=\boldsymbol{N}_i^{\mathrm{T}}\overline{\boldsymbol{Q}}_i\boldsymbol{N}_i+\overline{\boldsymbol{R}}_i \tag{7-27}$$

且

$$\boldsymbol{G}_i(k+1,P|k)=2\boldsymbol{N}_i^{\mathrm{T}}\overline{\boldsymbol{Q}}_i[\boldsymbol{Y}_i^{\mathrm{d}}(k+1,P|k)-\hat{\boldsymbol{Z}}_i(k+1,P|k)] \tag{7-28}$$

其中

$$\begin{aligned}\hat{\boldsymbol{Z}}_i(k+1,P|k)=\boldsymbol{S}_i[&\overline{\boldsymbol{B}}_i\boldsymbol{\Gamma}'_i\boldsymbol{u}_i(k-1)+\overline{\boldsymbol{A}}_i^{(1)}\hat{x}(k|k)+\widetilde{\boldsymbol{A}}_i\hat{\boldsymbol{X}}(k,P|k-1)+\\ &\widetilde{\boldsymbol{B}}_i\boldsymbol{U}(k-1,M|k-1)]+\boldsymbol{T}_i\widetilde{\boldsymbol{C}}_i\hat{\boldsymbol{X}}(k+1,P|k-1)\end{aligned} \tag{7-29}$$

證明 根據定義（7-24），採用向量形式，可以把控制器 $\mathcal{C}_i$ 的目標函數表示爲如下等價形式：

$$\overline{J}_i=\left\|\hat{\hat{\boldsymbol{Y}}}_i(k+1,P|k)-\hat{\boldsymbol{Y}}_i^{\mathrm{d}}(k+1,P|k)\right\|_{\overline{\boldsymbol{Q}}_i}^2+\left\|\Delta\boldsymbol{U}_i(k,M|k)\right\|_{\overline{\boldsymbol{R}}_i}^2 \tag{7-30}$$

輸出鄰域的預測輸出序列 $\hat{\hat{\boldsymbol{Y}}}_i(k+1,P|k)$ 是控制增量的函數。因而，

爲了把 $\overline{J}_i$ 表示爲控制序列 $\Delta \boldsymbol{U}_i(k,M|k)$的函數，需要給出輸出預測值的解析形式。考慮到 $\boldsymbol{u}_i(k+h|k)=\boldsymbol{u}_i(k-1)+\sum_{r=0}^{h}\Delta \boldsymbol{u}_i(k+r|k)$，$h=1,2,\cdots,M$，把局部控制序列 $\boldsymbol{U}_i(k,M|k)$代入式(7-20)，並根據式(7-25) 可得到如下形式的輸出預測解析式：

$$\hat{\hat{\boldsymbol{Y}}}_i(k+1,P|k)=\boldsymbol{N}_i\Delta \boldsymbol{U}_i(k,M|k)+\hat{\boldsymbol{Z}}(k+1,P|k) \tag{7-31}$$

把上式代入式(7-30)，優化目標函數 $\overline{J}_i$ 即可轉化爲式(7-26) 形式。另外，由於矩陣$\overline{\boldsymbol{Q}}_i$ 和$\overline{\boldsymbol{R}}_i$ 正定，則$\boldsymbol{H}_i$ 也是正定的。

這樣，生產全過程 MPC 問題就等價地轉化爲在每個控制週期求解一個無約束二次規劃問題 (7-26)。

定理 7.1 (解析解) 在假設 7.1 成立的前提下，對於每個控制器 $\mathcal{C}_i$，$i=1,\cdots,n$，在 k 時刻對系統 $\mathcal{S}_i$ 施加的控制律的解析形式爲

$$\boldsymbol{u}_i(k)=\boldsymbol{u}(k-1)+\boldsymbol{K}_i[\boldsymbol{Y}_i^{\mathrm{d}}(k+1,P|k)-\hat{\boldsymbol{Z}}_i(k+1,P|k)] \tag{7-32}$$

其中

$$\boldsymbol{K}_i=\boldsymbol{\Gamma}_i\overline{\boldsymbol{K}}_i,\boldsymbol{\Gamma}_i=[\boldsymbol{I}_{n_{u_i}}\quad \boldsymbol{0}_{n_{u_i}\times Mn_{u_i}}],\overline{\boldsymbol{K}}_i=\boldsymbol{H}_i^{-1}\boldsymbol{N}_i^{\mathrm{T}}\overline{\boldsymbol{Q}}_i \tag{7-33}$$

證明 對於最小化目標函數 (7-26) 的生產全過程 MPC 問題的控制變量增量序列 $\Delta \boldsymbol{U}_i(k,M|k)$，其優化解有下面形式：

$$\Delta \boldsymbol{U}_i(k,M|k)=(1/2)\boldsymbol{H}_i^{-1}\boldsymbol{G}_i(k+1,P|k) \tag{7-34}$$

根據滾動優化策略，在每個控制週期只應用優化序列的第一個元素，則系統的控制量爲

$$\boldsymbol{u}_i(k)=\boldsymbol{u}_i(k-1)+\boldsymbol{\Gamma}_i\Delta \boldsymbol{U}_i(k,M|k) \tag{7-35}$$

這樣，根據式(7-33)～式(7-35) 可得到控制量的最終解析表達式(7-32)。

備註 7.1 對於每個局部控子系統，控制器 $\mathcal{C}_i$ 求解過程的複雜性主要來源於對矩陣$\boldsymbol{H}_i$ 的求逆過程。採用 Gauss-Jordan 算法，並考慮矩陣 $\boldsymbol{H}_i$ 的維數等於 $M\cdot n_{u_i}$，則求逆算法的複雜度爲 $\mathcal{O}(M^3,\ n_{u_i}^3)$。因而，求解整個分散式預測控制的計算複雜度爲 $\mathcal{O}\left(M^3,\ \sum_{i=1}^{n}n_{u_i}^3\right)$，而集中式預測控制的計算複雜度爲 $\mathcal{O}\left[M^3,(\sum_{i=1}^{n}n_{u_i})^3\right]$。

7.2.3 性能分析

7.2.3.1 閉環系統穩定性

由於控制量的解析解在定理 7.1 中已經給出，因此，可以推出閉環

系統的動態，進而透過分析閉環系統的動態矩陣可以得到系統的穩定性條件。事實上，透過式(7-32) 表示的控制器 $\mathcal{C}_i(i=1,\cdots,n)$的解析解可以推出用於刻畫全局系統穩定性的控制序列反饋系統的數學表達式。

爲了簡化穩定性證明過程，定義

$$\boldsymbol{\Omega}=[\boldsymbol{\Omega}_1^{\mathrm{T}} \quad \cdots \quad \boldsymbol{\Omega}_P^{\mathrm{T}}]^{\mathrm{T}},\boldsymbol{\Omega}_j=\mathrm{diag}\{\boldsymbol{\Omega}_{1j},\cdots,\boldsymbol{\Omega}_{nj}\}$$
$$\boldsymbol{\Omega}_{ij}=[\mathbf{0}_{n_{x_i}\times(j-1)n_{x_i}} \quad \boldsymbol{I}_{n_{x_i}} \quad \mathbf{0}_{n_{x_i}\times(P-j)n_{x_i}}],(i=1,\cdots,n,j=1,\cdots,P) \tag{7-36}$$

$$\boldsymbol{\Pi}=[\boldsymbol{\Pi}_1^{\mathrm{T}} \quad \cdots \quad \boldsymbol{\Pi}_M^{\mathrm{T}}]^{\mathrm{T}},\boldsymbol{\Pi}_j=\mathrm{diag}\{\boldsymbol{\Pi}_{1j},\cdots,\boldsymbol{\Pi}_{nj}\}$$
$$\boldsymbol{\Pi}_{ij}=[\mathbf{0}_{n_{u_i}\times(j-1)n_{u_i}} \quad \boldsymbol{I}_{n_{u_i}} \quad \mathbf{0}_{n_{u_i}\times(M-j)n_{u_i}}],(i=1,\cdots,n,j=1,\cdots,M) \tag{7-37}$$

則有

$$\hat{\boldsymbol{X}}(k,P\,|\,k-1)=\boldsymbol{\Omega}\hat{\mathbb{X}}(k,P\,|\,k-1) \tag{7-38}$$
$$\boldsymbol{U}(k,M\,|\,k-1)=\boldsymbol{\Pi}\mathbb{U}(k,M\,|\,k-1) \tag{7-39}$$

定義

$$\overline{\boldsymbol{A}}=\mathrm{diag}\{\overline{\boldsymbol{A}}_{11},\cdots,\overline{\boldsymbol{A}}_{n1}\}, \qquad \widetilde{\boldsymbol{A}}=[\widetilde{\boldsymbol{A}}_1^{\mathrm{T}} \quad \cdots \quad \widetilde{\boldsymbol{A}}_n^{\mathrm{T}}]^{\mathrm{T}}$$
$$\overline{\boldsymbol{B}}=\mathrm{diag}\{\overline{\boldsymbol{B}}_1,\cdots,\overline{\boldsymbol{B}}_n\}, \qquad \widetilde{\boldsymbol{B}}=[\widetilde{\boldsymbol{B}}_1^{\mathrm{T}} \quad \cdots \quad \widetilde{\boldsymbol{B}}_n^{\mathrm{T}}]^{\mathrm{T}}$$
$$\boldsymbol{L}=\mathrm{diag}\{\boldsymbol{L}_1,\cdots,\boldsymbol{L}_n\}, \qquad \boldsymbol{L}_i=\mathrm{diag}_P\{[\boldsymbol{I}_{n_{x_i}} \quad \mathbf{0}_{n_{x_i}\times(n_{\hat{x}_i}-n_{x_i})}]\}$$
$$\overline{\boldsymbol{S}}=\mathrm{diag}\{\overline{\boldsymbol{S}}_1,\cdots,\overline{\boldsymbol{S}}_n\} \tag{7-40}$$

則對每個控制器 $\mathcal{C}_i(i=1,\cdots,n)$根據引理 7.2 和定義 (7-40)，在 k 時刻採用分散方式預測的狀態序列可表示爲

$$\begin{aligned}\hat{\boldsymbol{X}}_i(k+1,P\,|\,k)&=\boldsymbol{L}_i\hat{\hat{\boldsymbol{X}}}_i(k+1,P\,|\,k)\\&=\boldsymbol{L}_i\overline{\boldsymbol{S}}_i[\overline{\boldsymbol{A}}_{i1}\hat{\boldsymbol{x}}(k\,|\,k)+\overline{\boldsymbol{B}}_i\boldsymbol{U}_i(k,M\,|\,k)+\widetilde{\boldsymbol{A}}_i\hat{\boldsymbol{X}}(k,P\,|\,k-1)+\\&\quad\widetilde{\boldsymbol{B}}_i\boldsymbol{U}(k-1,M\,|\,k-1)]\end{aligned} \tag{7-41}$$

根據定義 (7-40)，採用分散方式預測的全系統狀態可表示爲

$$\begin{aligned}\hat{\mathbb{X}}(k+1,P\,|\,k)=\boldsymbol{L}\overline{\boldsymbol{S}}[&\overline{\boldsymbol{A}}\hat{x}(k\,|\,k)+\overline{\boldsymbol{B}}\mathbb{U}(k,M\,|\,k)+\widetilde{\boldsymbol{A}}\boldsymbol{\Omega}\hat{\mathbb{X}}(k,P\,|\,k-1)+\\&\widetilde{\boldsymbol{B}}\boldsymbol{U}(k-1,M\,|\,k-1)]\end{aligned} \tag{7-42}$$

把式(7-38) 和式(7-39) 代入式(7-42)，可得

$$\begin{aligned}\hat{\mathbb{X}}(k+1,P\,|\,k)=\boldsymbol{L}\overline{\boldsymbol{S}}[&\overline{\boldsymbol{A}}\hat{x}(k\,|\,k)+\overline{\boldsymbol{B}}\mathbb{U}(k,M\,|\,k)+\widetilde{\boldsymbol{A}}\boldsymbol{\Omega}\hat{\mathbb{X}}(k,P\,|\,k-1)+\\&\widetilde{\boldsymbol{B}}\boldsymbol{\Pi}\hat{\mathbb{U}}(k-1,M\,|\,k-1)]\end{aligned} \tag{7-43}$$

由於在 $k-1$ 時刻應用的局部控制律 $\boldsymbol{u}_i(k-1)=\boldsymbol{\Gamma}_i\boldsymbol{U}_i(k-1, m\mid k-1)$已知，在 k 時刻控制器 $\mathcal{C}_i$ 的開環優化控制序列 $\boldsymbol{U}_i(k, M\mid k)$ 可表示爲 $\boldsymbol{U}_i(k,M\mid k)=\boldsymbol{\Gamma}'_i\boldsymbol{\Gamma}_i\boldsymbol{U}_i(k-1,M\mid k-1)+\overline{\boldsymbol{\Gamma}}_i\Delta\boldsymbol{U}_i(k,M\mid k)$，則根據式(7-25)、式(7-29) 和式(7-32)，在 k 時刻控制器 $\mathcal{C}_i$ 的開環優化序列可直接表示爲

$$\begin{aligned}\boldsymbol{U}_i(k,M\mid k)&=\boldsymbol{\Gamma}'_i\boldsymbol{u}_i(k-1)+\overline{\boldsymbol{\Gamma}}_i\overline{\boldsymbol{K}}_i[\boldsymbol{Y}_i^{\mathrm{d}}(k+1,P\mid k)-\hat{\boldsymbol{Z}}_i(k+1,P\mid k)]\\&=\boldsymbol{\Gamma}'_i\boldsymbol{u}_i(k-1)+\overline{\boldsymbol{\Gamma}}_i\overline{\boldsymbol{K}}_i\{\boldsymbol{Y}_i^{\mathrm{d}}(k+1,P\mid k)-\boldsymbol{S}_i[\overline{\boldsymbol{B}}_i\boldsymbol{\Gamma}'_i\boldsymbol{u}_i(k-1)+\\&\qquad\overline{\boldsymbol{A}}_i^{(1)}\hat{x}(k\mid k)+\widetilde{\boldsymbol{A}}_i\hat{\boldsymbol{X}}(k,P\mid k-1)+\widetilde{\boldsymbol{B}}_i\boldsymbol{U}(k-1,M\mid k-1)]-\\&\qquad\boldsymbol{T}_i\widetilde{\boldsymbol{C}}_i\hat{\boldsymbol{X}}(k,P\mid k-1)\}\end{aligned}\tag{7-44}$$

定義

$$\begin{aligned}&\boldsymbol{\Gamma}'=\operatorname{diag}\{\boldsymbol{\Gamma}'_1,\cdots,\boldsymbol{\Gamma}'_n\},\qquad \boldsymbol{\Gamma}=\operatorname{diag}\{\boldsymbol{\Gamma}_1,\cdots,\boldsymbol{\Gamma}_n\}\\&\boldsymbol{S}=\operatorname{diag}\{\boldsymbol{S}_1,\cdots,\boldsymbol{S}_n\},\qquad \boldsymbol{T}=\operatorname{diag}\{\boldsymbol{T}_1,\cdots,\boldsymbol{T}_n\}\\&\boldsymbol{\Xi}=\operatorname{diag}\{\overline{\boldsymbol{\Gamma}}_1\overline{\boldsymbol{K}}_1,\cdots,\overline{\boldsymbol{\Gamma}}_n\overline{\boldsymbol{K}}_n\}\end{aligned}\tag{7-45}$$

由定義 (7-38)～(7-40)、式(7-44) 及式(7-45) 可直接寫出系統開環優化控制序列的解析表達式如下：

$$\begin{aligned}\mathbb{U}(k,M\mid k)&=\boldsymbol{\Gamma}'\boldsymbol{\Gamma}\mathbb{U}(k-1,M\mid k-1)+\boldsymbol{\Xi}\{\boldsymbol{Y}^{\mathrm{d}}(k+1,P\mid k)-\\&\boldsymbol{S}[\overline{\boldsymbol{B}}\boldsymbol{\Gamma}'\boldsymbol{\Gamma}\mathbb{U}(k-1,M\mid k-1)+\overline{\boldsymbol{A}}\hat{x}(k\mid k)+\widetilde{\boldsymbol{A}}\boldsymbol{\Omega}\hat{\mathbb{X}}(k,P\mid k-1)+\\&\widetilde{\boldsymbol{B}}\boldsymbol{\Pi}\mathbb{U}(k-1,M\mid k-1)]-\widetilde{\boldsymbol{T}}\widetilde{\boldsymbol{C}}\boldsymbol{\Omega}\hat{\mathbb{X}}(k,P\mid k-1)\}\end{aligned}\tag{7-46}$$

定義

$$\begin{aligned}&\boldsymbol{\Theta}=-\boldsymbol{\Xi}\boldsymbol{S}\overline{\boldsymbol{A}}\\&\boldsymbol{\Phi}=-\boldsymbol{\Xi}(\boldsymbol{S}\widetilde{\boldsymbol{A}}\boldsymbol{\Omega}+\boldsymbol{T}\widetilde{\boldsymbol{C}}\boldsymbol{\Omega})\\&\boldsymbol{\Psi}=\boldsymbol{\Gamma}'\boldsymbol{\Gamma}-\boldsymbol{\Xi}\boldsymbol{S}(\overline{\boldsymbol{B}}\boldsymbol{\Gamma}'\boldsymbol{\Gamma}+\widetilde{\boldsymbol{B}}\boldsymbol{\Pi})\end{aligned}\tag{7-47}$$

則全系統的開環優化控制序列 (7-46) 可表示爲

$$\begin{aligned}\mathbb{U}(k,M\mid k)=&\boldsymbol{\Psi}\mathbb{U}(k-1,M\mid k-1)+\boldsymbol{\Theta}\hat{x}(k\mid k)+\boldsymbol{\Phi}\hat{\mathbb{X}}(k,P\mid k-1)+\\&\boldsymbol{\Xi}\boldsymbol{Y}^{\mathrm{d}}(k+1,P\mid k)\end{aligned}\tag{7-48}$$

所有控制器計算得到的系統整體反饋控制律可表示爲

$$\boldsymbol{u}(k)=\boldsymbol{\Gamma}\mathbb{U}(k,M\mid k)\tag{7-49}$$

結合過程模型 (7-2)、反饋控制律 (7-49)、系統整體的預測方程 (7-43) 和系統整體控制方程 (7-48)，可得在分散式控制結構下系統整體的閉環狀態空間表達式：

$$\begin{cases} \boldsymbol{x}(k)=\boldsymbol{A}\boldsymbol{x}(k-1)+\boldsymbol{B}\boldsymbol{\Gamma}\mathbb{U}(k-1,M\mid k-1) \\ \hat{\mathbb{X}}(k,P\mid k-1)=\boldsymbol{L}\overline{\boldsymbol{S}}[\overline{\boldsymbol{A}}\hat{x}(k-1)+\widetilde{\boldsymbol{A}}\boldsymbol{\Omega}\hat{\mathbb{X}}(k-1,P\mid k-2)+\overline{\boldsymbol{B}}\mathbb{U}(k-1, \\ M\mid k-1)+\widetilde{\boldsymbol{B}}\boldsymbol{\Pi}\mathbb{U}(k-2,M\mid k-2)] \\ \mathbb{U}(k,M\mid k)=\boldsymbol{\Theta}\hat{x}(k)+\boldsymbol{\Phi}\hat{\mathbb{X}}(k,P\mid k-1)+\boldsymbol{\Psi}\mathbb{U}(k-1,M\mid k-1)+ \\ \boldsymbol{\Xi}\boldsymbol{Y}^{\mathrm{d}}(k+1,P\mid k)=\boldsymbol{\Theta}[\boldsymbol{A}\boldsymbol{x}(k-1)+\boldsymbol{B}\boldsymbol{\Gamma}\mathbb{U}(k-1,M\mid k-1)]+ \\ \boldsymbol{\Phi}\boldsymbol{L}\overline{\boldsymbol{S}}[\overline{\boldsymbol{A}}\hat{x}(k-1)+\widetilde{\boldsymbol{A}}\boldsymbol{\Omega}\hat{\mathbb{X}}(k-1,P\mid k-2)+\overline{\boldsymbol{B}}\mathbb{U}(k-1,M\mid k-1)+ \\ \widetilde{\boldsymbol{B}}\boldsymbol{\Pi}\mathbb{U}(k-2,M\mid k-2)]+\boldsymbol{\Psi}\mathbb{U}(k-1,M\mid k-1)+\boldsymbol{\Xi}\boldsymbol{Y}^{\mathrm{d}}(k+1,P\mid k) \\ \boldsymbol{y}(k)=\boldsymbol{C}\boldsymbol{x}(k) \end{cases} \tag{7-50}$$

其中，由於假設系統狀態可達，式(7-43)、式(7-48) 中的 $\hat{\boldsymbol{x}}(k\mid k)$ 由 $\boldsymbol{x}(k)$ 代替。

定義擴展狀態：

$$\boldsymbol{X}_N(k)=[\boldsymbol{x}^{\mathrm{T}}(k) \quad \hat{\mathbb{X}}^{\mathrm{T}}(k,P\mid k-1) \quad \mathbb{U}^{\mathrm{T}}(k,M\mid k) \quad \mathbb{U}^{\mathrm{T}}(k-1,M\mid k-1)]^{\mathrm{T}} \tag{7-51}$$

則系統閉環狀態空間表達有如下形式：

$$\begin{cases} \boldsymbol{X}_N(k)=\boldsymbol{A}_N\boldsymbol{X}_N(k-1)+\boldsymbol{B}_N\boldsymbol{Y}^{\mathrm{d}}(k+1,P\mid k) \\ \boldsymbol{y}(k)=\boldsymbol{C}_N\boldsymbol{X}_N(k) \end{cases} \tag{7-52}$$

其中

$$\boldsymbol{A}_N=\begin{bmatrix} \boldsymbol{A} & \boldsymbol{0} & \boldsymbol{B}\boldsymbol{\Gamma} & \boldsymbol{0} \\ \boldsymbol{L}\overline{\boldsymbol{S}}\,\overline{\boldsymbol{A}} & \boldsymbol{L}\overline{\boldsymbol{S}}\widetilde{\boldsymbol{A}}\boldsymbol{\Omega} & \boldsymbol{L}\overline{\boldsymbol{S}}\,\overline{\boldsymbol{B}} & \boldsymbol{L}\overline{\boldsymbol{S}}\widetilde{\boldsymbol{B}}\boldsymbol{\Pi} \\ \boldsymbol{\Theta}\boldsymbol{A}+\boldsymbol{\Phi}\boldsymbol{L}\overline{\boldsymbol{S}}\,\overline{\boldsymbol{A}} & \boldsymbol{\Phi}\boldsymbol{L}\overline{\boldsymbol{S}}\widetilde{\boldsymbol{A}}\boldsymbol{\Omega} & \boldsymbol{\Theta}\boldsymbol{B}\boldsymbol{\Gamma}+\boldsymbol{\Phi}\boldsymbol{L}\overline{\boldsymbol{S}}\,\overline{\boldsymbol{B}}+\boldsymbol{\Psi} & \boldsymbol{\Phi}\boldsymbol{L}\overline{\boldsymbol{S}}\widetilde{\boldsymbol{B}}\boldsymbol{\Pi} \\ \boldsymbol{0} & \boldsymbol{0} & \boldsymbol{I}_{Mn_u} & \boldsymbol{0} \end{bmatrix} \tag{7-53}$$

基於此，可以得到如下穩定性判據定理。

定理 7.2（穩定性判據） 由所有控制律爲式(7-35) 的控制器 $\mathcal{C}_i(i=1,\cdots,n)$及裝置 $\mathcal{S}$ 組成的閉環系統漸近穩定，當且僅當

$$|\lambda_j\{\boldsymbol{A}_N\}|<1, \forall j=1,\cdots,n_N \tag{7-54}$$

其中，$n_N=Pn_x+n_x+2Mn_u$ 是整個閉環系統的階數。

備註 7.2 式(7-53) 中動態矩陣 $\boldsymbol{A}_N$ 的前兩行由元素矩陣 $\boldsymbol{A}$（前兩列）和元素矩陣 $\boldsymbol{B}$（後兩列）決定，而第三行與矩陣 $\boldsymbol{A}$、$\boldsymbol{B}$、$\boldsymbol{C}$，權重矩陣 $\boldsymbol{Q}_i$、$\boldsymbol{R}_i$ 和預測時域 P 及控制時域 M 有關。這爲設計生產全過程 MPC

提供了依據。因爲權重矩陣 $\boldsymbol{Q}_i$、$\boldsymbol{R}_i$ 和預測時域 $\boldsymbol{P}$ 及控制時域 $\boldsymbol{M}$ 對穩定性判據（7-54）中矩陣 $\boldsymbol{A}_N$ 的第三行有顯著影響，因此，可以透過合理選擇這幾個參數來設計控制器使閉環系統穩定。

7.2.3.2 優化性能分析

爲了説明採用鄰域優化性能指標的優化問題與採用局部性能指標的優化問題之間的本質區別，對控制器 $\mathcal{C}_i(i=1,\cdots,n)$，生產全過程 MPC 優化問題（7-13）可改寫爲如下形式：

$$\min_{\Delta U_i(k,M|k)} \sum_{i=1}^{n}\left[\sum_{l=1}^{P}\left\|\hat{\boldsymbol{y}}_i(k+l|k)-\boldsymbol{y}_i^{\mathrm{d}}(k+l|k)\right\|_{\boldsymbol{Q}_i}^2+\sum_{l=1}^{M}\left\|\Delta\boldsymbol{u}_i(k+l-1|k)\right\|_{\boldsymbol{R}_i}^2\right]$$

$$\text{s.t.}\quad \begin{bmatrix}\hat{\boldsymbol{x}}_i(k+l+1|k)\\ \hat{\boldsymbol{x}}_{i_1}(k+l+1|k)\\ \vdots\\ \hat{\boldsymbol{x}}_{i_m}(k+l+1|k)\end{bmatrix}=\begin{bmatrix}\boldsymbol{A}_{ii} & \boldsymbol{A}_{ii_1} & \cdots & \boldsymbol{A}_{ii_m}\\ \boldsymbol{A}_{i_1i} & \boldsymbol{A}_{i_1i_1} & \cdots & \boldsymbol{A}_{i_mi_m}\\ \vdots & \vdots & \ddots & \vdots\\ \boldsymbol{A}_{i_mi} & \boldsymbol{A}_{i_mi_1} & \cdots & \boldsymbol{A}_{i_mi_m}\end{bmatrix}\begin{bmatrix}\hat{\boldsymbol{x}}_i(k+l|k)\\ \hat{\boldsymbol{x}}_{i_1}(k+l|k)\\ \vdots\\ \hat{\boldsymbol{x}}_{i_m}(k+l|k)\end{bmatrix}+$$

$$\begin{bmatrix}\boldsymbol{B}_{ii}\\ \boldsymbol{B}_{i_1i}\\ \vdots\\ \boldsymbol{B}_{i_mi}\end{bmatrix}\boldsymbol{u}_i(k+l|k)+\hat{\hat{\boldsymbol{w}}}_i(k+l|k-1) \tag{7-55}$$

$$\hat{\boldsymbol{x}}_j(k+l+1|k)=\hat{\boldsymbol{x}}_j(k+l+1|k-1),j\notin\mathcal{N}_i^{\mathrm{out}};$$

$$\hat{\boldsymbol{y}}_i(k+l|k)=\boldsymbol{C}_i\hat{\boldsymbol{x}}_i(k+l|k)+\hat{\boldsymbol{v}}_i(k+l|k-1),i=1,\cdots,n;$$

$$\Delta\boldsymbol{u}_j(k+l-1|k)=\Delta\boldsymbol{u}_j(k+l-1|k-1),j\neq i \tag{7-56}$$

如果採用局部性能指標（7-4），對每個控制器 $\mathcal{C}_i(i=1,\cdots,n)$，分散式預測控制的優化問題可改寫爲

$$\min_{\Delta U_i(k,M|k)} \sum_{j=1}^{n}\left[\sum_{l=1}^{P}\left\|\hat{\boldsymbol{y}}_j(k+l|k)-\boldsymbol{y}_j^{\mathrm{d}}(k+l|k)\right\|_{\boldsymbol{Q}_j}^2+\sum_{l=1}^{M}\left\|\Delta\boldsymbol{u}_j(k+l-1|k)\right\|_{\boldsymbol{R}_j}^2\right] \tag{7-57}$$

$$\text{s.t.}\quad \hat{\boldsymbol{x}}_i(k+l+1|k)=\boldsymbol{A}_{ii}x_i(k+l|k)+\boldsymbol{B}_{ii}u_i(k+l|k)+\hat{\boldsymbol{w}}_i(k+l|k-1);$$

$$\hat{\boldsymbol{y}}_i(k+l|k)=\widehat{\boldsymbol{C}}_i\hat{\boldsymbol{x}}_i(k+l|k)+\hat{\boldsymbol{v}}_i(k+l|k-1);$$

$$\hat{\boldsymbol{y}}_j(k+l|k)=\hat{\boldsymbol{y}}_j(k+l|k-1),j\neq i;$$

$$\Delta \boldsymbol{u}_j(k+l-1|k)=\Delta \boldsymbol{u}_j(k+l-1|k-1), j\neq i \quad (7\text{-}58)$$

由式(7-55) 和式(7-57) 可以看出，兩式的優化目標相同，但系統方程不同。在式(7-56) 中系統 $\mathcal{S}_i$ 與其輸出相鄰系統的狀態演化是一同求解的。在系統狀態演化過程中，控制增量序列 $\Delta\boldsymbol{U}_i(k,M|k)$對系統 $\mathcal{S}_i$ 和其輸出相鄰子系統都有影響，並且對相鄰子系統產生的影響又會反過來影響系統 $\mathcal{S}_i$。由於一同求解，這部分耦合關係得到了充分考慮。然而在問題（7-58）中，只有系統 $\mathcal{S}_i$ 的狀態是根據 $\Delta\boldsymbol{U}_i(k,M|k)$來計算的，其它子系統的狀態演化過程都是用在 $k-1$ 時刻的估計值來代替。並且由模型形式可以很明顯地看出，採用鄰域優化性能指標的優化問題的模型相比採用局部性能指標的優化問題中的模型更接近於系統模型（7-2)。

事實上，若干個控制週期後，控制增量序列 $\Delta\boldsymbol{U}_i(k, M|k)$ 不僅影響子系統 $\mathcal{S}_i$ 的輸出相鄰子系統，而且對其它子系統也有影響（例如輸出相鄰子系統的輸出相鄰子系統)。在生產全過程 MPC 中，對子系統 $\mathcal{S}_i$ 的輸出相鄰子系統以外的子系統的影響不作考慮。如果網路頻寬足夠，可以滿足迭代算法的要求，那麼，採用迭代算法，對輸出相鄰子系統以外的子系統的影響也將會被考慮進來。

值得注意的是，在基於鄰域優化的 MPC 中，每個控制器只與其相鄰子系統和相鄰子系統的相鄰子系統之間通訊。另外，如果在一個控制週期內，每個控制器能夠和其相鄰子系統通訊兩次，那麼完全可以透過其相鄰子系統來獲得其相鄰子系統的相鄰子系統的資訊。這意味着每個控制器只需要與其相鄰子系統之間進行通訊，放鬆了對網路的要求，進而提高系統的容錯性。

7.2.4 數值結果

以中厚板軋後加速冷卻過程爲例對基於作用域優化的分散式預測控制方法進行驗證。加速冷卻過程是由多個輸入輸出變量組成的大系統，各子系統之間透過能量流動和物質流動相互關聯。如果採用集中式控制，會受到計算速度、裝置規模的限制，當一個或幾個子系統出現故障時集中式 MPC 還會出現工作失效的情況。因此，通常情況下對於由多個輸入輸出變量組成的大系統，一般採用全局性能稍弱的分散式控制結構，如圖 7-1 所示，系統被分解爲多個相互關聯子系統，每個子系統由局部控制器控制，各局部控制器透過網路相互連接。

本章中根據系統本身空間布局把加速冷卻過程自然地劃分爲 n 個子系統，每個噴頭對應一個子系統，這樣被控系統、各個局部控制器和網路一起構成了一個分散式的控制系統。

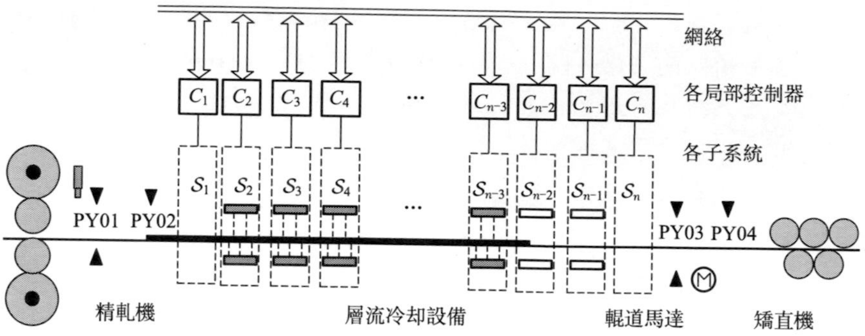

圖 7-1 加速冷卻過程和分散式控制框架

（1）加速冷卻過程系統模型

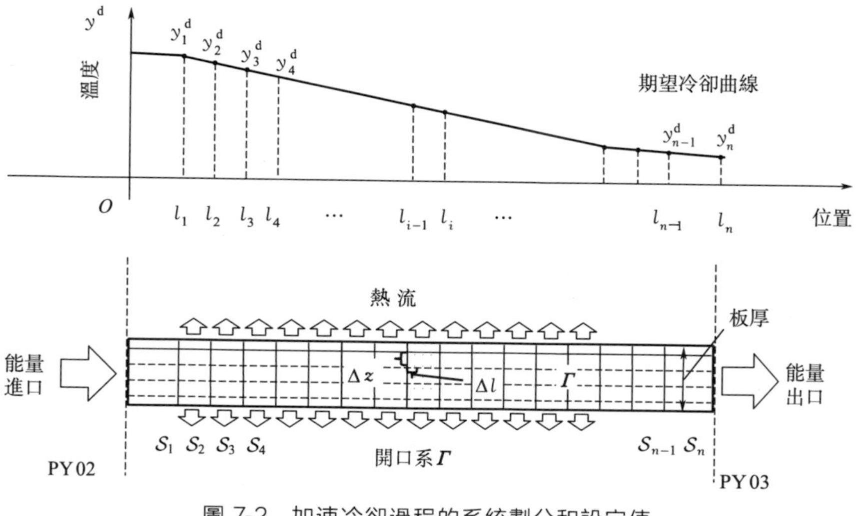

圖 7-2 加速冷卻過程的系統劃分和設定值

如圖 7-2 所示，把傳感器 PY2 和 PY3 所在位置和鋼板上下表面爲邊界組成的開口係 Γ 沿長度座標方向劃分爲 n 個子系統。如圖 7-2 所示，第 s 個子系統的範圍是從 l_{i-1} 到 $l_i(s=1,2,\cdots,n)$，其中，l_0 爲 T_{P2} 的座標，$l_i(i=1,2,\cdots,15)$是第 i 組噴頭組出口處的座標，l_{n-1} 是水冷區出口處座標，l_n 是 T_{P3} 的位置。輸出爲第 l_i 處鋼板厚度方向上的平均溫度，輸入爲對應噴頭的水流量。爲了方便進行數值計算，每個子系統沿厚度方向均勻劃分爲 m 層、長度方向上分爲 n_s 列。定義子系統 $\mathcal{S}_s$ 的第 i 層第 j 列單位格的溫度爲 $x_s^{(i,j)}$。設系統採樣間隔爲 Δt 秒，根據前一章介紹可得到子系統在平衡點 $\mathcal{S}_s$ 附近的 Hammerstain 模型，形式如下：

$$\begin{cases}\boldsymbol{x}_s(k+1)=\boldsymbol{A}_{ss}\cdot\boldsymbol{x}_s(k)+\boldsymbol{B}_{ss}\cdot u_s(k)+\boldsymbol{D}_{s,s-1}\cdot\boldsymbol{x}_{s-1}(k)\\ y_s(k)=\boldsymbol{C}_{ss}\cdot\boldsymbol{x}_s(k)\end{cases},s=1,2,\cdots,N \tag{7-59}$$

$$\begin{cases}u_s=2186.7\times10^{-6}\times a(v/v_0)^b\times(F_s/F_0)^c,s\in\mathcal{C}_{\mathcal{W}}\\ u_s=1,s\in\mathcal{C}_{\mathcal{A}}\end{cases} \tag{7-60}$$

其中，$\boldsymbol{x}_s=[(\boldsymbol{x}_{s,1})^{\mathrm{T}}\quad(\boldsymbol{x}_{s,2})^{\mathrm{T}}\quad\cdots\quad(\boldsymbol{x}_{s,n_s})^{\mathrm{T}}]^{\mathrm{T}}$，$\boldsymbol{x}_{s,j}=[x_s^{(1,j)}\quad x_s^{(2,j)}\quad\cdots\quad x_s^{(m,j)}]^{\mathrm{T}}$，$j=1,2,\cdots,n_s$ 是子系統 $\mathcal{S}_s$ 的狀態向量，y_s 是子系統 $\mathcal{S}_s$ 最後一列單位格的平均溫度，u_s 是子系統 $\mathcal{S}_s$ 的輸入（且輸入 u_s 與子系統 $\mathcal{S}_s$ 的噴頭組水流量之間有固定的關係）。$\boldsymbol{A}_{ss}$、$\boldsymbol{B}_{ss}$、$\boldsymbol{D}_{s,s-1}$ 和 $\boldsymbol{C}_{ss}$ 是子系統 $\mathcal{S}_s$ 的係數矩陣

$$\boldsymbol{A}_{ss}=\begin{bmatrix}\boldsymbol{\Phi}_s^{(1)}\boldsymbol{\Lambda} & \boldsymbol{0} & \cdots & \boldsymbol{0}\\ \boldsymbol{0} & \boldsymbol{\Phi}_s^{(2)}\boldsymbol{\Lambda} & & \vdots\\ \vdots & & \ddots & \boldsymbol{0}\\ \boldsymbol{0} & \cdots & \boldsymbol{0} & \boldsymbol{\Phi}_s^{(n_s)}\boldsymbol{\Lambda}\end{bmatrix}+\begin{bmatrix}(1-\gamma)\boldsymbol{I}_m & \boldsymbol{0} & \cdots & \boldsymbol{0}\\ \gamma\boldsymbol{I}_m & (1-\gamma)I_m & \ddots & \vdots\\ \vdots & \ddots & \ddots & \boldsymbol{0}\\ \boldsymbol{0} & \cdots & \gamma\boldsymbol{I}_m & (1-\gamma)\boldsymbol{I}_m\end{bmatrix};$$

$$\boldsymbol{B}_{ss}=\begin{bmatrix}\boldsymbol{\Psi}_s^{(1)}\\ \vdots\\ \boldsymbol{\Psi}_s^{(n_s)}\end{bmatrix};\boldsymbol{C}_{ss}=m^{-1}[\boldsymbol{0}^{1\times m(n_s-1)}\quad\boldsymbol{1}^{1\times m}];\boldsymbol{D}_{s,s-1}=\begin{bmatrix}\boldsymbol{0}^{m\times m(n_s-1)} & \gamma\boldsymbol{I}_m\\ \boldsymbol{0}^{m(n_s-1)\times m(n_s-1)} & \boldsymbol{0}^{m(n_s-1)\times m}\end{bmatrix} \tag{7-61}$$

且

$$\boldsymbol{\Phi}_s^{(j)}=\begin{bmatrix}a(\breve{x}_s^{(1,j)}) & \cdots & 0\\ \vdots & \ddots & \vdots\\ 0 & \cdots & a(\breve{x}_s^{(m,j)})\end{bmatrix};\boldsymbol{\Psi}_s^{(j)}(\boldsymbol{x}_s)=\begin{bmatrix}\theta_s^{(1,j)}(\breve{x}_s^{(1,j)}-x_\infty)\beta(\breve{x}_s^{(1,j)})\\ \boldsymbol{0}^{(m-2)\times1}\\ \theta_s^{(m,j)}(\breve{x}_s^{(m,j)}-x_\infty)\beta(\breve{x}_s^{(m,j)})\end{bmatrix}; \tag{7-62}$$

$$\boldsymbol{\Lambda}=\begin{bmatrix}-1 & 1 & 0 & \cdots & 0\\ 1 & -2 & 1 & \ddots & \vdots\\ 0 & \ddots & \ddots & \ddots & 0\\ \vdots & \ddots & 1 & -2 & 1\\ 0 & \cdots & 0 & 1 & -1\end{bmatrix};\boldsymbol{I}_m\in\mathbb{R}^{m\times m};\begin{cases}\theta_s^{(i,j)}=(\breve{x}_s^{(i,j)}/x)^a,s\in\mathcal{C}_{\mathcal{W}}\\ \theta_s^{(i,j)}=h_{\mathrm{air}}(\breve{x}_s^{(i,j)}),s\in\mathcal{C}_{\mathcal{A}}\end{cases}; \tag{7-63}$$

$$a[x_s^{(i,j)}]=-\Delta t\cdot\lambda[x_s^{(i,j)}]/\{\Delta z^2\rho[x_s^{(i,j)}]c_p[x_s^{(i,j)}]\} \tag{7-64}$$

$$\beta[x_s^{(i,j)}]=\Delta t\cdot a[x_s^{(i,j)}]/\lambda[x_s^{(i,j)}] \tag{7-65}$$

$$\gamma=\Delta t\cdot v/\Delta l, i=1,2,\cdots,m, j=1,2,\cdots,n_s \tag{7-66}$$

其中，Δl 和 Δz 分別是每個小單位格的長度和厚度，ρ 是鋼板密度，c_p 是比熱容，λ 是熱傳導係數，v 是板速，$\breve{x}_s^{(i,j)}$ 是子系統 $\mathcal{S}_s$ 的平衡溫度，$\mathcal{C}_W$ 是用水冷方式冷卻鋼板的子系統的集合，$\mathcal{C}_A$ 是採用空冷方式冷卻鋼板的子系統的集合，F_s 是子系統 $\mathcal{S}_s$ 噴頭的水流量，F_0、v_0、a、b 和 c 是常數，其具體數值詳見第 2 章。

爲了下面算法研究方便，取模型（7-59）和（7-60）的線性部分進行研究，另外爲了使算法具有更強的通用性，把每個子系統的模型（7-59）的線性部分重寫爲如下狀態空間形式：

$$\begin{cases} \boldsymbol{x}_i(k+1)=\boldsymbol{A}_{ii}\boldsymbol{x}_i(k)+\boldsymbol{B}_{ii}u_i(k)+\sum\limits_{j=1(j\neq i)}^{n}\boldsymbol{A}_{ij}\boldsymbol{x}_j(k)+\sum\limits_{j=1(j\neq i)}^{n}\boldsymbol{B}_{ij}u_j(k) \\ y_i(k)=\boldsymbol{C}_{ii}\boldsymbol{x}_i(k)+\sum\limits_{j=1(j\neq i)}^{n}\boldsymbol{C}_{ij}\boldsymbol{x}_j(k) \end{cases} \tag{7-67}$$

其中，$\boldsymbol{x}_i\in\mathbb{R}^{n_{x_i}}$、$\boldsymbol{u}_i\in\mathbb{R}^{n_{u_i}}$ 和 $\boldsymbol{y}_i\in\mathbb{R}^{n_{y_i}}$ 分別爲局部子系統狀態、控制輸入和輸出向量。當$\boldsymbol{A}_{ij}$、$\boldsymbol{B}_{ij}$ 和$\boldsymbol{C}_{ij}$ 中有一個矩陣不爲零時，説明 $\mathcal{S}_j$ 與 $\mathcal{S}_i$ 相關聯。

整個系統模型可以表示爲

$$\begin{cases} \boldsymbol{x}(k+1)=\boldsymbol{A}\boldsymbol{x}(k)+\boldsymbol{B}\boldsymbol{u}(k) \\ \boldsymbol{y}(k)=\boldsymbol{C}\boldsymbol{x}(k) \end{cases} \tag{7-68}$$

其中，$\boldsymbol{x}\in\mathbb{R}^{n_x}$、$\boldsymbol{u}\in\mathbb{R}^{n_u}$ 和 $\boldsymbol{y}\in\mathbb{R}^{n_y}$ 分別是全系統狀態、控制輸入和輸出。

（2）優化控制目標

整個控制系統的控制目標是獲得一個全局的性能指標，要求鋼板經過座標點 l_1、l_2、…、l_n 處的溫度與參考溫度 $\boldsymbol{y}^{\mathrm{d}}=[y_1^{\mathrm{d}} \quad y_2^{\mathrm{d}} \quad \cdots \quad y_n^{\mathrm{d}}]^{\mathrm{T}}$ 的偏差最小。如果採用滾動優化的策略，在每個控制時刻 k，需要得到的全局性能指標 $J(k)$ 表示爲

$$J(k)=\sum_{i=1}^{n}\left[\sum_{l=1}^{P}\left\|y_i(k+l)-\boldsymbol{y}_i^{\mathrm{d}}(k+l)\right\|_{\boldsymbol{Q}_i}^2+\sum_{l=1}^{M}\left\|\Delta u_i(k+l-1)\right\|_{\boldsymbol{R}_i}^2\right] \tag{7-69}$$

其中，$\boldsymbol{Q}_i$ 和$\boldsymbol{R}_i$ 是權重係數矩陣；自然數 P、$M\in\mathbb{N}$ 分別爲預測週期和控制週期，且 $P\geqslant M$；$\boldsymbol{y}_i^{\mathrm{d}}$ 是子系統 $\mathcal{S}_i$ 的輸出設定值；$\Delta\boldsymbol{u}_i(k)=$

$\boldsymbol{u}_i(k)-\Delta\boldsymbol{u}_i(k-1)$是子系統 $\mathcal{S}_i$ 的輸入增量。

爲了更好地說明本章所介紹的分散式預測控制算法的性能，這裏省去了優化目標再計算過程。所有板點都按同一冷卻曲線進行冷卻。採用本章提出的生產全過程 MPC 方法，每個的子系統由一個局部控制器來控制。以厚度爲 19.28mm，長度爲 25m，寬爲 5m 的 X70 管線鋼爲例來說明該方法性能的優越性。全開口係用厚爲 3mm、長爲 0.8m 的單位格覆蓋，鋼板速度爲 1.6m/s。第 1～12 組冷卻水噴頭組爲活動噴頭組，用來調節鋼板的板溫。鋼板的平衡溫度的分散如圖 7-3 所示。

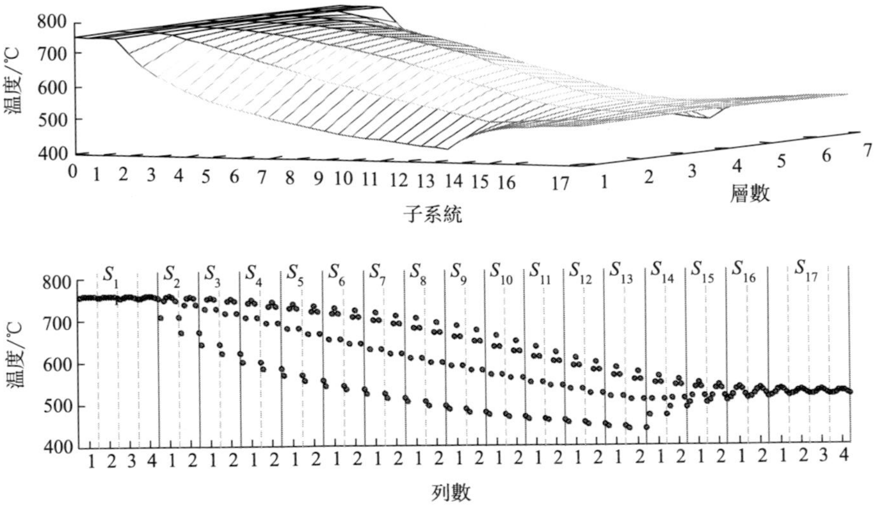

圖 7-3　全系統的狀態平衡點

設每個局部 MPC 的預測時域和控制時域都等於 10，也就是 $P=10$，$M=10$。設整個冷卻過程開冷溫度 T_{P2} 爲 780℃。分別採用集中式 MPC、生產全過程 MPC 和採用局部性能指標的分散式 MPC 對系統進行控制，得到的閉環系統性能如圖 7-4 所示。相應的操縱變量［單位：L/(m^2 · min)］如圖 7-5 所示。由圖 7-4 和圖 7-5 可以看出，對於 ACC 過程，相比採用局部性能指標的分散式 MPC，採用基於鄰域優化的生產全過程 MPC 後閉環系統的性能明顯提高。生產全過程 MPC 的控制決策和閉環系統性能與集中式 MPC 十分接近。另外，生產全過程 MPC 的計算量要比集中式 MPC 少很多。因此，生產全過程 MPC 方法是一個高效的，能夠在保證計算速度和網路負擔的前提下顯著提高系統性能的方法。

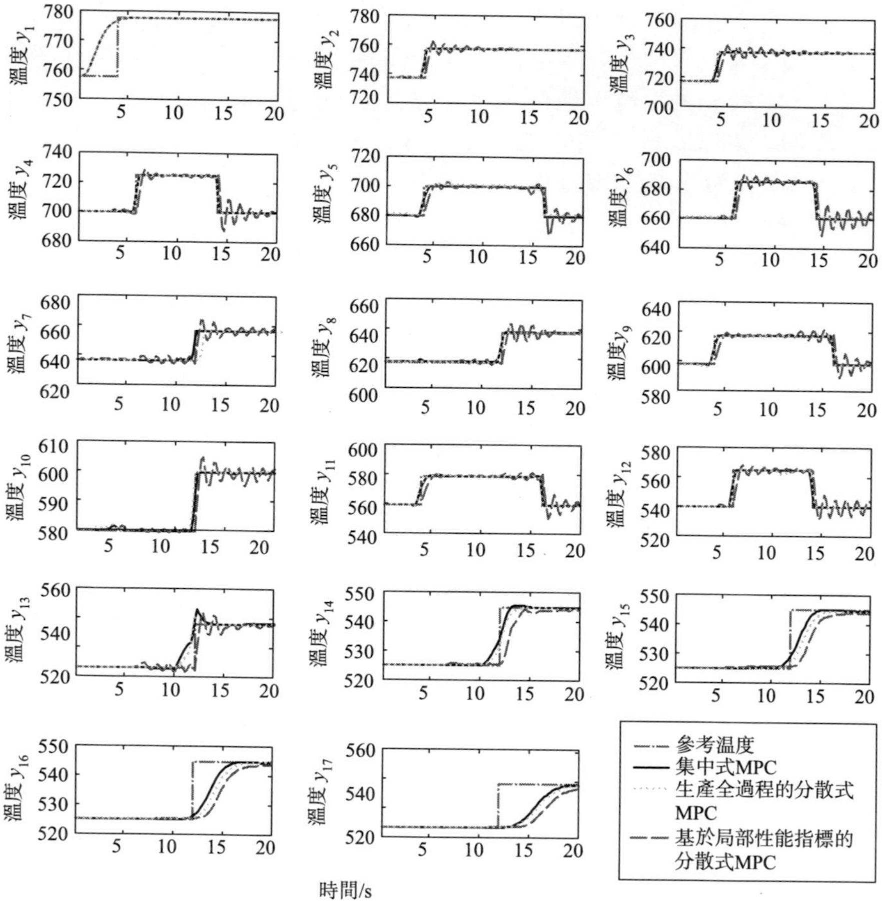

圖 7-4 採用集中式 MPC、生產全過程 MPC 和局部性能指標的分散式 MPC 的閉環系統性能

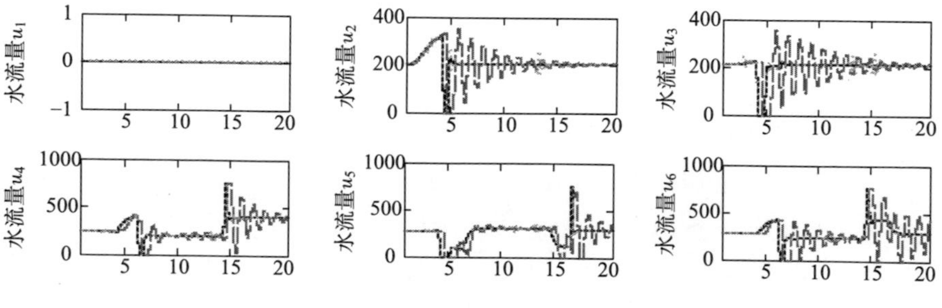

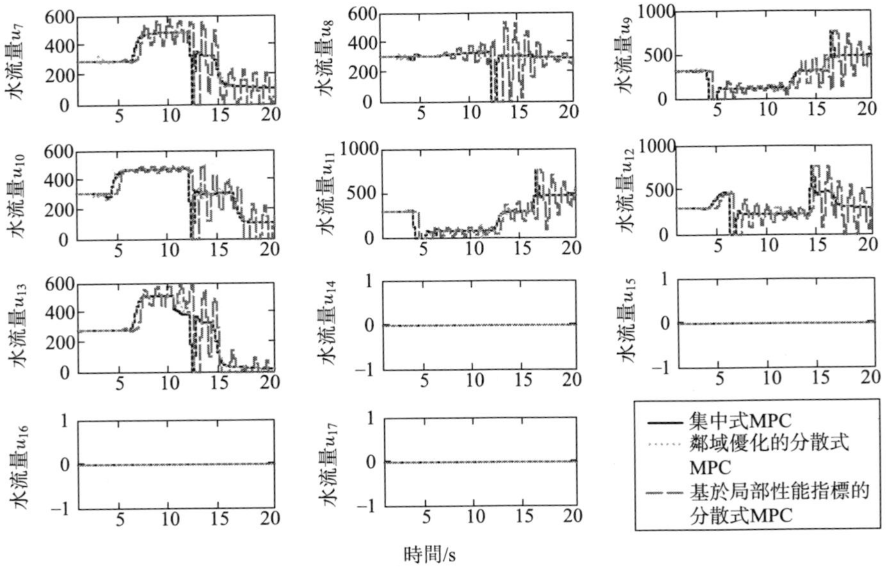

圖 7-5 採用集中式 MPC、鄰域優化的 MPC 和局部性能指標的分散式 MPC 的各閥門水流量

7.3 高靈活性的分散式模型預測控制

靈活性（或容錯性）和全局性能是 DMPC 算法的兩個重要特性。現有方法通常透過提高協同度（每個基於子系統的 MPC 優化的性能指標範圍）來提昇優化性能。協同度的增加，一方面使得系統整體性能得以提昇，另一方面又會增加網路連接的複雜度，進一步降低系統的容錯性和靈活性。這不是我們想要的結果。那麼，能不能找到一種方法，既能提高系統的整體性能或協同度，同時又不增加網路連接的複雜度？

在本節中，將提出一種新的協同策略，在每個子系統下游鄰居的 MPC 性能指標中加入該子系統此刻輸入的二次函數，來提高系統整體的優化性能。該方法能在不增加網路連接複雜度的前提下，提昇系統協同度。每個子系統 MPC 算法中加入一致性約束，用來限制上一時刻的預測狀態和此時刻的預測狀態誤差值在一個事先定義的範圍內。這些約束保證了每個子系統 MPC 算法的迭代可行性。同時，還加入了穩定性約束和雙模 MPC 策略來保證 DMPC 的穩定性。

7.3.1 分散式系統描述

如圖 7-6 所示，分散式控制結構中控制對象由多個相互耦合的子系統組成，每個子系統由一個獨立的控制器控制，控制器與控制器之間透過網路交換資訊，並採用一定的協調策略達到某一共同的控制目標或整體性能。

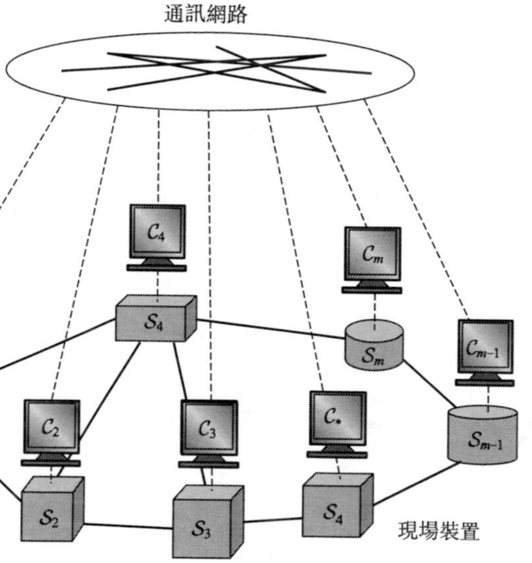

圖 7-6　分散式預測控制示意圖

假定控制系統 $\mathcal{S}$ 由 m 個離散時間線性子系統 $\mathcal{S}_i$，$i \in \mathcal{P}=\{1,2,\cdots,m\}$和 m 個控制器 $\mathcal{C}_i$，$i \in \mathcal{P}=\{1,2,\cdots,m\}$構成。令子系統間透過狀態耦合，如果子系統 $\mathcal{S}_i$ 受 $\mathcal{S}_j$ 影響，$i \in \mathcal{P}$，$j \in \mathcal{P}$，那麼則稱 $\mathcal{S}_i$ 爲 $\mathcal{S}_j$ 的下游系統，$\mathcal{S}_j$ 爲 $\mathcal{S}_i$ 的上游系統。定義子系統 $\mathcal{S}_i$ 所有上遊子系統的序號集合爲 $\mathcal{P}_{+i}$，所有下游子系統的序號集合爲 $\mathcal{P}_{-i}$，則各子系統動態可用如下方程描述：

$$\begin{cases} \boldsymbol{x}_{i,k+1} = \boldsymbol{A}_{ii}\boldsymbol{x}_{i,k} + \boldsymbol{B}_{ii}\boldsymbol{u}_{i,k} + \sum\limits_{j \in P_{+i}} \boldsymbol{A}_{ij}\boldsymbol{x}_{j,k} \\ \boldsymbol{y}_{i,k} = \boldsymbol{C}_{ii}\boldsymbol{x}_{i,k} \end{cases} \tag{7-70}$$

其中，$x_i \in \mathbb{R}^{n_{x_i}}$，$u_i \in \mathcal{U}_i \subset \mathbb{R}^{n_{u_i}}$，$y_i \in \mathbb{R}^{n_{y_i}}$ 分别是子系統狀態、輸入和輸出向量，$\mathcal{U}_i$ 爲輸入 u_i 的可行集，根據執行器的物理約束，控制要求或者被控對象的特性等對輸入進行約束。一個非零矩陣A_{ij} 表示 $\mathcal{S}_i$ 受 $\mathcal{S}_j$ 影響。系統動態可寫成如下緊湊形式：

$$\begin{cases} x_{k+1} = Ax_k + Bu_k \\ y_k = Cx_k \end{cases} \tag{7-71}$$

其中，$x = [x_1^{\mathrm{T}}\ x_2^{\mathrm{T}} \cdots x_m^{\mathrm{T}}]^{\mathrm{T}} \in \mathbb{R}^{n_x}$，$u = [u_1^{\mathrm{T}} u_2^{\mathrm{T}} \cdots u_m^{\mathrm{T}}]^{\mathrm{T}} \in \mathbb{R}^{n_u}$，$y = [y_1^{\mathrm{T}} y_2^{\mathrm{T}} \cdots y_m^{\mathrm{T}}]^{\mathrm{T}} \in \mathbb{R}^{n_y}$ 分别是全局系統 $\mathcal{S}$ 的狀態、控制輸入和輸出向量，A、B、C 分别是具有適當維數的常數矩陣。$u \in \mathcal{U} = \mathcal{U}_1 \times \mathcal{U}_2 \times \cdots \times \mathcal{U}_m$。

系統的控制目標是設計穩定的 DMPC 算法，在不增加網路連接複雜度的前提下，使得控制系統的全局性能盡可能地接近集中式控制算法的控制效果。

7.3.2 局部預測控制器設計

在本節中主要給出 $u \in \mathbb{R}^{n_u}$ 個子系統 MPC 的優化問題及求解算法。本節介紹的高靈活性 DMPC（Coordinated Flexible DMPC，CF-DMPC）在每個子系統下游鄰居的 MPC 算法性能指標中加入了該子系統此刻輸入的二次函數，來協調各個子系統。令所有子系統 MPC 採用相同的預測時域 N，$N \geqslant 1$，且同步運行。在每個控制週期，各子系統 MPC 在網路上獲得對應子系統的上下游子系統的未來預估狀態，並對各子系統 MPC 相應子系統和下游子系統的性能進行優化（加入當前輸入對下游子系統影響的性能指標）。

7.3.1.1 局部控制器優化問題的數學描述

在介紹提出的控制方法前，首先，作如下在非全局資訊條件下設計穩定化分散式預測控制中經常用到的假設。

假設 7.2 對於子系統 $\mathcal{S}_i$，$i \in \mathcal{P}$，存在反饋控制律 $u_i = K_i x_i$，使得 $A_{di} = A_{ii} + B_{ii} K_i$ 的特徵值在單位圓内，且系統$x_{k+1} = A_c x_k$ 漸近穩定。其中$A_c = A + BK$，$K = \text{block-diag}\{K_1, K_2, \cdots, K_m\}$。

這一假設通常用於設計穩定 DMPC 算法[7,8]，它假定每個子系統都可以由分散式控制$K_i x_i$，$i \in \mathcal{P}$ 鎮定，計算過程中使用 LMI 方法求得系統的分散控制增益 K。

這裏需要定義一些必要的符號標識，見表 7-2。

表 7-2 本節中一些標識符號意義

標識	注釋
$\mathcal{P}$	所有子系統的集合
$\mathcal{P}_i$	所有不包含子系統 $\mathcal{S}_i$ 本身的子系統集合
$\boldsymbol{u}_i(k+l-1\mid k)$	在 k 時刻 $\mathcal{C}_i$ 計算獲得的子系統 $\mathcal{S}_i$ 的優化控制序列
$\hat{\boldsymbol{x}}_j(k+l\mid k,i)$	在 k 時刻 $\mathcal{C}_i$ 計算獲得的子系統 $\mathcal{S}_j$ 的預測狀態序列
$\hat{\boldsymbol{x}}(k+l\mid k,i)$	在 k 時刻計算獲得的所有子系統的預測狀態序列
$\boldsymbol{u}_i^{\mathrm{f}}(k+l-1\mid k)$	在 $k+l-1$ 時刻 $\mathcal{C}_i$ 計算獲得的子系統 $\mathcal{S}_i$ 的可行控制律
$\boldsymbol{x}_j^{\mathrm{f}}(k+l\mid k,i)$	在 k 時刻 $\mathcal{C}_i$ 定義的子系統 $\mathcal{S}_j$ 可行的預測狀態序列
$\boldsymbol{x}^{\mathrm{f}}(k+l\mid k,i)$	在 k 時刻 $\mathcal{C}_i$ 計算獲得的所有子系統的可行預測狀態序列
$\boldsymbol{x}^{\mathrm{f}}(k+l\mid k)$	在 k 時刻所有子系統的可行預測狀態序列 $\boldsymbol{x}^{\mathrm{f}}(k+l\mid k)=[\boldsymbol{x}_1^{\mathrm{f}}(k+l\mid k),\boldsymbol{x}_2^{\mathrm{f}}(k+l\mid k),\cdots,\boldsymbol{x}_m^{\mathrm{f}}(k+l\mid k)]^{\mathrm{T}}$
$\Vert\cdot\Vert_P$	$\boldsymbol{P}$ 範數,$\boldsymbol{P}$ 是任意的一個正矩陣,$\Vert \boldsymbol{z}\Vert_P=\sqrt{\boldsymbol{x}^{\mathrm{T}}(k)\boldsymbol{P}\boldsymbol{x}(k)}$

考慮到子系統 $\mathcal{S}_i$ 的控制律將對其下游鄰域子系統 $\mathcal{S}_j$ 有影響，在 CF-DMPC 算法中，將 $\mathcal{S}_j$ 的性能指標添加到 $\mathcal{S}_i$ 的 MPC 性能指標中，使其可基於對 $\mathcal{S}_j$ 的狀態更新估計計算自身的控制律。$\mathcal{S}_j$ 的狀態更新估計序列等於假定的 $\mathcal{S}_j$ 狀態序列加上 $\mathcal{S}_i$ 控制律變化對 $\mathcal{S}_j$ 狀態的影響。因此，協同度無需藉助增加網路連通度即可得到提昇。

定義 $\boldsymbol{f}_{i,k+l\mid k}$ 爲 $\boldsymbol{u}_{i,k:k+l-1\mid k}$ 到 $\boldsymbol{x}_{i,k+l\mid k}$ 的映射，從式(7-70) 可推得

$$\boldsymbol{f}_{i,k+l|k}=\boldsymbol{x}_{i,k+l|k}=\boldsymbol{A}_{ii}^{l}\boldsymbol{x}_{i,k}+\sum_{h=1}^{l}\boldsymbol{A}_{ii}^{l-h}\boldsymbol{B}_{ii}\boldsymbol{u}_{i,k+h-1|k}+\sum_{j\in P_{+i}}\sum_{h=1}^{l}\boldsymbol{A}_{ii}^{l-h}\boldsymbol{A}_{ij}\boldsymbol{x}_{j,k+h-1|k} \tag{7-72}$$

可得

$$\frac{\partial \boldsymbol{f}_{i,k+l|k}}{\partial \boldsymbol{x}_{j,k+h-1|k}}=\boldsymbol{A}_{ii}^{l-h}\boldsymbol{A}_{ij} \tag{7-73}$$

$$\frac{\partial \boldsymbol{x}_{i,k+l|k}}{\partial \boldsymbol{u}_{i,k+h-1|k}}=\boldsymbol{A}_{ii}^{l-h}\boldsymbol{B}_{ii} \tag{7-74}$$

然後，$\boldsymbol{f}_{i,k+l\mid k}$ 對 $\boldsymbol{u}_{j,k+h-1\mid k}$ 求偏導可得

$$\begin{aligned}\frac{\partial \boldsymbol{f}_{i,k+l|k}}{\partial \boldsymbol{u}_{j,k+h-1|k}}&=\sum_{p=h+1}^{l}\frac{\partial \boldsymbol{f}_{i,k+l|k}}{\partial \boldsymbol{x}_{j,k+p-1|k}}\times\frac{\partial \boldsymbol{x}_{j,k+p-1|k}}{\partial \boldsymbol{u}_{j,k+h-1|k}}\\&=\sum_{p=h+1}^{l}\boldsymbol{A}_{ii}^{l-p}\boldsymbol{A}_{ij}\boldsymbol{A}_{jj}^{p-h}\boldsymbol{B}_{jj}\end{aligned} \tag{7-75}$$

因爲 $\mathcal{S}_i$ 的上游下游鄰居系統的狀態和輸入序列對於 $\mathcal{S}_i$ 的控制器來

説都是未知量，設$\hat{x}_{i,k+l \mid k}$ 和 $\hat{u}_{i,k+l \mid k}$ 爲上一時刻計算得到的狀態和輸入的設定值。將 $\mathcal{S}_j$，$j \in P_{-i}$ 的性能指標添加到 S_i 的性能指標中，可得

$$\overline{J}_i(k)=\sum_{l=1}^{N}\left(\left\|\boldsymbol{x}_{i,k+l|k}^{\mathrm{p}}\right\|_{\boldsymbol{Q}_i}^2+\left\|\boldsymbol{u}_{i,k+l-1|k}\right\|_{\boldsymbol{R}_i}^2\right)+$$
$$\sum_{j\in P_{-i}}\sum_{l=1}^{N}\left\|(\hat{\boldsymbol{x}}_{j,k+l|k}+\omega_i\boldsymbol{S}_{ji,k+l|k})\right\|_{\boldsymbol{Q}_j}^2+\sum_{j\in P_{-i}}\sum_{l=1}^{N}\left\|\hat{\boldsymbol{u}}_{i,k+l-1|k}\right\|_{\boldsymbol{R}_j}^2 \tag{7-76}$$

其中 ω_i 是權重係數，可提高迭代算法的收斂速度。

$$\boldsymbol{S}_{ji,k+l|k}=\sum_{h=1}^{l}\sum_{p=h+1}^{l}\boldsymbol{A}_{jj}^{l-p}\boldsymbol{A}_{ji}\boldsymbol{A}_{ii}^{p-h}\boldsymbol{B}_{ii}(\boldsymbol{u}_{i,k+h-1|k}-\hat{\boldsymbol{u}}_{i,k+h-1|k}) \tag{7-77}$$
$$h=1,2,\cdots,l$$

其中，$\boldsymbol{Q}_i=\boldsymbol{Q}_i^{\mathrm{T}}>0$，$\boldsymbol{R}_i=\boldsymbol{R}_i^{\mathrm{T}}>0$，$\boldsymbol{P}_i=\boldsymbol{P}_i^{\mathrm{T}}>0$，並且矩陣 P_i 滿足 Lyapunov 方程：

$$\boldsymbol{A}_{\mathrm{d}i}^{\mathrm{T}}\boldsymbol{P}_i\boldsymbol{A}_{\mathrm{d}i}-\boldsymbol{P}_i=-\hat{\boldsymbol{Q}}_i \tag{7-78}$$

其中，$\hat{\boldsymbol{Q}}_i=\boldsymbol{Q}_i+\boldsymbol{K}_i^{\mathrm{T}}\boldsymbol{R}_i\boldsymbol{K}_i$。定義

$$\boldsymbol{P}=\mathrm{diag}\{\boldsymbol{P}_1,\boldsymbol{P}_2,\cdots,\boldsymbol{P}_m\}$$
$$\boldsymbol{Q}=\mathrm{diag}\{\boldsymbol{Q}_1,\boldsymbol{Q}_2,\cdots,\boldsymbol{Q}_m\}$$
$$\boldsymbol{R}=\mathrm{diag}\{\boldsymbol{R}_1,\boldsymbol{R}_2,\cdots,\boldsymbol{R}_m\},$$
$$\boldsymbol{A}_{\mathrm{d}}=\mathrm{diag}\{\boldsymbol{A}_{\mathrm{d}1},\boldsymbol{A}_{\mathrm{d}2},\cdots,\boldsymbol{A}_{\mathrm{d}m}\}$$

可得

$$\boldsymbol{A}_{\mathrm{d}}^{\mathrm{T}}\boldsymbol{P}\boldsymbol{A}_{\mathrm{d}}-\boldsymbol{P}=-\hat{\boldsymbol{Q}} \tag{7-79}$$

其中，$\hat{\boldsymbol{Q}}=\boldsymbol{Q}+\boldsymbol{K}^{\mathrm{T}}\boldsymbol{R}\boldsymbol{K}>0$。

因爲每個子系統控制器同步更新，其它子系統的狀態和輸入對於 $\mathcal{S}_i$ 來説都是未知的。因此，在 k 時刻，$\mathcal{S}_i$ 的預測模型用到了 $\mathcal{S}_j$ 的設定狀態序列。

$$\boldsymbol{x}_{i,k+l|k}^{\mathrm{p}}=\boldsymbol{A}_{ii}^{l}\boldsymbol{x}_{i,k}^{\mathrm{p}}+\sum_{h=1}^{l}\boldsymbol{A}_{ii}^{l-h}\boldsymbol{B}_{ii}\boldsymbol{u}_{i,k+h-1|k}+$$
$$\sum_{j\in P_{+i}}\sum_{h=1}^{l}\boldsymbol{A}_{ii}^{l-h}\boldsymbol{A}_{ij}\hat{\boldsymbol{x}}_{j,k+h-1|k} \tag{7-80}$$

給定$\boldsymbol{x}_{i,k \mid k}^{\mathrm{p}}=\boldsymbol{x}_i(k \mid k)$，$\mathcal{S}_i$ 的設定控制序列爲

$$\hat{\boldsymbol{u}}_{i,k+l-1|k}=\begin{cases}\boldsymbol{u}_{i,k+l-1|k-1}^{\mathrm{p}},l=1,2,\cdots,N-1\\ \boldsymbol{K}_i\boldsymbol{x}_{i,k+N-1|k-1}^{\mathrm{p}},l=N\end{cases} \tag{7-81}$$

設定每個子系統的狀態序列 $\hat{x}_i$ 與 $k-1$ 時刻的預測值，可得閉環系統在反饋控制下的響應：

$$\begin{cases}\hat{\boldsymbol{x}}_{i,k+l-1|k}=\boldsymbol{x}^{\mathrm{p}}_{i,k+l-1|k-1}, l=1,2,\cdots,N \\ \hat{\boldsymbol{x}}_{i,k+l-1|k}=A_{di}\boldsymbol{x}^{\mathrm{p}}_{i,k+N-1|k-1}+\sum\limits_{j\in P_{+i}}A_{ij}\boldsymbol{x}^{\mathrm{p}}_{i,k+N-1|k-1}\end{cases} \tag{7-82}$$

在 MPC 系統中，後續可行性和穩定性是非常重要的性質，在 DMPC 中也一樣。爲擴大可行域，每個 MPC 中都包括一個終端狀態約束來保證終端控制器能使系統穩定在一個終端集合中。爲定義這樣一個終端集合，需要作出一個假設並提出相應的引理。

假設 7.3 矩陣

$$\boldsymbol{A}_{\mathrm{d}}=\text{block-diag}\{\boldsymbol{A}_{\mathrm{d1}},\boldsymbol{A}_{\mathrm{d2}},\cdots,\boldsymbol{A}_{\mathrm{d}m}\}$$
$$\boldsymbol{A}_{\mathrm{o}}=\boldsymbol{A}_{\mathrm{c}}-\boldsymbol{A}_{\mathrm{d}}$$

滿足不等式

$$\boldsymbol{A}_{\mathrm{o}}^{\mathrm{T}}\boldsymbol{P}\boldsymbol{A}_{\mathrm{o}}+\boldsymbol{A}_{\mathrm{o}}^{\mathrm{T}}\boldsymbol{P}\boldsymbol{A}_{\mathrm{d}}+\boldsymbol{A}_{\mathrm{d}}^{\mathrm{T}}\boldsymbol{P}\boldsymbol{A}_{\mathrm{o}}<\hat{\boldsymbol{Q}}/2$$

假設 7.3 與假設 7.2 的提出是爲了輔助終端集的設計。假設 7.3 量化了子系統之間的耦合，它説明當子系統之間的耦合足夠弱的時候，可如下進行子系統的算法設計。

引理 7.4 如果假設 7.2 和假設 7.3 成立，則對於任意標量 c，集合

$$\Omega(c)=\boldsymbol{x}\in\mathbb{R}^{n_x}:\|\boldsymbol{x}\|_{\boldsymbol{P}}\leqslant c$$

是閉環系統 $\boldsymbol{x}_{k+1}=\boldsymbol{A}_{\mathrm{c}}\boldsymbol{x}_k$ 的正不變吸引域。且存在足夠小的標量 ε，使得對任意 $\boldsymbol{x}\in\Omega(\varepsilon)$，$\boldsymbol{Kx}$ 爲可行輸入，即 $\boldsymbol{Kx}\in\mathcal{U}\subset\mathbb{R}_{n_u}$。

證明 定義 $V(k)=\left\|\boldsymbol{x}_k\right\|_{\boldsymbol{P}}^2$。沿閉環系統 $\boldsymbol{x}_{k+1}=\boldsymbol{A}_{\mathrm{c}}\boldsymbol{x}_k$ 對 $V(k)$ 作差分，有

$$\Delta V_k=\boldsymbol{x}_k^{\mathrm{T}}\boldsymbol{A}_c^{\mathrm{T}}P\boldsymbol{A}_{\mathrm{c}}\boldsymbol{x}_k-\boldsymbol{x}_k^{\mathrm{T}}\boldsymbol{P}\boldsymbol{x}_k=\boldsymbol{x}_k^{\mathrm{T}}(\boldsymbol{A}_{\mathrm{d}}^{\mathrm{T}}\boldsymbol{P}\boldsymbol{A}_{\mathrm{d}}-\boldsymbol{P}+\boldsymbol{A}_{\mathrm{o}}^{\mathrm{T}}\boldsymbol{P}\boldsymbol{A}_{\mathrm{o}}+$$
$$\boldsymbol{A}_{\mathrm{o}}^{\mathrm{T}}\boldsymbol{P}\boldsymbol{A}_{\mathrm{d}}+\boldsymbol{A}_{\mathrm{d}}^{\mathrm{T}}\boldsymbol{P}\boldsymbol{A}_{\mathrm{o}})\boldsymbol{x}_k\leqslant-\boldsymbol{x}_k^{\mathrm{T}}\hat{\boldsymbol{Q}}\boldsymbol{x}_k+\frac{1}{2}\boldsymbol{x}_k^{\mathrm{T}}\hat{\boldsymbol{Q}}\boldsymbol{x}_k\leqslant 0$$

對所有狀態 $\boldsymbol{x}(k)\in\Omega(c)\backslash\{0\}$ 成立，即所有起始於 $\Omega(c)$ 的狀態軌跡會始終保持在 $\Omega(c)$ 內，並漸近趨於原點。由於 $\boldsymbol{P}$ 正定，$\Omega(\varepsilon)$ 可縮小至 0。因此，存在足夠小的 $\varepsilon>0$，使得對於所有 $\boldsymbol{x}\in\Omega(\varepsilon)$，$\boldsymbol{Kx}\in\mathcal{U}$。

子系統 $\mathcal{S}_{\mathrm{i}}$ 的 *MPC* 終端約束可以定義爲

$$\Omega_{\mathrm{i}}(\varepsilon)=\{\boldsymbol{x}_i\in\mathbb{R}^{n_{x_i}}:\|\boldsymbol{x}_i\|_{\boldsymbol{P}_i}\leqslant\varepsilon/\sqrt{m}\}$$

顯然，如果 $\boldsymbol{x}\in\Omega_1(\varepsilon)\times\cdots\times\Omega_m(\varepsilon)$，那麼系統將漸近穩定，這是因爲

$$\left\|\boldsymbol{x}_i\right\|_{\boldsymbol{P}_i}^2\leqslant\frac{\varepsilon^2}{m},\forall i\in\mathcal{P}$$

説明

$$\sum_{i\in\mathcal{P}}\left\|\boldsymbol{x}_i\right\|_{\boldsymbol{P}_i}^2\leqslant\varepsilon^2 \tag{7-83}$$

因此，$\boldsymbol{x}\in\Omega(\varepsilon)$。假設在 k_0 時刻，所有子系統的狀態都滿足 $\boldsymbol{x}_{i,k_0}\in\Omega_i(\varepsilon)$，並且 $\mathcal{C}_i$ 採用控制律 $K_i\boldsymbol{x}_{i,k}$，那麼，根據引理 7.3，系統漸近穩定。

由上可知，只要設計的 MPC 能夠把相應子系統 $\mathcal{S}_i$ 的狀態轉移到集合 $\Omega_i(\varepsilon)$ 中，那麼就可以透過反饋控制律使得系統穩定地趨於原點。一旦狀態到達原點的某個合適的鄰域，就將 MPC 控制切換到終端控制的方法就叫做雙模 MPC[9]。因此，本章中提出的算法也叫雙模 DMPC 算法。

問題 7.1 在子系統 $\mathcal{S}_i$ 中，令 ε 滿足引理 7.4，$k>1$。已知 $\boldsymbol{x}_{i,k}$、$\boldsymbol{x}_{-i,k}$、$\boldsymbol{u}_{i,k+l-1\mid k-1}$、$\boldsymbol{x}_{+i,k+l\mid k-1}$ 和 $\boldsymbol{x}_{-i,k+l|k-1}$，$l=1,2,\cdots,N$。確定控制序列 $\boldsymbol{u}_{i,k+l-1\mid k}$ 以最小化性能指標：

$$\overline{J}_i(k)=\sum_{l=1}^{N}\left(\left\|\boldsymbol{x}_{i,k+l|k}^{\mathrm{p}}\right\|_{\boldsymbol{Q}_i}^2+\left\|\boldsymbol{u}_{i,k+l-1|k}\right\|_{\boldsymbol{R}_i}^2\right)+$$
$$\sum_{j\in P_{-i}}\sum_{l=1}^{N}\left\|\hat{\boldsymbol{x}}_{j,k+l|k}+\omega_i\boldsymbol{S}_{ji,k+l|k}\right\|_{\boldsymbol{Q}_j}^2+\sum_{j\in P_{-i}}\sum_{l=1}^{N}\left\|\hat{\boldsymbol{u}}_{i,k+l-1|k}\right\|_{\boldsymbol{R}_j}^2 \tag{7-84}$$

滿足約束 (7-80)。

$$\textstyle\sum_{s=1}^{l}\alpha_{l-s}\left\|\boldsymbol{x}_{i,k+s|k}^{\mathrm{p}}-\hat{\boldsymbol{x}}_{i,k+s|k-1}\right\|_2\leqslant\frac{\xi\kappa\varepsilon}{2\sqrt{mm_1}},l=1,2,\cdots,N-1 \tag{7-85}$$

$$\left\|\boldsymbol{x}_{i,k+N|k}^{\mathrm{p}}-\hat{\boldsymbol{x}}_{i,k+N|k-1}\right\|_{P_i}\leqslant\frac{\kappa\varepsilon}{2\sqrt{m}} \tag{7-86}$$

$$\left\|\boldsymbol{x}_{i,k+l|k}\right\|_{\boldsymbol{P}_i}\leqslant\left\|\widetilde{\boldsymbol{x}}_{i,k+l|k}\right\|_{\boldsymbol{P}_i}+\frac{\varepsilon}{\mu N\sqrt{m}},l=1,2,\cdots,N \tag{7-87}$$

$$\boldsymbol{u}_{i,k+l-1|k}\in U_i,l=1,2,\cdots,N-1 \tag{7-88}$$

$$\boldsymbol{x}_{i,k+N|k}\in\Omega_i(\varepsilon/2) \tag{7-89}$$

在上面的約束中

$$m_1=\max_{i\in P}\{P_{+i}\text{ 的元素個數}\} \tag{7-90}$$

$$\alpha_l=\max_{i\in P}\max_{j\in P_i}\left\{\lambda_{\max\frac{1}{2}}\left[(\boldsymbol{A}_{ii}^{l}\boldsymbol{A}_{ij})^{\mathrm{T}}\boldsymbol{P}_j\boldsymbol{A}_{ii}^{l}\boldsymbol{A}_{ij}\right]\right\},l=0,1,\cdots,N-1 \tag{7-91}$$

常數 $0<\kappa<1$ 和 $0<\xi\leqslant1$ 爲設計參數，設計方法將在下面小節給出詳細説明。

以上優化問題中約束（7-85）和約束（7-86）是一致性約束，主要是爲了保證系統的迭代可行性。它確保了系統此刻的預測狀態與上一時刻的預測狀態相差不大。約束（7-87）是穩定性約束，證明系統穩定的必要條件。其中，$\mu>0$ 爲設計參數，後文將會詳細説明。$\boldsymbol{x}^{\mathrm{f}}_{i,k+l|k}$ 爲可行狀態序列，是在 $\boldsymbol{x}_{i,k}$ 初始條件下式（7-80）的解，可行控制序列 $\boldsymbol{u}^{\mathrm{f}}_{i,k+l-1|k}$ 定義如下：

$$\boldsymbol{u}^{\mathrm{f}}_{i,k+l-1|k}=\begin{cases}\boldsymbol{u}^{\mathrm{p}}_{i,k+l-1|k-1}, l=1,2,\cdots,N-1\\ \boldsymbol{K}_i\boldsymbol{x}^{\mathrm{f}}_{i,k+N-1|k}, l=N\end{cases} \tag{7-92}$$

值得一提的是，爲了保證系統的可行性，這裏定義的終端約束集是 $\Omega_i(\varepsilon/2)$ 而不是 $\Omega(\varepsilon)$。在下節的分析中將會説明，這樣定義的終端約束集才能保證可行性。

7.3.2.2 局部控制器求解算法

在描述 CF-DMPC 算法之前，首先對初始化階段作一個假設。

假設 7.4 在初始時刻 k_0，對所有子系統 $\mathcal{S}_i$，存在可行控制律 $\boldsymbol{u}_{i,k_0+l}\in U_i, l\in\{1,\cdots,N\}$，使得系統 $\boldsymbol{x}_{l+1+k_0}=\boldsymbol{A}\boldsymbol{x}_{l+k_0}+\boldsymbol{B}\boldsymbol{u}_{l+k_0}$ 的解，即 $\hat{\boldsymbol{x}}_{\cdot|k_0,i}$，滿足 $\hat{\boldsymbol{x}}_{N+k_0|k_0,i}\in\Omega(\alpha\varepsilon)$，且 $\overline{J}_{i,k_0}$ 有界。

假設 7.4 能用分散式方法解決構造初始可行解的問題。實際上，對於許多優化問題，尋找初始可行解通常是一個難點問題，所以，許多集中式 MPC 也會假設存在初始可行解[7~9]。一種得到初始可行解的辦法是在初始時刻解對應的集中式 MPC 問題。

任意子系統 $\mathcal{S}_i$ 的 CF-DMPC 算法如下，各控制器在每個更新時刻通訊一次。

算法 7.1 (CF-DMPC 算法)

第一步：在 k_0 時刻初始化。

① 初始化 $\boldsymbol{x}_{k_0}, \boldsymbol{u}_{i,k_0+l-1|k_0}, l=1,2,\cdots,N$，使它們滿足假設 7.4。

② 在 k_0 時刻，如果 $\boldsymbol{x}_{k_0}\in\Omega(\varepsilon)$，那麼對所有 $k\geqslant k_0$，採用反饋控制 $\boldsymbol{u}_{i,k}=\boldsymbol{K}_i\boldsymbol{x}_{i,k}$；否則，計算 $\hat{\boldsymbol{x}}_{i,k_0+l+1|k_0+1}$ 並發送給下游子系統。

第二步：在 k 時刻通訊。

測量 $\boldsymbol{x}_{i,k}$，將 $\boldsymbol{x}_{i,k}$ 和 $\hat{\boldsymbol{x}}_{i,k+l+1|k}$ 發送給 $\mathcal{S}_j$，$j\in\mathcal{P}_{-i}$，並從 S_j，$j\in\mathcal{P}_{+i}$ 接收 $\boldsymbol{x}_{j,k}$ 和 $\hat{\boldsymbol{x}}_{j,k}$。

第三步：在 k 時刻更新控制律。

如果 $\boldsymbol{x}_k\in\Omega(\varepsilon)$，那麼應用終端控制 $\boldsymbol{u}_{i,k}=\boldsymbol{K}_i\boldsymbol{x}_{i,k}$；否則，解優化問題 7.1，得到 $\boldsymbol{u}_{i,k+l-1|k}$，並應用 $\boldsymbol{u}_{i,k|k}$ 到系統 $\mathcal{S}_i$。

第四步：在 $k+1$ 時刻更新控制律。

令 $k+1 \to k$，重複第二步。

算法 7.1 假定所有局部控制器 $\mathcal{C}_i$，$i \in \mathcal{P}$ 可以獲得系統所有的狀態$\boldsymbol{x}_k$。之所以作這樣的假定，僅僅是因爲雙模控制需要在$\boldsymbol{x}_k \in \Omega(\varepsilon)$ 時同步發生控制切換，其中 $\Omega(\varepsilon)$ 已在引理中給出定義。在下面的小節中將會説明採用 CF-DMPC 算法可以在有限次更新後驅使狀態$\boldsymbol{x}_{k+l}$ 進入 $\Omega(\varepsilon)$。

算法 7.1 中，如果 $\Omega_i(\varepsilon)$ 足夠小，可以一直採用 MPC 進行控制，而不需要局部控制器獲得所有狀態。此時，不能保證系統漸近穩定到原點，只能保證控制器可以把狀態推進一個小的 $\Omega(\varepsilon)$ 集合中。

下一節中將詳細分析該分散式控制算法的可行性和穩定性。

7.3.3 性能分析

本節首先分析可行性，然後分析穩定性。

7.3.3.1 遞歸可行性

這部分主要結果是：如果系統在初始時刻可行，假設 7.4 成立，那麼對於任意系統 $\mathcal{S}_i$，任意時刻 $k \geqslant 1$，$\boldsymbol{u}^{\mathrm{p}}_{i,\cdot|k} = \boldsymbol{u}^{\mathrm{f}}_{i,\cdot|k}$ 是問題 7.1 的可行解，即 $(\boldsymbol{u}^{\mathrm{f}}_{i,\cdot|k}, \boldsymbol{x}^{\mathrm{f}}_{i,\cdot|k})$ 滿足系統一致性約束（7-85）和（7-86）、控制輸入約束（7-88）和終端約束（7-89）。

圖 7-7 表示的是設定狀態序列 $\{\hat{\boldsymbol{x}}_{i,k+1|k}, \hat{\boldsymbol{x}}_{i,k+2|k}, \cdots\}$ 和預測狀態序列$\{\boldsymbol{x}^{\mathrm{f}}_{i,k+1|k}, \boldsymbol{x}^{\mathrm{f}}_{i,k+2|k}, \cdots\}$，$j \in \mathcal{P}_i$ 間的偏差，及這些序列與終端集合 $\Omega_j(\varepsilon)$、$\Omega_j(\varepsilon/2)$、$\Omega_j(\varepsilon'/2)$之間的關係，其中 $0<\varepsilon'=(1-\kappa)\varepsilon<\varepsilon$。爲保證可行性，必須建立參數條件使得 $\hat{\boldsymbol{x}}_{i,k+N|k}$ 和 $\boldsymbol{x}^{\mathrm{f}}_{i,k+N|k}$ 在 k 時刻保持在指定的橢圓內部，且在$[k+1, k+N]$時間間隔內，兩者充分靠近。

引理 7.5 給出了保證 $\hat{\boldsymbol{x}}_{i,k+N|k} \in \Omega_i(\varepsilon'/2)$ 的充分條件，其中 $\varepsilon'=(1-\kappa)\varepsilon$。引理 7.6 給出了保證 $\| \boldsymbol{x}^{\mathrm{f}}_{i,l+k|k} - \hat{\boldsymbol{x}}_{i,s+k|k} \|_{\boldsymbol{P}_j} \leqslant \kappa\varepsilon/(2\sqrt{m})$，$i \in P$ 的充分條件。引理 7.7 保證能滿足輸入約束。最後，定理 7.3 結合引理 7.5～7.7 的結果，得出結論：對於 $i \in \mathcal{P}$，控制輸入和狀態對 $(\boldsymbol{u}^{\mathrm{f}}_{i,\cdot|k}, \boldsymbol{x}^{\mathrm{f}}_{i,\cdot|k})$ 在任意 $k \geqslant 1$ 時刻是問題 7.1 的可行解。

引理 7.5 當假設 1～假設 3 都成立且在 $\boldsymbol{x}(k_0) \in \mathcal{X}$ 的前提下，對任意 $k \geqslant 0$ 時刻，如果問題 7.1 在 $k-1$ 時刻有可行解，且 $\hat{\boldsymbol{x}}_{i,k+N-1|k-1} \in \Omega_j(\varepsilon/2), j \in \mathcal{P}_i, i \in \mathcal{P}$，那麼

$$\hat{\boldsymbol{x}}_{i,k+N-1|k} \in \Omega_j(\varepsilon/2)$$

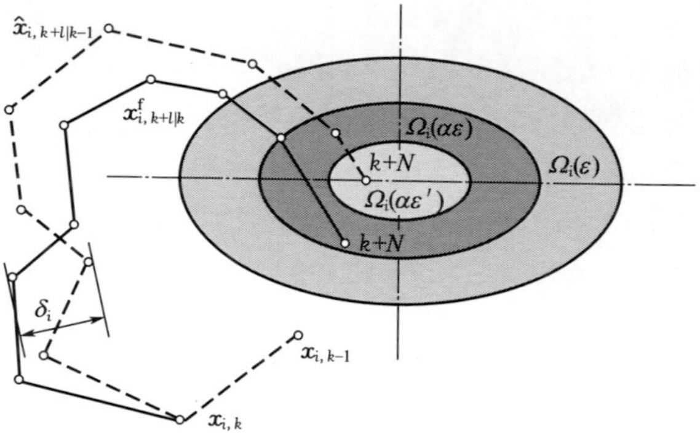

圖 7-7 可行狀態序列、假設狀態序列和預測狀態序列之間誤差示意圖

且

$$\hat{\boldsymbol{x}}_{i,k+N|k} \in \Omega_j(\varepsilon'/2)$$

其中，$\hat{\boldsymbol{Q}}_j$ 和$\boldsymbol{P}_j$ 滿足

$$\max_{i\in P}(\rho_i)\leqslant 1-\kappa \tag{7-93}$$

且

$$\varepsilon'=(1-\kappa)\varepsilon$$

$$\rho=\lambda_{\max}\sqrt{(\hat{\boldsymbol{Q}}_i\boldsymbol{P}_i^{-1})^{\mathrm{T}}\hat{\boldsymbol{Q}}_i\boldsymbol{P}_i^{-1}}$$

證明 因爲問題 7.1 在 $k-1$ 時刻有可行解，透過式(7-81) 和式(7-82)，可得

$$\|\hat{\boldsymbol{x}}_{i,k+N-1|k}\|_{\boldsymbol{P}_j}=\|\boldsymbol{x}^{\mathrm{p}}_{i,k+N-1|k-1}\|_{\boldsymbol{P}_i}\leqslant\frac{\varepsilon}{2\sqrt{m}} \tag{7-94}$$

並且

$$\begin{aligned}\hat{\boldsymbol{x}}_{i,k+N|k}&=\boldsymbol{A}_{\mathrm{d}i}\boldsymbol{x}^{\mathrm{p}}_{i,k+N-1|k-1}+\sum_{j\in P_{+i}}\boldsymbol{A}_{ij}\boldsymbol{x}^{\mathrm{p}}_{j,k+N-1|k-1}\\&=\boldsymbol{A}_{\mathrm{d}i}\hat{\boldsymbol{x}}_{i,k+N-1|k}+\sum_{j\in P_{+i}}\boldsymbol{A}_{ij}\hat{\boldsymbol{x}}_{j,k+N-1|k}\end{aligned} \tag{7-95}$$

可得

$$\left\|\hat{\boldsymbol{x}}_{i,k+N|k}\right\|_{\boldsymbol{P}_i}=\left\|\boldsymbol{A}_{\mathrm{d}i}\hat{\boldsymbol{x}}_{i,k+N-1|k}+\sum_{j\in P_{+i}}\boldsymbol{A}_{ij}\hat{\boldsymbol{x}}_{j,k+N-1|k}\right\|_{\boldsymbol{P}_i} \tag{7-96}$$

結合假設 7.3，$\boldsymbol{A}_{\mathrm{o}}^{\mathrm{T}}\boldsymbol{P}\boldsymbol{A}_{\mathrm{o}}+\boldsymbol{A}_{\mathrm{o}}^{\mathrm{T}}\boldsymbol{P}\boldsymbol{A}_{\mathrm{d}}+\boldsymbol{A}_{\mathrm{d}}^{\mathrm{T}}\boldsymbol{P}\boldsymbol{A}_{\mathrm{o}}<\hat{\boldsymbol{Q}}/2$，可得

$$\begin{aligned}\|\hat{\boldsymbol{x}}_{i,k+N|k}\|_{\boldsymbol{P}_i}&\leqslant\|\hat{\boldsymbol{x}}_{i,k+N-1|k}\|_{\hat{\boldsymbol{Q}}/2}\\&\leqslant\lambda_{\max}\sqrt{(\hat{\boldsymbol{Q}}_i\boldsymbol{P}_i^{-1})^{\mathrm{T}}\hat{\boldsymbol{Q}}_i\boldsymbol{P}_i^{-1}}\left\|\hat{\boldsymbol{x}}_{i,k+N-1|k}\right\|_{\boldsymbol{P}_i}\end{aligned} \tag{7-97}$$

$$\leqslant(1-\kappa)\frac{\varepsilon}{2\sqrt{m}}$$

證畢。

引理 7.6 若假設 7.2～假設 7.4 成立，且 $\boldsymbol{x}(k_0)\in\mathcal{X}$。對於任何 $k\geqslant0$ 的時刻，如果問題 7.1 在每一個更新時刻 $l, l=0,\cdots,k-1$ 有解，那麼

$$\|\boldsymbol{x}^{\mathrm{f}}_{i,k+l|k}-\hat{\boldsymbol{x}}_{i,k+l|k}\|_{\boldsymbol{P}_i}\leqslant\frac{\kappa\varepsilon}{2\sqrt{m}} \tag{7-98}$$

對於所有 $i\in\mathcal{P}_i$，在所有時刻 $l=1,2,\cdots,N$，假定式(7-93) 和下面的參數條件成立：

$$\frac{\sqrt{m_2}}{\xi\lambda_{\min}(P)}\sum_{l=0}^{N-2}\alpha_l\leqslant 1 \tag{7-99}$$

其中 α_l 定義見式(7-91)，並且，可行控制輸入 $\boldsymbol{u}^{\mathrm{f}}_{i,k+s|k}$ 和狀態 $\boldsymbol{x}^{\mathrm{f}}_{i,k+s|k}$ 滿足約束 (7-85) 和約束 (7-86)。

證明 先證明式(7-98)。因爲問題 7.1 在時刻 $1,2,\cdots,k-1$ 存在一個可行解，根據式(7-80)、式(7-81) 和式(7-92)，對於任意 $s=1,2,\cdots,N-1$，可行狀態由下式給出：

$$\begin{aligned}\boldsymbol{x}^{\mathrm{f}}_{i,k+l|k}&=\boldsymbol{A}^{l}_{ii}\boldsymbol{x}^{\mathrm{f}}_{i,k|k}+\sum_{h=1}^{l}\boldsymbol{A}^{l-h}_{ii}\boldsymbol{B}_{ii}u^{\mathrm{f}}_{i,k+l|k}+\sum_{j\in P_{+i}}\sum_{h=1}^{l}\boldsymbol{A}^{l-h}_{ii}\boldsymbol{A}_{ij}\hat{\boldsymbol{x}}_{j,k+h-1|k}\\&=\boldsymbol{A}^{l}_{ii}\Big(\boldsymbol{A}^{l}_{ii}\boldsymbol{x}_{i,k-1|k-1}+\boldsymbol{B}_{ii}\boldsymbol{u}_{i,k-1|k-1}+\sum_{j\in P_{+i}}\boldsymbol{A}_{ij}\boldsymbol{x}_{j,k-1|k-1}\Big)+\\&\quad\sum_{h=1}^{l}\boldsymbol{A}^{l-h}_{ii}\boldsymbol{B}_{ii}\hat{\boldsymbol{u}}_{i,k+l|k}+\sum_{j\in P_{+i}}\sum_{h=1}^{l}\boldsymbol{A}^{l-h}_{ii}\boldsymbol{A}_{ij}\boldsymbol{x}^{\mathrm{p}}_{j,k+h-1|k-1}\end{aligned} \tag{7-100}$$

假定狀態爲

$$\begin{aligned}\hat{\boldsymbol{x}}_{i,k+l|k}&=\boldsymbol{A}^{l}_{ii}\boldsymbol{x}_{i,k|k-1}+\sum_{h=1}^{l}\boldsymbol{A}^{l-h}_{ii}\boldsymbol{B}_{ii}\boldsymbol{u}_{i,k+l|k-1}+\sum_{j\in P_{+i}}\sum_{h=1}^{l}\boldsymbol{A}^{l-h}_{ii}\boldsymbol{A}_{ij}\hat{\boldsymbol{x}}_{j,k+h-1|k-1}\\&=\boldsymbol{A}^{l}_{ii}\Big(\boldsymbol{A}^{l}_{ii}\boldsymbol{x}_{i,k-1|k-1}+\boldsymbol{B}_{ii}\boldsymbol{u}_{i,k-1|k-1}+\sum_{j\in P_{+i}}\boldsymbol{A}_{ij}\hat{\boldsymbol{x}}_{j,k-1|k-1}\Big)+\\&\quad\sum_{h=1}^{l}\boldsymbol{A}^{l-h}_{ii}\boldsymbol{B}_{ii}\hat{\boldsymbol{u}}_{i,k+l|k}+\sum_{j\in P_{+i}}\sum_{h=1}^{l}\boldsymbol{A}^{l-h}_{ii}\boldsymbol{A}_{ij}\hat{\boldsymbol{x}}_{j,k+h-1|k-1}\end{aligned} \tag{7-101}$$

式(7-100) 減去式(7-101)，結合式(7-91) 的定義，可得可行狀態與假定狀態序列之差：

$$\left\|\boldsymbol{x}^{\mathrm{f}}_{i,k+l|k}-\hat{\boldsymbol{x}}_{i,k+l|k}\right\|_{\boldsymbol{P}_i}=\left\|\sum_{j\in P_{+i}}\sum_{h=1}^{l}\boldsymbol{A}^{l-h}_{ii}\boldsymbol{A}_{ij}\left(\boldsymbol{x}^{\mathrm{p}}_{i,k+h-1|k-1}-\hat{\boldsymbol{x}}_{j,k+h-1|k-1}\right)\right\|_{\boldsymbol{P}_i}$$

$$\leqslant \sum_{j\in P_{+i}}\sum_{h=1}^{l}\boldsymbol{A}_{ii}^{l-h}\boldsymbol{A}_{ij}\left\|\boldsymbol{x}_{i,k+h-1|k-1}^{\mathrm{p}}-\hat{\boldsymbol{x}}_{j,k+h-1|k-1}\right\|_{\boldsymbol{P}_i}$$

$$\leqslant \sum_{s=1}^{l}\alpha_{l-s}\left\|\boldsymbol{x}_{i,k+s-1|k-1}^{\mathrm{p}}-\hat{\boldsymbol{x}}_{i,k+s-1|k-1}\right\|_2 \tag{7-102}$$

假定子系統 S_r 使得下式最大化：

$$\sum_{h=1}^{l}\alpha_{l-h}\left\|\boldsymbol{x}_{i,k-1+h|k-1}^{\mathrm{p}}-\hat{\boldsymbol{x}}_{i,k-1+h|k-1}\right\|_2, i\in P \tag{7-103}$$

則可得下式：

$$\left\|\boldsymbol{x}_{j,k+l|k}^{\mathrm{f}}-\hat{\boldsymbol{x}}_{j,k+l|k}\right\|_{\boldsymbol{P}_i}\leqslant\sqrt{m_1}\sum_{h=1}^{l}\alpha_{l-h}\left\|\boldsymbol{x}_{g,k+h-1|k-1}^{\mathrm{p}}-\hat{\boldsymbol{x}}_{g,k+h-1|k-1}\right\|_2 \tag{7-104}$$

因爲$\boldsymbol{x}_{i,l|k-1}^{\mathrm{p}}$ 對於所有時刻 $l=1,2,\cdots,k-1$ 滿足約束（7-85），則可得下式：

$$\|\boldsymbol{x}_{i,k+l|k}^{\mathrm{f}}-\hat{\boldsymbol{x}}_{i,k+l|k}\|_{\boldsymbol{P}_i}\leqslant\frac{(1-\xi)(1-\kappa)\varepsilon}{2\sqrt{m}}+\frac{\xi(1-\kappa)\varepsilon}{2\sqrt{m}}=\frac{\kappa\varepsilon}{2\sqrt{m}} \tag{7-105}$$

因此，對於所有 $l=1,2,\cdots,N-1$，式(7-98) 都成立。

當 $l=N$ 時，可得

$$\boldsymbol{x}_{i,k+N|k}^{\mathrm{f}}=\boldsymbol{A}_{\mathrm{d},i}\boldsymbol{x}_{i,k+N|k}^{\mathrm{f}}+\sum_{j\in P_{+i}}\boldsymbol{A}_{ij}\hat{\boldsymbol{x}}_{j,k+N-1|k} \tag{7-106}$$

$$\hat{\boldsymbol{x}}_{i,k+N|k}=\boldsymbol{A}_{\mathrm{d},i}\hat{\boldsymbol{x}}_{i,k+N-1|k}+\sum_{j\in P_{+i}}\boldsymbol{A}_{ij}\hat{\boldsymbol{x}}_{j,k+N-1|k}P \tag{7-107}$$

兩式相減可得

$$\boldsymbol{x}_{i,k+N|k}^{\mathrm{f}}-\hat{\boldsymbol{x}}_{i,k+N|k}=\boldsymbol{A}_{\mathrm{d},i}(\boldsymbol{x}_{i,k+N-1|k}^{\mathrm{f}}-\hat{\boldsymbol{x}}_{i,k+N-1|k}) \tag{7-108}$$

因此，式(7-98) 對所有 $l=1,2,\cdots,N$ 都成立。

接下來將證明在式(7-98) 成立的前提下，可行解$\boldsymbol{x}_{i,(k+l)}^{\mathrm{f}}$ 滿足約束（7-85）和約束（7-86）。

當 $l=1,2,\cdots,N-1$，將式(7-100) 中的$\boldsymbol{x}_{i,k+l|k}^{\mathrm{f}}$ 代入約束（7-85），可得

$$\sum_{h=1}^{l}\alpha_{l-h}\left\|\boldsymbol{x}_{i,k+h|k}^{\mathrm{f}}-\hat{\boldsymbol{x}}_{i,k+h|k}\right\|_2\leqslant\frac{1}{\lambda_{\min}(\boldsymbol{P}_i)}\sum_{l=1}^{s}\alpha_{l-h}\left\|\boldsymbol{x}_{i,k+h|k}^{\mathrm{f}}-\hat{\boldsymbol{x}}_{i,k+h|k}\right\|_{\boldsymbol{P}_i}$$

$$\leqslant\frac{1}{\lambda_{\min}(\boldsymbol{P})}\sum_{h=1}^{l}\alpha_{l-h}\frac{\sqrt{m_1}}{\xi}\times\frac{\xi\kappa\varepsilon}{2\sqrt{mm_1}} \tag{7-109}$$

因此，當

$$\frac{\sqrt{m_1}}{\xi\lambda_{\min}(\boldsymbol{P})}\sum_{h=1}^{l}\alpha_{l-h}\leqslant 1$$

時，狀態$\boldsymbol{x}^{\mathrm{f}}_{i,k+l|k}, l=1,2,\cdots,N-1$滿足約束（7-85）。

最後，當 $l=N$ 時

$$\|\boldsymbol{x}^{\mathrm{f}}_{i,k+N|k}-\hat{\boldsymbol{x}}_{i,k+N|k}\|_{\boldsymbol{P}_i}\leqslant\frac{\kappa\varepsilon}{2\sqrt{m}} \tag{7-110}$$

即滿足約束（7-86）。證畢。

引理 7.7 當假設 7.2～假設 7.4 成立，$\boldsymbol{x}_{k_0}\in\mathbb{R}^{n_x}$，且滿足約束條件（7-98）和約束條件（7-99）。對於任何 $k\geqslant 0$ 時刻，如果問題 7.1 在每一個更新時刻 $t, t=1,2,\cdots,k-1$ 有解，那麼對於所有的 $l=1,2,\cdots,N-1$，$\boldsymbol{u}^{\mathrm{f}}_{i,k+l|k}\in\mathcal{U}$。

證明 因爲問題 7.1 在時刻 $t=1,2,\cdots,k-1$ 存在一個可行解，$\boldsymbol{u}^{\mathrm{f}}_{i,k+s-1|k}=\boldsymbol{u}^{\mathrm{p}}_{i,k+s-1|k-1}, l\in\{1,\cdots,N-1\}$，那麼僅僅需要證明 $\boldsymbol{u}^{\mathrm{f}}_{i,k+N-1|k}$ 在集合 $\mathcal{U}$ 中。

由於 ε 滿足引理 7.5 的條件，當 $\boldsymbol{x}\in\Omega(\varepsilon)$時，對於所有 $i\in\mathcal{P}$，存在 $\boldsymbol{K}_i\boldsymbol{x}\in\mathcal{U}$，所以 $\boldsymbol{u}^{\mathrm{f}}_{i,k+N-1|k}$ 在集合 $\mathcal{U}$ 中的一個充分條件是 $\boldsymbol{u}^{\mathrm{f}}_{i,k+N-1|k}\in\Omega(\varepsilon)$。

再加上引理 7.5 和引理 7.6，利用三角不等式關係得到：

$$\|\boldsymbol{u}^{\mathrm{f}}_{i,k+N-1|k}\|_{\boldsymbol{P}_i}\leqslant\|\boldsymbol{x}^{\mathrm{f}}_{i,k+N-1|k}-\hat{\boldsymbol{x}}_{i,k+N-1|k}\|_{\boldsymbol{P}_i}+\|\hat{\boldsymbol{x}}(k+N-1|k-1)\|_{\boldsymbol{P}_i}$$

$$\leqslant\frac{\varepsilon}{2(q+1)\sqrt{m}}+\frac{\varepsilon}{2\sqrt{m}}\leqslant\frac{\varepsilon}{\sqrt{m}}$$

由上可以得出，$\boldsymbol{x}^{\mathrm{f}}_{k+N-1|k}\in\Omega(\varepsilon)$。證畢。

引理 7.8 若假設 7.2 和假設 7.4 都成立，且$\boldsymbol{x}_{k_0}\in\mathcal{X}$，滿足條件（7-98）和條件（7-99）。對於任何 $k\geqslant 0$ 時刻，如果問題 7.1 在每一個更新時刻 $t, t=0,\cdots,k-1$ 有解，那麼對於所有 $i\in\mathcal{P}$，其終端狀態約束 $\boldsymbol{x}^{\mathrm{f}}_{i,k+N|k}\in\Omega(\varepsilon/2)$都是滿足的。

證明 因爲問題 7.1 在更新時刻 $t=1,\cdots,k-1$ 存在解，引理 7.5～引理 7.7 成立，利用三角不等式，可以得到：

$$\begin{aligned}\|\boldsymbol{x}^{\mathrm{f}}_{i,k+N|k}\|_{\boldsymbol{P}_i}&\leqslant\|\boldsymbol{x}^{\mathrm{f}}_{i,k+N|k}-\hat{\boldsymbol{x}}_{i,k+N|k-1}\|_{\boldsymbol{P}_i}+\|\hat{\boldsymbol{x}}_{i,k+N|k-1,i}\|_{\boldsymbol{P}_i}\\&\leqslant\frac{\kappa\varepsilon}{2\sqrt{m}}+\frac{(1-\kappa)\varepsilon}{2\sqrt{m}}=\frac{\varepsilon}{2\sqrt{m}}\end{aligned} \tag{7-111}$$

對於所有的 $i\in\mathcal{P}$，上式説明了終端狀態約束是得到滿足的。引理得證。

定理 7.3 當假設 7.2～假設 7.4 都成立時，若 $\boldsymbol{x}(k_0)\in\mathcal{X}$，且約束(7-85)、約束（7-86）和約束（7-88）在 k_0 時刻都滿足，那麼對於任意的 $i\in\mathcal{P}$，由公式(7-92）定義的控制律 $\boldsymbol{u}^{\mathrm{f}}_{i,\cdot|k}$ 和狀態 $\boldsymbol{x}^{\mathrm{f}}_{i,\cdot|k}$ 對於問題 7.1 在每一個 $k\geqslant 1$ 時刻都是可行的。

證明 以下將用歸納法證明該定理。

首先，在 $k=1$ 的情況下，狀態序列 $\boldsymbol{x}^{\mathrm{p}}_{i,\cdot|1}=\boldsymbol{x}^{\mathrm{f}}_{i,\cdot|1}$ 滿足動態方程(7-80)、穩定性約束（7-87）和一致性約束（7-85)、(7-86)。

顯然

$$\hat{\boldsymbol{x}}_{i,1|1}=\boldsymbol{x}^{\mathrm{p}}_{i,1|0}=\boldsymbol{x}^{\mathrm{f}}_{i,1|1}=\boldsymbol{x}_{i,1},i\in P$$
$$\boldsymbol{x}^{\mathrm{f}}_{i,1+l|1}=\boldsymbol{x}^{\mathrm{p}}_{i,1+l|0},l=1,2,\cdots,N-1$$

因此，$x^{\mathrm{f}}_{i,N|1}\in\Omega_i(\varepsilon/2)$。由終端控制器作用下 $\Omega(\varepsilon)$ 的不變性和引理 7.4 可得，終端狀態和控制輸入約束也能得到滿足，這樣 $k=1$ 情況得證。

現在假設 $\boldsymbol{u}^{\mathrm{p}}_{i,\cdot|l}=\boldsymbol{u}^{\mathrm{f}}_{i,\cdot|l}$ 是一個可行解，$l=1,2,\cdots,k-1$。證明 $\boldsymbol{u}^{\mathrm{f}}_{i,\cdot|k}$ 是 k 時刻的一個可行解。

同樣，一致性約束（7-85）明顯得到滿足，$\boldsymbol{u}^{\mathrm{f}}_{i,\cdot|k}$ 是對應的狀態序列，滿足動態方程。因爲在 $l=1,\cdots,k-1$ 時刻問題 7.1 有可行解，引理 7.5～7.7 成立，引理 7.7 保證了控制輸入約束的可行性，引理 7.8 保證了終端狀態約束得到滿足，這樣定理 7.3 得證。

7.3.3.2 漸近穩定性

下面將分析閉環系統的穩定性。

定理 7.4 當假設 7.2～假設 7.4 都成立時，$\boldsymbol{x}_{k_0}\in\mathbb{R}^{n_x}$，條件(7-85)～條件(7-88）和下面參數條件也成立：

$$\kappa\frac{N-1}{2}+\frac{1}{\mu}<\frac{1}{2} \tag{7-112}$$

那麼，運用算法 7.1，閉環系統（7-71）在原點漸近穩定。

證明 透過算法 7.1 和引理 7.5，如果 $\boldsymbol{x}(k)$進入 $\Omega(\varepsilon)$，那麼終端控制器能夠使系統穩定趨於原點。所以，只要證明當 $\boldsymbol{x}(k_0)\in\mathcal{X}\backslash\Omega(\varepsilon)$，應用算法 7.1 能夠在有限時間內將系統（7-71）的狀態轉移到終端集合即可。

定義全局系統 $\mathcal{S}$ 的非負函數 V_k：

$$V_k=\sum_{l=1}^{N}\|\boldsymbol{x}^{\mathrm{p}}_{k+l|k}\|_{\boldsymbol{P}}$$

在後續內容中，將證明對於 $k\geqslant 0$，如果滿足 $\boldsymbol{x}(k)\in\mathcal{X}\backslash\Omega(\varepsilon)$，那麼

存在一個常數 $\eta \in (0,\infty)$使得 $V_k \leqslant V_{k-1}-\eta$。由約束（7-87）可得

$$\| x^{\mathrm{p}}_{k+l|k} \|_P \leqslant \| x^{\mathrm{f}}_{k+l|k} \|_P + \frac{\varepsilon}{\mu N}$$

因此

$$V_k \leqslant \sum_{l=1}^{N} \| x^{\mathrm{f}}_{k+l|k} \|_P + \frac{\varepsilon}{\mu}$$

V_k 減去 V_{k-1}，代入$x^{\mathrm{p}}_{k+l\,|\,k-1} = \hat{x}_{k+l\,|\,k}$，可得

$$\begin{aligned} & V_k - V_{k-1} \\ & \leqslant - \| x^{\mathrm{p}}_{k|k-1} \|_P + \frac{\varepsilon}{\mu} + \| x^{\mathrm{f}}_{k+N|k} \|_P + \\ & \sum_{l=1}^{N-1} \left(\left\| x^{\mathrm{f}}_{k+l|k} \right\|_P - \left\| \hat{x}_{k+l|k} \right\|_P \right) \end{aligned} \tag{7-113}$$

假設 $x(k) \in \mathcal{X} \backslash \Omega(\varepsilon)$，即

$$\left\| x^{\mathrm{p}}_{k|k-1} \right\|_P > \varepsilon \tag{7-114}$$

運用定理 7.3 可得

$$\left\| x^{\mathrm{f}}_{k+N|k)} \right\|_P \leqslant \varepsilon/2 \tag{7-115}$$

同時，運用引理 7.6，可得

$$\sum_{l=1}^{N-1} \left(\left\| x^{\mathrm{f}}(k+l \mid k) \right\|_P - \left\| \hat{x}_{k+l|k} \right\|_P \right) \leqslant \frac{(N-1)\kappa\varepsilon}{2} \tag{7-116}$$

由式(7-114)～式(7-116)，可得

$$V_k - V_{k-1} < \varepsilon \left[-1 + \frac{(N-1)\kappa}{2} + \frac{1}{2} + \frac{1}{\mu} \right] \tag{7-117}$$

從式(7-112) 可知 $V_k - V_{k-1} < 0$。因此，對於任意的 $k \geqslant 0$，如果 $x(k) \in \mathcal{X} \backslash \Omega(\varepsilon)$，那麼存在一個常數 $\eta \in (0, \infty)$ 使得 $V_k \leqslant V_{k-1} - \eta$ 成立。所以存在一個有限時間 k'使得 $x(k') \in \Omega(\varepsilon)$。證畢。

至此，CF-DMPC 的可行性和穩定性的分析都已經給出。如果可以找到初始可行解，那麼在每一步更新的時候都能保證算法的後續可行性，相對應的閉環系統也能夠在原點漸近穩定。

7.3.4 仿真實例

如圖 7-8 所示，多區域的建築空間溫度調節系統是一類典型的稀疏分散式系統。該系統由許多耦合關聯的子系統（房間或區域）構成，分別在圖中標識爲 $\mathcal{S}_1, \mathcal{S}_2, \cdots$房間之間熱量的相互影響是透過内部公用的墻（通常這些内部的墻獨立性比較薄弱）或者門的開關實現的。每個區域都裝有熱

量測量儀表和加熱器（或者空調），用來測量和調節多區域建築的溫度。

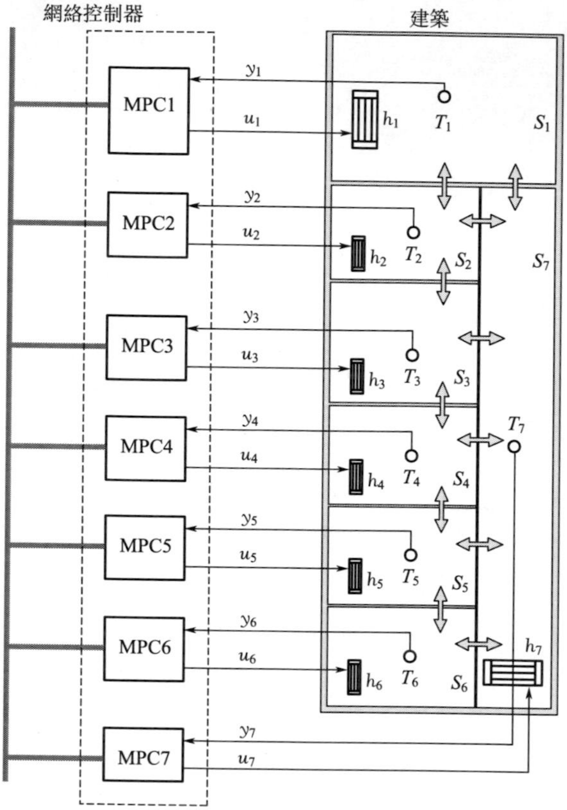

圖 7-8　多區域建築溫度調節系統

爲了簡化分析，用一個具有 7 個區域的建築作爲仿真例子，7 個區域之間的關係見圖 7-8。區域 $\mathcal{S}_1$ 被區域 $\mathcal{S}_2$ 和區域 $\mathcal{S}_7$ 影響，區域 $\mathcal{S}_2$ 被區域 $\mathcal{S}_1$、$\mathcal{S}_3$ 和區域 $\mathcal{S}_7$ 影響，區域 $\mathcal{S}_3$ 被區域 $\mathcal{S}_2$、$\mathcal{S}_4$ 和區域 $\mathcal{S}_7$ 影響，區域 $\mathcal{S}_4$ 被區域 $\mathcal{S}_3$、$\mathcal{S}_5$ 和區域 $\mathcal{S}_7$ 影響，區域 $\mathcal{S}_5$ 被區域 $\mathcal{S}_4$、$\mathcal{S}_6$ 和區域 $\mathcal{S}_7$ 影響，區域 $\mathcal{S}_6$ 被區域 $\mathcal{S}_5$ 和區域 $\mathcal{S}_7$ 影響，區域 $\mathcal{S}_7$ 被其它所有區域影響。

定義 $\mathcal{U}_i$ 爲輸入的約束 $u_i \in [u_{i,\mathrm{L}}, u_{i,\mathrm{U}}]$和輸入變化量的約束 $\Delta u_i \in [\Delta u_{i,\mathrm{L}}, \Delta u_{i,\mathrm{U}}]$。7 個子系統的模型分別是：

$$\mathcal{S}_1: x_1(k+1) = 0.574x_1(k) + 0.384u_1(k) + 0.029x_2(k) + 0.057x_7(k)$$

$$\mathcal{S}_2: x_2(k+1) = 0.535x_2(k) + 0.372u_2(k) + 0.054x_1(k) + 0.054x_3(k) + 0.054x_7(k)$$

$$\mathcal{S}_3: x_3(k+1)=0.547x_3(k)+0.376u_3(k)+ 0.055x_2(k)+0.055x_4(k)+0.055x_7(k)$$

$$\mathcal{S}_4: x_4(k+1)=0.606x_4(k)+0.394u_4(k)+ 0.061x_3(k)+0.061x_5(k)+0.061x_7(k)$$

$$\mathcal{S}_5: x_5(k+1)=0.681x_5(k)+0.415u_5(k)+ 0.068x_4(k)+0.068x_6(k)+0.068x_7(k)$$

$$\mathcal{S}_6: x_6(k+1)=0.548x_6(k)+0.376u_6(k)+ 0.055x_5(k)+0.055x_7(k)$$

$$\mathcal{S}_7: x_7(k+1)=0.716x_7(k)+0.425u_7(k)+ 0.018x_1(k)+0.018x_2(k)+0.018x_3(k)+ 0.018x_4(k)+0.018x_5(k)+0.018x_6(k)$$

爲了便於比較，在該系統上採用了集中式的 MPC 控制器、基於局部優化的 DMPC，這裏稱這種算法爲基於局部性能指標優化的 DMPC (LCO-DMPC)[6~8] 以及本章的 CF-DMPC。

表 7-3 中是一些關於算法 CF-DMPC 的控制器的具體參數值。在這些參數中，P_i 是透過解 Lyapunov 函數得到的。在反饋控制條件下的每個閉環系統的特徵值是 0.5。設置 $\varepsilon=0.15$，並將所有 MPC 控制器的控制時域設爲 $N=10$，同時，設置在初始時刻 $k_0=0$ 的假設的初始狀態和輸入爲 0。

在集中式的 MPC 和基於局部優化的 DMPC 算法中都採用了雙模策略，初始狀態和輸入以及一些參數的設置都和 CF-DMPC 中相同。

表 7-3　CF-DMPC 參數

子系統	$\boldsymbol{K}_i$	$\boldsymbol{P}_i$	$\boldsymbol{Q}_i$	$\boldsymbol{R}_i$	$\Delta\boldsymbol{u}_{i,\mathrm{U}},\Delta\boldsymbol{u}_{i,\mathrm{L}}$
$\mathcal{S}_1$	−0.44	5.38	4	0.2	±1
$\mathcal{S}_2$	−0.34	5.36	4	0.2	±1
$\mathcal{S}_3$	−0.37	5.37	4	0.2	±1
$\mathcal{S}_4$	−0.52	5.40	4	0.2	±1
$\mathcal{S}_5$	−0.68	5.46	4	0.2	±1
$\mathcal{S}_6$	−0.37	5.37	4	0.2	±1
$\mathcal{S}_7$	−0.76	5.49	4	0.2	±1

如圖 7-9 和圖 7-10 所示分別爲三種控制策略下的閉環系統狀態響應和輸入。CF-DMPC 的狀態響應曲線與集中式 MPC 比較相似。在 CF-DMPC 策略下，當設定值發生變化時，系統的狀態沒有大的超調，但是在相關聯的子系統的狀態會有一些波動。相比之下，在 LCO-DMPC 策

略中，雖然所有的狀態都能夠收斂到設定值，但是超調比另外兩種策略都大，其關聯子系統狀態的波動幅度也比 CF-DMPC 中大。

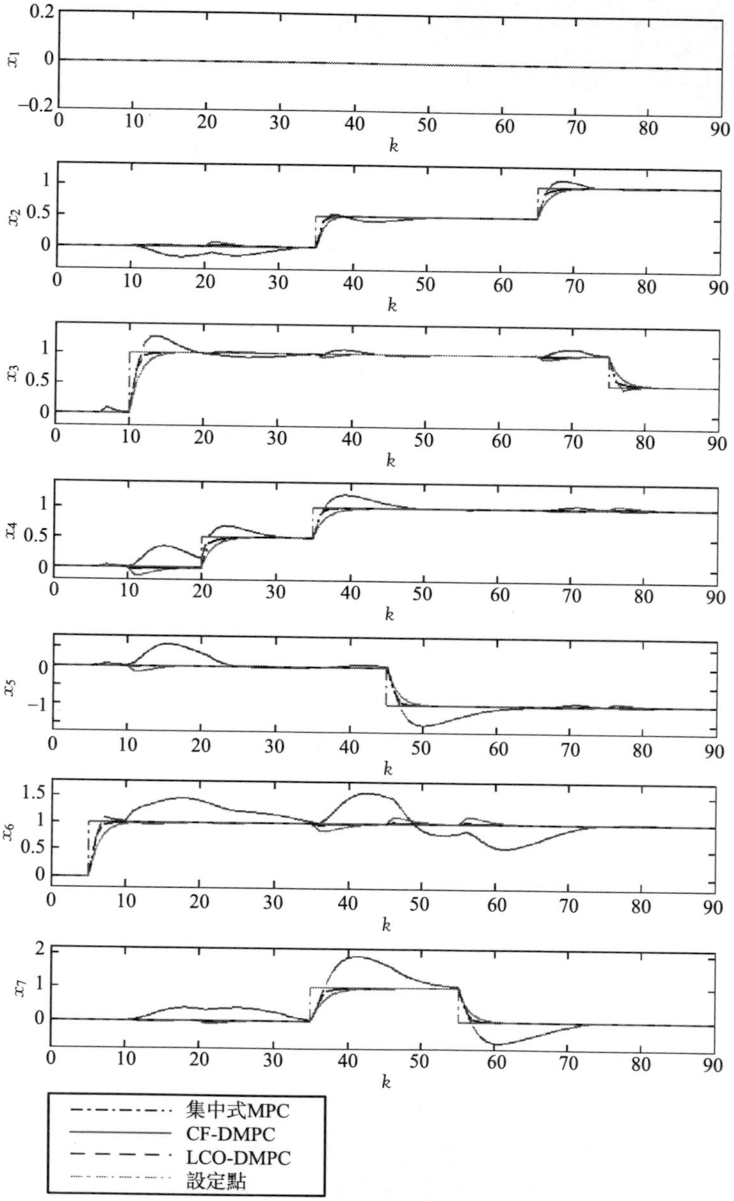

圖 7-9　三種控制策略下的閉環系統狀態響應
（集中式 MPC、 LCO-DMPC 和 CF-DMPC）

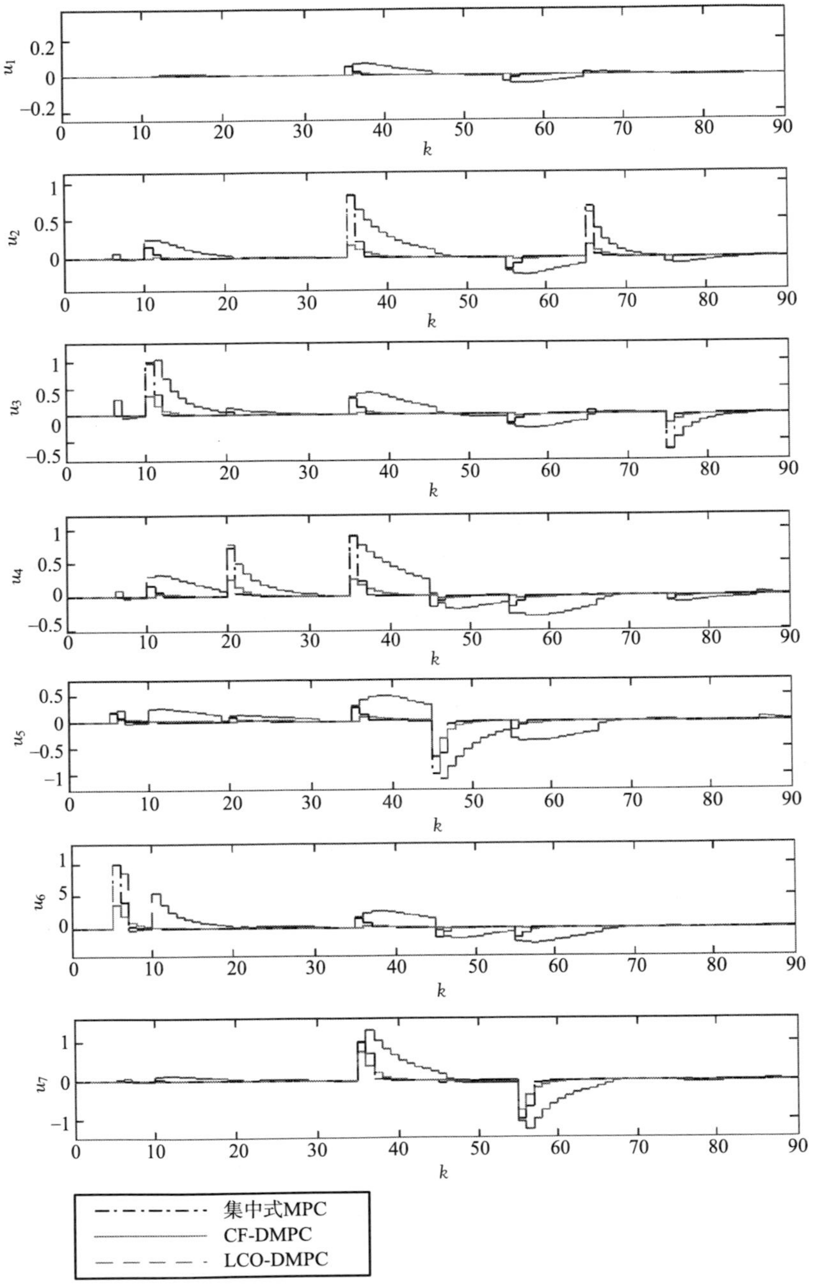

圖 7-10 三種控制策略下的閉環系統輸入變化
（集中式 MPC、 LCO-DMPC 和 CF-DMPC）

圖 7-11 説明了 LCO-DMPC 與集中式 MPC 的每個子系統狀態的絕對值差值，CF-DMPC 與集中式 MPC 的每個子系統狀態的絕對值差值。圖 7-12 説明了 LCO-DMPC 與集中式 MPC 的每個子系統輸入的絕對值差值，CF-DMPC 與集中式 MPC 的每個子系統輸入的絕對值差值。

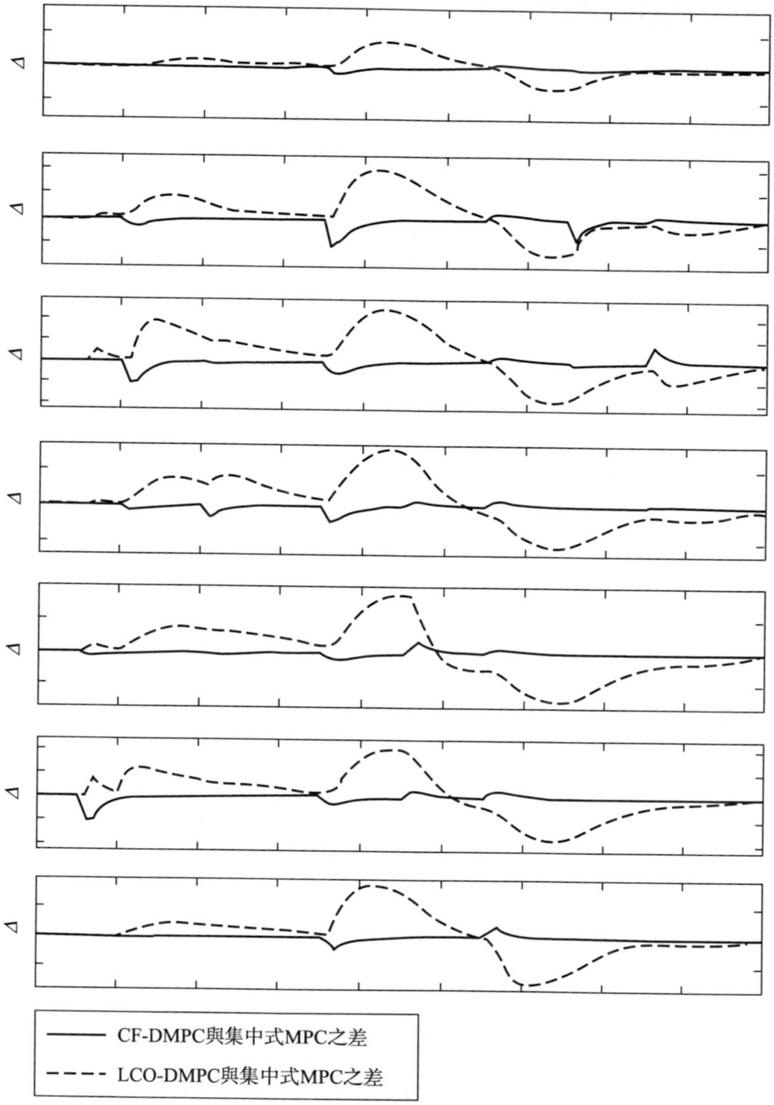

圖 7-11　LCO-DMPC 與集中式 MPC 的每個子系統狀態的絕對值差值，CF-DMPC 與集中式 MPC 的每個子系統狀態的絕對值差值

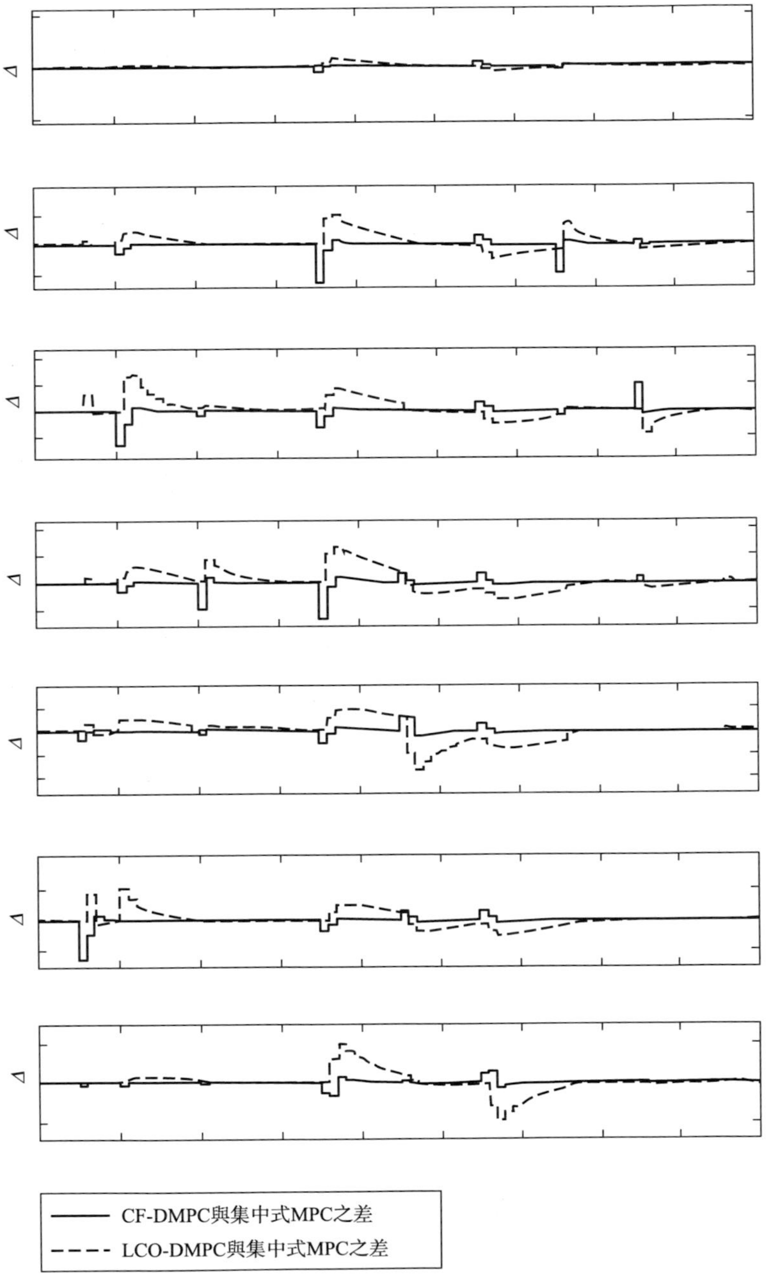

圖 7-12　LCO-DMPC 與集中式 MPC 的每個子系統輸入的絕對值差值，
CF-DMPC 與集中式 MPC 的每個子系統輸入的絕對值差值

表 7-4 分别説明了集中式 MPC（CMPC）、LCO-DMPC 以及 CF-DMPC 情况下的狀態方差。在 CF-DMPC 情况下總的誤差是 7.5844（27.1%），比集中式 MPC 情况下要大。LCO-DMPC 情况下的總誤差是 78.5432（280.7%），也比集中式 MPC 情况下大。由此看出，CF-DMPC 策略要比 LCO-DMPC 的性能好很多。

表 7-4　集中式 MPC、LCO-DMPC 以及 CF-DMPC 情况下狀態的方差

系統	CMPC	CF-DMPC	LCO-DMPC
$\mathcal{S}_1$	0.0109	0.1146	2.0891
$\mathcal{S}_2$	2.2038	3.0245	6.2892
$\mathcal{S}_3$	5.4350	6.9908	10.6391
$\mathcal{S}_4$	2.2480	3.2122	15.3015
$\mathcal{S}_5$	4.5307	5.6741	30.2392
$\mathcal{S}_6$	4.3403	5.4926	8.2768
$\mathcal{S}_7$	9.2132	11.0574	33.6902
總和	27.9819	35.5663	106.5251

表 7-5 分别説明了集中式 MPC（CMPC）、LCO-DMPC 以及 CF-DMPC 情况下所需的網路連通度。CF-DMPC 策略所需網路連通度與 LCO-DMPC 相等，均比集中式 MPC 少了很多。

表 7-5　三種控制策略下所需網路連接

系統	CMPC	CF-DMPC	LCO-DMPC
$\mathcal{S}_1$	所有子系統	2,7	2,7
$\mathcal{S}_2$	所有子系統	1,3,7	1,3,7
$\mathcal{S}_3$	所有子系統	2,4,7	2,4,7
$\mathcal{S}_4$	所有子系統	3,5,7	3,5,7
$\mathcal{S}_5$	所有子系統	4,6,7	4,6,7
$\mathcal{S}_6$	所有子系統	5,7	5,7
$\mathcal{S}_7$	所有子系統	所有子系統	所有子系統

從仿真結果中可以看出，本章所述的帶有約束的 CF-DMPC 在初始狀態有可行解的情况下能夠將系統狀態驅動到設定值，並且在同樣的網路連通度的情况下，閉環系統的性能優於 LCO-DMPC。值得注意的是，閉環系統的全局性能透過弱化容錯性和提高靈活性得以提昇。

7.4 本章小結

本章主要討論了基於作用域優化的分散式預測控制方法，該方法在求解過程中不僅考慮了本系統的性能指標，而且考慮了其相鄰系統的性能指標，以期提高系統的全局性能。在求解過程中，每個子系統僅與其相鄰子系統進行通訊，對網路通訊資源的要求很低。另外，本章給出了基於鄰域優化的分散式 MPC 的穩定性證明和性能分析，並利用數值仿真實例說明了本方法可以提高系統的全局性能。除此之外，本章中還提出了針對有動態耦合和輸入約束的分散式系統的保證穩定性的分散式 MPC 算法。該算法在不需要提高網路連通度的前提下，可提昇閉環系統協排程。並且，如果可以找到一個初始可行解和滿足要求的反饋控制律，其算法的後續可行性也能在每個更新時刻得到保證，其得到閉環系統也是漸近穩定的。最後數值仿真的結果表明了該方法的有效性。

參考文獻

[1] Zheng Yi, Li Shaoyuan. Distributed Predictive Control for Building Temperature Regulation with Impact-Region Optimization. IFAC Procee-dings Volumes, 2014, 47 (3): 12074-12079.

[2] Zheng Yi, Li Shaoyuan, Li Ning. Distributed Model Predictive Control over Network Information Exchange for Large-Scale Systems. Control Engineering Practice, 2011, 19 (7): 757-769.

[3] Zheng Yi, Li Shaoyuan, Wang Xiaobo. Distributed Model Predictive Control for Plant-Wide Hot-Rolled Strip Laminar Cooling Process. Jo-urnal of Process Control, 2009, 19 (9): 1427-1437.

[4] Zheng Yi, Li Shaoyuan, Wu Jie, Zhang Xianxia. Stabilized Neighborhood Optimization Based Distributed Model Predictive Control for Distributed System. Proceedings of the 31st Chinese Control Conference. Hefei: IEEE, 2012.

[5] 鄭毅，李少遠. 網路資訊模式下分散式系統協調預測控制. 自動化學報，2013，39 (11).

[6] Li Shaoyuan, Zhang Yan, Zhu Qu-anmin. Nash-Optimization Enhan-ced Distributed Model Predictive Control Applied to the Shell Benchmark Problem. Information Sciences, 2005, 170 (2-4): 329—349.

[7] Dunbar W B. Distributed Receding Horizon Control of Dynamically Coupled

Nonlinear Systems. IEEE Trans Automat Contr，2007，52(7)：1249-1263.

[8] Farina M，Scattolini R. Distributed Predictive Control：A Non-Cooperative Algorithm with Neighbor-to-Neighbor Communication for Linear Systems. Automatica，2012，48(6)：1088-1096.

[9] Mayne D Q，Rawlings J B，Rao C V，Scokaert P O M. Constrained Model Predictive Control：Stability and Optimality. Automatica，2000，36(6)：789-814.

第8章

應用實例：加速冷卻過程的分布式模型預測控制

8.1 概述

加速冷卻（Accelerated and Controlled Cooling，簡稱 ACC）是主要的控制冷卻技術。在中厚板生產過程中，雖然控制軋製能有效地改善鋼材的性能，但由於熱變形因素的影響，促使變形奧氏體向鐵素體轉變溫度（Ar3）提高，致使鐵素體在較高溫度下析出，冷卻過程中鐵素體晶粒長大，造成力學性能降低[1]。因而，鋼板在控制軋製後一般配合控制冷卻，充分利用鋼板軋後餘熱，透過控制軋後鋼材的冷卻曲線達到改善鋼材組織和性能的目的[2]。由於作者曾與某大型鋼鐵集團公司下屬研究院合作，該公司下屬厚板廠生產線採用了加速冷卻技術，並且該加速冷卻過程爲柱狀層流冷卻，具有普遍代表性。因此，本章也將針對這條特定生產線進行研究。

隨着新型材料的不斷產生，人們對鋼鐵這種經典材料的要求越來越高。比如汽車工業需要重量輕、厚度薄，但性能又高的鋼板用來生產汽車，石油運輸需要能夠具有良好低溫韌性和焊接性能的管線鋼來鋪設石油管道，建築業也需要高性能的結構鋼作爲建築用料。面對這種需求，鋼材生產廠商除了增加合金外，對控制冷卻部分也提出了更高的要求，需要對冷卻全過程冷卻曲線進行控制。這就需要一種精度高、靈活性強（適合多種冷卻曲線）、適合於批量生產的控制方法。

鑒於以上需求，傳統的採用板速來控制單一冷卻速率和終冷溫度的方法已經不再適合，需要增加控制變量的維度來提高控制的靈活性和精確性，採用每組冷卻噴頭的冷卻水流量作爲控制量控制鋼板冷卻曲線。如果把從冷卻區入口到冷卻區出口之間的距離看作是一個開口系，那麼系統控制問題的輸入和輸出就可以解析地表達出來，便於採用基於模型的優化控制方法來優化控制量冷卻水流量。這樣加速冷卻過程即爲一個帶有多個輸入和多個輸出的大系統。

考慮到 ACC 過程是一個大系統，並且爲了精確地控制鋼板每個板點的「時間-溫度」曲線，需要目標參考軌跡根據板點的開冷溫度不斷變化。爲了加快運算速度，滿足參考軌跡時變的要求，設計了目標時變的分散式預測控制算法。該方法各局部控制器的優化目標根據鋼板的開冷溫度動態設定；預測模型採用狀態空間形式，每個控制週期在操作點附近進行線性化處理，避免非線性模型帶來的大量計算。

本章內容如下：第二節介紹加速冷卻過程工藝及裝置儀表，加速冷卻過程模擬平臺及工藝控制要求；第三節設計加速冷卻過程按空間位置分散的溫度平衡方程；第四節詳細介紹本章提出的基於目標設定值再計算的加速冷卻過程的模型預測控制，包括如何對優化目標再計算、各子系統的狀態空間模型的轉化、擴展卡爾曼濾波的設計、各局部控制器的設計以及本章提出的預測控制迭代求解方法；第四節用數值結果說明該方法的優點。最後對本章內容作了一個小結。

8.2 加速冷卻過程

8.2.1 加速冷卻過程工藝及裝置儀表

加速冷卻工藝過程示意圖如圖 8-1 所示。加速冷卻裝置一般安裝在精軋機與矯直機之間，由上下多組噴頭組成，鋼板精軋後經冷卻裝置被連續冷卻到目標溫度，返紅後進入矯直機，平整因軋製和冷卻引起的鋼板形變。加速冷卻的目的是選擇最佳的冷卻速度滿足不同的熱軋產品的需要，經過加速冷卻後的鋼板不再需要任何後續的熱處理。

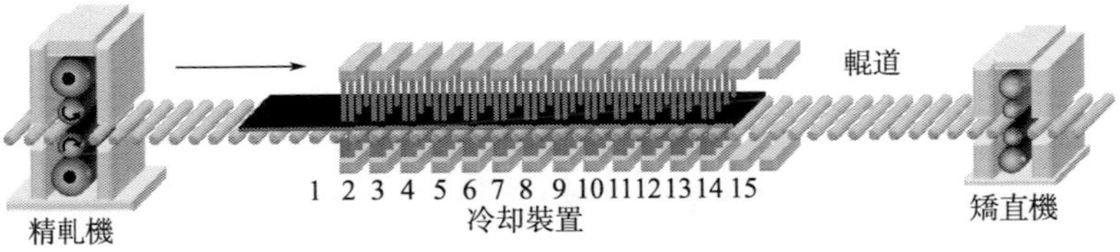

圖 8-1　中厚板加速冷卻工藝過程示意圖

加速冷卻的相變產物是鐵素體加珠光體或者鐵素體加貝氏體組織。加速冷卻工藝可使相變溫度降低，鐵素體形核數量增多，從而抑制相變後鐵素體晶粒的長大，進一步細化鐵素體晶粒，同時使生成的珠光體更加均勻分散，並且可能生成細小的貝氏體組織[3,4]。透過合理的冷卻工藝，軋後加速冷卻可使厚板強度提高而不減弱韌性，並因含碳量或合金元素的減少而改善可塑性和焊接性能。加速冷卻工藝在保證鋼板要求的板形尺寸規格的同時可控制和提高板材的綜合力學性能，改善車間的工作條件，減少冷床面積，還可有效利用軋後鋼材餘熱節約能源，降低成本，提高生產能力，從而增加經濟效益。

某鋼廠中厚板加速冷卻過程裝置尺寸如圖 8-2 所示。加速冷卻裝置安裝在精軋機與矯直機之間，由多組噴頭組成，每組噴頭分爲上下兩部分。鋼板精軋後經冷卻裝置被連續冷卻到目標終冷溫度，返紅後進入矯直機，平整因軋製和冷卻引起的鋼板形變。

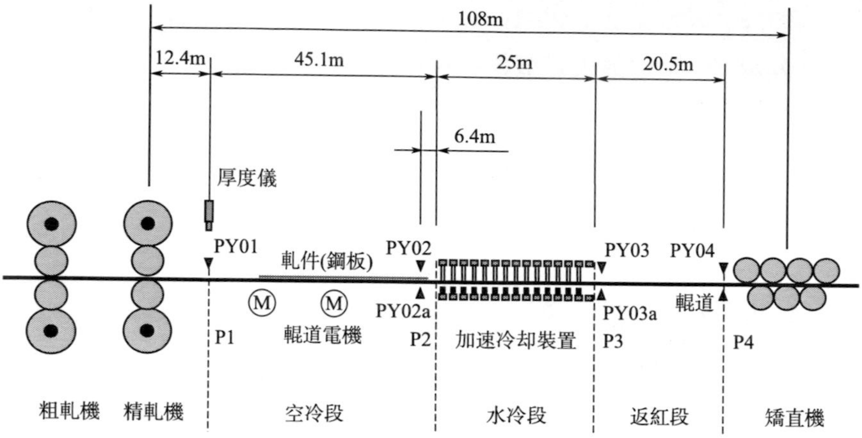

圖 8-2 某鋼廠中厚板加速冷卻過程裝置尺寸

該冷卻裝置冷卻方式爲連續冷卻。裝置分爲三個區段：空冷段、水冷段和返紅段。如圖 8-2 所示：空冷段爲精軋機出口到冷卻裝置之間的區段，長爲 45.1m；水冷段爲冷卻裝置入口到冷卻裝置出口，長爲 25m；返紅段爲冷卻裝置出口到矯直機之間的區段，長爲 20.5m。整個加速冷卻過程由層流水冷卻裝置、冷卻水系統、輥道、冷卻水系統、高溫儀、板型儀、速度儀和光柵跟蹤儀組成。其基本參數如下：

① 冷卻方式：連續冷卻。

② 冷卻裝置尺寸：5500mm×25000mm。

③ 冷卻鋼板最大寬度：5000mm。

④ 開冷溫度：750～900℃。

⑤ 終冷溫度：500～600℃。

(1) 冷卻水噴嘴

加速冷卻裝置共由 15 組噴嘴組成。每組噴嘴由上下兩部分組成，上（下）噴嘴均勻地安裝在上（下）噴嘴集水管上。上噴嘴採用層流冷卻方式，下部集水管採用噴射冷卻方式。

爲了便於噴射冷卻水，下部集水管被安裝於輥道的兩輥子之間。各集水管之間的間隔都爲 1.6m，與軋輥的間隔一致。上部的集水管與下部集水管一一對應，具有相同的間隔。上部和下部的噴嘴集水管都是採用不銹鋼制成，以避免被腐蝕。上部和下部噴嘴集水管都連接到一個管徑爲下水管 4～10 倍的公共集水管上。該公共集水管起緩衝作用，能吸收水壓波動，並且還能達到使每個噴嘴集水管的配水均衡的目的。

每個噴嘴集水管由一調節閥控制水流量。在每個調節閥後 1m 左右安裝有外剖式流量計，測量冷卻水流量。上下集水管按一定上下水比分配水量，使得鋼板上下冷卻均勻。

(2) 儀表系統

該加速冷卻裝置安裝有多臺點式測溫儀、紅外掃描儀、厚度儀和速度儀等檢測儀表，具體如表 8-1 所示。

表 8-1　加速冷卻裝置檢測儀表

測量儀器	安裝位置	作用
點式測量儀 PY01	P1 點處,距離軋機 12.4m	檢測鋼板上表面終軋溫度,供動態控制冷卻參數和修正預設定模型使用
點式測量儀 PY02	P2 點處,距冷卻區入口 6.4m	檢測鋼板上表面開冷溫度
點式測量儀 PY02a	P2 點處,距冷卻區入口 6.4m	檢測鋼板下表面開冷溫度
點式測量儀 PY03	P3 點處,冷卻區出口處	檢測鋼板上表面實際冷卻溫度,防止鋼板表面過冷
點式測量儀 PY03a	P3 點處,冷卻區出口處	檢測鋼板下表面實際冷卻溫度,防止鋼板表面過冷
點式測量儀 PY04	P4 點處,距離冷卻區出口 20.5m	檢測鋼板上表面返紅溫度
掃描式溫度儀 S1	冷卻區入口處	用於鋼板寬度方向中心點溫度數據的採集
掃描式溫度儀 S2	冷卻區出口處	用於鋼板出冷卻區溫度數據的採集
熱金屬檢測器	冷卻區入口處(6 臺)	檢測鋼板運行位置
冷金屬檢測器	冷卻區出口處(2 臺)	檢測鋼板運行位置
旋轉編碼器	每組輥道	跟蹤鋼板運行位置和速度
厚度儀	P1 點處	檢測鋼板厚度,提供啓動信號

8.2.2 加速冷卻過程模擬平臺

(1) 冷卻裝置模擬設備

加速冷卻過程模擬實驗裝置及控制系統如圖 8-3 所示，是由生產廠爲了進行控制算法而設計開發的，該實驗裝置是根據上面介紹的鋼廠中厚板加速冷卻過程的實際參數，以 10：1 的比例縮小設計的，實驗裝置一部分是採用實際物理元器件和機構，一部分是採用一些典型鋼板的實驗數據和過程模型。對於這些典型鋼板的精度已被該生產廠家驗證。

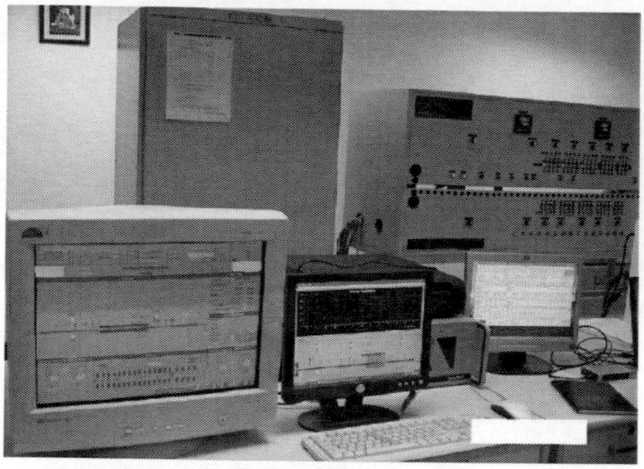

圖 8-3　加速冷卻過程模擬實驗裝置

（2）基礎自動化系統

實驗裝置自動控制系統結構如圖 8-4 所示，包括工業控制電腦（IPC0～IPC6）、一塊 Siemens TDC 可編程控制器、一塊 TCP/IP 網卡、一塊 Profibus 通訊卡、2MB 程式儲存器和 8 塊 ET200M 輸入輸出模塊。

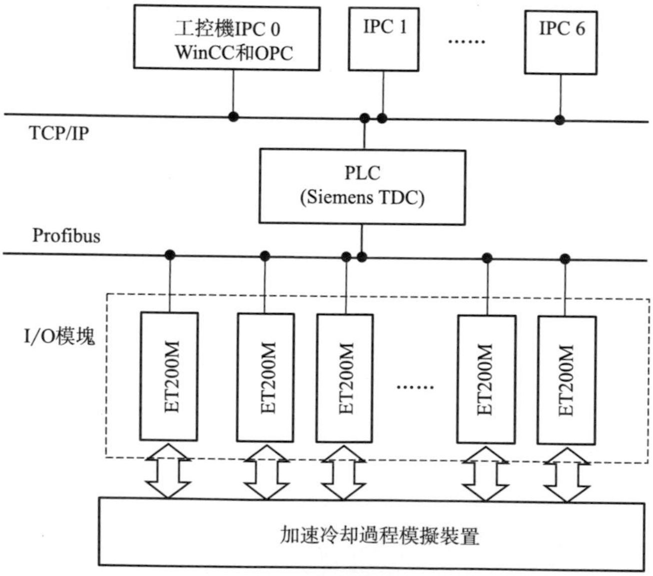

圖 8-4　加速冷卻過程實驗裝置自動控制系統結構

其中 IPC0 上安裝有 WinCC 軟體和 OPC 伺服器。WinCC 用來監督加速冷卻過程；OPC伺服器用來與其它組件交換資訊，爲其它工控機提供採集到的數據。IPC0～IPC6爲實現高級控制算法留用。本文的控制算法都是在IPC0～IPC6中實現的，採用的語言是C＋＋和MATLAB混編。工控機中的上層控制算法得到的結果透過OPC伺服器發送給PLC，PLC透過輸入輸出模塊直接控制加速冷卻過程模擬裝置中的執行機構，並採集檢測數據。IPC0～IPC6之間相互交換資訊，以及與PLC之間交換資訊是透過OPC伺服器實現的。通訊協議爲TCP/IP協議。PLC與輸入輸出模塊間的通訊採用的是Profibus協議。

以上即爲加速冷卻過程模擬實驗平臺，該實驗平臺爲研究先進的中厚板加速冷卻過程控制方法提供了良好的調試和驗證環境。

8.2.3 工藝控制要求

在中厚板生產中採用加速冷卻控制的目的是控制不同的冷卻曲線滿足不同的熱軋產品的需要，使經過加速冷卻後的鋼板不再需要任何後續的熱處理。其工藝技術目標爲：

① 控制鋼板各點溫度沿一條期望的冷卻曲線冷卻到終冷溫度；

② 控制鋼板終冷溫度 T_{FT} 與設定值 T_{FT}^{o} 一致；

③ 鋼板上下冷卻均勻一致，寬度方向上溫度一致，長度方向上溫度一致。

控制變量爲：

① 冷卻水閥門開啓組數 N_h^o；

② 每組冷卻水噴頭集水管的冷卻水流量：$F_i(i=1,2,\cdots,N_h^o)$；

③ 邊部遮蔽寬度；

④ 板速。

其中鋼板寬度方向和厚度方向上的溫度均勻性由邊部遮蔽和上下水比來控制調節，與其它控制量無關，可透過實驗數據根據板厚、板寬、板開冷溫度等參數得到。因此，可假設上下噴頭冷卻水比和邊部遮蔽配置合理，把一組上下噴嘴的冷卻水流量看作一個量，不考慮鋼板上下表面的冷卻均勻性和寬度方向鋼板冷卻的均勻性。考慮到需要能夠以較高自由度對整個冷卻曲線控制。這樣中厚板加速冷卻過程的控制問題簡化爲固定鋼板板速，採用各噴頭冷卻水流量 $F_i(k)$ 作爲控制變量，控制鋼板的冷卻速率。

如圖8-5，同樣把從P2到P4之間的距離看作一開口系統，把其中某一板點的冷卻曲線轉化爲「溫度-位置」曲線，選擇位置 $l_1,l_2,\cdots,l_m$ 處

的溫度作爲參考溫度，並定義爲

$$\boldsymbol{r}=[r_1 \quad r_2 \quad \cdots \quad r_m]^{\mathrm{T}} \tag{8-1}$$

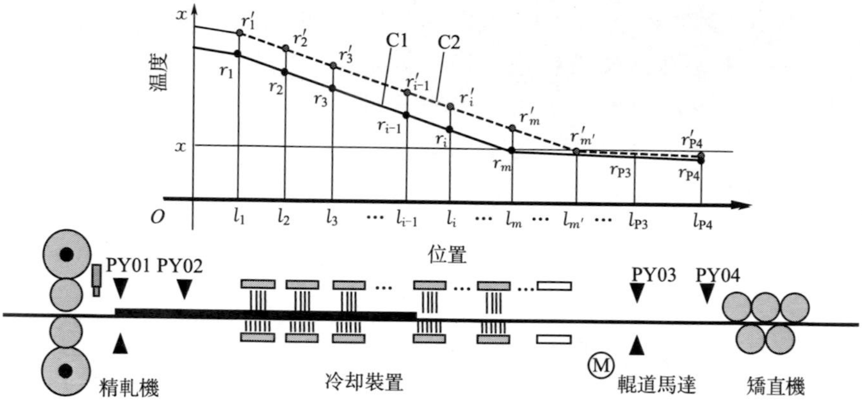

圖 8-5　不同板點的位置-溫度曲線

其中，在水冷區中 l_2，…，l_{N_h+1} 分別爲對應每組噴頭噴淋的右邊界。由於鋼板各板點的開冷溫度不同，各板點的參考冷卻「溫度-位置」曲線也各不相同。如圖所示，C1 和 C2 分別爲對應於開冷溫度爲 x_{P2} 和 x'_{P2} 的「溫度-位置」曲線。這就意味着，在位置 $l_1, l_2, \cdots, l_m$ 處的溫度設定值是根據當時冷卻的板點而相應變化的。另外，整個系統是非線性相對較快的大系統，所以控制器中控制算法的計算速度要相對較快。因此，對於這樣一個採用噴嘴流量作爲控制變量的加速冷卻過程，其控制優化方法需要滿足下面兩點要求：

① 優化過程需要考慮到控制目標的變化；

② 滿足在線計算的速度要求。

鑒於系統對控制器執行速度的要求，採用集中式 MPC 不太實際。故本章基於以上兩點要求，設計一個基於設定值再計算、操作點線性化和鄰域優化的分散式預測控制方法來控制加速冷卻過程。

8.3 裝置熱平衡方程

以 P2～P4 以及鋼板上下表面作爲邊界，可得到如圖 8-6 所示的開口係 Γ。根據系統的能量交換，並結合一些學者和工業的研究成果，加速冷卻過程可以由笛卡爾座標系下的能量平衡方程來表示：

$$\dot{x}=\frac{\lambda}{\rho \cdot c_p}\times\frac{\partial^2 x}{\partial z^2}-\dot{l}\,\frac{\partial x}{\partial l} \tag{8-2}$$

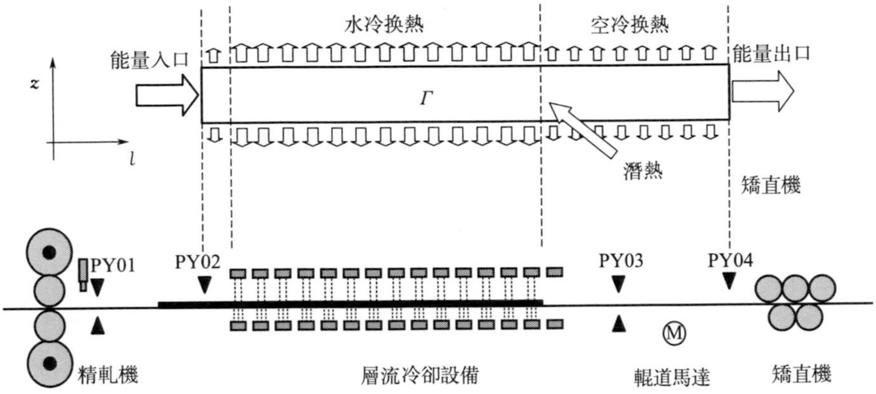

圖 8-6　開口係Γ 能量交換

其中，$x(z,l,t)$是位置(z,l)處的板溫；l 和 z 是鋼板長度和厚度座標位置；ρ 是鋼材密度；c_p 是比熱容；λ 是熱傳導係數，爲標量，這裏忽略長度方向和寬度方向的換熱；對於模型（8-2），潛熱在與溫度有關的熱物性參數中進行考慮。

方程（8-2）的邊界條件爲

$$\begin{cases}\mp\lambda\left.\dfrac{\partial T}{\partial z}\right|_{z=\pm d/2}=\pm h(T-T_\infty)\\[2ex] -\lambda\left.\dfrac{\partial T}{\partial z}\right|_{z=0}=0\end{cases}$$

其中，h 爲上下表面熱交換係數；d 爲厚度；T_∞根據不同的換熱條件分別爲環境溫度 T_m 或冷卻水溫度 T_W；空冷區熱輻射換熱係數 h_A、冷卻水與鋼板間的對流換熱係數 h_W 和返紅區輻射換熱係數 h_R 分別爲

$$h_A=k_A[\sigma_0\varepsilon(T^4-T_\infty^4)/(T-T_\infty)]$$

$$h_W=\frac{2186.7}{10^6}\times k_W\alpha\left(\frac{T}{T_B}\right)^a\left(\frac{v}{v_B}\right)^b\left(\frac{F}{F_B}\right)^c\left(\frac{T_W}{T_{WB}}\right)^d$$

$$h_R=k_A[\sigma_0\varepsilon(T^4-T_\infty^4)/(T-T_\infty)]$$

其中，ε 是輻射係數；σ_0 爲 Stefan-Boltzmann 常數，等於 $5.67\times10^{-8}\,W/m^2K^4$；$v$ 爲輥道速度；F 爲噴頭水流量；v_B、F_B、T_B 和 T_{WB} 是常數，分別爲建模時的基準速度、流量、板溫和水溫；a、b、c 和 d 爲常數；k_A 和 k_W 是需要在線推導的修正係數。

8.4 基於優化目標再計算的分散式預測控制

以各閥門水流量作爲操縱變量的加速冷卻過程可以看作爲一個多入多出的大系統。由於計算量原因，圖 8-7 所示把整個系統劃分爲 N 個子系統，每個子系統採用一個局部 MPC 來控制。其中，第 s 個子系統的邊界爲位置 l_{s-1} 和位置 l_s $(s=1,2,\cdots,N)$，對應第 s 組噴頭負責的區域。每個子系統的控制量爲各自對應的冷卻噴頭水流量。各局部 MPC 之間透過網路交換對各系統之間的相互干擾資訊。每個局部控制器求解得到的最優控制解透過非線性變換轉化爲冷卻水流量，然後作爲底層 PI 控制器的設定值。每個局部 MPC 的參考輸出和冷卻水噴頭開閥個數在每個控制週期根據開冷溫度測量值重新確定。對於沒有冷卻水的子系統，局部 MPC 蛻化爲一個預測器。預測器的功能是估計相應子系統的未來狀態序列，並透過網路廣播給其它子系統。這樣局部 MPCs、預測器和 PI 控制器透過網路通訊協同對鋼板溫度冷卻過程進行控制。

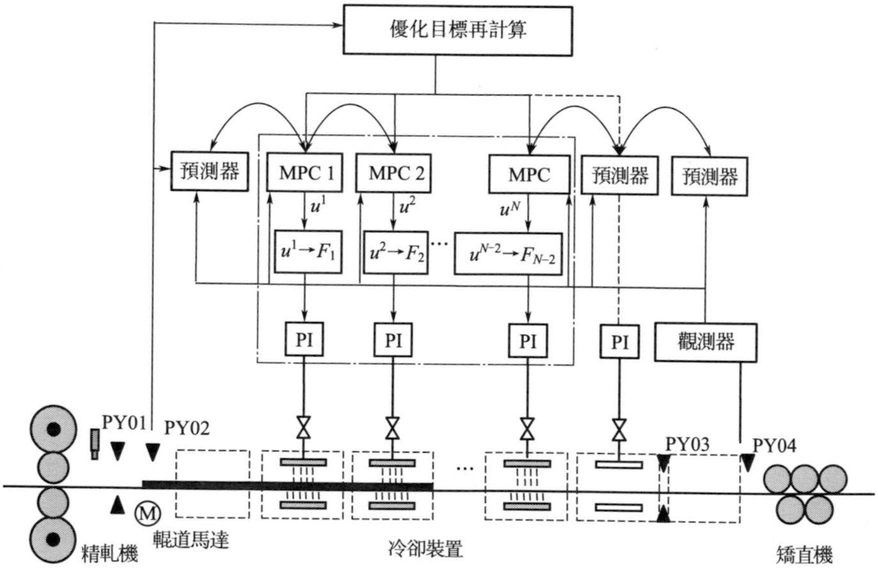

圖 8-7 加速冷卻過程的 DMPC 控制框架

8.4.1 子系統優化目標再計算

由於鋼板各板點的開冷溫度不同，其目標「時間-溫度」冷卻曲線也不相同。隨着鋼板的移動，在溫度控制點 l_s 處的溫度設定值在每個控制週期都是變化的。在這個小節主要是介紹如何計算每個子系統的優化目標。爲了簡單方便起見，仍以單冷卻速率冷卻曲線爲例。

推導的詳細過程見圖 8-8，圖中的座標軸分別爲：冷卻裝置位置、時間和溫度。冷卻過程從 P2 點開始算起。L1 爲在 k 時刻進入冷卻區的板點的「位置-溫度」冷卻曲線；L2 爲鋼板在 P2 點處的測量值序列。如果把鋼板所有在冷卻區內部分的期望溫度連成曲線，則可以得到曲線在第 $k+h_i$ 時刻冷卻區各位置處的溫度設定值。把在 l_i 處的所有時刻的設定值連成曲線可得到曲線 L3，這樣就得到了位置 l_i 處的二維設定值曲線。其它位置處的設定值曲線可按相同的方法推導。

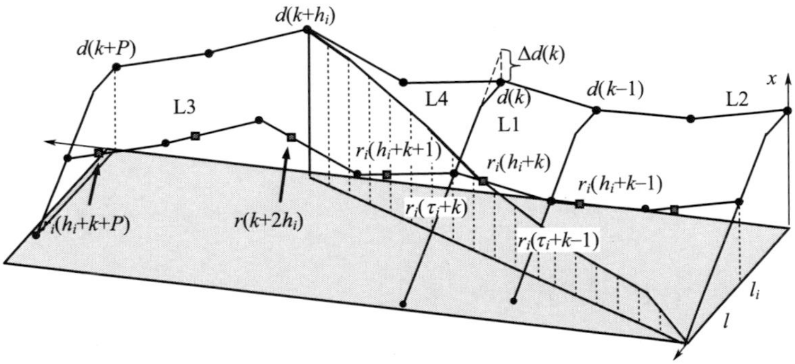

圖 8-8 參考控制序列

在確定優化目標前，首先應該確定鋼板速度，爲了減少過程控制的「粒度」，鋼板的板速可以透過下面方程計算：

$$v=l_h\times N_h\ \frac{R_C}{d_{\max}-x_f} \tag{8-3}$$

其中，R_C 是冷卻速率；$d_{\max}$ 是最大開冷溫度（可以透過 PY01 的測量值來預測）；x_f 是終冷溫度；N_h 是冷卻區噴頭個數。對於 k 時刻到達 P2 點的板點，假設其開冷溫度爲 $d(k)$，則該板點行進到第 i 個噴頭下時，它的理想溫度值可透過下式來計算：

$$r_i(\tau_i+k)=\max\left[d(k)+\Delta d(k)-R_C\times\tau_i,x_f\right] \tag{8-4}$$

其中，$\tau_i=x_i/v$；$\Delta d(k)$爲在冷卻速率爲 R_C 情況下達到冷卻水底第一個噴頭的溫降與採用空冷的溫降之差，且 $\Delta d(k)=l_1/v\times(R_C-R_A)$；$R_A$ 爲空冷冷卻速率。

由於式(8-4) 中的 τ_i 是實數，也就是所得到的設定值並不一定在控制週期上。因此，令 $h_i=\text{int}(\tau_i)$，則在 h_i 時刻的設定值可以透過插值算法（比如二次樣條函數）求得。這裏採用線性插值算法，具體如下：

$$r_i(h_i+k)=r_i(\tau_i+k)(1-\tau_i+h_i)+r_i(\tau_i-1+k)(\tau_i-h_i) \quad (8\text{-}5)$$

爲了描述簡便，令

$$r_i(k)=f[d(k-h_i),d(k-1-h_i)] \quad (8\text{-}6)$$

值得注意的是，當板速一定時，h_i 是一個常數，對所有板點其值都相同。

這樣全系統的優化目標就變爲

$$\min J(k)=\sum_{s=1}^{N}\left\{\sum_{i=1}^{P}\left[\left\|\boldsymbol{r}_s(k+i)-\hat{\boldsymbol{y}}^s(k+i|k)\right\|_{Q_s}^2+\left\|u^s(k+i-1|k)\right\|_{R_s}^2\right]\right\} \quad (8\text{-}7)$$

這裏，採用了溫度作爲基本的目標變量。如果深一步，可以把各板點的微顆粒結構作爲最終控制目標。在每個控制週期，每個板點根據目標晶體結構和當前狀態計算其將來的工藝冷卻「時間-溫度」曲線。然後，根據這些時溫曲線按圖 8-8 所表示的邏輯進行變換，就得到了可以控制鋼板各位置的微顆粒結晶結構的冷卻目標。控制器在得到每個子系統在每個控制週期的設定值後，按下面小節中介紹的分散式預測控制方法控制冷卻水流量。

8.4.2 子系統狀態空間模型

前面所給出的模型（8-2）爲偏微分形式，並不適合充當每個局部 MPC 的預測模型。因此，這裏首先對分散參數模型進行集總化。

由於當採用有限容積方法對分散參數模型進行集總化時，只要網格劃分得足夠小，就能得到足夠的近似精度，並且每個小格有着明確的物理意義。因此，本章中採用有限容積法對模型（8-2）進行集總化。如圖 8-9 所示，第 s 個子系統在 l 方向上劃分爲 n_s 段，在厚度 z 方向上分爲 m 層。每個網格的面積等於 $\Delta l\Delta z$，Δl 和 Δz 是每個單位格的長度和厚度。定義厚度方向上第 i^{th} 長度方向第 j^{th} 個單位格的溫度爲 $x_{i,j}^s$，把能量平衡方程（8-2）應用於上下表面的單位格有

$$\dot{x}_{1,j}^s=-\frac{\lambda(x_{1,j}^s)}{\rho(x_{1,j}^s)cp(x_{1,j}^s)}\left\{\frac{1}{\Delta z^2}\left[x_{2,j}^s-x_{1,j}^s-\Delta z\frac{h_{1,j}^s}{\lambda(x_{1,j}^s)}(x_{1,j}^s-x_\infty)\right]\right\}-\frac{1}{\Delta l}\cdot v(x_{1,j}^s-x_{1,j-1}^s) \quad (8\text{-}8)$$

$$\dot{x}^{s}_{m,j}=-\frac{\lambda(x^{s}_{m,j})}{\rho(x^{s}_{m,j})cp(x^{s}_{m,j})}\left\{\frac{1}{\Delta z^{2}}\left[x^{s}_{m-1,j}-x^{s}_{m,j}-\Delta z\,\frac{h^{s}_{m,j}}{\lambda(x^{s}_{m,j})}(x^{s}_{m,j}-x_{\infty})\right]\right\}-\frac{1}{\Delta l}\cdot v(x^{s}_{m,j+1}-x^{s}_{m,j-1}) \tag{8-9}$$

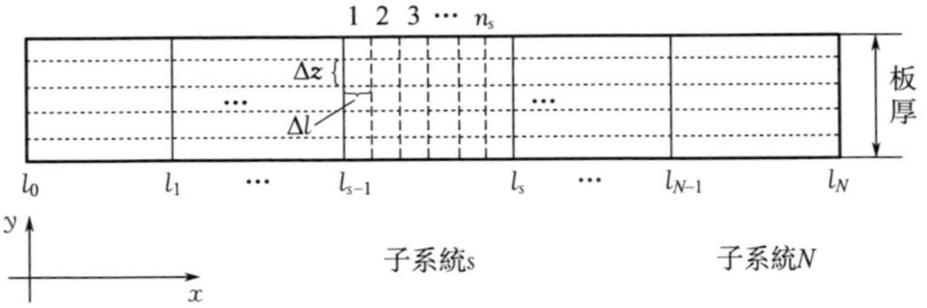

圖 8-9 每個子系統的網格劃分

對於內部單位格，則有

$$\dot{x}^{s}_{i,j}=-\frac{1}{\Delta z^{2}}\times\frac{\lambda(x^{s}_{i,j})}{\rho(x^{s}_{i,j})cp(x^{s}_{i,j})}(x^{s}_{i+1,j}-2x^{s}_{i,j}+x^{s}_{i-1,j})-\frac{1}{\Delta l}\cdot v(x^{s}_{i,j+1}-x^{s}_{i,j-1}) \tag{8-10}$$

其中，$v=\dot{l}$ 是板速，$x^{0}_{i,n_s}=x_{\mathrm{ST}}$，$x^{N}_{i,n_s}=x^{N}_{i,n_s-1}$，$x^{s}_{i,0}=x^{s-1}_{i,n_{s-1}}$，$x^{s}_{i,n_s+1}=x^{s+1}_{i,1}(i=1,2,\cdots,m)$。

在工業過程中，由於提供的測量值是採樣時間爲 Δt 的數字信號，所以，這裏採用歐拉法對模型進行離散化。定義

$$\alpha(x^{s}_{i,j})=-\Delta t\cdot\lambda(x^{s}_{i,j})/[\Delta y^{2}\rho(x^{s}_{i,j})cp(x^{s}_{i,j})] \tag{8-11}$$

$$\beta(x^{s}_{i,j})=\Delta t\cdot\alpha(x^{s}_{i,j})/\lambda(x^{s}_{i,j}) \tag{8-12}$$

$$\gamma=\Delta t\cdot v/\Delta x \tag{8-13}$$

則由公式(8-8)～公式(8-10) 可推出第 s 個子系統的非線性狀態空間表達式：

$$\begin{cases}\boldsymbol{x}^{s}(k+1)=\boldsymbol{f}[\boldsymbol{x}^{s}(k)]\cdot\boldsymbol{x}^{s}(k)+\boldsymbol{g}[\boldsymbol{x}^{s}(k)]\cdot u^{s}(k)+\boldsymbol{D}\cdot\boldsymbol{x}^{s-1}_{n_{s-1}}(k)\\ y^{s}(k)=\boldsymbol{C}\cdot\boldsymbol{x}^{s}(k)\end{cases},s=1,2,\cdots,N \tag{8-14}$$

$$\begin{cases}u^{s}(k)=2186.7\times10^{-6}\times k_{\mathrm{W}}\cdot\xi\cdot\left(\frac{v}{v_{\mathrm{B}}}\right)^{b}\left(\frac{F}{F_{\mathrm{B}}}\right)^{c}\left(\frac{T_{\mathrm{W}}}{T_{\mathrm{WB}}}\right)^{d},s\in\mathcal{C}_{\mathrm{W}}\\ u^{s}(k)=1,s\in\mathcal{C}_{\mathrm{A}}\end{cases} \tag{8-15}$$

其中

$$\begin{aligned}\boldsymbol{x}^s&=[(\boldsymbol{x}_1^s)^{\mathrm{T}} \quad (\boldsymbol{x}_2^s)^{\mathrm{T}} \quad \cdots \quad (\boldsymbol{x}_{n_s}^s)^{\mathrm{T}}]^{\mathrm{T}}\\ \boldsymbol{x}_j^s&=[x_{1,j}^s \quad x_{2,j}^s \quad \cdots \quad x_{m,j}^s]^{\mathrm{T}},(j=1,2,\cdots,n_s)\end{aligned} \tag{8-16}$$

爲子系統 s 的狀態向量，y^s 是第 s 個子系統的最後一列單位格的平均溫度；$\mathcal{C}_{\mathrm{W}}$ 是由冷卻水冷卻的子系統的集合，$\mathcal{C}_{\mathrm{A}}$ 是透過輻射換熱來冷卻的子系統的集合。$\boldsymbol{f}[\boldsymbol{x}^s(k)]$、$\boldsymbol{g}[\boldsymbol{x}^s(k)]$、$\boldsymbol{D}$ 和 $\boldsymbol{C}$ 是子系統 s 的係數矩陣，具體爲

$$\boldsymbol{f}[\boldsymbol{x}^s(k)]=\begin{bmatrix}\boldsymbol{\Phi}_1[\boldsymbol{x}^s(k)]\cdot\boldsymbol{\Lambda} & \boldsymbol{0} & \cdots & \boldsymbol{0}\\ \boldsymbol{0} & \boldsymbol{\Phi}_2[\boldsymbol{x}^s(k)]\cdot\boldsymbol{\Lambda} & & \vdots\\ \vdots & & \ddots & \boldsymbol{0}\\ \boldsymbol{0} & \cdots & \boldsymbol{0} & \boldsymbol{\Phi}_{n_s}[\boldsymbol{x}^s(k)]\cdot\boldsymbol{\Lambda}\end{bmatrix}+\begin{bmatrix}(1-\gamma)\boldsymbol{I}_m & \boldsymbol{0} & \cdots & \boldsymbol{0}\\ \gamma\boldsymbol{I}_m & (1-\gamma)\boldsymbol{I}_m & \ddots & \vdots\\ \vdots & \ddots & \ddots & \boldsymbol{0}\\ \boldsymbol{0} & \cdots & \gamma\boldsymbol{I}_m & (1-\gamma)\boldsymbol{I}_m\end{bmatrix} \tag{8-17}$$

$$\boldsymbol{g}[\boldsymbol{x}^s(k)]=\left[(\boldsymbol{\psi}_1(\boldsymbol{x}^s(k)))^{\mathrm{T}} \quad \cdots \quad (\boldsymbol{\psi}_{n_s}(\boldsymbol{x}^s(k)))^{\mathrm{T}}\right]^{\mathrm{T}} \tag{8-18}$$

$$\boldsymbol{C}=m^{-1}\cdot[\boldsymbol{0}^{1\times m\cdot(n_s-1)} \quad \boldsymbol{1}^{1\times m}] \tag{8-19}$$

$$\boldsymbol{D}=\left[\gamma\boldsymbol{I}_m \quad \boldsymbol{0}^{m\times m\cdot(n_s-1)}\right]^{\mathrm{T}} \tag{8-20}$$

和

$$\boldsymbol{\Phi}_j(\boldsymbol{x}^s)=\begin{bmatrix}\alpha(x_{1,j}^s) & \cdots & 0\\ \vdots & \ddots & \vdots\\ 0 & \cdots & \alpha(x_{m,j}^s)\end{bmatrix};\boldsymbol{\psi}_j(\boldsymbol{x}^s)=\begin{bmatrix}\theta_{1,j}^s(x_{1,j}^s-x_\infty)\cdot\beta(x_{1,j}^s)\\ \boldsymbol{0}^{(m-2)\times 1}\\ \theta_{m,j}^s(x_{m,j}^s-x_\infty)\cdot\beta(x_{m,j}^s)\end{bmatrix};$$

$$\boldsymbol{\Lambda}=\begin{bmatrix}-1 & 1 & 0 & \cdots & 0\\ 1 & -2 & 1 & \ddots & \vdots\\ 0 & \ddots & \ddots & \ddots & 0\\ \vdots & \ddots & 1 & -2 & 1\\ 0 & \cdots & 0 & 1 & -1\end{bmatrix};\boldsymbol{I}_m\in R^{m\times m};$$

$$\begin{cases}\theta_{i,j}^s=(x_{i,j}^s/x_{\mathrm{B}})^a, s\in\mathcal{C}_{\mathrm{W}}\\ \theta_{i,j}^s=h_{\mathrm{A}}(x_{i,j}^s), s\in\mathcal{C}_{\mathrm{A}}\end{cases}, i=1,2,\cdots,m, j=1,2,\cdots,n_s$$

透過上面的變換，可得到各子系統的狀態空間表達形式。本章的分散式預測控制的各個部分都是基於這個模型的。下面首先介紹如何檢測鋼板在水冷區内的溫度分散。

8.4.3 擴展 Kalman 全局觀測器

觀測器，通常也稱爲軟測量[5]，已經成爲克服缺少在線傳感器的常用方法。它們用來給出在線或離線儀表無法得到參數和不可測狀態（見文獻［6］）。在過程控制界，設計非線性觀測器是一個很寬泛的課題。其中一類觀測器爲「經典觀測器」，這類觀測器假設過程模型及參數完全已知。其中最常見的是擴展 Kalman 濾波[7] 和擴展 Luenberger 觀測器[8]，它們是透過線性化切線模型，由原始的適合線性系統的版本改進而來。除了這些「擴展」的解決辦法外，其它的這類觀測器可以歸結爲「高增益觀測器」，是否可以採用「高增益觀測器」，通常的標準是看能否把非線性系統轉化爲一個可觀測的規範型。「經典觀測器」相對應的另一類觀測器用於參數不確定甚至結構不確定的模型表達系統，相關的觀測器有漸近觀測器、滑模觀測器和自適應觀測器等。

對於加速冷卻過程，雖然模型（8-14）可以轉化成標準觀測器規範型，允許設計高增益觀測器，然而，如果觀看大量文獻後會發現，高增益觀測器很少用於含有高維狀態空間的系統。其原因是系統的非線性和系統的階數會增加算法的數學複雜度。由於採用有限容積法對熱平衡方程集總化需要單位格劃分得比較細密（這裏至少 70 個單位格），系統階數不可避免會很高，這會導致採用高增益觀測器變得非常脆弱。基於這個原因，盡管 Kalman 濾波的回歸速度比較難調節，爲了方便設計，仍選用著名的擴展 Kalman 濾波（EKF）設計中厚板加速冷卻過程的溫度監督器。

整個系統的非線性模型可由式（8-14）很容易推導得到，其形式如下：

$$\begin{cases}\boldsymbol{x}(k+1)=\boldsymbol{F}[\boldsymbol{x}(k)]\boldsymbol{x}(k)+\boldsymbol{G}[\boldsymbol{x}(k)]\boldsymbol{u}(k)+\overline{\boldsymbol{D}}\boldsymbol{x}^{0}(k)\\ \overline{\boldsymbol{y}}(k)=\overline{\boldsymbol{C}}\boldsymbol{x}(k)\end{cases}\tag{8-21}$$

其中，$\boldsymbol{x}=[(\boldsymbol{x}^1)^{\mathrm T}\quad(\boldsymbol{x}^2)^{\mathrm T}\quad\cdots\quad(\boldsymbol{x}^N)^{\mathrm T}]^{\mathrm T}$；$\boldsymbol{u}=[u^1\quad u^2\quad\cdots\quad u^{n_s}]^{\mathrm T}$；$\boldsymbol{x}^0$ 是開冷溫度平均值；$\overline{\boldsymbol{y}}$ 是輸出矩陣，爲 PY04 檢測到的鋼板上表面溫度。表達式 $\boldsymbol{F}[\boldsymbol{x}(k)]$、$\boldsymbol{G}[\boldsymbol{x}(k)]$ 和 $\overline{\boldsymbol{D}}$ 可根據式（8-17）、式（8-18）和式（8-20）寫出，係數 $\overline{\boldsymbol{C}}$ 定義如下：

$$\overline{\boldsymbol{C}}=\left[\boldsymbol{0}^{1\times(N-1)n_s m}\quad 1\quad \boldsymbol{0}^{1\times(n_s m-1)}\right] \tag{8-22}$$

系統(8-21) 是可觀測的。因爲從物理原理上可以看出，每個單位格的溫度（狀態）都受到其上下單位格和左面單位格的影響。而溫度檢測點 PY04 在系統的最右面，所以其它所有單位格的溫度經過一定時間後都會對 PY04 的測量值有影響，也就是輸出 PY04 中包含所有狀態的資訊。參考文獻［9］，觀測器結構如下。

① 測量值更新

$$\hat{\boldsymbol{x}}(k+1)=\hat{\boldsymbol{x}}(k+1|k)+\boldsymbol{K}_{k+1}[\boldsymbol{y}(k+1)-\overline{\boldsymbol{C}}\hat{\boldsymbol{x}}(k+1|k)]$$

$$\boldsymbol{K}_{k+1}=\boldsymbol{P}_{k+1/k}\overline{\boldsymbol{C}}^{\mathrm{T}}(\overline{\boldsymbol{C}}\boldsymbol{P}_{k+1/k}\overline{\boldsymbol{C}}^{\mathrm{T}}+\boldsymbol{R}_{k+1})^{-1}$$

$$\boldsymbol{P}_{k+1}=(\boldsymbol{I}-\boldsymbol{K}_{k+1}\overline{\boldsymbol{C}})\boldsymbol{P}_{k+1/k} \tag{8-23}$$

② 時間更新

$$\boldsymbol{P}_{k+1/k}=\boldsymbol{F}_k\boldsymbol{P}_k\boldsymbol{F}_k^{\mathrm{T}}+\boldsymbol{Q}_k$$

$$\hat{\boldsymbol{x}}(k+1|k)=\boldsymbol{F}[\hat{\boldsymbol{x}}(k)]\hat{\boldsymbol{x}}(k)+\boldsymbol{G}[\hat{\boldsymbol{x}}(k)]\boldsymbol{u}(k)+\overline{\boldsymbol{D}}\boldsymbol{x}^0(k)$$

$$\boldsymbol{F}_k=\left.\frac{\partial\{\boldsymbol{F}[\boldsymbol{x}(k)]\boldsymbol{x}(k)\}}{\partial\boldsymbol{x}(k)}\right|_{\boldsymbol{x}(k)=\hat{\boldsymbol{x}}(k)}+\left.\frac{\partial\boldsymbol{G}[\boldsymbol{x}(k)]\cdot\boldsymbol{u}(k)}{\partial\boldsymbol{x}(k)}\right|_{\boldsymbol{x}(k)=\hat{\boldsymbol{x}}(k)} \tag{8-24}$$

當對線性確定性系統採用觀測器時，$\boldsymbol{Q}_k$ 和$\boldsymbol{R}_k$ 可以任意選擇，例如，可分別選 $\boldsymbol{0}_M(M=m\times\sum_{s=1}^{N}n_s)$ 和$\boldsymbol{I}_N$。在線性隨機系統中，可以在最大似然角度分別獲得系統雜訊和測量雜訊的協方差陣$\boldsymbol{Q}_k$ 和$\boldsymbol{R}_k$。然而，對於非線性系統，雖然其最優性沒有被證明，但通常情況下，$\boldsymbol{Q}_k$ 和$\boldsymbol{R}_k$ 仍被認爲是協方差陣。由於式(8-21) 是確定性系統，選擇$\boldsymbol{Q}_k=0$。觀測器在每個控制週期估計全系統狀態並把測量值發送給所有其它子系統的控制器或預測器。

8.4.4 局部預測控制器

對於第 s 個子系統，如果 $s\in\mathcal{C}_{\mathrm{W}}$，需要採用局部 MPC 作爲控制器優化鋼板溫度。本部分將詳細介紹基於鄰域優化和相繼線性化的分散式 MPC 算法。對於加速冷卻過程，按文獻［10］所述方法，可以把全局性能指標(8-7) 分解爲如下各子系統的局部性能指標：

$$J_s(k)=\sum_{i=1}^{P}\left(\left\|\boldsymbol{r}_s(k+i)-\hat{\boldsymbol{y}}^s(k+i|k)\right\|_{\boldsymbol{Q}_s}^2+\left\|u^s(k+i-1|k)\right\|_{R_s}^2\right) \tag{8-25}$$

$$\min J(k)=\sum_{s=1}^{N} J_s(k) \tag{8-26}$$

局部控制決策透過求解以最小化 $J_s(k)$ 爲優化目標的局部優化問題得到。然而，針對局部系統性能指標求得的優化解卻不等於全局問題的最優解。爲了提高全局系統的性能，本章採用鄰域優化目標作爲局部控制器的性能指標。

定義 $\mathcal{N}_s^{\text{in}}$ 和 $\mathcal{N}_s^{\text{out}}$ 分別爲第 s 個子系統的輸入鄰域和輸出鄰域。這裏子系統 s 的輸出鄰域指的是其狀態受到第 s 個子系統的狀態影響的子系統的集合，且 $s\notin\mathcal{N}_s^{\text{out}}$。與之相反的是，子系統 s 的輸入鄰域是指影響第 s 個子系統狀態的子系統的集合，且 $s\notin\mathcal{N}_s^{\text{in}}$。由於第 s 個子系統的輸出鄰域子系統的狀態受到子系統 s 的控制決策的影響，參考文獻[2,11～13]，每個子系統的性能可以透過在每個預測控制器中採用如下的性能指標來提高。

$$\min \overline{J}_s(k)=\sum_{j\in\{\pi_{+s},s\}} J_j(k) \tag{8-27}$$

值得注意的是，對於第 s 個子系統，新的性能指標 $\overline{J}_s(k)$ 不僅包括當前子系統的性能指標，還包含其輸出鄰域子系統的性能指標，稱之爲「鄰域優化」。鄰域優化是一種在大系統分散式預測控制中能夠有效提高系統性能的協調策略。

子系統模型（8-14）是一個非線性模型。在模型預測控制中，如果將來的狀態演化過程透過模型（8-14）來預測，那麼優化過程就是一個非線性的優化問題。爲了克服求解非線性優化問題可能帶來的計算量，在求解局部 MPC 時採用相繼線性化方法對預測模型進行處理。也就是在每個控制週期在當前工作點附近線性化系統模型。這樣就可以根據這個線性時變（LTV）系統設計線性局部 MPC。雖然最近在過程控制領域採用時變模型剛剛被規範化，但其歷史可以追溯到 20 世紀 70 年代。對線性參數時變的（LPV）MPC 的研究可以參考文獻［14］，針對 LTV 模型的 MPC 方法已經在波音飛機中被成功驗證。文獻[14,15]中的內容最接近我們的方法。

在 ACC 過程中，在時刻 k 可以用下面的線性模型來近似模型（8-14），即

$$\begin{cases} \boldsymbol{x}^s(i+1|k)=\boldsymbol{A}_s(k)\cdot\boldsymbol{x}^s(i|k)+\boldsymbol{B}_s(k)\cdot u^s(i|k)+\boldsymbol{D}\cdot\boldsymbol{x}_{n_{s-1}}^{s-1}(i|k) \\ y^s(i|k)=\boldsymbol{C}\cdot\boldsymbol{x}^s(i|k) \end{cases} s=1,2,\cdots,N \tag{8-28}$$

其中，$\boldsymbol{A}_s(k)=\boldsymbol{f}[\boldsymbol{x}^s(k)],\boldsymbol{B}_s(k)=\boldsymbol{g}[\boldsymbol{x}^s(k)]$。式(8-15) 是一個靜態非線性方程，這裏保持不變。這樣式(8-28) 和式(8-15) 組成了一個 Hammerstain 系統。對於這樣一個系統，在 MPC 中一般只採用線性部分作爲預測模型，而靜態非線性部分在求解得到最優解後進行處理。

在加速冷卻過程中，第 s 個子系統的輸入鄰域爲第 $s-1$ 個子系統，輸出子系統爲第 $s+1$ 個子系統。假設狀態 $x(k)$ 在 k 時刻已知，考慮操作變量、輸出變量、操作變量增量約束，每個子系統在採樣時刻 k 的局部優化問題如下：

$$\begin{aligned}
&\min_{U_s(k)}\overline{J}_s(k)=\sum_{j\in\{s,s+1\}}\left[\sum_{i=1}^{P}\left(\left\|\boldsymbol{r}_j(k+i)-\hat{y}^j(k+i|k)\right\|_{\boldsymbol{Q}_j}^2+\left\|u^j(k+i-1|k)\right\|_{R_j}^2\right)\right]\\
&\text{s.t.}\ \boldsymbol{x}^j(i+1|k)=\boldsymbol{A}_j(k)\cdot\boldsymbol{x}^j(i|k)+\boldsymbol{B}_j(k)\cdot u^j(i|k)+\boldsymbol{D}\cdot\boldsymbol{x}_{n_{j-1}}^{j-1}(i|k),j\in\{s,s+1\}\\
&u_{\min}^s\leqslant u^s(k+i-1|k)\leqslant u_{\max}^s,\qquad i=1,\cdots,P\\
&\Delta u_{\min}^s\leqslant\Delta u^s(k+i-1|k)\leqslant\Delta u_{\max}^s,\qquad i=1,\cdots,P\\
&y_{\min}^j\leqslant y^j(k+i|k)\leqslant y_{\max}^j,\qquad i=1,\cdots,P,j\in\{s,s+1\}
\end{aligned}\tag{8-29}$$

其中，$\{u_{\min}^s,u_{\max}^s\}$、$\{\Delta u_{\min}^s,\Delta u_{\max}^s\}$和$\{y_{\min}^j,y_{\max}^j\},j\in\{s,s+1\}$分別爲操作變量、操作變量增量和狀態的上下邊界，且

$$\boldsymbol{U}_s=[u^s(k)\quad u^s(k+1)\quad\cdots\quad u^s(k+M)]^{\mathrm{T}}\tag{8-30}$$

定義

$$\boldsymbol{X}_{s,n_s}(k)=\left[\boldsymbol{x}_{n_s}^s(k+1)\quad\boldsymbol{x}_{n_s}^s(k+2)\quad\cdots\quad\boldsymbol{x}_{n_s}^s(k+P)\right]^{\mathrm{T}}\tag{8-31}$$

那麼如果序列$\boldsymbol{X}_{s-1,n_{s-1}}(k)$ 和$\boldsymbol{U}_{s+1}$ 對於第 s 個子系統是已知的，則優化問題 (8-29) 可以轉化爲一個二次規劃問題 (Quadratic Problem，簡稱 QP)。在 k 時刻，透過求解這個二次規劃問題就可得到第 s 個子系統在當前狀態下的優化控制序列$\boldsymbol{U}_s^*(k)$。然後把$\boldsymbol{U}_s^*(k)$ 的第一個控制作用透過式(8-15) 進行非線性變換後得到冷卻水流量的最優設定值。

值得注意的是式(8-28) 是在操作點附近進行線性化，通常情況下並不是平衡點。當衡量本章介紹的方法的在線計算量時，除了求解問題(8-29) 所需的時間外還需要考慮計算線性模型 (8-28) 的係數和把優化問題 (8-29) 轉化爲二次規劃問題所需要的時間。相對於直接採用非線性模型的 MPC，本章提出的方法會大大減少計算複雜度，並且採用相繼線性化方法比直接採用一個線性模型更準確。

8.4.5 局部狀態預估器

對於第 s 個子系統，如果其冷卻方式爲輻射換熱，也就是說 $s \in \mathcal{C}_\mathrm{A}$，那麼應用預測器來代替局部 MPC 預測未來狀態序列 $\boldsymbol{X}_s(k)$：

$$\boldsymbol{X}_s(k) = \left[\boldsymbol{x}^s(k+1) \quad \boldsymbol{x}^s(k+2) \quad \cdots \quad \boldsymbol{x}^s(k+P)\right]^\mathrm{T} \tag{8-32}$$

預測模型爲方程（8-14）、方程（8-15）。值得注意的是在式(8-14)、式(8-15）中係數$\boldsymbol{g}^s(k)$和輸入項 $u^s(k)$ 在空冷子系統和水冷子系統中的形式是不同的。對於第一個子系統，開冷溫度作爲可測干擾，並且其未來序列可以透過 PY01 的測量值來估計。

預測器在得到未來狀態序列後把$\boldsymbol{X}_s(k)$的估計值發送到其輸出鄰居，以利於其輸出鄰居求解其最優控制律。

8.4.6 局部控制器迭代求解算法

如果第 s 個子系統的輸出鄰居的優化序列和輸入鄰居的未來狀態序列已知，那麼，根據鄰域優化，可以透過求解問題（8-29）得到當前子系統的優化解，也就是

$$\boldsymbol{U}^*_{s,M}(k) = \arg\left\{ \text{優化問題(8-29)} \Big|_{\boldsymbol{U}^*_{j,M}(k)(j\in\mathcal{N}^{\mathrm{out}}_s, j\neq i), \boldsymbol{X}^*_{h,p}(k)(h\in\mathcal{N}^{\mathrm{in}}_s, h\neq i)} \right\},$$

$$s = 1, \cdots, N \tag{8-33}$$

由此可以看出，當前子系統的優化解依賴於其輸出鄰居的未來輸入序列和其輸入鄰居的未來狀態序列。然而，當前子系統的鄰域的局部優化解在 k 時刻是未知的，因此，每個子系統必須首先對其鄰域子系統的未來狀態和輸入序列進行預估。那麼這必然會存在一定的偏差。爲了得到優化問題（8-29）更爲精確的解，開發了下面在每個控制週期尋找問題（8-29）最優解的迭代算法。

基於鄰域優化的 DMPC 迭代求解算法如下。

步驟 1　初始化和資訊交換：在採樣時刻 k，優化目標再計算部分重新設置各子系統的參考目標。第 s 個子系統從網路得到觀測狀態 $\hat{\boldsymbol{x}}^s(k)$，初始化局部優化控制序列，並透過網路把該優化序列發送給輸出鄰域子系統，令迭代次數 $l=0$。

$$\boldsymbol{U}^{(l)}_s(k) = \hat{\boldsymbol{U}}_s(k), s = 1, 2, \cdots, N$$

透過式(8-28）計算狀態估計值 $\hat{\boldsymbol{x}}^{s(l)}_{n_s}(i\,|\,k)$，$(i=1,2,\cdots,P, s=1,2,\cdots,$

N)並透過網路發送給其輸出子系統。

步驟 2 子系統優化：對於每個子系統 s，$s\in\mathcal{C}_{\mathrm{W}}$，同時求解其局部優化問題（8-29）得到優化控制律，也就是

$$\boldsymbol{U}_s^{(l+1)}(k)=\arg\left\{\text{problem}(8\text{-}29)\,\middle|_{\boldsymbol{U}_j^{(l)}(k)(j\in\mathcal{N}_s^{\text{out}}),\boldsymbol{X}_h^{(l)}(k)(h\in\mathcal{N}_s^{\text{in}})}\right\},s\in\mathcal{C}_{\mathrm{W}}$$

定義系統 $s\in\mathcal{C}_{\mathrm{A}}$ 的優化解爲

$$\boldsymbol{U}_s^{(l+1)}(k)=[1\quad 1\quad\cdots\quad 1]^{\mathrm{T}}(s\in\mathcal{C}_{\mathrm{A}})$$

每個子系統透過式(8-28)計算其未來狀態序列估計值。

步驟 3 檢查更新：每個子系統檢查其迭代終止條件是否滿足，也就是對於給出的誤差精度 $\varepsilon_s\in\mathbb{R}(s=1,\cdots,N)$，是否存在

$$\|\boldsymbol{U}_s^{(l+1)}(k)-\boldsymbol{U}_s^{(l)}(k)\|\leqslant\varepsilon_s,s=1,\cdots,N$$

如果在 l^* 時刻，所有的迭代終止條件都滿足，設局部優化控制序列爲 $\boldsymbol{U}_s^{(l^*)}(k)$，跳轉步驟 5；否則，令 $l=l+1$，每個子系統把其新的輸入資訊 $\boldsymbol{U}_s^{(l)}(k)$發送給其輸入鄰居，並把 $\hat{\boldsymbol{x}}_{n_s}^{s(l)}(i\,|\,k)$發送給其輸出鄰居，跳到步驟 2。

步驟 4 賦值並應用：計算即時控制律

$$u_s^*(k)=[1\quad 0\quad\cdots\quad 0]\boldsymbol{U}_s^*(k),s=1,\cdots,N$$

並應用到每個子系統。

步驟 5 重新賦值並初始化估計值：令下一採樣時刻局部優化控制決策的初始值爲

$$\hat{\boldsymbol{U}}_s(k+1)=\hat{\boldsymbol{U}}_s^*(k),s=1,\cdots,N$$

滾動時域，把時域移到下一採樣週期，也就是 $k+1\to k$，跳轉到步驟 1，重複上面步驟。

本節的分散式 MPC 控制方法把在線優化 ACC 這樣一個大規模的非線性系統，轉化爲幾個小的系統的分散式計算問題，大大減少了系統計算的複雜度。另外，透過在鄰居子系統之間的資訊交換可以提高系統的控制性能。爲了驗證本節提出的控制策略的有效性，下節中將在 ACC 實驗裝置中對該控制方法作驗證。

8.5 模擬平臺算法驗證

(1) 分散式模型預測控制的求解時間

根據經驗，當迭代次數 $l\geqslant 3$ 時，本章提出的 DMPC 方法性能變化不

大，和集中式 MPC 接近。集中式 MPC 和本章提出的 DMPC 方法在 CPU 頻率爲 1.8GHz、内存爲 512MB 的電腦中的求解時間見表 8-2。可以看出，當 $l=3$ 時 DMPC 的最大求解時間僅爲 0.1194s，滿足在線求解的要求。

表 8-2　DMPC 和集中式 MPC 的運算時間

項目	最小時間/s	最大時間/s	平均時間/s
構建子系統狀態空間模型	0.0008	0.0012	0.0009
DMPC(迭代次數：$l=1$)	0.0153	0.0484	0.0216
DMPC(迭代次數：$l=2$)	0.0268	0.0690	0.0452
DMPC(迭代次數：$l=3$)	0.0497	0.1194	0.0780
DMPC(迭代次數：$l=5$)	0.0895	0.3665	0.1205
構建全系統狀態空間模型	0.0626	0.1871	0.0890
集中式 MPC	0.6535	1.8915	0.9831

(2) 帶有優化目標再計算的 DMPC 方法的優點

爲了進一步説明本章所提出的帶有優化目標再計算的分散式 MPC 控制方法的優點，分别採用速度爲輸入的 MPC 方法，不帶優化目標再計算的 DMPC 方法和帶有優化目標再計算的 DMPC 方法對加速冷卻過程進行控制。爲了簡單起見，仍採用單冷卻速率的冷卻曲線作爲控制目標。以三塊厚度爲 19.28mm、長度爲 25m、寬度爲 5m 的 X70 管線鋼爲例。整個系統用 3mm 厚、0.8m 長的網格進行劃分，目標冷卻速率爲 17℃/s，目標終冷溫度爲 560℃。

由圖 8-10 可以看出採用速度控制的方法雖然可以保證平均冷卻速率和終冷溫度，但是每個板點的冷卻速率並不一直是一個常數值。但採用冷卻水流量作爲控制變量對加速冷卻過程進行控制時，如果採用不帶優化目標再計算的 DMPC 方法，其控制結果見圖 8-11，板點終冷溫度的精度和冷卻速率都可以保證，但是板點之間的溫差主要是透過前幾個噴嘴來消除，這樣就使得每個板點的溫降過程不一致，進而影響鋼板最終產品質量。而採用本章所提出的帶有優化目標再計算的 DMPC 方法（見圖 8-12），每個板點的冷卻「時間-溫度」曲線與參考冷卻曲線基本一致。

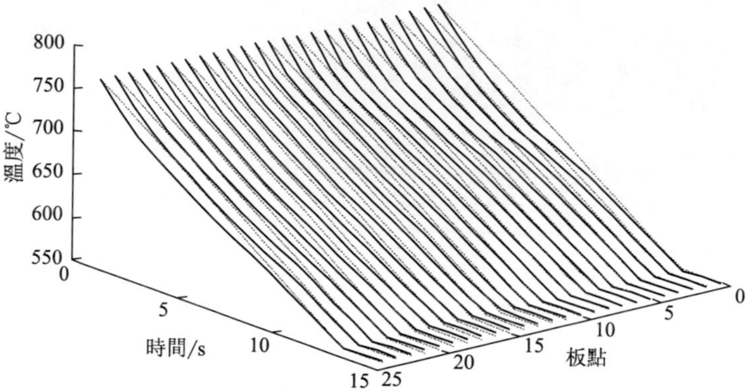

圖 8-10 採用速度控制方法的冷卻曲線和參考冷卻曲線

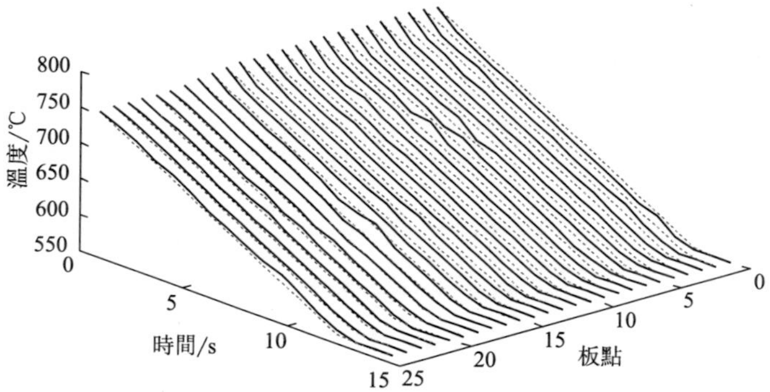

圖 8-11 採用不帶優化目標再計算的 DMPC 方法得到的冷卻曲線和參考冷卻曲線

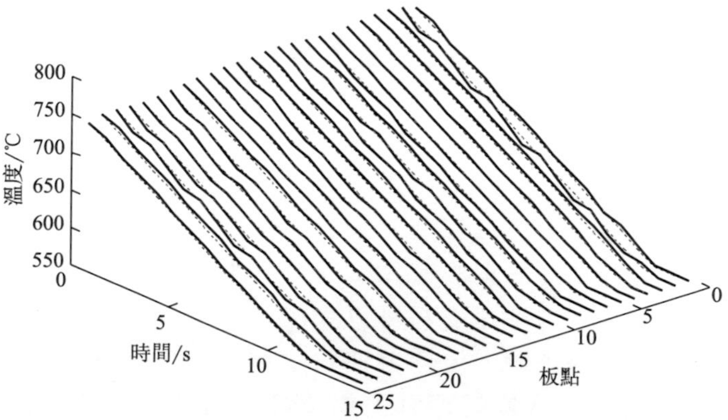

圖 8-12 採用帶有優化目標再計算的 DMPC 方法得到的冷卻曲線和參考冷卻曲線

(3) 實驗結果

下面仍以 X70 管線鋼爲例，模擬實驗進一步説明本章所提出的方法的性能。圖 8-13 爲優化目標再計算部分得到的各局部控制器的設定曲線。圖 8-14 和圖 8-15 分别爲閉環系統的性能和相應的操作變量。由圖 8-14 可以看出，每個子系統能夠良好地跟蹤其參考軌跡，並且能夠得到精度較高的終冷溫度。鋼板加速冷卻過程的控制精度和控制的靈活性都得到了提高。

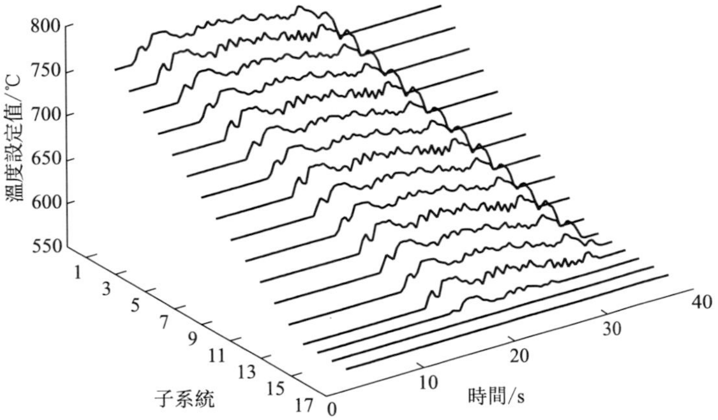

圖 8-13　各局部子系統的參考冷卻曲線

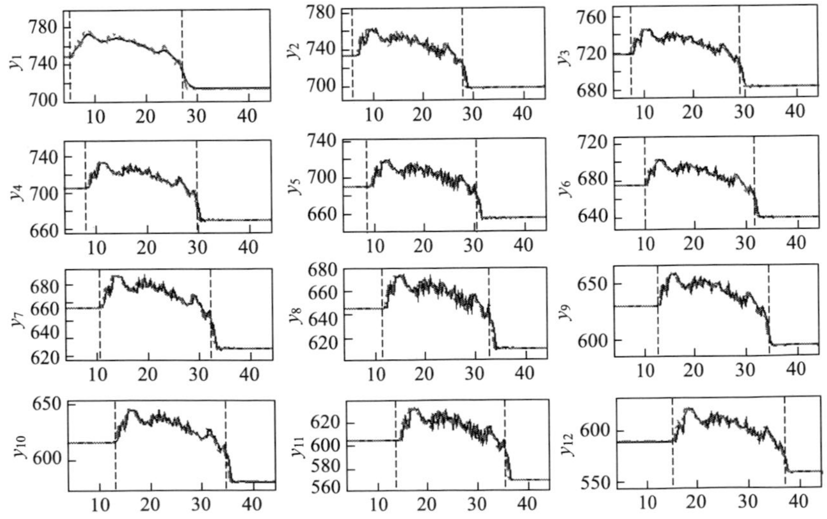

圖 8-14

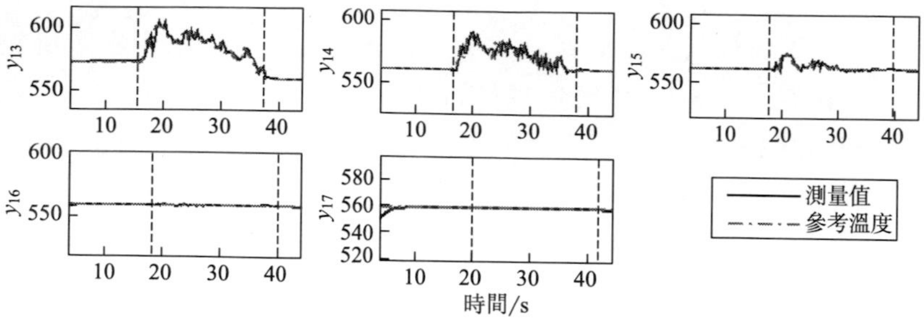

圖 8-14　採用本章提出的分散式 MPC 控制方法加速冷卻過程的閉環性能

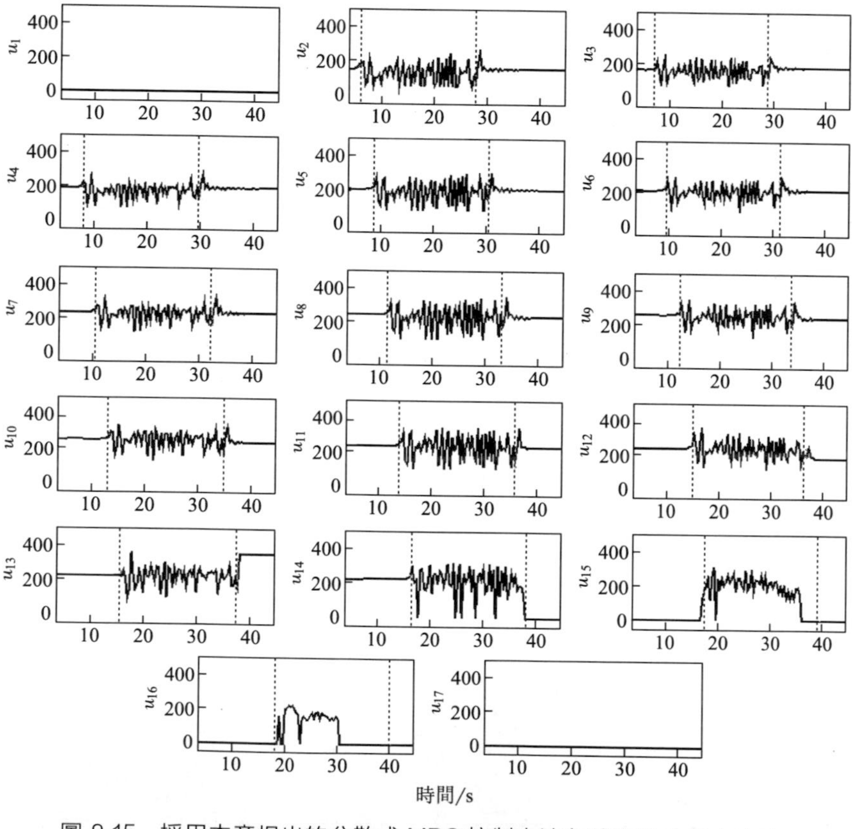

圖 8-15　採用本章提出的分散式 MPC 控制方法各噴頭的冷卻水流速

本章提出的方法透過重新設定優化目標解決了開冷溫度的變化問題。如果進一步，可以把各板點的微顆粒結構作爲最終控制目標，在每個控制週期，每個板點根據目標晶體結構和當前狀態計算其將來的工藝冷卻「時間-溫度」曲線。然後，根據這些時溫曲線計算「位置-溫度」曲線。

透過控制鋼板結晶微顆粒結構，可以更好地控制鋼板性能，因爲其直接決定鋼板的物理力學性能。與對簡單冷卻曲線控制相比，其工藝目標更嚴格也更精確。而對於控制方法和策略來講，除了增加控制目標設定不同外，上面的控制方法對冷卻曲線控制和鋼板微顆粒控制都適用，因此，該方法有很大的潛在價值。

8.6 本章小結

在本章中，爲了更精確、靈活地控制冷卻曲線，採用了各冷卻水噴頭流量作爲操縱變量。對於這樣一個各部分相互關聯的大系統，本章設計了基於設定值再計算和相繼線性化的分散式 MPC 控制方法。這種控制方法把系統分爲若干個子系統，每個子系統用一個局部 MPC 控制器來控制，在每個控制週期各局部 MPC 的優化目標根據開冷溫度和當前鋼板的冷卻狀態重新計算。在本章中首先採用有限容積法推導出系統方程的狀態空間表達形式；然後設計擴展 Kalman 濾波器觀測系統狀態；在每個控制週期，局部 MPC 在當前工作點處線性化預測模型，使計算速度能夠滿足在線計算的要求，並透過優化目標再計算解決了各板點冷卻曲線不同的問題；使得冷卻過程各板點的冷卻「時間-溫度」曲線與要求的冷卻曲線更接近。該方法可以提高加速冷卻過程冷卻曲線控制靈活性。另外，如果採用鋼板的微結構作爲最終的控制目標，透過每個控制週期重新計算工藝冷卻曲線，可以不作變動地應用本章中的控制方法，進而得到所期望的鋼板微結構，從而爲生產出更高品質或要求更特殊的鋼板提供控制算法。所以，該方法有很大的潛在應用價值。

參考文獻

[1] 王笑波，王仲初，柴天佑. 中厚板軋後控制冷卻技術的發展及現狀. 軋鋼，2000，17（03）：44-47.

[2] Zheng，Yi，Li Shaoyuan，Wang Xiaobo. Optimization Target Resetting Distributed Model Predictive Control for Accelerated Cooling Process. The 10th World Congress on in Intelligent Control and Automation （WCICA）. Beijing: IEEE，2012.

[3] Hawbolt E B，Chau B，Brimacom-be J K. Kinetics of Austenite-Pearlite Tansfor-

mation in Eutectoid Carbon Steel. Metallurgical & Materials Transactions A, 1983, 14(9): 1803-1815.

[4] Pham T T, Hawbolt E B, Brimacombe J K. Predicting the Onset of Transformation under Noncontinuous Cooling Conditions: Part I. Theory. Metallurgical & Materials Transactions A, 1995, 26(26): 1987-1992.

[5] Sotomayor O A Z, Song W P, Garcia C. Software Sensor for On-Line Estimation of the Microbial Activity in Activated Sludge Systems. Isa Transactions, 2002, 41(2): 127-143.

[6] Astorga C M, et al. Nonlinear Continuous-Discrete Observers: Application to Emulsion Polymerization Reactors. Control Engineering Practice, 2002, 10(1): 3-13.

[7] Dochain D. State and Parameter Estimation in Chemical and Biochemical Processes: a Tutorial. Journal of Process Control, 2003, 13(8): 801-818.

[8] Quinteromarmol E, Luyben W L, Georgakis C. Application of an Extended Luenberger Observer to the Control of Multicomponent Batch Distillation. Industrial & Engineering Ch-emistry Research, 1991, 30(8): 1870-1880.

[9] Boutayeb M, Rafaralahy H, Darouach M. Convergence Analysis of the Extended Kalman Filter Used as an Observer for Nonlinear Deterministic Discrete-Time Systems. IEEE Transactions on Automatic Control, 1997, 42(4): 581-586.

[10] Katebi M R, Johnson M A. Predictive Control Design for Large-Scale Systems. Automatica, 1997, 33(3): 421-425.

[11] Zheng Yi, Li Shaoyuan. Stabilized Neighborhood Optimization based Distributed Model Predictive Control for Distributed System. in Control Conference (CCC), 2012 31st Chinese. Hefei: IEEE, 2012.

[12] Zheng Yi, Li Shaoyuan, Li Ning. Distributed Model Predictive Control over Network Information Exchange for Large-Scale Systems. Control Engineering Practice, 2011, 19(7): 757-769.

[13] Zheng Yi, Li Shaoyuan Wang Xiaobo. Distributed Model Predictive Control for Plant-Wide Hot-Rolled Strip Laminar Cooling Process. Journal of Process Control, 2009, 19(9): 1427-1437.

[14] Keviczky T, Balas G J. Flight Test of a Receding Horizon Controller for Autonomous UAV Guidance. in Proceedings of the American Control Conference. 2005.

[15] Falcone P, et al. Predictive Active Steering Control for Autonomous Vehicle Systems. IEEE Transactions on Control Systems Technology, 2007, 15(3): 566-580.

網路化分散式系統預測控制

作　　者：李少遠，鄭毅，薛斌強
發 行 人：黃振庭
出 版 者：崧燁文化事業有限公司
發 行 者：崧燁文化事業有限公司
E-mail：sonbookservice@gmail.com
粉 絲 頁：https://www.facebook.com/sonbookss/
網　　址：https://sonbook.net/
地　　址：台北市中正區重慶南路一段六十一號八樓 815 室
Rm. 815, 8F., No.61, Sec. 1, Chongqing S. Rd., Zhongzheng Dist., Taipei City 100, Taiwan
電　　話：(02) 2370-3310
傳　　真：(02) 2388-1990
印　　刷：京峯彩色印刷有限公司（京峰數位）
律師顧問：廣華律師事務所 張珮琦律師

國家圖書館出版品預行編目資料

網路化分散式系統預測控制 / 李少遠，鄭毅，薛斌強著．-- 第一版．-- 臺北市：崧燁文化事業有限公司，2022.03
面；　公分
POD 版
ISBN 978-626-332-118-2(平裝)
1.CST: 自動控制 2.CST: 電腦程式設計
448.9　111001503

電子書購買

臉書

定　　價：540 元
發行日期：2022 年 03 月第一版
◎本書以 POD 印製